U1076773

真实世界

宇宙和地球大气中的结构与扰动

钱维宏 著

THE REAL WORLD

Structure and Anomaly in Universal System

Weihong Qian

江苏凤凰科学技术出版社
国家一级出版社 全国百佳图书出版单位
·南京·

图书在版编目（CIP）数据

真实世界：宇宙和地球大气中的结构与扰动 / 钱维宏著 .
-- 南京：江苏凤凰科学技术出版社，2020.11
ISBN 978-7-5713-1462-0

Ⅰ . ①真… Ⅱ . ①钱… Ⅲ . ①天文学—普及读物②地球科学—普及读物 Ⅳ . ① P-49

中国版本图书馆 CIP 数据核字 (2020) 第 178081 号

真实世界：宇宙和地球大气中的结构与扰动

著　　者	钱维宏
责 任 编 辑	谷建亚　沙玲玲
助 理 编 辑	杨嘉庚
责 任 校 对	杜秋宁
责 任 监 制	刘文洋
出 版 发 行	江苏凤凰科学技术出版社
出版社地址	南京市湖南路 1 号 A 楼，邮编：210009
出版社网址	http://www.pspress.cn
印　　刷	南京凯德印刷有限公司
开　　本	787mm × 1 092mm　1/16
印　　张	23
字　　数	400 000
版　　次	2020 年 11 月第 1 版
印　　次	2020 年 11 月第 1 次印刷
标 准 书 号	ISBN 978-7-5713-1462-0
定　　价	89.00 元

图书如有印装质量问题，可随时向我社出版科调换。

内容简介

真实世界是一个由物质和能量构成的多层次有机物理世界，具有内在变量之间的物理联系和外界作用下的演化规律。对客观世界的分层次物理分解能让其结构更清楚，扰动更突显。人对客观世界的认识依赖于世界观和方法论。

本书作者以天文、大气和地球物理的多学科知识为背景，分别描述了天文上的“真实宇宙”，地理上的“真实地球”，大气中的“真实气候”和“真实天气”四个部分。“真实宇宙”中解答了太阳系行星与卫星的自然分布和自转方向性问题；“真实地球”中解读了大陆多次往来漂移和造山运动遗留的自然痕迹；“真实气候”中介绍了地球大气中客观存在的八圈环流并剖析了多种气候异常；“真实天气”中用扰动天气图显示出了热浪、低温和暴雨等诸多极端天气发生的扰动变量时空结构。

前　言

早在两千多年前，庄子在《知北游》中就说过：“天地有大美而不言，四时有明法而不议，万物有成理而不说。”古代道家先哲在认识自然上，分空间结构、时间演变和形成机理的思考不可谓不深刻，但其所崇尚的“道可道，非常道”和“道不可言，言而非也”的不可言说观念，在某种程度上是受到了时代的局限。现代人孜孜以求的科学探索不正是想能一窥自然之奥妙吗?

近百年发展起来的现代天文学、现代地质学、现代气候学和现代天气学都属于自然科学，学科要达到的目标是认知天地之大美，四时之明法和万物之成理。所谓自然是指人的肉眼可见的，乃至在更大空间和更长时间上可以追溯到的自然现象。人们肉眼所见的世界是现实的和真切的，但在不同时期看到世界的空间范围和时间长度是有限的，由此形成的世界观并不一定能够解释真实的自然世界。

肉眼和借助探测工具如望远镜观察到的自然世界，包含了大大小小、错综复杂的结构，表现出一片混沌。随着科技的发展，人们积累了海量的观测数据。如何从这些数据中提取出正确的信息，对真实世界有一个客观的认识，是我们迫切需要做的。单纯地对观测数据做定性的文字描述，给出的结果往往多为猜测；仅用纯数学方法，而忽视真实世界的物理联系也不能很好地认识现象的本质。我们相信：世界是真实的客观的，世界在不同物理层面上是相互联系的，世界在演化中会出现新的花样。我们又相信：世界是简单的、美丽的，世界是由基本物理原理控制的，世界在不同结构形态上是相似相通的。

对自然的经验描述和数学分解并不是虚假的，只是没有把真实的物理世界反映出来。那么，我们怎样才能从繁杂的客观现实中认识真实世界呢？首先可以肯定的是，真实世界是一个演化（包括进化和退化）过程中的物理世界，对其内在结构和变化过程的真实性理解就是真理。要读懂这个世界需要有一个科学的世界观和方法论。人们对大自然的真实观测多是局部的和零散的。科学的世界观是要建造一座描述自然演化的大房子。核心之处是怎样把那些局部的和不同时期留下的零散信息架叠到这座大房子中的正确时空位置上去，再用物理分解的方法解读它。本书展示给读者的内容就是在这样的世界观和方法论下，把现在已有的和人们熟悉的信息搬回到这座大房子中，还原自然演化的真实面目，让读者看到的是真实宇宙、真实地球、真实气候和真实天气。

目　录

第一篇　真实宇宙…………………………… 001

1.1 东方早期的天文学思想 ………………… 002
1.2 西方天文学的思想体系 ………………… 007
1.3 望远镜拓展了宇宙空间 ………………… 011
1.4 无穷时空层次下的宇宙 ………………… 015
1.5 宇宙的局部膨胀与局部收缩 …………… 019
1.6 宇宙“藤原效应”产生引力波 ………… 024
1.7 宇宙势的空间不均匀分布 ……………… 028
1.8 百亿年前的太阳系演化 ………………… 032
1.9 确定宇宙势下的太阳诞生 ……………… 037
1.10 太阳系与遥远的黑洞…………………… 040
1.11 星云速度切变形成行星分布…………… 044
1.12 地球与月球的兄弟关系………………… 049
1.13 月球伴随地球的生命过程……………… 053
1.14 地球与“堂弟”火星一家……………… 058
1.15 类地行星家族…………………………… 062
1.16 两颗最大行星的共存…………………… 067
1.17 天涯和海角的行星家族………………… 071
1.18 行星表面波和涡的痕迹………………… 075
1.19 行星和宇宙中的龟裂现象……………… 079
1.20 柯伊伯带上的太阳系天体……………… 084

第二篇　真实地球…………………………… 091

2.1 地球的地质演化 ………………………… 092
2.2 大陆漂移的方向性 ……………………… 096
2.3 大陆板块漂移的痕迹 …………………… 100
2.4 两半球的大陆面积相等 ………………… 103
2.5 大西洋洋中脊的形成 …………………… 108
2.6 地磁场倒转的成因 ……………………… 112
2.7 通向地幔的火山喷发 …………………… 117
2.8 西太平洋的六条洋中脊 ………………… 122

2.9 大陆漂移遗留的岛链 …………………… 127
2.10 青藏高原的隆升谜题…………………… 131
2.11 名副其实的地中海…………………… 136
2.12 大陆漂移后的两极地貌 …………………… 140
2.13 板块边缘的地震火山带 …………………… 144
2.14 地质力学与大陆漂移模拟 …………………… 148
2.15 全球大陆的东边缘岛屿 …………………… 153
2.16 恐龙时代结束的原因 …………………… 156
2.17 长期南移的长江入海口 …………………… 161
2.18 苏北冲积平原的形成环境 …………………… 165
2.19 美国大陆的东西海岸带 …………………… 169
2.20 顺应自然环境的资源利用 …………………… 173

第三篇　真实气候…………………… 179

3.1 古代气候钟与现代气候钟 …………………… 180
3.2 认识瞬变气候的物理含义 …………………… 184
3.3 瞬变气候中的四圈环流 …………………… 188
3.4 海陆分布下的沃克环流 …………………… 193
3.5 海洋与大气的耦合关系 …………………… 197
3.6 大气和海洋中的最大扰动 …………………… 202
3.7 全球季风形成的根本原因 …………………… 206
3.8 季风降水的时空不对称 …………………… 212
3.9 季风槽与地形气候槽 …………………… 216
3.10 热带季风的边缘活动带…………………… 219
3.11 两极海冰的反对称变化 …………………… 223
3.12 探寻北极海冰年际事件…………………… 228
3.13 北极内外冬季暖冷趋势…………………… 231
3.14 欧亚与格陵兰的冬温异常 …………………… 235
3.15 俄罗斯大火与巴基斯坦大水 …………………… 238
3.16 南亚高压的异常活动…………………… 242
3.17 西北太平洋的高压扰动 …………………… 246

3.18 赤道大气中的季节内振荡 …………………… 250
3.19 季度气候预测的难题 ……………………… 255
3.20 扰动方程组模式 …………………………… 258

第四篇　真实天气 ………………………… 267

4.1 扰动天气图上的涡 …………………………… 268
4.2 扰动系统定位暴雨 …………………………… 273
4.3 北京特大暴雨扰动 …………………………… 278
4.4 相对扰动与绝对扰动 ………………………… 281
4.5 美国龙卷扰动系统 …………………………… 285
4.6 中国龙卷扰动系统 …………………………… 290
4.7 影响航空的雷暴天气 ………………………… 293
4.8 南海台风的异常右转 ………………………… 299
4.9 东海台风的异常左转 ………………………… 303
4.10 桑迪飓风的扰动遭遇 ……………………… 308
4.11 双台风复杂运动 …………………………… 312
4.12 扰动方程组模式模拟台风路径 …………… 316
4.13 扰动方程组模式模拟飓风路径 …………… 320
4.14 台风的真实引导气流 ……………………… 325
4.15 地面热浪的扰动信号 ……………………… 329
4.16 地面低温的扰动信号 ……………………… 333
4.17 南方冻雨与大气扰动 ……………………… 337
4.18 边界层扰动逆温下的霾 …………………… 342
4.19 边界层扰动逆温下的雾 …………………… 345
4.20 加州山火大气扰动 ………………………… 349

后记 ……………………………………… 355

第一篇

真实宇宙

本书的第一篇是关于天文学的话题。天文学是研究宇宙空间中物质的性质、构造、演变和运行规律，以及大量宇宙物质群体之间的质量、动量和能量交换引起的宇宙形态演化的学科。天文学也是一门古老的科学，其发展过程反映了人类认识自然过程中世界观的变化。因此，天文学的发展对科学技术的发展有着深远的影响。

宇宙是由时间和空间构成的。人类借助望远镜对宇宙空间进行探测的能力在不断增强，但对过往宇宙的历史演变还知之甚少。在探索宇宙演变的过程中，先后形成了宇宙不变说、地心说、日心说和膨胀说等不同的世界观。本篇论述的世界观是宇宙存在着的多样演化中的局部膨胀和局部收缩。宇宙局部膨胀与收缩的一切形态演化取决于宇宙势的分布，而宇宙势的本质是物质的质量和能量在空间上的分布与转化。银河系、太阳系和各个行星系的历史由来、当前状态和未来趋势都受制于宇宙势的空间分布。

这部分内容利用层次宇宙势分布的概念描绘了天文学上两个有趣的现象：一是两个黑洞的合并与引力波的产生；二是太阳系的质量主要集中在太阳上，而角动量主要集中在行星上。在太阳系的内部特征上，本篇解释了太阳系中各个行星、卫星和矮行星之间的关系和自转方向，也描述了行星表层的当前特征。

1.1 东方早期的天文学思想

中国在天文学方面的记录和发展有着悠久的历史。早在仰韶文化时期（约公元前 5000—前 3000 年），人们就描绘了光芒四射的太阳形象。在我国河南安阳出土的殷墟甲骨文中（公元前 1319—前 1046 年），已有丰富的天象观察记载，包括对太阳、月亮、行星、彗星、新星、恒星以及日食和月食、太阳黑子、日珥、流星雨等罕见天象的仔细观察、精确记录和详尽描述，至今仍具有很高的科学价值。西汉时期天文学家落下闳制造观测星象的浑天仪；东汉的张衡创制了世界上第一架水运浑象仪，它是一个球体模型，球体可以绕天轴转动，天球的表面画有二十八宿和各种恒星，还有赤道圈、黄道圈及二十四节气等；元代的郭守敬先后创制和改进了 10 多种天文仪器，如简仪、高表、仰仪等。

对天文学发展起到积极贡献的方面大致有三点：一是观测仪器的发展，二是观测记载，三是思想体系。天文学的思想体系就是世界观，它是天文学发展的核心，并指引着方法论的建立。中国古代的天文学思想体系早在《黄帝内经·素问》中就有描述："阴阳者，天地之道也，万物之纲纪，变化之父母，生杀之本始，神明之府也。"意思是：阴阳是宇宙间的一般规律，是一切事物的纲纪、万物变化的起源、生长毁灭的根本，那是神明的功能。阴阳是一个简朴而博大的古代中国的哲学和世界观。它把客观世界一分为二，事物的两个方面——阴和阳或负和正，相辅相成、相生相消，处于对立的统一体中。

在天地未开、混沌未分阴阳时的状态为太极。可见，阴阳是从混沌的状态中演化出来的相反的或相对的宇宙特征，但阴阳是相对什么而言的呢？在《黄帝内经》中没有明确指出。太极是中国道家文化史上的一个重要理念。老子被认为是道家思想的杰出代表。老子生活于约公元前 570—前 470 年，是春秋时期的杰出思想家。《道德经》被认为是他的主要作品，其中不但有阴阳的描述，还有"道在阴阳之间"的表述。

老子静思好学，渊博的知识启蒙于他的老师。传说，其母聘请的商容老先生明晓天文地理，精通礼仪。商老先生教授道："六合之中，天地人物存焉。天有天道，地有地理，人有人伦，物有物性；有天道，故日月星辰可行也；有地理，故山川江海可成也；有人伦，故尊卑长幼可分也；有物性，故长短坚脆可别也。"老子追根问底：天文上的"日月星辰，何人推而行之"；地理上的"山川江海，何人造而成之”；人伦上的“尊卑长幼，何人定而分之”；物性上的“长短坚脆，何人划而别之”。商老先生的回答与其他学派有着相同的答案：“皆神所为也。”老子又追问道：“神何以可为也？”先生回答：“神有变化之能，造物之功，故可为也。”老子再问：“神之能何由而来？神之功何时而备？”先生被问住了：“先师未传，古籍未载，愚师不敢妄言。”可见，两千多年以前，中国古人就在长期思考天文、地理、物理和人类社会中的科学与哲学问题了。《道德经》是老子勤学和思考的总结。

《道德经》是中国历史上最伟大的著作之一，对传统哲学、科学、政治、军事、社会等产生了深刻影响。它阐述了面对宇宙、面对自然和面对社会的世界观和分析问题的方法论。在共 81 章的《道德经》中，至少在 12 章中涉及了天文的问题，其他的大部分问题是社会性的政治和军事问题。拿社会问题来说，下列两章的例子可以帮助我们理解大道的思想和方法。

对第九章可以解读为：“执持盈满，不如适可而止；怀端锐气，不可持续长久；金玉满堂，藏守极其困难；富贵而骄，为己留下祸根。功到身退，那是符合天道的。”在老子看来，贪得无厌、锐气旺盛、财富满堂和骄横跋扈都没有好的结果，而是埋下了祸根。他是说，按照大道的思想，人们在社会生活中不要过度贪图，不要咄咄逼人，不要聚财太多，不要傲慢骄纵。这些过度都会引发极端。如果一个社会，财富过于集中在少数人手里，而另一部分人贫困潦倒，就形成了相反的两个极端。在两个极端之间会形成超常的财富异常梯度，引起贫富人群之间的对峙，灾祸就可能发生。要使富人安全，社会安定，唯一的办法是让财物分布接近于一个社会安定的财富分布平衡态，或者称为社会势。向社会势靠近，富人是主导的一方。富人对社会势的认识，实际上是对自身安全保障的认识。所以，老子告诫人们，对盈、锐、满、贵的追求过度了，到了一定程度，要身退才能安全。老子认为这是天道，天道是无形的，但威力是无穷的，人们不要等到极端事件发生的时候，才大叫：我的天啊！

对第八章的解读是：“最上等的善就像水那样。水善是因为滋润万物而无声，位于众人之下而无怨，故能称道。居于风水好地、胸怀宽广、与人仁爱和仁慈、言之有信、治国有道、处事有能、与时俱进，不与人争雄，所以无来怨恨。”人有七情六欲，所以就有私心。即使是植物，都有争阳光和争风水的私心，而不能协调自己和侍奉他人。拿一滴水来说，当空气干燥的时候，它把自己分化成水汽分子进入了空气中。水汽在空中冷却凝结成水，降落到地面滋润万物，流向低洼处而无怨。所以，水的奉献是无私的、自愿的，称得上是上善。水滴蒸发是增加了势，而降水是地球重力势的作用。所以，老子认为水能称道。为圣人，要居善地，也就是要为民众选择有利的居住环境，有好的风水。这样的好风水不在山顶和谷底，不在炎热和寒冷，不在干旱和雨涝，不在风口和无风的地方。这样的好风水是符合道的。为圣人，要心善渊，要心胸开阔。圣人难免会遇见各种与大道相左的异常，有些异常是从未遇见过的，有道就知道怎样处置和调节异常。是圣人，就要与善仁，要有仁爱和仁慈。仁爱和仁慈不仅仅是对待正常的人，也要对待那些偏离大道的人，即那些在语言和行为上偏左或偏右的人。是圣人，要为人言善信，要说话算数。圣人认识了大道，说的话是适合大多数人的利益的，但对极端的人也知用什么语言来教育他们。圣人知道随时空变化的大道，又知道如何处理和教育那些极端的人群，那么他就能“正善治、事善能、动善时”了，也就是能够正确地治理国家，有能力处理面对的正反扰动，所采取的措施是与时俱进的。这样的国家和社会怎能不安定发展呢？这些施政能力就不是无理争论，而是基于大道基础上的措施得当，如此天下又有什么可以担忧的呢？

老子在《道德经》的多个章节中，常常把社会问题与自然问题互作例证。对开篇第一章的解读是：“开天辟地的宇宙演变有非常之道，而天地万物的命名来自对其特征和属性的表达。天地开始的时候混沌一团无可取名，万物发展到最后阶段总是有形态的，就可取名了。所以，去除自以为是的私欲才能看到奇妙的世界，但对不同大小的客观世界要有定义。前者的世界观和后者的方法论同是认识自然的根本，但叫法不同。它们都是玄而又玄的高深学问，是探索众多宇宙奥妙的金钥匙。”

老子不但把问题提出来了，还给出了探索宇宙演化的世界观和方法论。它的世界观就是“非常道”，也叫大道。他认为，天下万物都是从不可命名的混沌状态开始演化的，即“无名天地之始”。万物不同，源自混沌态的时空组成不是均匀的，也就是在不均匀的宇宙中会演变出不同的物质结构，宇宙中没有看到两个物质结构是完全相同的，即“有名万物之母”，这样的不同就可以取不同的名字，即“非常名”了。他认为宇宙万物变化，从无到有，从无名到有形和有名，遵循的是一个道。这个道不是神，而是唯一的宇宙间自然演化的法则。要用好这个道，首要的是认识自然，而不施加任何的个人想法或意愿，不要先入为主，要“常无欲”，才能“观其妙”。而“常有欲以观其徼”是要掌握方法论，区分不同的时空尺度和其中的统计相似性。老子认为，他的道“玄玄之又玄”，是常人难以理解和掌握的。这一句，好像他很不谦虚，其实他在前面都交代得很清楚了。可能，世人认为他的大道不实惠，更不偏向于权贵，但恰是科学的思维。如果站在实惠和不是“常无欲以观其妙”

的角度来看待世界，那么肯定掌握不了这个道。心道不正是理解不了，也是用不了这个道的。所以，心道要与大道一致起来，才能用好这个道。

老子在第一章中提出了“为名”和“为欲”的问题。第二章首先给出了世间万物存在的美与丑、善与恶、有与无、难与易、长与短、高与下、音与声、前与后等互为相反的比较。这些相反的比较看上去是直接的比较，但实际上是相对一个中间参考态的比较。圣人面对的世界中包含了美与丑、善与恶、有与无、难与易、长与短、高与下、音与声、前与后等人文的和自然的各种偏离参考态的异常或极端。圣人的世界观和方法论是要面对这些异常或极端，并认识它们、调和它们，采取的方式是无为。无为不是事物的有与无，或宇宙中物质的有与无，而是处于非极端情况下的中庸之道。道的意思是，在美与丑、善与恶、有与无、难与易、长与短、高与下、音与声、前与后之间有一个中间状态。站在这个中间状态或基本态上，极端的情况就看清楚了。

老子指出：“圣人处事以基本态为无为的背景，以这个背景顺势而为，以行动代言教。遵循人类社会背景态的循环规律，不动声色，不言所能。即使人类社会完全走入在正常的轨道上，也不为我所尊，那么这样的平稳社会才能够持久。”老子赞誉的是对社会认识符合实际的人，是对社会管理得力的人，是在荣誉面前谦虚的人。当然，老子的这些说教也应该成为自然科学工作者的座右铭。

第七章讲的是天长地久的道理。老子认为：“看到天地能够如此长久，其原因不在它们的内在，那应该是来自外在。”这个天地的外在原因，老子的看法是大道。老子认为宇宙间有一个神奇的力量，正是它在主宰着万事万物的演化。他认为这个神奇的力量就是道。他认为：“是圣人，要永远遵循大道，不站在一方扰动的立场上去争论，而是站在一个公平和公正的立场上去处理事务。”这个公平和公正的立场就是大道，就是社会势。由此处理事务的行为，不是无所作为，而是有为的。这里的旁观者不是不管事，而是处于公平和公正的立场上，处理正反两个方面的相对异常事务。

在第十章中，老子不但提出了治国安民需要用无为大道，还提出了下列两个问题：“宇宙敞开与关闭，知道能发生什么吗？明白了时间与空间，会让人无知吗？”老子提出的宇宙敞开让人想到现代天文学家提出的宇宙膨胀。老子又同时提出了宇宙关闭的问题，像是我们现在所说的宇宙收缩。“宇宙膨胀会发生什么？宇宙收缩又会发生什么？”两千年前老子的提问，仍然是现代的科学问题。时间与空间的提出，这又是一个两千年来的哲学话题。时间是与生命系统的发展方向联系在一起的。

天文上的膨胀系统和收缩系统，它们都是沿着时间有发展方向的。所以，脱离了具体空间系统的时间是没有意义的。

老子在第十四章中提到："从上不见明，从下不见暗，特征难以取名，终归无物，具有无形之状。无物的现象称为恍惚。从前头看不见其首，从后部看不见其尾，这样的天道古往今来。谁能知道宇宙的古往今来，谁就把握了天道的脉络。"这部分就像描述的现代天文望远镜看到的当今宇宙空间分布，但不知道古往今来仍然不知道天道。老子在第二十一章中写到这个道，它难以描述，只能意会。对它的解读是："大德的内容只有道，道看上去像物，只在恍惚之中；其物，微不可见，又深不可测；其中有精华，那精华是绝对真理；其中有信仰，从古到今信仰不变。对开天辟地以来的世界，那是天地初开的壮观，源于此道。"

对第二十五章的解读是："宇宙演化从物质弥漫与混沌的状态开始，先天后地生成起来。宇宙空间寂寞又空旷，循环运行而不停歇，它们是天下万物形成之母。我不知道其名字，所以勉强称之为道，又取名为大。它大而久，久而远，远而归。所以，道大、天大、地大、人也大。如此不同的领域，构成了不同的宇宙系统，而人只是一个系统而已。人依赖于地，地依赖于天，天依赖于道，而道法属于自然。"可见，两千年前的老子如天马行空，看到了宇宙中各处变幻与循环着的不同尺度系统以及系统的层次关系。这给现代人留下的问题是，这个大道能否得到科学的取名和定义呢？

第五十二章讲道："天下有一个起始的时刻，是为天地万物演化的根源。知道了根源，就可以知道万物。通过认识万物，也可以追溯天下形成的根源，对天下未来的演化趋向就有所把握。堵塞欲念的孔，闭起欲念的门，终身就不会出现烦恼。开启欲念的孔，就会增添繁杂的事，耽误前程。做事，从小处作眼则明，能够持守住柔弱则强。运用大道的光芒，让天下再现光明，那样可避开灾害，也是万世学习的常道。"老子在两千年前对宇宙演化的描述与现代宇宙演化学说之间已经难以分辨出差异了，而他摒弃欲念的探索方法值得万世学习。

先贤所讲的"道可道，非常道"确实是一个大道，因为它上可以用于宇宙自然，下可以描述人类社会。但两千年来"道不可言，言而非也"的观点可以改变了，原因是现代观测数据可以定量地刻画出"道"的基本态分布。《道德经》中的道就是系统中的基本态，而德就是方法论。一个系统是由基本态和正的与反的相对扰动组成的。学问就是首先找到或认识基本态，再分离出扰动部分。东方古老的天文思想可以说是博大精深的，但在近千年中并没有如西方学者那样对天文学的发展有更大的贡献。那么，西方天文学的思想体系是怎样发展的呢？

1.2 西方天文学的思想体系

有史以来，西方天文学说对宇宙模型的描述，经历了三次大的飞跃。第一次飞跃是公元 2 世纪“地心说”的发展和完善，首次建立了宇宙体系模型。随后欧洲进入了中世纪的“黑暗时代”，进步的科学思想被传统宗教视为异端邪说。虽然天文观测手段在不断进步，但在传统宗教的统治下，人们的思想得不到解放，致使地心说统治了西方对宇宙的描述长达一千多年。第二次飞跃的“日心说”宇宙模型到 16 世纪才被广泛接受。第三次飞跃是 20 世纪 20 年代“宇宙大爆炸”理论模型的提出。三种宇宙模型都是以“我”为中心的思想体系。

自从人有意识地看天以来，人类就步入了问天的阶段。那时记载的天文现象是古人肉眼所见的描述。由于古人的活动空间有限，天文现象的描述也很有限，多为以观测者为中心，即以“我”为中心的描述。于是当时人们推测，在遥远的地方，天地之间有 4 根柱子撑起了人们生活的空间。

公元 2 世纪时，古希腊天文学家托勒密等完善后的地心说已经从先前的以观测者为中心，拓展到以地球为中心。在日月与地球的关系中，地心说仍然是属于以小我为中心的思想体系。地心说最初是由古希腊学者欧多克斯提出的，后经亚里多德和托勒密进一步发展，建立并逐渐完善起来。托勒密等人认为，地球处于宇宙中心并静止不动。从地球向外，依次有月球、水星、金星、太阳、火星、木星和土星，分布位置如图 1.2.1a。它们在各自的圆轨道上绕地球运转。这个宇宙体系模型已经把天体运动的层次概念和天体之间相对运动的概念引入到了其中，但以小我为中心的世界观仍然束缚着对客观世界的真实描述。

地心说是人类历史上的第一个宇宙体系模型。地心说首次把地球看成“球形”，并把行星从恒星中区别了出来，体系的原动力在更高的层次，着眼于探索和揭示行星的运动规律。这标志着人类对宇宙认识的一大进步。地心说最重要的成就是运用数学工具计算行星的运行。托勒密还第一次提出“运行轨道”的概念，并总结前人的发明和使用，在其《至大论》中描述了一个本轮 – 均轮模型。按照这个模型，人们能够对行星的运动进行定量计算，推测行星所在的相对位置，这是天文学从定性走向定量的观念改变。

地心说中的本轮－均轮模型是根据有限的观察资料提出来的。如图 1.2.1a 中，除了月球和太阳外的 5 颗行星都在一个叫本轮的小圆上转动，同时本轮的圆心也在一个叫均轮的大圆上绕地球转动。以木星为例，该模型描述行星相对地球走过了沿虚线的轨迹。通过人为地规定本轮、均轮的大小和行星的运行速度，才使这个模型和实测结果取得一致。然而，到了中世纪后期，随着观察仪器的不断改进，行星位置和运动的测量越来越精确，观测到的行星的实际位置与这个模型的计算结果出现了偏差。但是，信奉地心说的人们并没有认识到这是地心说本身的世界观错误，却用增加本轮的办法来补救地心说。起初这种办法还能应付，后来小本轮增加到 80 多个，仍不能满意地计算出行星的准确位置，这使人们对地心说产生了怀疑。

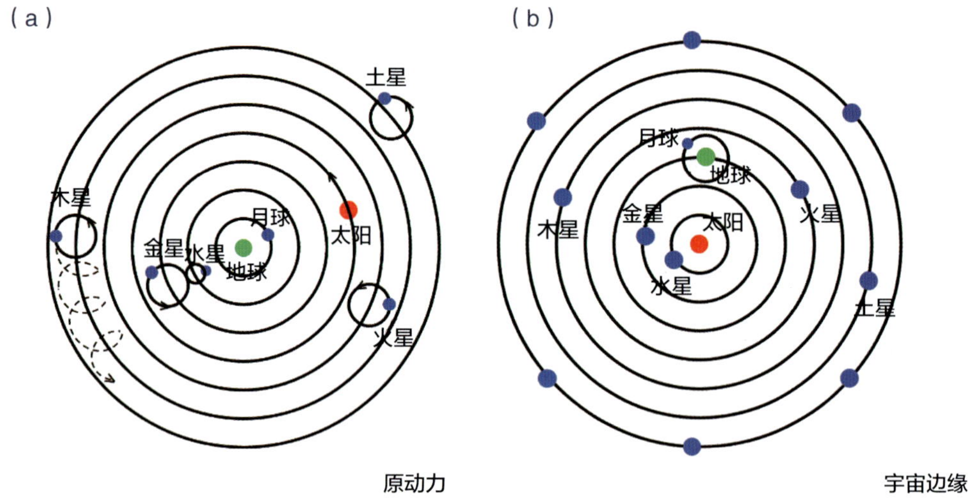

图 1.2.1 (a) 地心说示意图和 (b) 日心说示意图

16 世纪，波兰天文学家哥白尼在继承古希腊先辈和发展同时代学者的日心地动观的基础上，经过近 40 年的辛勤研究，在分析过去的大量资料和自己长期观测的基础上，终于创立了“日心说”，并于 1543 年出版了《天体运行论》。“日心说”认为太阳是宇宙的中心，地球和其他行星都绕太阳转动，其又被称为“日心地动说”或“日心体系”。哥白尼的日心体系由太阳向外依次有水星、金星、地球带着月球、火星、木星、土星和最外恒星等 7 个圈层。5 颗行星和地球一样，都在圆形轨道上匀速地绕太阳公转。月球是地球的卫星，它在以地球为中心的圆轨道上，每月绕地球转一周，同时跟地球一起绕太阳公转。地球每天自转一周，天穹实际上不转动，因地球自转才出现日月星辰每天东升西落的现象。恒星和太阳间的距离十分遥远，比日地间的距离要大得多（图 1.2.1b），处于最外的天层。后来的观测事实不断地证实并发展了这一学说。日心说体系实际上是一个以大我为中心的天体运动模型。

随着人们对宇宙认识的加深，日心说的局限和错误也逐渐显现出来了。太阳不是宇宙的中心，只是太阳系中的一个中心天体。行星轨道是椭圆的，行星以不等速运动，而不是在作匀速圆周运动。为什么行星绕太阳的轨道是椭圆的？运动速度又为什么是变化的？这些问题都在不断地动摇着日心说的宇宙模型。

开普勒通过对第谷多年天文观测数据的认真研究，先后归纳出 3 条行星运动定律：行星沿椭圆轨道运动，太阳在其中一个焦点上；行星在相同的时间内扫过相同的面积（面积定律）；行星公转周期的平方和半长轴的立方成正比（图 1.2.2）。

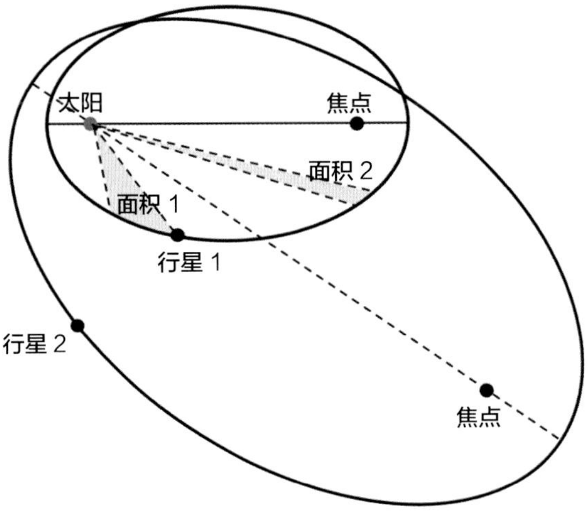

图 1.2.2　开普勒的行星运动定律示意图

20 世纪以来，天文观测的范围大大扩展，达到上百亿光年的时空区域，宇宙膨胀的动态演化观念进入了人类的意识。20 世纪 20 年代，首先由苏联物理学家和数学家弗里德曼提出了均匀各向同性膨胀的动态宇宙模型。1929 年，美国天文学家爱德文・哈勃发现了星系红移和距离的关系，即红移定律（也称哈勃定律）。红移定律是从星系光谱的红移现象中提出的推断，即越远的星系就以越快的速度飞离我们，这表明整个宇宙处于膨胀的状态，为宇宙大爆炸理论提供了有力支持。以这样的膨胀速率追溯过去，估计在 100 亿到 200 亿年之前发生过一次开天辟地的大爆炸，宇宙就从一个极其致密又极热的奇点中诞生（图 1.2.3）。这一宇宙膨胀观点彻底改变了地心说和日心说里人们认识的局部宇宙与外环境的关系。

“宇宙大爆炸”理论被认为是现代宇宙学中最著名、影响最大的一种学说，也被认为是到目前为止关于宇宙起源的一种权威解释。大爆炸理论的主要观点认为，整个宇宙最初聚集在一个奇点，很快从奇点中发生了大爆炸，物质密度和整体温度发生了极大的变化，宇宙从密到稀、从热到冷、不断膨胀，形成了我们今天的宇宙。最初那次无与伦比的爆发称为宇宙大爆炸。

大约是在 137 亿年前，宇宙从一个不知由来的物质奇点开始，有人把宇宙大爆炸至今分成了 3 个过程：第一个过程宇宙经历了迅速膨胀；第二个过程形成或繁殖出了无穷的小宇宙，也就是无穷的旋转体；第三个过程中，那些旋转体之间的距离拉大，好似进一步膨胀了，其中形成了大量的，类似银河系那样的星系。第二过程与第三过程没有本质的区别，除了星系的空间范围扩大外，星群间的距离也加大了。如何形成、分裂出如此多且旋转着的星系？目前还不得而知。但较为肯定的是，构成我们每个人的物质和信息都可以追溯到宇宙大爆炸起始的那个奇点上去，大爆炸理论描述的也是一个以“我”为中心的天体偶然奇异模型。

中国古人就有关于“宇宙”的描述。西汉《淮南子》中如是写道：“往古来今谓之宙，四方上下谓之宇。”宙指的是时间，类似大爆炸模型（图 1.2.3）中的时间箭头；宇指的是空间，可以比大爆炸模型中的空间更广泛。现代大爆炸宇宙模型并没有摆脱中国古人如老子在《道德经》中对宇宙最原始的描述，而且给人们带来了爆炸外围的未知疑惑。托勒密推测了行星运动的相对位置，而哈勃是在推测宇宙物质相对地球的总体视运动。不同之处只是，现代的宇宙模型中加进了现代天文望远镜的观测内容。

图 1.2.3　宇宙大爆炸示意图和经历的 3 个过程

一千多年来，西方宇宙观从地心说和日心说发展到大爆炸学说的进步，是从简单的二维模型发展到了三维并随时间膨胀的模型。如果认为人类最原始的天文描述不是天文学的内容，那么地心说和日心说也不是真实与完美的天文学说，大爆炸也只能是基于现代望远镜观测的一种宇宙推测。到目前为止，西方的世界观并没有实质性的改变，仍然属于以我为中心的世界观，难以描述真实世界。可以推测，爆炸说属于人类认识宏观世界进程中的第三次历史局限。那么，增大望远镜的口径能够摆脱当前的局限吗？

1.3 望远镜拓展了宇宙空间

人们对天文信息解读的过程是认知宇宙的过程。如果从人类用肉眼观测天体、记录天象算起，天文学的发展历史至少已经有了五六千年。古代天文学就已经体现了对信息的理解、表达和利用。天文学在人类早期的文明史中占有非常重要的地位。埃及的金字塔、欧洲的巨石阵都是很著名的史前天文遗址。古代天文学家通过观测太阳、月球和其他一些天体及天象确定了时间、方向和历法。这也是天体测量学及其应用的开端。

现代天文学的很多成就依赖于对远距离天空观测能力的提升，尤其是近 300 年来，人类得益于望远镜（图 1.3.1）的发明与利用。望远镜是一种利用透镜或反射镜以及其他光学器件观测遥远物体的光学仪器。它的作用是能放大远处物体的张角，使人眼能看清角距更小的细节，又能把物镜收集到的比瞳孔直径粗得多的光束送入人眼，使观测者能看到原来看不到的暗弱物体。

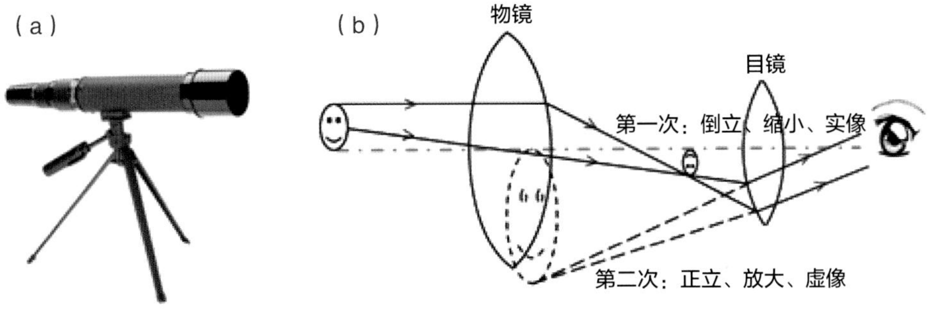

图 1.3.1　(a) 单筒望远镜和 (b) 望远镜光路示意图

望远镜是从一般的眼镜偶然发展起来的。17 世纪初的某一天，荷兰小镇的一家眼镜店的主人利伯希，为检查磨制出来的透镜质量，把一块凸透镜和一块凹透镜排成一条线，通过组合的透镜看去，发现远处的教堂塔尖好像变大了，在无意中发现了望远镜的秘密。1608 年，他为自己制作的双筒望远镜申请了专利，望远镜发明的消息很快在欧洲各国流传开来。意大利科学家伽利略得知这个消息之后，也开始自制望远镜。1609 年 10 月，伽利略制作出了能放大 30 倍的望远镜，并用自制的望远镜观察夜空，第一次发现了月球表面高低不平，覆盖有山脉并有火山口的痕迹。此后，他又发现了木星的 4 颗卫星和太阳黑子的活动，并得出了太阳在转动的结论。同一时期，德国的天文学家开普勒也开始研究望远镜，他在《屈光学》里提出了另一种天文望远镜，该望远镜由两个凸透镜组成，比伽利略的望远镜视野更宽阔。荷兰的惠更斯为了减少折射望远镜的色差，在 1665 年制作了一台筒长近 6 m 的望远镜，可探查土星的光环，后来又做了一台将近 41 m 长的望远镜。

1668 年，牛顿发明了反射式望远镜，解决了色差的问题。这种望远镜是利用一个凹的抛物面反射镜将进入镜头的光线汇聚后，反射到位于镜筒前端的一个平面镜上，然后再由这个平面镜将光线反射到镜筒外的目镜里，由此可以观测到星空的影像。第一台反射望远镜非常小，望远镜内的反射镜口径只有 2.5 cm，但是已经能清楚地看到木星的卫星和金星的盈亏了。1672 年，牛顿做了一台更大的反射望远镜，送给了英国皇家学会。1733 年，英国人哈尔制成第一台消色差折射望远镜。折射望远镜是以汇聚远方物体的光而显现出物像的透镜为物镜的望远镜，而消色差望远镜是利用消色差透镜修正色差的折射望远镜。1845 年，英国的帕森制造的反射望远镜，反射镜口径为 1.82 m。望远镜技术的提升，口径的增大，让人们的视野更远、观测得到的影像更精细了。

1917 年，胡克望远镜在美国加利福尼亚的威尔逊山天文台建成。它是一种反射式望远镜，其主反射镜口径约为 2.5 m。正是使用这座望远镜，哈勃在 1929 年的观测中发现，宇宙正在膨胀，从而提出了现代宇宙学中的“宇宙膨胀”理论。1930 年，德国人施密特将折射望远镜和反射望远镜的优点结合起来，制成了第一台折反射望远镜。

世界反法西斯战争后，反射式望远镜在天文观测中被广泛应用。1950 年在帕洛玛山上安装了口径 5.08 m 的海尔（Hale）反射式望远镜；1969 年在苏联高加索北部的帕斯土霍夫山上安装了口径 6 m 的反射镜；1993 年，美国在夏威夷莫纳克亚山上建成了口径 10 m 的“凯克望远镜”，其镜面由 36 块 1.8 m 的反射镜拼合而成；2001 年，智利的欧洲南方天文台研制出“甚大望远镜”，它由 4 架口径 8.2 m 的望远镜组成，其聚光能力与一架 16 m 的反射望远镜相当。新的竞争者包括多国合作的 30 m 口径的“30 米大望远镜”，约 20 m 口径的“大麦哲伦望远镜”和 100 m 口径的“绝大望远镜”，它们都是建立在地基上的巨大望远镜。2016 年，中国在贵州建成了口径 500 m 的世界最大球面射电望远镜[1]。这些新的望远镜能够让我们对 100 亿年前的星系活动有更多的了解。

望远镜的望远能力依赖于多种技术指标，我们仅仅列出望远镜口径随时间增加的速率。1668 年牛顿的反射式望远镜口径为 2.5 cm，1845 年帕森的反射望远镜口径为 1.82 m——177 年的时间，望远镜的口径增加了约 73 倍。再到 72 年之后的 1917 年，胡克望远镜的口径为 2.5 m，口径又增加了约 1.4 倍。从 1668 年到 1917 年的 249 年中，望远镜的口径正好增加了约 100 倍。我们可将望远镜视野随口径的增大，与交通工具快慢随速度的增加做一对比：前者的望远镜相当于马车，马车的行驶速度约为 20 km/h；后者相当于一种飞行器，速度增加到原来的 100 倍，如同 2 000 km/h 的超音速飞机的速度。

从 1950 年口径为 5.08 m 的海尔反射式望远镜到 2016 年口径为 500 m 的全球最大球面射电望远镜，66 年中，望远镜的口径又增加了约 100 倍。1668 年到 1917 年的望远镜口径增加百倍后，哈勃提出了“宇宙膨胀”理论。1993 年至 2016 年的望远镜口径增加百倍后，我们也期待天文学界对宇宙有更深入的理解，甚至出现新的宇宙理论或模型。

除了在地基上发展大口径的天文望远镜外，用航天器推送望远镜离开地球进入太空的观测也扩展了人类认识宇宙的范围，弥补了地面观测的不足。例如，1989 年，美国国家航空航天局发射的旅行者 2 号探测器飞越距离地球 45 亿千米的海王星，首次让人类看清了海王星的面貌，包括大气中的风暴，并新发现了它的卫星和多条光环。1990 年，美国国家航空航天局将哈勃空间望远镜[2]送入空间轨道，1993 年，哈勃空间望远镜开始在轨全面发挥作用。哈勃空间望远镜在距离地面 593 km 的高空椭圆轨道的运行，可以排除大气湍流的干扰，获得的图像和光谱具有极高的稳定性和可重复性。

哈勃空间望远镜和未来新的空间望远镜的目标有四个：一是探索宇宙年龄，研究星系中恒星的形成，希望通过高分辨率的照片揭示星云盘的结构和物理性质；二是探测超新星爆发与大质量恒星死亡之间的联系；三是建立起由黑洞驱动的类星体

[1] 射电望远镜是指观测来自天体的射电波的设备，可以测量天体射电的强度、频谱及偏振等量。该望远镜的拍摄清晰度是现在著名的哈勃空间望远镜的 10 倍。

[2] 它是以天文学家爱德文·哈勃命名，在轨道上环绕地球运动的望远镜。由于太空中不受地球大气的干扰，哈勃空间望远镜的图像清晰度是地球上同类望远镜图像的 10 倍。

和星系之间的关系；四是通过对造父变星距离的测量来测定哈勃常数，以确定宇宙膨胀速度。

太阳系中行星和卫星的发现，除了少数是数学方法推算出来的，大多数是通过望远镜观测到的。矮行星、卫星和彗星等天体距地球越远、体积越小，往往就越晚被观测到；也有一些天体是因为轨道偏心率大、周期长，所以只能在距地球近时才能被观测到。现代望远镜观测到的是不同的光谱，再对目标物进行的反演和确认。这些太阳系的小天体往往形状不规则，并不具有行星和大卫星的球形特征。随着探测手段的提高，近 20 多年来人们又把目光投向了太阳系外星系中行星的寻找。

寻找系外行星的成就终于迎来了 2019 年度的诺贝尔物理学奖。3 位天文学家分享了这一奖项，以表彰他们分别在宇宙演化理论和系外行星探测领域所做出的开创性贡献。其中的两位是做观测分析的，他们在 1995 年 10 月宣布首次发现了太阳系外的一颗行星围绕在银河系中的一颗类似于太阳的恒星运行。这颗系外行星是一个可与太阳系最大的气体巨星“木星”相媲美的气态球体，它的特点是距离恒星只有 0.05 个日地距离，温度高达 1 000 ℃。这一发现在启发人们寻找系外与地球类似的生命星球。其实，早在 1992 年就有学者在一颗脉冲星附近发现了 2 颗质量与地球相当的系外行星。自那时以来，银河系已经发现了 4 100 多颗系外行星，它们的大小、形状和轨道之丰富令人难以置信，宇宙虽大，却没有完全相同的两个个体。在这些已发现的系外行星中，其中的 2 700 多颗来自开普勒空间望远镜的贡献。

从地面望远镜发展到空间望远镜，人们的目的是希望知道宇宙的过去、现在和将来。两千多年前的天文思想难以得到观测的证明。早期的观测简单，但它却推动了天文学的一场思想革命，即日心说代替了地心说。这场思想革命很难与探测手段的革新挂钩。利用 1917 年建成的胡克望远镜，哈勃从 1929 年的天文观测中提出了宇宙膨胀的推论。从一个新的望远镜的建立到新推论的提出仅仅过了 12 年的时间。1929—2019 的 90 年中，不断竞争和攀比的超大型望远镜以及空间飞行探测器多有建造，但是并没有新思想和新推论的出现。所有新建望远镜和探测器的观测都没有怀疑过宇宙膨胀的单向推论。古代天文学发展期间，天文学家能够摆脱传统的地心说，提出日心说，让天文学产生了一次飞跃，依靠的并不是仪器的推动，而是发展新的物理模型解读观测事实的思想飞跃。现代天文学中，观测仪器获得的天文信息猛增，但仍然处于类似古代天文学地心说的以我为中心的世界观中，到了“宇宙膨胀”的推论阶段，并没有在现代天文学中产生思想的飞跃。人们利用望远镜看得越远，所得到信息量越大，正有待有一个新的世界观和方法论把它们放到应有的位置上去，希望以此能够理解和认识宇宙内部的当前结构，以及它的历史演变和未来趋势。

1.4 无穷时空层次下的宇宙

什么是宇宙？中国战国时期的思想家定义说“上下四方曰宇，往古来今曰宙”，其中的“宇”是空间，而“宙”是时间的概念。这也是原始的三维空间（上下四方）和一维时间（往古来今）的概念，所以占有物质的空间随时间的演变，就是宇宙。宇宙不可能只有空间或只有时间而单独存在。它在空间上的广延性和时间上的延续性表明宇宙的时空演变是客观存在的。人类对宇宙时空演变的认识是不断发展的，从地心说到日心说，又到宇宙大爆炸说，反映的是不同的宇宙观。

地心说与日心说的相同之处是它们的宇宙结构不随时间变化，不同之处在于天地（太阳与地球）相对关系或宇宙空间结构的不同，前者以地球为中心，而后者以太阳为中心。宇宙大爆炸说，或宇宙膨胀说，与地心说和日心说的不同之处在于宇宙的空间范围和结构是随时间向一个方向发展的。所以，人们的宇宙观经历了一个从定态到单向动态的发展过程。对日月和天体构成复杂系统及其演化的描述形成了天文宇宙观，对地球复杂系统及其演化的描述形成了地质宇宙观，对大气中复杂系统及其演化的描述形成了气象宇宙观。

人类要描述宇宙，首先要对宇宙有客观而精密的观测，包括对物质空间分布的观测和对物质形态随时间变化的观测。目前，人类对天文宇宙的观测和理解仍然不够，直接的原因是：不知道物质的表现形式有哪些？不同形式下的空间边界在哪里？不知道什么控制着不同空间结构系统随时间的演变？对地质宇宙的观测也受到入地无门的限制，更不知道它的来龙去脉。在现有的若干天文学说和地质地球学说中，没有一个天文学说可以与地质学说对接上，也没有一个地质学说可以反推到天文学说上去，特别是不能够把太阳系中行星演化的过程与地球表面的地质地貌联系起来。由于在探测上的方便，人们对气象宇宙的认识和描述要比天文和地质方便。于是，大气宇宙中的基本特征可以帮助我们认识天文宇宙和地质宇宙中的未知特征并有可能把它们连接起来。

基于人们的认知进程，宇宙大致可以认为具有下列特征：宇宙是由物质和能量组成的复杂系统；宇宙具有嵌套的层次，即大的宇宙系统中嵌套了小的宇宙系统和更小的宇宙系统，以至无穷；大的宇宙系统对次级宇宙系统有制约作用；宇宙系统是旋转的，是有内在结构和生命的，即有开始和结束。以地球大气宇宙为例，它的所有旋转的、有生命的系统都活动在大气的上下边界之间，驱动大气中不同尺度旋转系统生消，是地面接收太阳辐射随纬度的变化、地球表面的热力和动力差异以及大气内部的各种物理的、化学的和生物的变化过程。大气中最大的旋转系统是赤道与极地热力差异和地球自转驱动的环流，最小的旋转系统是龙卷风，在它们之间还有不同时空尺度的气旋和反气旋（反方向旋转的气旋）。

大气中的一个龙卷风涡旋是由无穷的干空气和水汽分子以及其他漂浮物组成的（图 1.4.1a）。龙卷会经历产生、发展和消亡的宇宙过程，维持的时间从几分钟到几个小时不等，而它们的空间尺度不过几十米到几百米。龙卷的形态总体是一个旋转的漏斗，可以接地或不接地。龙卷接地时会给地面上的生命财产造成巨大损害。龙卷的形成与中高层大气中的风切变有直接的关系，即大尺度的切变动能集中到了小尺度的涡旋上来了。在龙卷漏斗周围又有若干的乳状云体，它们处于不同的强度和运动形态中。

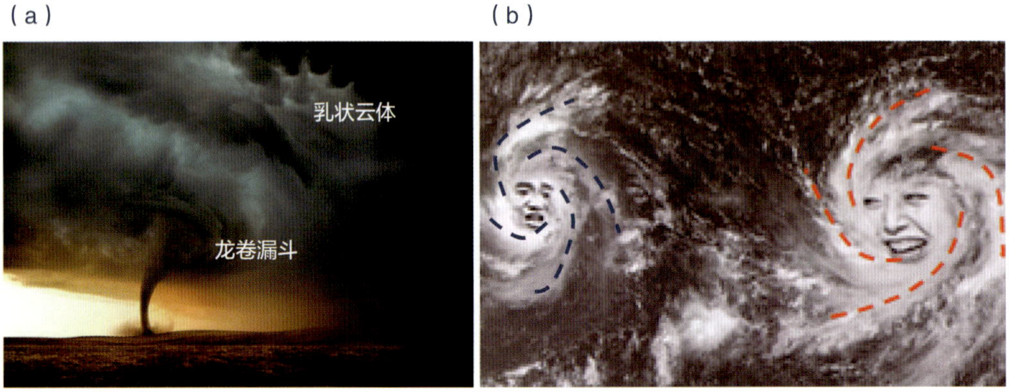

图 1.4.1 (a) 龙卷旋转漏斗和 (b) 两个台风的螺旋云系或雨带

大气中的主要天气系统是气旋和反气旋。反气旋多为晴好天气，少有云系分布，但组成反气旋的大气质量并不比组成气旋的小，可把反气旋系统中看不到的物质视为大气中的暗物质。气旋中有水汽的时候就可以看到云系特征了，反映的是空气运动形式，也是大气运动中的物理现象。受到地转偏向力的作用，北半球的气旋在空中俯瞰呈现逆时针的旋转形式，而南半球的气旋则呈现顺时针的旋转形式。气旋又分热带气旋和温带气旋。温带气旋主要形成于冷暖气团交界的锋面上，而热带气旋，包括台风和飓风主要形成于赤道辐合带上。赤道辐合带是行星尺度的大气环流系统。台风中有多条螺旋云带（雨带）。图 1.4.1b 中有两个同期存在的台风。在它们各自的周围有四条螺旋雨带。螺旋雨带上降水集中，而在螺旋雨带之间降水存在间隙。在受台风影响的时候，人们会感到一阵风、一阵雨的间隙现象，它们就与这些螺旋雨带的移动有关。每个台风都像是一个宇宙，台风的物质组成中包含了可见的云系和不可见的无云空间中的干空气。当前地球上有多少个台风就有多少个热带风暴宇宙。过去消亡了的台风和它们曾经给人们造成的灾难，都已成为历史和人们的记忆，它们也在地球上所到之处留下了痕迹，如泥石流。

螺旋雨带中又包含有很多的小尺度涡旋系统，其中可能就有图 1.4.1a 中的龙卷系统。螺旋雨带是台风发展过程中水汽、热量和角动量输送的主要通道。两个台风之间及远距离的无云和少云区域是台风螺旋雨带上水汽和热量的源地。当台风登陆受到地形影响的时候，环绕台风周围的物质能量和水汽通道受到破坏，台风强度开始减弱。而台风的形状直接受到海陆地形的影响，由多条雨带变成与海岸平行的两条雨带，就像通常画的台风符号。

我们还可以追踪到更大空间尺度和更长生命期的天文宇宙系统去，看看那里的四条螺旋带。银河系也有类似台风最强时期的四条螺旋星云带。不过，银河系中的螺旋带，不是由水汽和云构成的，而是由无数的恒星系统——如大量类似太阳系的系统——和星际间看不见的物质和能量组成。星际间看不见的物质和能量可能就是宇宙暗物质和暗能量，它们会在确定条件下成为可见的物质和能量，就像大气中的水汽会在确定条件下成为可见的云。银河系中的那些亮带是由很多的星云组成的（图 1.4.2）。整个银河系是一个系统，是一个宇宙。银河系中心已经形成了恒星密度非常大的核。银河系中的那些螺旋星云带，在时空尺度上，属于次一级（或下一级）的系统或宇宙。每条螺旋星云带上，又有很多的，像太阳系那样的，更次一级的宇宙系统。太阳系中又有地球与它的卫星——月球构成的系统或宇宙，还有那些木星和土星与其卫星（或光环）构成的宇宙系统。在地球大气中每天又有那么多的台风、气旋、龙卷等宇宙系统。

以上描述的这些系统，空间尺度和生命期各有不同，它们组成了人们可以理解的多层次、多时间和多空间特征的宇宙。空间范围越大的宇宙，其时间尺度也越长，称为上层宇宙。上层宇宙中包含和制约了多级下层时空尺度的宇宙。多级下层时空尺度的宇宙组成了上层宇宙。从微观到宏观，有多少个层次是一个未知数，会随着人类的认识程度而增加。高层次的宇宙可以记录到相邻低层次宇宙的痕迹。高层次宇宙是低层次宇宙的背景，而低层次宇宙是高层次宇宙中的扰动。

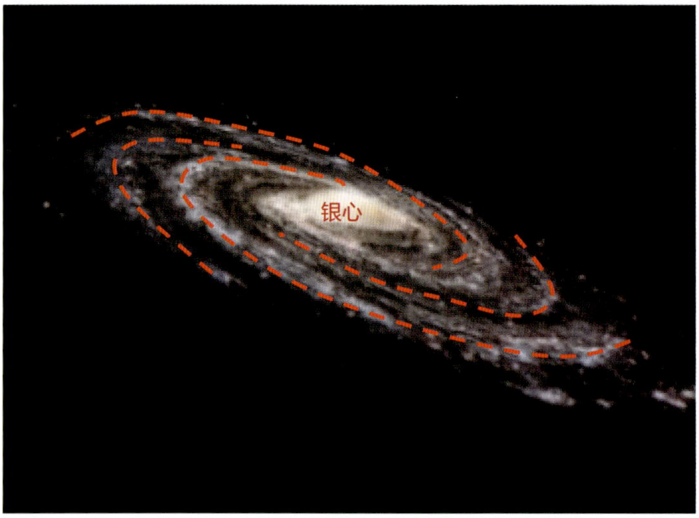

图 1.4.2 银河系中心和它的外环螺旋星云带

从肉眼看天，到借助望远镜和空间技术的发展去观测，人类对宇宙的认识增加了较多的层次。随着望远镜和空间探测技术的发展，人们又会在更大范围上发现更多的层次，人类对宇宙是认识不完的。但可以肯定的是，不同层次中的宇宙结构具有相似性，上一级层次宇宙制约着下一级层次宇宙。在上一级层次宇宙上看下一级层次宇宙可以将其视为一些扰动。无论在哪级层次上，每个宇宙的时空尺度是关联的，因为它们都是生命有机体。于是，大气中的龙卷、台风、气旋、反气旋和天文中的太阳系和银河系都是不同的有机体，是有生命的。每个有机体的内部存在着紧密的联系。在同一个层次的系统中，没有两个系统或两个小宇宙是相同的。大气中找不到两个完全相同的龙卷，找不到两个完全相同的台风，同样天文上也找不到两个相同的卫星、行星和恒星以及涡旋星系。但是，大气中的不同龙卷、不同台风之间有相似，天文中的卫星、行星和恒星及涡旋星系也有相似。在不同的时空层次下，不同的宇宙之间也具有相似性。相似的宇宙，发展方向却可能会完全相反，或是发展的速度有所不同。

现代观测资料给人们奉献出了丰富多彩的多层次宇宙。两千年前的老子并不知道宇宙有无穷的层次，但他在一个层次的宇宙上提出了大道的世界观，又提出了处理相对基本态（无为）扰动的方法。更为可贵的是，老子认识无为大道（基本态）和处理相对扰动的方法论可以应用于政治、军事和社会的方方面面，而不仅仅只适用于天地自然。老子理想中的人类要分成很多的小国，每个小国自成一个系统，所谓“小国寡民，邻国相望，鸡犬之声相闻，民至老死不相往来”。这样就形成了局部的小系统或小宇宙，每个小宇宙有自己的内在结构和变化特征，小系统之间相安无事。

1.5 宇宙的局部膨胀与局部收缩

20 世纪以来，天文观测的尺度大大扩展，达到上百亿光年的时空区域，宇宙膨胀的动态演化观念进入了人类的意识。20 世纪 20 年代，苏联物理学家和数学家弗里德曼提出了均匀各向同性膨胀的动态宇宙模型。1929 年，哈勃的红移定律说认为，越远的星系以越快的速度飞离开我们，为“宇宙大爆炸”理论提供了支撑。大爆炸理论的主要观点认为整个宇宙最初聚集在一个“原始原子”中，然后突然发生大爆炸，使物质密度和整体温度发生极大的变化，宇宙从密到稀、从热到冷、不断膨胀，形成了今天的宇宙。大爆炸理论在诞生之初由于缺少证据并不使人信服。后来找到了一些证据，又得到了一些伟人的支持，如英国著名理论物理学家斯蒂芬·霍金对于宇宙起源后最初的宇宙演化图景作了阐释。大约 150 亿年前，宇宙内的所存物质和能量都聚集到了一起，并浓缩成很小的体积，温度极高，密度极大。突然，这个体积无限小的点在四大皆空的“无”中爆炸了，时空从这一刻开始，物质和能量也由此产生，这是一个宇宙创生的大爆炸。人们将大爆炸开始的瞬间视作为宇宙年龄的“零”时。

虽然这个宇宙的时间有了开始，但无中生有的物质和能量为什么能够聚集？又是怎么导致了突然爆炸的？我们面对的是一个无从谈起的真实宇宙。这与上帝创造宇宙没有不同。也许还有长于 150 亿年的更大时空尺度的宇宙存在？这种浓缩点的突然大爆炸与早期人们提出的多种突变论并没有太大的不同。关于宇宙大爆炸开始的时间，有的描述从 137 亿年开始，至今分为三个过程，有的又认为从 150 亿年前开始，至今分为三个阶段，这些都是推测。但对宇宙的三个过程和三个阶段描述的细节是有所不同的，且看这个宇宙创造论的三个阶段。

第一个阶段称为“太初第一秒”。刚刚诞生的宇宙年龄为 0.01 s 时，温度降到 1 000 亿摄氏度；宇宙年龄为 1 s 时，温度降到 100 亿摄氏度，宇宙仍处于高温、高压的状态。至于第 1 s 前和第 1 s 内质能聚集点的环境场是什么？驱动力是什么？这些都不得而知。只是认为这时的宇宙由质子、中子、电子、光子等基本粒子混合而成，成为热平衡状态下的“宇宙汤”。这好比受孕的精子在母体里着床了，但这个宇宙又没有母体。按照这样的高速膨胀速度，这时的宇宙不可能成为一个平衡状态，在膨胀的方向上应该出现巨大的物质分布梯度，应该有各向不同的非对称粒子密度和速度。在太初的 0.01 s 前后，核裂变的速度到底有多大？哪怕考虑太初的 0.000 1 s，总不能没有环境场和第一驱动力。

第二个阶段认为经历了数千年，形成了化学元素。随着这个宇宙的膨胀，温度很快下降。当温度降到 10 亿摄氏度左右时，认为中子开始失去自由存在的条件，化学元素开始形成。当温度进一步下降到 100 万摄氏度时，化学元素形成的过程就结束了。此时宇宙间的物质主要是比较轻的原子核和质子、电子、光子等，光辐射很强，但是没有星体存在。说明，最初的数千年中宇宙仍然保持的是“一锅汤”，混沌一团，没有特征。这一阶段也不能与十月怀胎的婴儿比较了，因为婴儿在母体中会生成骨头和各种器官，丰富的程度就已经是一个人体小宇宙了。这个阶段留给人们的是第二个不可想象。

去除开始的数千年，第三个阶段起始于温度降到几千摄氏度时，各种原子核开始与电子结合为中性原子。由于温度的降低，辐射也逐步减弱，宇宙汤变成了气态物质。这些气态物质的微粒相互吸引、融合，形成越来越大的团块，就是现代宇宙。以上三个阶段描述了这样一个故事：从一个高温高压的点变成了第一阶段和第二阶段的液态宇宙，而过了 100 亿年后液态宇宙变成了气态宇宙。从液态宇宙转变成气态宇宙的时间长度并不清楚。液态宇宙中没有任何的形态和结构。宇宙开始以来的大部分时间中，只是从最初的固体点迅速膨胀成了液态宇宙，没有形成可以识别的花样。即使在气态宇宙中也没有空间特征的描述。

近 100 亿年以来的几十亿年中，中性原子在引力作用下逐渐聚集，先后形成了各级天体，经历了从气态宇宙向固体宇宙的转变过程。气体逐渐凝聚成星云，并逐渐演化成星系、恒星和行星，变成了今天所能看到的星空世界。在个别天体上还出现了生命现象，人类也终于在地球上诞生了。这样的膨胀学说也没有交代不同层次天体形成的原因和中间过程。

对上述宇宙膨胀的三个阶段对应宇宙物质态的不同，我们可以重新划分为四个时期。第一个时期是宇宙的最初第 1 s，宇宙完成了从最初固体向液体的转变；第二个时期是宇宙第 1 s 后至 100 亿年间保持的宇宙液体膨胀状态；第三个时期是近 100 亿年前后液态宇宙向气态宇宙的快速转变；第四个时段是近 50 亿年间气态宇宙向分散型固体宇宙的转变。为什么宇宙维持了如此漫长的液态时段？什么原理依次调制了最初 1 s 从固态宇宙向液态宇宙的转变，100 亿年前后从液态宇宙向气态宇宙的转变，以及近 50 亿年从气态宇宙向分散型固体宇宙的转变？这样的问题与两千年前老子年轻时向他的老师提出的“日月星辰，何人推而行之”没有什么不同。商容老先生回答不了，只好请求辞退。按照近 50 亿年来气态宇宙向固体宇宙的转变时间，宇宙中所有的天体，包括太阳和它的行星都是在同一个时刻形成的，那么就等于没有给上一个层次的银河系留下发展的时间。

有了这样的一个宇宙万物始创和演化宇宙膨胀模型，接下来科学家们的任务就是为它寻找证据。第一个证据，也是最主要的证据是星系红移现象。1929 年，美国天文学家哈勃发现了不同距离的星系发出的光，颜色上稍稍有些差别。远星系的光要比近星系的红一些，由此推论：各星系正以很高的速度彼此飞离。这一现象可以用火车远离我们行驶时汽笛的声调（即频率）所发生的变化来比拟：当一列火车快速驶远时，它的汽笛声听来会变得沉闷，因为声波相对于听者的频率变低、波长变长了，这就是多普勒效应。把声波换成光产生的效果就是红移，它是物理学中的多普勒效应。

哈勃总结出谱线红移的规律是：越远的星系，它的光谱线红移量就越大，因而远离我们而去的速度就越大，红移量与星系离我们的距离成正比，称为“哈勃红移”，也就是著名的哈勃定律。哈勃对众多星系的光谱进行研究后确认红移是一种普遍现象，这表明宇宙正在膨胀。这一发现奠定了现代宇宙学的基础，根据现代宇宙膨胀的论断，追踪宇宙发展的反时间方向就会归集到一个点上去了。

天文学的发展多依赖于对观测现象的推论。有这样的一个推论故事：欧洲三位科学家在去他国的火车上，肉眼看到远处的一只白羊，三位科学家给出了不同的推论。天文学家的推论是：这个国家的羊都是白色的（一概而论）；物理学家的推论是：这个国家有部分羊是白色的（概率论）；哲学家的推论是：这个国家至少有一只羊的一个面是白色的（片面论）。

按照宇宙膨胀论，宇宙就将一直膨胀下去。在这个闭合的系统里，宇宙会缓慢地走向衰亡。宇宙越来越稀薄、寒冷，直至物质本身最后衰亡，只剩下宇宙背景辐射。到非常遥远的将来，所有的恒星燃尽熄灭，最终全都以热和光的形式蒸发掉。宇宙最终变成一锅稀得令人难以置信的汤或者气态。所有这些粒子都在缓慢地运动，彼此越来越远，出现寒冷、黑暗、荒凉而又空虚的宇宙，不会再有任何基本物理过程的出现，达到了“热寂”的状态。

我们的宇宙是否会永远膨胀下去？宇宙今后的图景和未来的命运又是怎样的呢？单向的大爆炸宇宙论并没有给出明确的答复。此外，又有另一种观点想挽救宇宙膨胀学说。这种相反的学说认为，如果宇宙的总质量大于某一特定数值，那么总有一天宇宙将在自身引力的作用下收缩，造成与大爆炸相反的“大坍缩”。收缩过程与大爆炸后的膨胀是对称的，像一场倒放的电影。宇宙收缩的过程起初很缓慢，随后越来越快，体积缩小，温度上升。又从一个漆黑寒冷的宇宙变成一个越来越热的宇宙，行星、恒星也融化了，所有物质又被挤进一个很小的体积内。在最后的3 min，温度变得如此之高，宇宙又成了一锅基本粒子汤。随后，质子和中子也无法区分，挤成一堆等离子体。在最后的时刻实现“大紧缩”，宇宙逆转回到了出发点。引力成为占绝对优势的作用力，所有的物质都因挤压不复存在，一切有形的东西，都被消灭，成为宇宙的末日。所有层次的宇宙都因这个大宇宙的消亡而消亡了。宇宙在大爆炸中诞生于无，此刻的大紧缩又归于无。

宇宙真的能够无中生有和有中归无吗？两个故事里，宇宙的消亡都是无可挽救的。可是对时间来说，它们是两个完全不同的指向。此外，宇宙大爆炸学说在两个关键问题上无法解释：其一，尚不能确切地解释“在所存物质和能量聚集在一点上”之前到底存在着什么东西，是什么引起了大爆炸；其二，无法解释如果宇宙最终重新坍缩回到原点，又会发生什么。有天文学家提出了宇宙“无始无终”论：宇宙一直在反复地收缩然后又膨胀着。宇宙曾经处于体积非常大、物质密度非常小的状态，它在万有引力作用下渐渐收缩、聚拢起来，直到所有的物质统统撞到一起为止。这样的宇宙被称为收缩宇宙。然后，它突然爆炸了，结果形成我们今天观测到的这个膨胀宇宙。今天宇宙的膨胀将被不断起作用的引力所抵消，最终引力迫使宇宙的膨胀完全停顿下来，进而又转为收缩。因此有可能宇宙并没有什么开端，它一直在反复地聚拢然后又分开，分开而后又聚拢，聚拢和分开永无止境。这样的一幅图景被称为振荡宇宙，在物质和能量总和不变的情况下只是体积在随时间振荡。

看上去，这样的宇宙振荡说只是对宇宙膨胀说在正反两个方向上的一种推测。用红移解释膨胀现象非常普遍。一个例子是，北京首都机场候机厅凌晨零时刻的万名旅客即将乘坐不同的航班各奔东西，飞往世界各地。几个小时后，旅客们距离首都机场越来越远，占有的水平空间越来越大，大多数人甚至永远不会再有机会相遇了。这样的离散就是人们在空间上随时间的膨胀。人们在按照自己的意向运动，有聚有散，统计上以散为主，在膨胀，但他们还都没有离开这个地球。宇宙的物质也是一样，它们在运动，有聚散，也没有离开这个宇宙，但在统计上相对地球在远去。旅客们从一个体积很小的点出发会膨胀下去，是一群人在空间上扩展的红移现象。另外在东京成田机场，周围有上百架的飞机向一个点汇聚而来，那里正发生着大量旅客的收缩。

膨胀和收缩应该是宇宙中物质运动的普遍现象。一个生存时间为几十天的台风也可以看作一个宇宙。初始时刻，大范围大量的空气质点，也包括水汽质点有组织地沿多条螺旋云带向一个扰动中心汇聚而来，形成了台风的发展期，也是一个收缩期。台风登陆后，或者进入中高纬度西风气流中后，台风云带发生变形，涡旋环流范围扩大，即台风进入到了膨胀期。在收缩期的后期和膨胀期的前期，那是台风的鼎盛期，强度和范围几乎不变。

怎样解读一个台风（宇宙）生命过程中的三个历史时期呢？人的生命期比台风要长，科学地解读台风没有问题。但是让世界上生命期最短的，只有一天存活期的蜉蝣（图 1.5.1a）来解读台风，问题就来了，蜉蝣们会有三组不同的推测。其中一组做观测的蜉蝣回答，我们在海上观测台风一辈子了，台风的强度是永恒不变的。另一组蜉蝣提出了不同的推测，台风在不断膨胀。而再一组蜉蝣反对说，台风在收缩。这三组蜉蝣争论不下，于是它们找来了独立评审组的蜉蝣。评审组的蜉蝣给出了皆大欢喜的答案：这个台风先是膨胀的，到达最大膨胀时有一个不变的时段，后来某种原因又使得台风收缩了，台风就是这样循环往复地在膨胀与收缩的过程中振荡着的。

(a) (b)

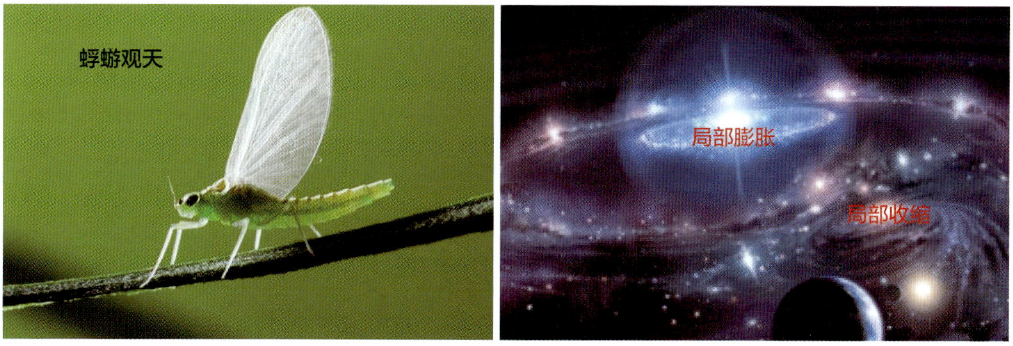

图 1.5.1 (a) 只有一天存活期的蜉蝣，(b) 宇宙中的局部膨胀和局部收缩

地球大气层中充满了不同种类的各种大气气体、液体和固体物质。这些物质具有不同的质量、能量和动量。它们有组织地运动，形成了无穷的有不同旋转方向的涡旋。其中，有的涡旋成为台风，有的涡旋成为气旋或反气旋，不同的称谓都是人为的，依赖它们的时空特征而取名。每个涡旋类似于银河系，可以处在膨胀期、收

缩期或相对不变期中。大气中的水汽分子或其他分子，今天它们参与了这个涡旋或台风的有组织运动，明天这个台风消亡后，它们又参与到另外的涡旋或另外的一个新台风的有组织运动中去了。任意一个时刻，全球大气中都存在着不同层次的大小涡旋，它们各自随时间处于局部膨胀和局部收缩的过程中。它们永远不会出现向着一个方向的膨胀或收缩，甚至也不会出现相同物质组成的膨胀和收缩反复振荡的形式。那么，是什么造成了宇宙时空变化的多样性呢？

我们相信，真正的宇宙中也是由局部膨胀和局部收缩的旋转系统组成的（图1.5.1b）。不同质量和体积的旋转系统处于不同的发展阶段，具有不同的能量和旋转角动量。它们也像台风中的气体分子那样，在不同的机遇和外作用力下参与了不同的运动形态。局部膨胀与局部收缩的思想，与英国著名物理学家霍金到生命最后还在试图探讨的多重宇宙有点类似，他倾向“平稳退出永恒膨胀”这一学说。他还主张，在大爆炸之后产生了很多宇宙，人们身处的宇宙只是其中一个。可见，他还是没有敢脱离那个最初的大爆炸，只是想平稳退出永恒膨胀，但不彻底。虽然现今可观测到的宇宙只是一小部分，但人们可以从可见的物质世界去理解更遥远的天文世界。即使在这一小部分中，人们已经探测到了两个局部扰动系统相互作用和合并对周围环境的影响。

1.6 宇宙“藤原效应”产生引力波

自从爱因斯坦在1916年提出引力波的概念并预言了引力波的存在，一百多年来科学界一直在苦苦探寻引力波。根据爱因斯坦的广义相对论，引力实际是时空几何的弯曲，这种弯曲随时间的变化可以用波的形式传播，称为引力波。引力波以光速传播，充满整个宇宙，其所到之处，都会导致时空本身的伸缩。爱因斯坦认为任何有质量的物体加速运动都会对周围的时空产生作用，这个作用就是以引力波的形式发生的。引力波对时空产生的影响是人感知不到的。原因是，以光速传播的引力波在空间上的尺度相对人能够认知的空间尺度太大了。作为相对论中的核心预言，引力波的探测被认为是一项意义重大的物理学研究。但是要探测到引力波谈何容易！它虽然在宇宙中无处不在，却非常微弱，信号强烈的引力波只发生于超新星爆发、中子星与黑洞等天体相撞等极端暴烈的事件中。

为了探测可能存在的引力波，近百年来西方科学界数代人投入大量资源。2017年10月3日，美国物理学家雷纳·韦斯、基普·索恩和巴里·巴里什，因构思和设计激光干涉仪引力波天文台，对直接探测引力波做出杰出贡献，荣获2017年诺贝尔物理学奖。尽管爱因斯坦认为，我们不可能测量它们，但基普·索恩和雷纳·韦斯等十分确信，引力波一定能被探测到，而且，它会彻底革新我们对宇宙的理解。

1984年，美国国家科学基金会成立由韦斯、索恩和罗纳德·德雷弗三位科学家组成的指导小组，开展引力波天文台的可行性研究。据韦斯后来的回忆，当时不少天文学家非常反对这个项目，因为他们觉得这是有史以来最大的金钱浪费。直到1994年，引力波天文台才收到美国国家科学基金3.95亿美元的长期资助，开始台站的建设。2002年，引力波天文台才正式开始进行引力波的探测。

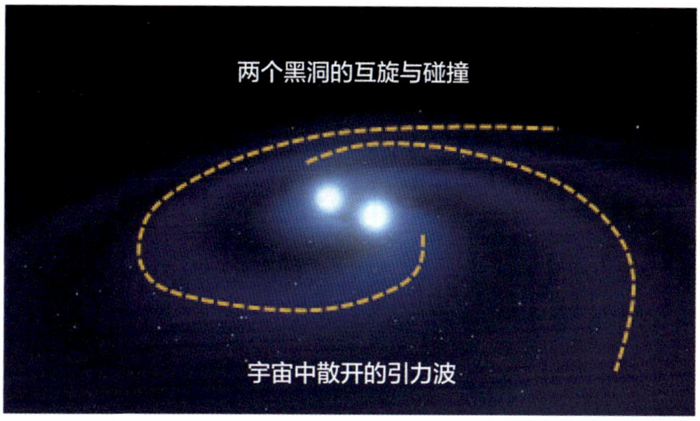

图 1.6.1　两个黑洞的碰撞和宇宙中散开的引力波（黄虚线指示黑洞外围的物质密度亮带）

引力波天文台于2015年9月14日首次直接探测到双黑洞合并产生的引力波，证实了爱因斯坦100年前所做的预测，完成了验证广义相对论实验的最后一块拼图。这个引力波是来自一个36倍太阳质量的黑洞与一个29倍太阳质量的黑洞的碰撞（图1.6.1）。两个黑洞的相互作用与合并也搅动了周围的世界。图1.6.1中的黄虚线是沿黑洞向外伸展的物质相对高密度集中带，也形成了引力的空间不均匀（扰动）分布。这两个黑洞碰撞后合并为一个62倍太阳质量的黑洞，失去的3倍太阳质量以引力波的形式释放出来。这些引力波经过13亿光年才被美国的引力波天文台探测器探测到。后续引力波天文台又在2015年12月26日、2017年1月4日和2017年8月14日等时间点，确认了多个引力波信号。

在广义相对论中，爱因斯坦虽然预言了引力波的存在，但他提出的却是物体加速运动时给宇宙时空带来的扰动。而拓变论发现的新事实认为，引力波是引力场本身的属性。事实上引力波无处不在，只是随着引力场强度的不同而不同。拓变论的观点可以理解为气象上使用的传统天气图，图中是波和涡的叠加，是把质量和能量（角动量）综合在一起的空间场。所以拓变论是在从综合的空间场上描述真实的世界。

而爱因斯坦的相对论是把基本态与扰动分开了。实际上，宇宙的总体是时空不均匀的，空间分布的实际引力是引力基本态和引力扰动的叠加。这里的基本态类似两千年前老子在《道德经》中提到的大道，而这里的扰动就是老子提到的世间万物存在的美与丑、善与恶等的相对基本态的偏差。

两个黑洞合并前，它们之间的绕转已经搅动了周围空间中物质和能量的分布，发生了疏密涨落，犹如散发着涟漪般的波形（图 1.6.1 中的黄虚线）。这些波形就是空间物质和能量分布不均匀引起的引力波，它们带走了双黑洞系统的一部分引力势能，让两个黑洞越绕越近、越近越快。而两个黑洞最终合并之后，融合成了一个大黑洞。这一过程与北半球大气中两个扰动涡旋的逆时针互旋、合并和增强成为一个大扰动涡旋，在形式上是完全一样的。两个靠得比较近的扰动涡旋逆时针打转，最终合并的现象会发生在热带气旋，即两个台风的相互作用中。气象学家们称大气中发生的这种现象为“藤原效应”[1]。热带地区大气基本态的空间差异远比中高纬度小。所以，一旦两个位于低纬度的台风相互靠近，我们便可以用“藤原效应”清楚地解释其运动变化。但是在中高纬度，台风与中纬度的其他系统相互作用时，传统天气图上就看不清楚它们之间的相互作用了。

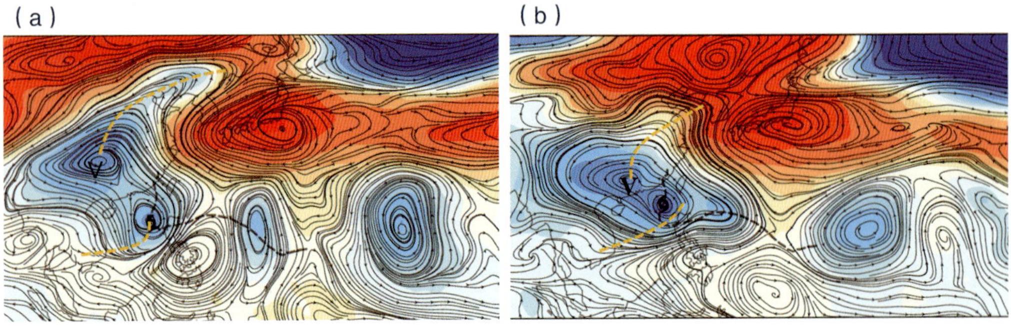

图 1.6.2　2010 年 10 月 (a) 20 日 00:00 世界时和 (b) 22 日 12:00 世界时大气 300 hPa 上的扰动气流（流线）和位势高度扰动（阴影，gpm）（参考 Qian，2014），(c) 计算机模拟的 2010 年 10 月 20 日 00:00 世界时“鲶鱼”台风转向福建时与中国大陆上的涡旋互旋，最终合并增强（箭头为流线，黄色和蓝色区域分别为位势高度正负扰动，黄虚线指示扰动涡旋气流的切变线，6 和 V 分别为台风和中国大陆扰动涡旋）

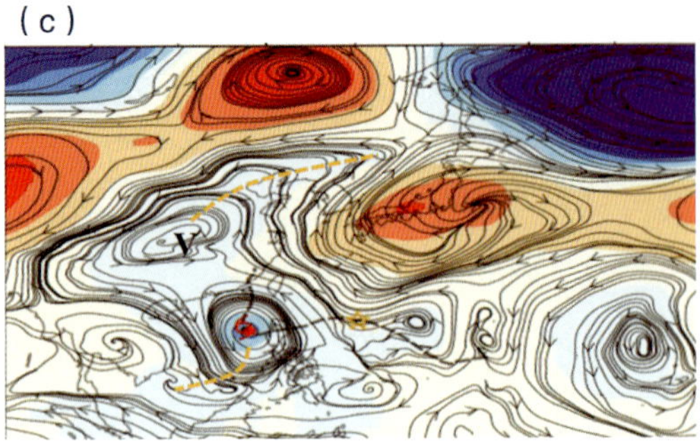

[1] 藤原是 20 世纪 30 年代的日本气象学家。

图 1.6.2a 是从实况大气资料中去除瞬变气候（相当于大气中的基本宇宙势）后得到的 2010 年 10 月 20 日 00:00 世界时大气 300 hPa 上的扰动气流和位势高度扰动。其中，南海上空的“鲇鱼”台风扰动涡旋与中国南方大陆上的扰动涡旋正在发生逆时针的旋转相互作用。除了这一对扰动涡旋外，在热带太平洋上还有另外的两个低压扰动涡旋，在中纬度地区的大气中还有相反的扰动涡旋。到 22 日 12:00 世界时（图 1.6.2b），台风涡旋与大陆涡旋的距离经过旋转相互作用后，越来越近了，最后它们的合并使得强度迅速增加（图 1.6.2c）。

类似图 1.6.1 中天文上观测到的现象，图 1.6.2a 和 1.6.2b 是大气中两个涡旋相互作用发生的两个“黑洞”，其中的黄虚线为对环境场的扰动。它们的合并也会对周围的大气产生波动，即能量的传播和流型分布。图 1.6.2c 的迷人之处在于，它是计算机从 2010 年 10 月 16 日 12:00 世界时出发（台风在黄五角星处）模拟出来的，相当于预报出三天半后 20 日 00:00 世界时东亚至西北太平洋区域大气中的位势高度扰动分布。这样的预报图 1.6.2c 是与实况图 1.6.2a 一致的。台风在这个时刻要发生转向了，其原因就是台风与大陆涡旋发生了逆时针的相互作用与并合增强。这一过程与两个黑洞互旋、最后碰撞与合并类似。实际大气中，不但会有两个负位势高度扰动涡旋的相互作用，还会存在两个正位势扰动涡旋的相互作用，甚至一个负位势高度扰动涡旋与一个正位势高度扰动涡旋的相互作用。引力波的波长是如此之长、频率是如此之低，正是引力场强度之弱的真实证明。若以目前人们已知的四种基本作用力的强度来刻画，强力的强度定义为 1，那么电磁力、弱力和引力的相对强度分别为 10^{-2}、10^{-13} 和 10^{-38}。这样的引力在大的宇宙空间中总是存在的，也是人能有所感知的。

根据相对论可知，高速运动的物体和宇宙中大质量的天体碰撞都会产生极强的引力波，但当这些引力波传到地球上时会变得微乎其微，因此在地球上需要极高灵敏度的观测站来探测引力波。其实，就像图 1.6.2b 中发生在中国南海的两个负位势高度扰动涡旋的合并，也会在大气中产生波动。图 1.6.1 中的事件是在天文宇宙中两个黑洞合并产生的，而图 1.6.2 中的事件是大气宇宙中两个涡旋合并产生的。在两个不同时空尺度的宇宙中，扰动之间的相互作用都出现了“藤原效应”。大气中不断有扰动系统的相互作用与合并，甚至引发极端天气事件，可是这样的合并过程与能量爆发的信号难以提前被气象学家们发现。一旦扰动能量爆发，就会让人们措手不及。

爱因斯坦建立了普遍适用且与观测数据相符的引力理论。广义相对论为引力现象提供了一种与相对性原理相符的描述。这一伟大成就的核心思想完全颠覆了人们对时间和空间的认识。这意味着，独立于观测者的物理现实不是单独的时间或空间，而是时空，是一个能将时间和空间统一起来的四维几何结构。爱因斯坦提出，时空的几何是由其中所含的能量决定的，而引力恰恰就是时空的弯曲几何的体现，而不是一种“力”。所谓时空是弯曲的，那么是否存在引力势？引力势又是什么呢？

QIAN W H.2014. Typhoon Turning Atlas. World Scientific, Singapore.

1.7 宇宙势的空间不均匀分布

在物理学中，力是物体与物体之间的直接相互作用或相互牵引的作用。力可以改变一个自由物体的运动状态包括速度和方向，力也可以改变自由物体的形状。物体间的引力确实是存在的。地球上的物体都受到地心引力的作用，地球引力也是海洋流体和大气运动中必须考虑的力。打个比方，大气中一个携带水汽的气团，从低的位势高度上升到高的位势高度，要克服重力做功，气团的势能发生了变化，同时其进入到一个相对冷的环境大气中，之后会发生状态的变化，形成云，甚至降水。这中间包含了宏观的力的作用和微观的物理过程。气团是不可能自发地改变它的位势的，必然是外面的某种因素引起了位势的改变。

牛顿的引力理论是基于非常简单的定态模型。在此模型中，两物体之间的相互吸引力与两体质量成正比，并和它们之间的距离的平方成反比。两个物体之间引力的大小还与一个比例系数有关，叫引力常数。两个质点的周围还存在无数的质点，它们都分别与这两个质点之间存在引力，所以引力常数也可以看成为其他质点对这两个质点之间引力的影响系数。这个常数应该是区域近似的常数，在宇宙的不同部位它是变化的，说明引力反映了宇宙不同部位上物质密度分布的属性，反映的是绝对宇宙空间中的物质运动状态。我们先把这种状态称为“宇宙势”。引力只是宇宙势在空间上分布的一个度量。所以，引力能够以很高的精确性预言太阳、月亮和行星的运动。由于宇宙物质密度在空间上的分布是随时间变化的，于是引力常数（系数）或宇宙势必然是随时间和空间变化的。

长期以来，人们总是倾向于认为引力是作用在物体上的力，然而爱因斯坦指出，引力完全是另外的一回事。爱因斯坦把引力看成是宇宙的性质，而不是个别物体的性质。这个宇宙性质就是我们这里说的“宇宙势”，是无穷质点之间的联系纽带，内涵它们的质量和各种能量。一般地，物理关系式中的常数表明的是一个统计关系，引力常数就具有时间和空间上的统计意义。狄拉克在 1937 年提出了自然界中的大数假说并设计了一个宇宙学模型，得到了两个推论：万有引力常数值反比于宇宙时间的增加，而宇宙质量随宇宙时间的平方的增加而增加。在过去的几十年中，人们对这两个推论颇有争议。在膨胀的孤立宇宙或局部宇宙中，所有物体之间的距离是增大的，那么随着物质密度的减小，引力系数也减小，看上去是随时间增加而减小的。但是，在膨胀的孤立宇宙中质量不会增加，原因是恒星的热核反应不可避免，散布到空间中的辐射不可避免。当然，对收缩的局部宇宙有相反的情况。

在 20 世纪之前，人们认为宇宙是以一种不变的状态存在的，从未有人暗示过，宇宙是在膨胀或是收缩。人们倾向于永恒的真理，宇宙必须是不朽的，不变的观念才能给人以安慰。人们走到了用引力来解释收缩，而用斥力来解释膨胀的阶段。无穷颗恒星的分布保持平衡的状态，邻近恒星之间的吸引力被远隔恒星之间的斥力平衡了。实际上，这样的平衡是不稳定的。如果某一区域内的恒星稍微互相靠近一些，引力系数增大，引力就增强，这些恒星就会继续落到一起（收缩）。反之，如果某一区域内的恒星稍微互相远离一些，引力系数减小，斥力就起主导作用，并驱使它们离得更开（膨胀）。

引力问题不得其解，延伸出了很多的猜想。人们坚信，科学的终极目的在于提供一个简单的理论去描述整个宇宙。广义相对论是描述引力和宇宙的大尺度结构的理论，而量子力学适用于处理极小尺度的现象。人们相信速度决定物质的属性，把引力猜想为超过光速的作用，引力子的概念也就出现了。但是，科学家们至今还没有找到引力子。

爱因斯坦提出了革命性的思想，即引力不像其他种类的力，而是时间和空间弯曲的宇宙后果。由于地球的旋转，人们知道了地转偏向力。只要地球上的物体发生相对地球的运动，这个力就会显现出来。这个现象体现的是：运动的同时出现了力，而不是力产生了运动。这不是一种真正的力，而是旋转地球上的一种性质。这个力使北半球运动物体发生了向右的偏离，但人们并没有给物体施加这个方向的力。地转偏向力成了地球上运动物体受力运动的一个定则。相同运动速度的物体所受到的地转偏向力在地球赤道上和在极地是不同的。地球绕着太阳旋转，地球上的物体运动除了受到地转偏向力的作用外，还受到“太阳系旋转偏向力”的作用和“银河系旋转偏向力”的作用。宇宙既然是旋转的，运动的，那么像行星和恒星，这些运动的天体也会受到“宇宙旋转偏向力”的作用。这个宇宙旋转偏向力就是引力的环境场，前面已经称它为宇宙势。由于宇宙的运动形式是以多种大跨度的旋转运动为特征的，而不是直线运动，所以描述宇宙的运动用绝对角动量更为合适。这个绝对角动量的分布就是宇宙势，可以定量地用引力表示。绝对角动量和宇宙势，它们可以表达物体间的吸引和排斥。广义相对论预言光线必须被引力场所折弯。空间弯曲和光线被引力场所折弯表明的是，宇宙中一切物体都在作大跨度的旋转，因为受到了宇宙旋转偏向力的作用。物体在宇宙运动中相互吸引并排斥，反映的正是绝对角动量的变化，或者绝对空间中旋转强度（涡度）的变化。

现代人们能看到的世界仅仅是宇宙的一部分。图 1.7.1 是宇宙中物质和能量的局部分布。这部分宇宙呈现混沌状态，没有规律和结构可言，但可以肯定地说，图 1.7.1 中的部分宇宙也是由不同层次的结构组成的，只是我们没有把它们从物理上分解开来。

图 1.7.1　宇宙中物质和能量的局部分布

由图 1.7.1 可以看到，宇宙是由多层次有序结构系统叠加后表现出的混沌形态。用层次物理分离的方法，可以得到不同层次下物质运动的有序结构和形态。从爱因斯坦广义相对论可推断出，宇宙必须有一个开端，并可能有一个终结。这个推断只适用于大宇宙中的局部宇宙。大宇宙在空间上是三维无限的，没有开端和终结。而大宇宙中有银河系、太阳系和河外星系这样的无穷层次的个体宇宙，这些低层次的个体宇宙是有开端和终结的。个体的开端被说成是大爆炸，个体的膨胀仅仅是大爆炸后的延续，黑洞或收缩则是个体的归宿。时间箭头总是指向生命的未来，我们认识到从个体的有序到总体的无序，又能从总体的无序中发现局部的有序。局部有序的形成是有环境条件的。由于宇宙是多层次的，个体与总体是相对的。宇宙中哪些地方收缩，哪些地方膨胀是由宇宙势的分布和演变决定的。质量与能量的转变过程中会改变宇宙势的分布。

爱因斯坦著名的方程 $E = mc^2$ 描述了宇宙中质量转变成能量的关系。大宇宙中的质量是巨大的，意味着宇宙中的能量也是巨大无穷的。质量转变成能量是要有环境条件的，像核反应堆就是人工创造的环境条件。而在宇宙中，局部环境条件就是宇宙势的分布。在确定的宇宙势分布下质量转变成能量，能量又会改变局部的宇宙势分布。所以宇宙中的物质分布和结构形态是千差万别的，但是它们是有层次的。

“黑洞”和“爆炸”反映的是绝对角动量变化的两个极端，其中包含质量与能量的转变，是宇宙势中的局部涨落现象。天文上有双黑洞的合并，大气中也有两个扰动涡旋相互作用的“藤原效应”与合并。从对台风和对银河系的结构演变看，有眼的台风是收缩的，就像黑洞，台风的消亡就是膨胀或爆炸。从爱因斯坦的著名断言“上帝不会掷骰子”看，他是不会接受宇宙受机遇控制观点的。

长期以来，量子力学虽然具有统计学的行为，但又是可测定到的行为。所谓物理学中的“大统一理论”并不包括引力，这是因为引力是如此之弱，以至于人们在处理基本粒子或原子问题时，通常可以忽略它的效应。引力在微观物理中看起来不重要，但在大多数人感知的世界里又是那样不可缺少。然而，引力的作用既是长程的，又总是吸引的。对于足够大量的物质粒子，引力会比其他所有的力都更重要。这就是为什么引力宏观上决定了宇宙演化。引力决定宇宙演化的过程中，有总能量和绝对角动量的参与。绝对角动量的变化是动量的缓慢变化，而总能量包含了动能和内（热）能在内的多种形式的能量。由于宇宙是从微观到宏观的，所以宇宙的实际变化是引力和其他强弱力与电磁力叠加作用的结果，其中也可以分成不同尺度下的能量变化。

宇宙中有极快的运动，也有非常缓慢的运动。牛顿力学是描述缓慢运动的，它难以辨认快速的运动形式。光的粒子性和波动性与水波一样，它们围绕平衡点的运动是粒子的运动，它们围绕平衡点的波形传播具有波动性。平衡点的总体构成了一个环境态或基本态，类似我国古代的老子讲述的道。关键的是，平衡点也是运动和变化的，它是围绕另一平衡点作粒子的和波的运动。人们并不知道有多少个这样嵌套的平衡点和这些平衡点的延伸。这样无限嵌套的平衡点及其波动构成了宇宙势中的基本变化形式。这里的无限嵌套就是前面讲到的宇宙层次。

引力势就是宇宙势，是宇宙中质量和能量的多层次不均匀分布。放置一个物质在任意的宇宙空间中，它就处在了宇宙势分布的场中。宇宙势在空间上是连续变化的，一定环境条件下的能量与质量的转变过程会改变宇宙势的分布并可形成新的物质形态，甚至生命。所以，下一个时刻的宇宙势分布与上一个时刻的宇宙势分布有关。从这个意思上看，现代太阳系中的质量和能量分布与太阳系星云演化阶段过程的早期宇宙势有关。宇宙势决定了太阳周围有多少颗行星、小行星带和彗星等的形成，以及行星的卫星数目、它们的大小及其分布。宇宙势的分布决定了宇宙中发生的所有现象和物质运动形态乃至光的弯曲。银河系中的其他恒星和它们的行星与卫星及光环，甚至河外星系不同恒星下的行星与卫星都有确定宇宙势下的分布格局，但它们的空间结构和演化相位各有不同。宇宙势就像所谓的“上帝”那样顺势而为，决定了百亿年来太阳系的演化，银河系的演化，河外星系的演化乃至生命体的局地形成。

1.8 百亿年前的太阳系演化

在银河系中，太阳只是 1 000 亿颗恒星中的一员，属中等大小的恒星，太阳系的最大范围约可延伸到 1 光年以外。太阳系是由太阳、大小行星、卫星、彗星、流星体等物质组成的大家庭，我们可以称它为太阳系级别的宇宙。如果不考虑本星系群宇宙势的作用，太阳系在银河系中，既受到银河中心的引力作用，又受到太阳所在星云旋臂的引力作用。这两个引力场决定了太阳系未来的位置趋向。

太阳系由太阳和环绕它的下一个级别的八大行星以及海王星平均轨道之外的矮行星等组成。太阳和它的行星以同一个方向绕转在一个近似的平面上，也称黄道面。这个平面就是太阳自转赤道平面。环绕着太阳的行星运动都遵守天文学家开普勒的行星运动规则，其公转运行轨道是以太阳为焦点的一个椭圆，并且越靠近太阳时的线速度越快。太阳的质量约占太阳系质量的 99.9%，但是约 99.7% 的太阳系角动量集中在行星上。行星的运动有的与太阳自转方向相同，有的相反。太阳系的质量、角动量和自转方向分布特征的完整解读是评判太阳系起源和演化学说的三个基本点。太阳系中有靠近太阳的 4 颗类似地球的行星，简称为类地行星，还有 4 颗远离太阳的类似木星的行星，简称为类木行星，以及位于海王星之外的已经和尚未被发现的矮行星，其中也包括冥王星。它们也分别称为内行星、外行星和海外矮星。太阳系八大行星的体积相对太阳距离来看，呈现为两头小、中间大的分布状态。大多数行星周围又有卫星，卫星在绕行星的旋转赤道面上运行，构成类似太阳系的次级小系统。

类地行星包括水星、金星、地球和火星，它们的体积小，但密度大。类地行星由高熔点的矿物岩石构成，包括硅酸盐类的矿物组成的表面固体壳和半流质的地层，以及由铁、镍构成的金属地核。除了水星外，它们都有类似的大气层和地质构造表面特征（如地壳运动和火山喷发遗留的痕迹）。在内行星中，水星和金星没有自己的卫星，地球有一颗卫星——月球，火星有两颗卫星。地球、火星和围绕它们的三颗卫星都有着相同的自转方向。

类木行星密度小，木星和土星的大气层都拥有大量的氢和氦，天王星和海王星的大气层则有较多的冰、氨和甲烷。目前已经发现，木星有 79 颗卫星。土星因其周围有一个环而著名，它也有大气层的结构。土星的质量是地球的 95 倍，已发现的环绕卫星有 82 颗，有的卫星还有大气层。天王星的质量是地球的 14 倍，它的自转轴对黄道倾斜达到 98°，横躺着绕着太阳公转，在行星中非常独特，且有着 27 颗卫星。海王星有 14 颗卫星。1930 年 2 月 18 日，冥王星被发现，后被认定为太阳系第九颗行星，到 2006 年又被重新分类为矮行星。冥王星的轨道对黄道面倾斜 17°，与太阳的距离在近日点时是 29.7 个天文单位，远日点时达到 49.5 个天文单位[1]。目前，天文学家已经发现冥王星有五颗卫星。冥王星外还发现有另外的多颗矮行星：阋神星、鸟神星和妊神星。这些矮行星相对太阳的平均距离都大于 40 个天文单位，也都带有自己的卫星。

在火星与木星之间有一个小行星带，它们的物质组成介于内行星和外行星之间，主要由岩石与不易挥发的物质组成。这个带子上的小行星，大的小行星直径可达数百千米，最大的谷神星直径大约为 950 km。直径在 1 km 以上的小天体，数量达百万颗。围绕着较大的小行星，有运转的小天体，它们是小行星的卫星。

太阳系的构成和运动是美妙的。它们环环相扣，几百年来吸引了许多人探索它们的奥秘。这也许就是人类在登上月球后，又把目标瞄向了火星和其他行星和卫星的原因。在图 1.8.1 中，内行星运动所在的空间相对外行星要扁平得多。内行星中，相邻的外侧金星与内侧水星的自转方向相反，相邻的内侧金星与外侧地球的自转方向也相反。外行星中，天王星和冥王星的自转方向与太阳的自转方向接近垂直。

---

[1] 一个天文单位是从地球到太阳的平均距离。

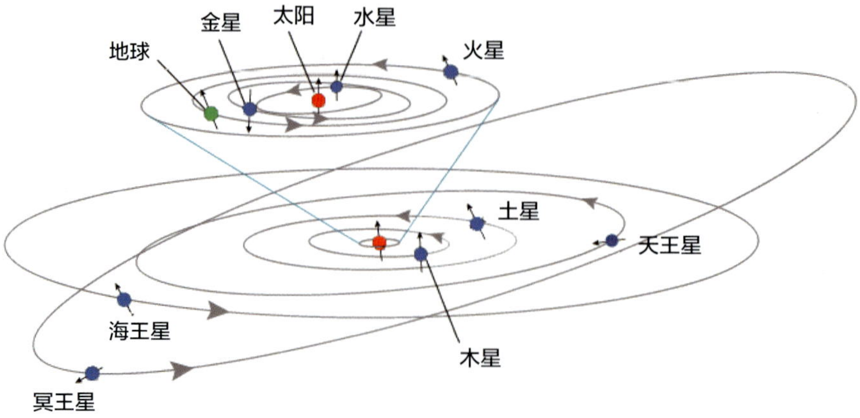

图 1.8.1　太阳系中的行星围绕太阳公转（箭头指示自转方向）

人类对太阳系的研究主要涉及的问题包括：太阳系的物质来源和它的分布结构。迄今为止，各个时代的研究者提出的太阳系起源与演化的学说有数十种，多数集中于物质来源，主要包括星云说、灾变说、双星说和俘获说。星云说最早在 17 世纪中期由笛卡儿提出。他猜测，太阳系是从最初的混沌态星云演化开始的，落入涡旋中心的原始物质形成了太阳，而被太阳涡旋俘获的物质形成了地球和其他行星。相隔百年后，康德用万有引力对传统的星云说给予了补充。18 世纪中期，布丰提出了行星形成的灾变说。他认为，行星系统是由一颗来自星际空间的彗星与太阳相撞，剥离出了一串"糖葫芦"而形成的，但没有交代太阳是怎样形成的。19 世纪中期，太阳系质量和角动量分布的问题才被法国的巴比涅提出来。20 世纪初，天文学家和地质学家共同参与提出了双星说，认为另一颗移近太阳的恒星通过引力在太阳表面掀起了巨浪，拉出的一条物质线分节凝聚成了行星。双星说实际上也是灾变说。20 世纪 40 年代提出的俘获说是，先有了 30 年代宇宙红移现象的发现，认为当太阳穿越银河系空间时俘获了星云气体和尘埃物质，逐步凝聚演化而成。

在所有的学说中，大家公认的仍然是星云说并得到了发展，新星云说增加了质量和角动量的描述。在距今 50 亿年前，或距今 46 亿—50 亿年期间，银河系中存在一团云状的缓慢转动的弥漫星际气尘——"太阳星云"，质量是现在太阳的 1.2—2.0 倍，它通过银河系一个旋臂时星云被压缩，密度变大。原太阳星云从 2 光年的范围在自身的引力下开始坍塌收缩，云团中心的密度不断增大，原太阳星云大量引力势能转化为热能，使星云内部温度不断升高。它的较稠密的核心部分不断压缩，很快收缩成一个气体大球，先是坍缩为原始太阳，然后按照恒星演化历程，成为一颗主序星——太阳。周围旋转的尘粒和气体原子则绕着它公转，形成一个薄盘，质量只占原始星云的极少部分，而较大的角动量集中在薄盘内。由于气体有一定膨胀压力，而尘埃之间碰撞所引起的向外扩散却很小，摩擦碰撞使它们带静电而更容易聚积成团，也就是星子。这些星子中有些相互碰撞增大，成为行星的胚胎。行星胚胎进一步吸积周围的物质最终成了行星。地球的年龄被认为在 46 亿—50 亿年，与太阳是同时形成的。

新星云说认为，在靠近太阳的旋转盘面里，星云的温度高，比较轻的物质逐渐挥发，留下了比较重的金属和岩石，而向外过渡到冰晶水和二氧化碳、甲烷和氮气等物质。这样的物质分布可以很好地解释类地行星和类木行星的物质构成。但这个新星云说仍然没有解释相邻行星自转方向不同的问题，特别是类地行星自转方向相反的分布。

我们用层次宇宙形成论描述太阳系的形成及其演变。我们先不谈宇宙大爆炸是否开始于 150 亿年前[1]，而是假定银河系演化的时间就从距今 150 亿年前开始，地球形成地壳的时间距今已有 50 亿年[2]。那么，去掉这个 50 亿年后，前 100 亿年期间要完成银河系的早期演化、太阳的形成和地球形成到地壳的出现。显然，银河系、太阳和地球要在 100 亿年中完成这三个必须动作，天文学家安排给它们的时间太少了。我们只能把 150 亿年开始的第一个 50 亿年分配给银河系的诞生，再把第二个 50 亿年的前一半 25 亿年分配给太阳，让它从一个胚胎发展到太阳的成形。太阳刚刚形成后，紧接着的 25 亿年地球从胚胎发展到了地球大小，最终有了地壳。所以，地球从它的胚胎发展到今天已经有了 75 亿年，其中前 25 亿年是地球胚胎的发展过程，后 50 亿年是地球有了地壳的演化过程。看上去，这三个不同层次系统演化的时间分配很不合理。

我们考察太阳从 100 亿年前的胚胎开始，在早期的 25 亿年中发生了什么？留下了哪些人们能够看得到的痕迹？首先，我们推估 100 亿年前银河系的状况。那时，银河系已经演化和发展了 50 亿年。距今 100 亿年前的时刻，银河系留到现在的痕迹就是猎户臂，那里具有有利于小扰动发展的宇宙势梯度区，也就是有利的引力梯度区。这个有利的区域就在猎户臂宇宙势梯度场下，星云质量和能量发生流动并形成绕太阳中心位置的立体扰动涡旋，可称为太阳胚胎。由于猎户臂上宇宙势梯度分

---

[1] 宇宙形成的年龄也有估计为 137 亿年的说法，为了叙述方便，这里取 150 亿年。

[2] 地球形成的年龄也有估计为 46 亿年的说法，为了叙述方便，这里取 50 亿年。钱维宏 . 1994. 行星地球动力学引论 . 北京，气象出版社 .

布不是各向均匀的，所以立体旋转的扰动涡旋也不是各向均匀的。大尺度宇宙引力梯度的能量和质量转换为扰动引力的能量和质量并向太阳中心积聚。太阳中心质量和能量积聚增大，但它向四周的延伸不是对称和均匀的。于是，太阳中心在一个引力梯度的平面长轴方向上得到更快的发展，并在加速旋转的过程中形成了扁球体的最初太阳系宇宙。在最初的太阳系引力作用下，有更多的物质和能量集中到太阳的外围圈层。

在从太阳中心到太阳外圈层的发展过程中，太阳系的质量和能量也在引力和热力斥力的作用下发生了物质和能量的调整与分配。这些星云有向太阳中心运动的径向速度，也有绕其旋转的切向速度。所以，围绕太阳中心的所有物质都是螺旋式旋转，并向太阳中心运动的。在太阳中心周围，旋转运动的物质分布不均匀，会发生局部的引力变化。这种引力变化会形成星云运动速度和质量分布的波动。一开始可能出现了很多的小波动，最后在以太阳为中心的盘中形成了多条旋臂式的波动。其中的四条旋臂式波动集中了太阳系中的大部分物质和速度的分布，也就是物质和能量的分布（图 1.8.2）。

(a)

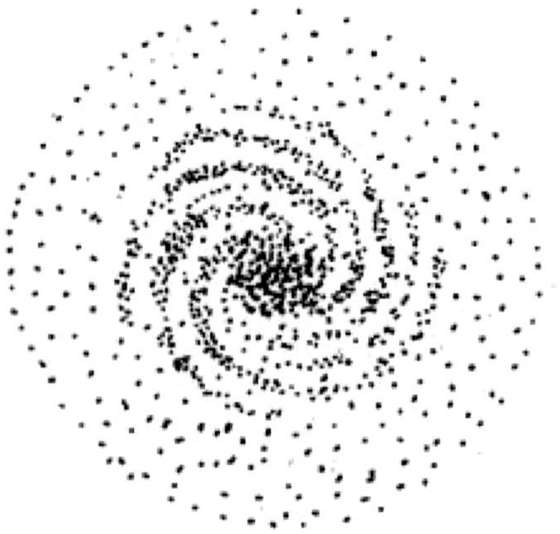

(b)

图 1.8.2　太阳系发展初期的形态分布，(a) 盘状旋转云系俯视图和 (b) 侧视图（参考钱维宏《行星地球动力学引论》，1994）

太阳中心以外的质点受到太阳中心引力的作用，又受到绕转太阳运动离心力的作用。如果引力大于离心力，则质点沿螺旋路径逐渐向太阳中心靠近。所以，太阳中心的体积增大，质量也增加。大量的物质被太阳中心吸引，相当于绝对角动量（宇宙势）集中到了太阳上，并转化成动能，热核反应也大量发生，中心密度逐渐增大，太阳表面不断发生剧烈的能量喷发活动。当太阳中心外的所有质点的引力等于离心力的时候，太阳温度达到最高，质量达到最大，此后不再有太阳系中的其他物质被太阳所吸引了。从太阳扰动开始到太阳系中多条悬臂形成，到最后四条悬臂完成了大量物质和能量的输送，太阳质量达到最大，温度达到最高，完成了太阳系演变的第一个阶段，称为太阳天文演化阶段的完成。太阳的形成收缩了银河系中一条旋臂上的局部宇宙势。太阳从胚胎开始到太阳天文演化阶段结束只分配给它了很短的 25 亿年。给不同层次的宇宙系统划定时间长短那是个人行为，只要认定太阳的诞生受制于确定的宇宙势就可以了。

1.9 确定宇宙势下的太阳诞生

百亿年前，银河系的四条螺旋臂上出现了无数的星云小扰动。在空间有利的引力环境场（或宇宙势）下，其中的一个小扰动发展成了太阳胚胎。在太阳天文演化的初期，太阳也是由一个旋转的星云胚胎发展起来的。这个太阳胚胎在多尺度叠加的引力场（宇宙势）下首先吸引了邻近的星云，形成了太阳的中心体。随着太阳中心体的增大，其自身的引力范围在空间中扩大，将更多的星云集中起来。这是一个宇宙势趋向集中的正反馈过程，经过 25 亿年的天文演化阶段，从一个恒星胚胎发展成了太阳。需要注意的是，这种环境不是到处存在的，只有在大尺度引力场（宇宙势）有利的局部环境下，胚胎才能发展起来。

太阳在完成天文演化阶段前，仍然有大量的星云在引力作用下沿一定的角度撞击到太阳上，动能转变为热能，甚至产生热核反应，加速太阳表层的温度升高。太阳在完成天文演化阶段的时刻，自转速度最快，其形状应该是中心到赤道的半径大于中心到极地的半径，使其成为一个扁球体。“较差自转”表现为：赤道处的自转角速度大于高纬度，具有不同纬度带上的整体自转差异。不同纬度带上的自转差异会形成赤道与两极方向上的偏差运动，不同纬度带上的运动差异形成了小尺度的偏差运动。小尺度的偏差运动一方面在消耗不同纬度带的运动差异，同时也在交换不同纬度带的热量、质量和动量。两极形成了太阳外层流体的两个大涡旋中心。

太阳天文演化结束时，太阳从中心到表层的垂直方向上存在多个圈层，其中的核心部分可能是高压固态的，而向外则是液态和气态的多个不同密度的圈层。太阳外层的旋转速度快于内层。垂直方向上，不同圈层之间存在相对运动并有不同圈层之间的热量和动量交换。不同尺度的垂直对流单元会发生在不同的圈层中。这些对流单元构成了太阳的活动。

在太阳天文演化阶段完成或太阳诞生的时刻，太阳的整体旋转速度达到最大，而内部圈层的旋转速度相对外层慢，热核反应沿太阳旋转赤道更为强烈。此时，太阳对流层和光球层可以看成运动中的热流体，低纬度的自转速度高于中高纬度。沿赤道带会出现对流层的上升流，到光球层有向赤道外的热流，在太阳自转速度下，赤道外光球层会出现相对太阳旋转更快的环流，即形成类似地球低纬度对流层大气中的“哈德莱 (Hadley) 环流”（简称 H 环流）。太阳上的 H 环流也是两个，分别位于太阳赤道的两侧。在 H 环流的高纬度两侧，还存在其他的多个环流。类似于地球上北半球的四圈环流，只是太阳上的环流数目要多（图 1.9.1）。

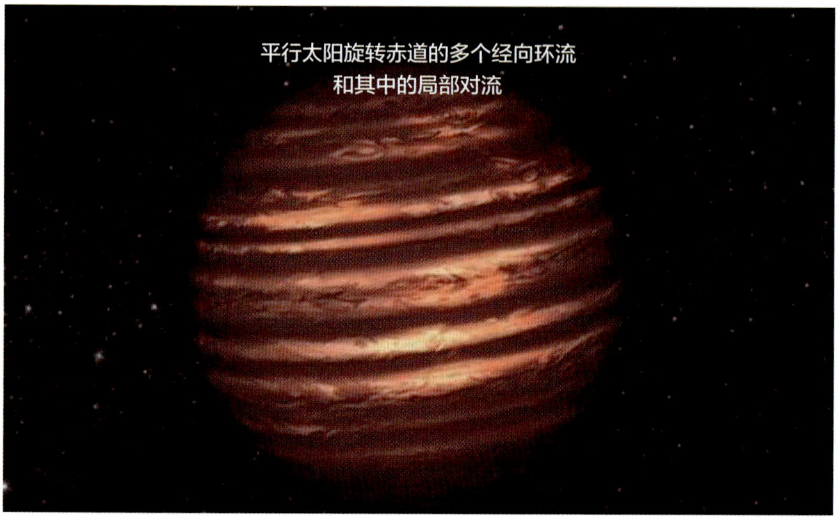

图 1.9.1　太阳对流层大气中的多个经向环流在不同纬度带的分布

根据大爆炸宇宙模型推算，宇宙年龄大约为 138.2 亿年。这个宇宙年龄是欧洲航天局在 2013 年 3 月 21 日修正后公布的。这个宇宙年龄确实不够用于银河系和太阳系中先后发生的一系列演化过程的时间安排。地质学家确定的地球年龄为 45.5 亿—46 亿年，与目前发现的地球上最古老的岩石年龄 43.74 亿年相当，反映的是地壳年龄。为了描述方便起见，我们给地球地壳形成的年龄定为 50 亿年，而把宇宙年龄延长到 150 亿年。这样，只留给了地壳形成之前的 100 亿年，这 100 亿年内要完成银河系、太阳和地球等的形成。现在只能给地球从太阳系星云中的一个胚胎发展成有地球大小并有了地壳这个过程分配 25 亿年，也就是说地球从胚胎到现在已经 75 亿年了，当时正是太阳刚刚诞生的时候。如果分配给太阳从胚胎发展到太阳诞生这一过程 25 亿年，那么之前留给银河系的时间只有 50 亿年。银河系形成之前的宇宙发展应该还需要时间。从某种角度看，宇宙时间分配的合理性需要天文学家与地质学家共同研究，形成统一。

太阳诞生以来的 75 亿年间，由于很少有星云向太阳的辐合，同时太阳又在发生热核反应，所以其总体质量不断减小。太阳质量的减小意味着太阳引力场在减弱，太阳系中的所有行星和小行星等绕太阳公转的天体会相对太阳逐渐远离。地球胚胎形成于距今约 75 亿年前，地球诞生于距今 50 亿年前。地球诞生时，太阳的质量和辐射已经处于减少期了。按理，太阳的质量转变成光（辐射）和热的强度在近 50 亿年来应该持续减弱。

太阳几乎是热等离子体与磁场交织着的一个旋转球体。太阳的直径大约是 1 392 000 km，相当于地球直径的 109 倍，体积大约是地球的 130 万倍，质量大约是地球的 33 万倍。从化学组成来看，现在太阳质量的大约 3/4 是氢，剩下的几乎都是氦，而包括氧、碳、氖、铁和其他重元素的总质量占比少于 2%。太阳通过核聚变的方式向太空释放光和热，目前阶段的核聚变是将氢聚变成氦，并转化成能量，产生中微子和太阳辐射，然后氦聚变将开始进行并燃烧生成碳。

太阳和其他天体一样，也在围绕自己的轴心自转，但太阳表面不同的纬度处，绕转角速度不一样。源于角速度的差异，在太阳赤道处质点绕转一周需要 25.4 天，而在纬度 40°处需要 27.2 天，到了两极地区，绕转一周则需要 35 天左右。地球上的地壳没有像太阳表面这样的较差自转现象，但站在其他天体上看地球大气中的云系运动却有较差自转现象，高纬度的云系平均自转速度高于中低纬度，这源自角动量和极地与赤道的热力差异。太阳上不同圈层之间的较差自转现象和不同纬度带的角速度差异说明，地球上的观测者可以看到太阳外层相对内层的流动和不同纬度带的相对运动。

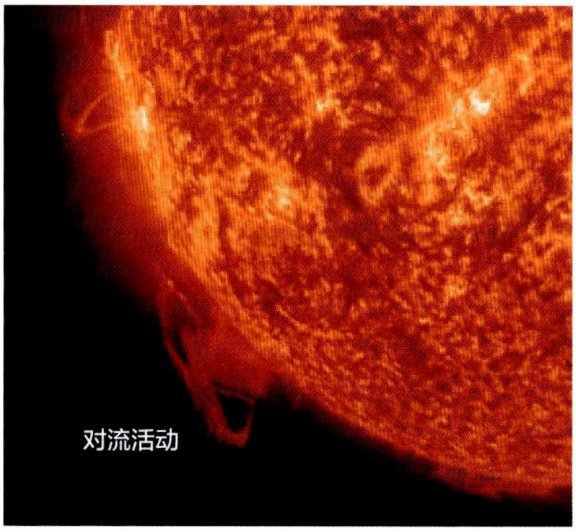

图 1.9.2　太阳表层的活动

由现代太阳表层物质所在不同纬度的绕转速度差异，我们可以推断太阳内外层之间存在相对运动，太阳内核的旋转状态更容易反映到高纬度的太阳表层中去。太阳具有磁场，是磁力活跃的恒星，它支撑一个强大、年复一年在变化的磁场，并且大约每 11 年环绕着太阳极大活跃期反转它的太阳磁场方向，其导致的影响称为太阳活动，包括在太阳表面的太阳黑子、太阳耀斑、和携带着物质穿越太阳系且不断变化的太阳风（图 1.9.2）。

从太阳中心到 0.25 个太阳半径这一部分是太阳发射巨大能量的真正源头，也称为核反应区。在这里，太阳核心处温度高达 1 500 万摄氏度，压力相当于 3 000 亿个大气压，随时都在进行着四个氢核聚变成一个氦核的热核反应，每秒有质量为 6 亿吨的氢经过热核聚变反应转变为 5.96 亿吨的氦，并释放出相当于 400 万吨氢的能量。正是这巨大的能源发射了太阳的光和热，同时也在缓慢地损失着太阳的总质量。不过，根据对太阳内部氢含量的估计，在这样的损失速率下太阳至少还有 50 亿年的正常寿命。

在 0.25—0.86 个太阳半径的范围是太阳辐射区，其中包含了各种电磁辐射和粒子流。太阳对流层是辐射区的外侧区域，其厚度约有十几万千米，由于这里的温度、压力和密度梯度都很大，太阳气体呈对流的不稳定状态。这使得物质的径向对流运动强烈，热的物质向外运动，冷的物质沉入内部，太阳内部能量就是靠物质的这种对流，由内部向外部传输的。

对流层上面是太阳大气的太阳光球，厚度约 500 km，几乎所有的可见光都是从这一层发射出来的。在光球上常常可以看到很多黑色斑点，叫作“太阳黑子”。太阳黑子在光球上的大小、多少、位置和形态等，每天都不同。长期观测太阳黑子就会发现，有的年份黑子多，有的年份黑子少，有时甚至多日没有黑子活动。天文学家们早就注意到，太阳黑子从一个最多（或最少）的年份，到下一次的最多（或最少）的年份，大约相隔 11 年。这就是太阳黑子的平均 11 年活动周期，也是整个太阳的活动周期。天文学家把太阳黑子活动最多和最少的年份分别称为“太阳活动峰年”和“太阳活动谷年”。

色球位于光球之上，厚度约 2 000 km。太阳的温度分布从核心向外直到光球层，都是逐渐下降的，但到了色球层，却又反常上升，到色球顶部时已达几万摄氏度。日冕是太阳大气的最外层，由高温、低密度的等离子体所组成。日冕的温度高达百万摄氏度，其大小和形状与太阳活动有关，在太阳活动极大年时，日冕接近圆形。在太阳宁静年则呈椭圆形。太阳演化到今天，它的归宿是什么呢？

1.10 太阳系与遥远的黑洞

“黑洞”一词是 1968 年由美国天体物理学家惠勒提出来的，但早在 1783 年，英国地理学家米歇尔就已意识到：一个致密天体的引力可以大到连光都无法逃逸。

20 世纪初，爱因斯坦提出的广义相对论预言了黑洞的存在。这是一种体积极小而质量极大的天体，其中心引力非常大，以至于周围一定区域内的所有物质，包括光都会被它吞噬进去，而无法逃逸。这一区域被称为黑洞的“事件视界”。事件视界是从黑洞中发出的光所能到达的最远距离，也就是黑洞最外层的边界，而事件视界以外的观察者无法利用任何物理方法获得事件视界以内的任何事件的信息。

“事件视界望远镜”就是为观测黑洞的“事件视界”而设计的。它由分布在地球上 8 个点的射电望远镜组成，相当于一台口径为地球直径的超级望远镜。2017 年 4 月，从北太平洋中的夏威夷到南美洲的智利，从欧洲的伊比利亚半岛到南极，分布在不同地点上的望远镜在同一时刻对准一个遥远的中心黑洞同步拍照。照片经过近两年的数据处理及理论分析后“冲洗”完成。两年后的 2019 年 4 月 10 日，天文学家公布了人类观测的首张黑洞照片（图 1.10.1）。

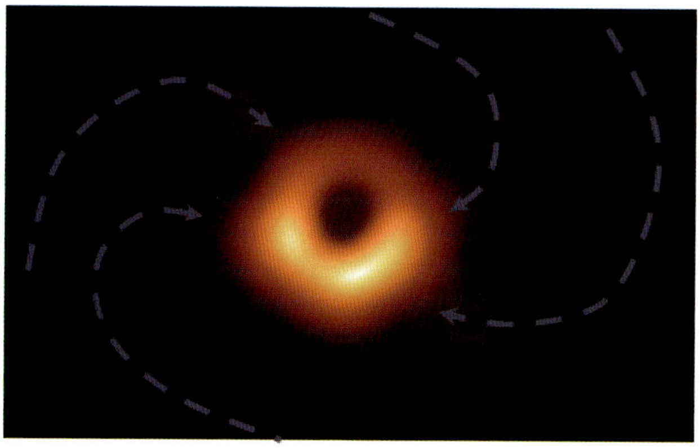

图 1.10.1　天文界公布的第一张“黑洞”照片（蓝虚线箭头是周围物质高度集中的旋臂）

此次露出真容的黑洞，位于室女座一个巨椭圆星系 M87 的星云中心。它的核心区域是一个阴影球，越到阴影球的中心密度越大，阴影球周围环绕着一个新月状光环，物质在被吸入的过程中，引力势（宇宙势）能转化为辐射能，同时在黑洞周围释放出剧烈变化的能量。图 1.10.1 中的视界亮区是能量转化的超核反应地带，反应的驱动装置是黑洞中心的强大引力，实际上是巨大的宇宙势梯度，在那里，时空是弯曲且被压缩的。

这幅遥远黑洞的照片给出的应该是一个旋转盘样的正面，在视界的外围应该有物质的波动存在，其波动密度大的条带为旋臂，黑洞是外围物质旋转到达的中心部分，有大量的物质正在被中心体所吸引。在视界外的扁盘中，至少有四条绕黑洞视界外旋转的星云物质分布带。图 1.10.1 中的四条蓝色虚线箭头跟踪的是视界外四个较明亮的部分。物质的分布特征表明，四条旋臂的终点处也在发生着能量的剧烈转换，只是强度反映出的亮度比黑洞视界处弱。像地球上的台风、飓风、龙卷风是大气运动中的极端事件形成时的收缩那样，黑洞是天体物质收缩运动中的极端事件。同样，黑洞也是由环绕中心的多条物质带汇聚而成的。在图 1.10.1 的视界外围，仍然留有多条物质汇聚带的痕迹。科学家们从声音和图像两个感官上直接感知到了黑洞事件的存在。

浩瀚的星空中有无数的收缩黑洞，也同时有无数的局部宇宙处于膨胀中。此次观察的 M87 巨椭圆星系被归类为有超重质量黑洞的星系，其中央区域集中了约近 13 亿颗恒星，它的直径约 50 万光年，估计有 12 000 ± 800 个球状星团环绕在外围，而银河系才有 150—200 个球状星团成员。可能是巨大的中心体引力吸入物质的原因，在它的中央区有一个惊人的喷出物，喷出的距离达数千光年。

虽然银河系远小于 M87 星系，但所有星系都有相似的演化过程，只是时间长短和空间范围不同而已。银河系呈扁球体，具有巨大的盘面结构和明亮密集的核心，在核心的周围至少有四条旋臂物质输送带，旋臂相距 4 500 光年（图 1.10.2a）。扁球体中间突出的部分叫核球，半径约为 7 000 光年，正是物质输送带形成的结果。银河系的中央是超大质量的黑洞，自内向外分别有银心、银核、银盘、银晕和银冕。银河系中央区域多数为老年恒星 (以白矮星为主)，外围区域多数为新生和年轻的恒星。银河系的旋臂比较清楚地伸展到了距离银心 5 万光年的半径处，所以银河系的直径大于 10 万光年。周围几十万光年的区域分布着十几个卫星星系，其中较大的有大麦哲伦星云和小麦哲伦星云。麦哲伦星云是银河系的两个伴星系。银河系中四条旋臂上的物质就像四条河流，它们正在向银核中心方向辐合。银核的质量会越来越大，最后成为一个类似 M87 星系中心黑洞的超级黑洞。

当四条旋臂上的大部分物质集中到了银核上后，银核就像当时的太阳天文演化阶段一样，完成了它的天文演化阶段，成为真正的黑洞，而在它的周围会留下如同土星光环那样的，由宇宙物质组成的星云条带。宇宙中星际系统的演变具有相似性，表现出旋转涡旋的基本特征，但演变的时空尺度不同。M87 星系系统与银河系星系系统的演变具有相似性，但当前生命过程的相位不同。在这些星系系统中还存在着尺度小的星系系统，它们也在经历着相似的演化过程，它们的演变形态都是空间三维的。在太阳系的行星大气中，那些行星尺度的旋转涡旋是空间二维的。所有不同尺度系统的过去、现在和将来状态都是在确定宇宙势下演化过程的表现。

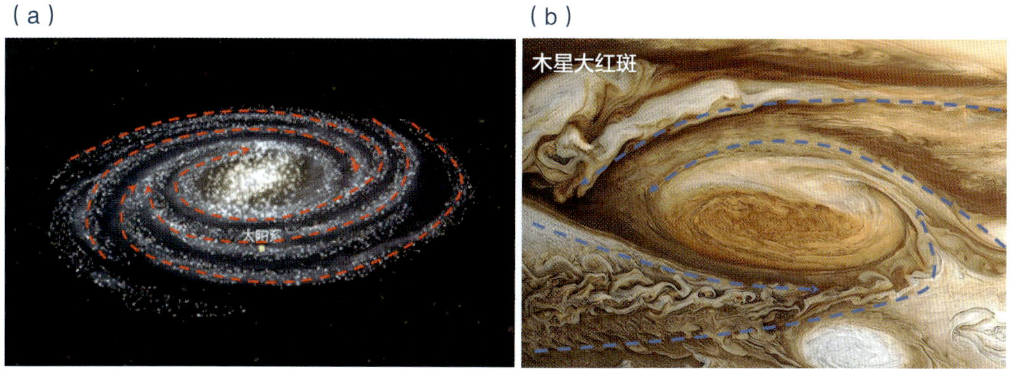

图 1.10.2　(a) 银河系周围的物质输送带（红虚线箭头），(b) 木星大气中的大红斑风暴（蓝虚箭头线是物质输送带）

在木星上，木星大气中的大红斑风暴就是一个旋转涡旋（图 1.10.2b），相对木星上的行星尺度环流，大红斑涡旋是小尺度的。在大红斑涡旋的周围还有很多不同尺度的小涡旋。小涡旋的旋转方向有正转的，也有反转的。在一定空间层次上，涡旋的组成是有结构的。环绕着木星上的大红斑存在着至少四个向内旋转的物质输送带。显然，大红斑是物质集中的中心，是类似黑洞式的奇点。

海王星是太阳系八大行星中排在最后一个位置上的行星。海王星上也会突发性地发生涡旋形式的风暴（图 1.10.3a）。在风暴的周围也存在着至少四条向内辐合的物质输送带。四条输送带形成了物质密度的不连续线。越到外围，物质的分布浓度越小。涡旋中心有物质的高度集聚和质量中心。其形态相当于黑洞的中心，而周围的物质密集区相当于黑洞的视界。在视界的外边缘有向外延伸至输送带的物质密集部分，类似图 1.10.1 中黑洞视界外的亮区。

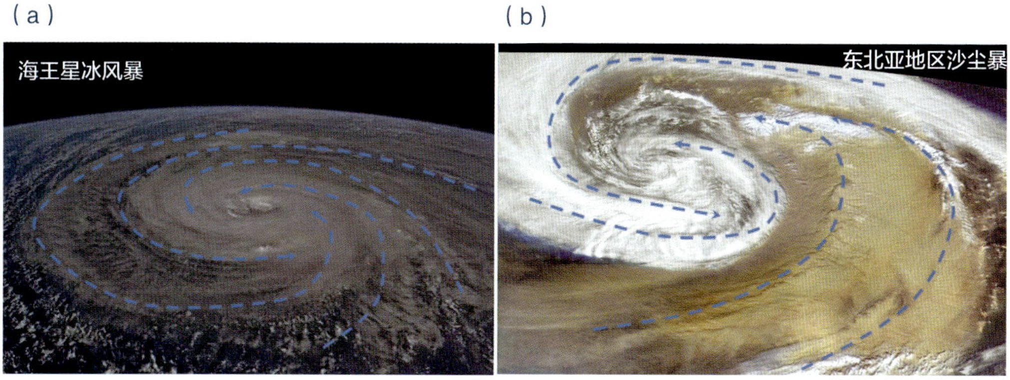

图 1.10.3　(a) 海王星大气中的突发性冰风暴和 (b)2001 年 4 月 7 日发生在地球大气中的东北亚地区强沙尘暴（蓝虚箭头线是物质输送带）

地球大气中有更多的扰动涡旋。其中在海洋上发展成熟的热带风暴（台风和飓风）可以形成四条螺旋云雨带。但当热带风暴登陆的时候，受到地形影响，物质输送带会发生巨大的变化，于是中心强度和形态也会发生变化，甚至消亡。中高纬度大气中的风暴是在两个不同冷暖或干湿气团交界处，它从两条物质输送带发展到多条立体的输送带。图 1.10.3b 中的温带风暴出现在东北亚地区。从东部海上来的一支气流输送的是白云，而从西部大陆上来的气流输送的是黄沙。

太阳也经历了一个类似黑洞的形成过程。银河系中就有类似太阳的无数恒星形成过程。银河系正在经历着至少四条旋臂物质输送带的过程，太阳系就在其中的一条输送带上。未来的太阳，要么进入银核中去，成为银河系黑洞的一分子，要么具有了绕转银核的线速度，使得银核的引力与太阳系线速度的离心力相等。未来科幻要编造的应该是人类如何让太阳系绕银核公转起来的故事。当然，我们更为关注地球和太阳系的行星是怎样围绕着太阳旋转起来的。

1.11 星云速度切变形成行星分布

在太阳系行星中，各行星与太阳的距离同前一颗行星与太阳距离的比值，有一个特殊的规律叫作行星分布律，也叫提丢斯 – 波得定则。外侧行星到太阳的距离总是依次按照比例大于其内侧行星到太阳的距离，因此前者取自然对数与后者取自然对数的比值总是大于 1 的数。自然科学告诉人们，数学上的规律性，反映的是物理上的规则性。当把数学游戏和物理规则结合起来，用数理描述自然，世界就有了生机。

提丢斯 – 波得定则是有一个故事的。1766 年，德国有一位名叫约翰·提丢斯的中学教师，提出了下列数列：

$(0+4)/10=0.4$；$(3+4)/10=0.7$；$(6+4)/10=1.0$；$(12+4)/10=1.6$；

$(24+4)/10=2.8$；$(48+4)/10=5.2$；$(96+4)/10=10$。

它的通式是：$(3\times 2^n+4)/10$。令提丢斯惊奇的是，如取地球到太阳的距离为 1 个天文单位，那么当时已知的六大行星，水星、金星、地球、火星、木星、土星到太阳的距离都满足这一数列的比例关系，各个行星相对太阳的距离是日地距离的倍数。水星的倍数是 0.4，金星的倍数是 0.7，火星的倍数是 1.6，木星和土星的倍数分别是 5.2 和 10。

提丢斯的朋友——天文学家波得深知这一发现的重要意义，于1772年公开发表了根据该发现所总结的公式，这个规律从此引起了科学家的极大重视，并被称为提丢斯－波得定则，它表达了太阳系中各行星相对太阳平均距离的关系。当时，人们还没有发现天王星和海王星，以为土星就是距离太阳最远的行星。

1781年，英籍德裔天文学家赫歇尔取数列中的n为6时，在数列值接近19.6的天文位置上发现了天王星，为这一定则提供了有力支持。根据该定则，在n取3时，得到数列的第五项2.8的位置上也应该对应一颗行星，只是它当时还没有被发现。于是，许多天文学家和天文爱好者便以极大的热情，踏上了寻找这颗新行星的征程。

1801年新年的晚上，意大利神父朱塞普·皮亚齐还在聚精会神地观察着星空。突然，他从望远镜里发现了一颗非常小的行星，正好在提丢斯－波得定则中2.8的位置上。这颗行星在几天的观测期内不断变动位置。可是当皮亚齐再想进一步观察这颗小行星时，他却病倒了。等到他恢复健康，再想寻找这颗小行星时，它已经不知所踪。皮亚齐没有放弃这一机会，他认为这可能就是人们一直没有发现的那颗行星。

德国数学家高斯认为，天文学是离不开数学的。在前人的基础上，高斯经过艰苦的运算，以其卓越的数学才能创立了一种崭新的行星轨道计算理论。他根据皮亚齐的观测资料，利用这种方法，很快就算出了谷神星的轨道形状，并指出它将于何时出现在那一片天空里。1801年12月31日夜，德国天文爱好者奥伯斯在高斯预言的时间里，用望远镜对准了那片天空。不出所料，谷神星再一次奇迹般地出现了！

太阳系中大部分行星和卫星是用望远镜观测到的，只有谷神星和海王星是被计算得到的。1781年发现了天王星后，发现它的位置的计算结果与实际观测总是不相符合，有些科学家认为一定有一个未被发现的新行星在影响着它。1846年8月31日，巴黎天文台的理论天文学家勒威耶向法国科学院送呈了一篇论文《论使天王星运行失常的行星，它的质量、轨道和现在位置的确定》，几周后的1846年9月23日晚，德国的天文学家加勒在柏林天文台用当时世界上最大的望远镜找到了这颗行星（海王星）。观测的位置与事先计算的位置偏角只差1°。笔尖上发现的行星是数学的成果，仰望天空找到行星是技术的进步。

太阳系的行星分布和运动满足数学上的规律性，太阳系的演变肯定存在规则性。太阳天文演化阶段完成时，温度达到最高，质量达到最大。此时的太阳周围就像最强时的台风那样，形成了围绕太阳的“双眼墙”或“多眼墙”物质分布。这样的“眼墙”是由同心圆构成的。

太阳作为恒星刚刚形成之后，太阳旋转平面上的多条星云旋臂输送带中仍然留有残余物质分布。多条星云旋臂是由星云物质的空间引力涨落形成的。当这些物质在运动过程中所受太阳的引力等于它们绕转太阳线速度具有的离心力时，它们就进入了绕太阳旋转的轨道。太阳与太阳外绕转质点的关系就像土星与土星光环的关系。太阳外，虽然那时沿多条星云旋臂的物质输送带看不到了，但仍然存在同心圆分布的多条物质高密度集中带和物质绕转速度变化带。

银河系，太阳系，以及土星与土星光环，这三个系统尺度不同，目前也正处于不同的发展阶段，但它们都有共同的特征，即有自己的系统中心体。不同的发展阶段就决定了不同系统的年龄段。系统之间存在着层次关系，不同层次下系统内部明确存在的约束关系，就是那些自然法则。有些自然法则满足数学规律。

75 亿年前，太阳外围的每个星云物质质点都受到太阳引力场的作用，它们自身也具有了绕转太阳的线速度，同时相邻物质之间也有引力作用。相邻物质质点之间的引力作用可以考虑为星云介质之间的类似流体那样的黏性力。换一种思考，这样的黏性力就存在于物质之中，是那个空间点上具有的宇宙势。

在距离太阳 5 790 万千米至 450 400 万千米的旋转平面上，分布和运动着上述的星云物质。它们绕转太阳一圈的时间从 5 790 万千米处的 88 天减慢至 450 400 万千米处的 165 年。在这样的黏性作用下，星云介质流体中会出现波动。从太阳外 5 790 万千米向外可以出现很多的波动，其中到 500 000 万千米的半径内出现了比较完整的四个波峰和三个波谷。从一个波峰到相邻的外侧波谷之间是星云介质的绕转线速度下降区间，而从一个波谷到相邻的外侧波峰之间是星云介质的绕转线速度上升区间。于是，在星云绕转线速度下降的区间带上，星云介质中会出现大量的顺时针旋转的小涡旋，这些小涡旋就是最早的行星胚胎。相反的，在星云绕转线速度上升的区间带上，星云介质中会出现大量的逆时针旋转的小涡旋，它们也是最早的行星胚胎。所以，一个切变带上涡旋或行星胚胎的旋转或自转方向是由介质线速度上升区间与下降区间决定的。

我们以地球相对太阳的距离为 1 个天文单位，在横轴上取 $x=3\ln(10R)$，R 为行星距离太阳的天文单位，ln 为自然对数。八大行星具有的线速度和相对太阳的距离位置在图 1.11.1 中用空心圆表示，箭头指示它们的自转方向。为了方便理解太阳完成天文演化时刻的外部物质的同心圆速度和物质分布特征，我们假设把现在的八大行星粉碎成星云——像土星外的光环那样，让它们环绕太阳运动。在水星靠近太阳的一侧，物质全被太阳吸引了。在水星轨道附近的宽度带 A 内，星云的绕转线速度是由内向外增加的。在绕转线速度增加的切变带 A 内可形成大量的逆时针旋转的星云涡旋中心，它们是最初的行星胚胎。在 A 切变带中大的行星胚胎吸引并合并了其他相对较小的行星胚胎，最后只有一个胚胎发展起来，成为 A 切变带中唯一的行星，它就是现在的水星。

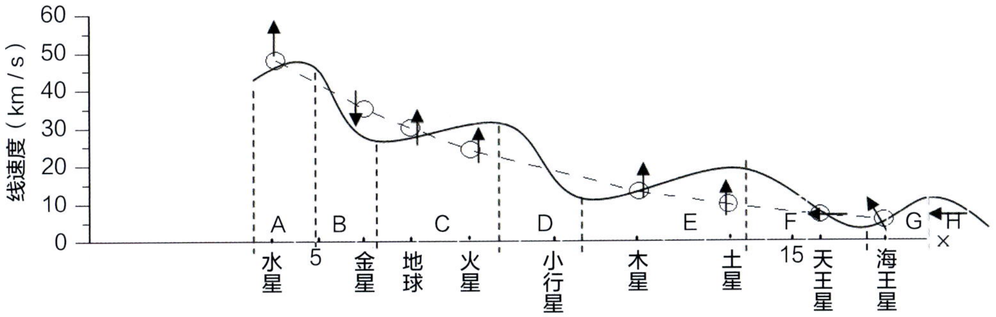

图 1.11.1　太阳系中行星相对太阳的距离和星云绕转线速度分布（距离取用行星距离太阳天文单位的 10 倍的自然对数再放大 3 倍，x=3ln(10R)，箭头指示行星自转方向，实线是行星形成前变速带内物质运行的速度；参考钱维宏，1994、2011、2017)

在 B 切变带中，星云的线速度是减小的，于是可形成大量顺时针旋转的行星胚胎。通过大胚胎吸引且合并小胚胎，最后只有一个胚胎发展成为现在的金星。所以，相邻的自转方向相反的水星和金星，是两个相邻星云切变带上若干胚胎分条带合并的结果。水星和金星都靠近太阳，它们所在变速带上的多余胚胎，不是被水星和金星吸引去，就是早被太阳吸引去了。所以，这两颗行星没有自己的卫星。切变带 C 中的绕转线速度是向外增加的，与水星所在的 A 区的线速度增加相同，所以形成的行星胚胎应该都是逆时针旋转的。由于 C 区比 A 区和 B 区宽，因此 C 区中可形成更多的逆时针旋转胚胎。地球和火星及它们的卫星都是逆时针旋转的，就形成在 C 区中。

在 C 区外的圈层是 D 区。D 区处于 A 区到 G 区的中部，也是太阳天文演化结束时太阳外金属与非金属星云物质分布过渡的区域。根据 D 区中的星云线速度切变方向，那里应该能够形成一到几个与金星相同自转方向的行星。可是，现在那个带上集中了估计 50 万颗以上的小行星。如果把小行星带上的所有星体合并起来，形成的行星与金星相近，并且也是顺时针自转的，但它的质量和体积要大于地球。小行星带是否仍然保留了太阳系形成初期的信息？进入 21 世纪以来，美国国家航空航天局（NASA）发射的“黎明号”太空船已经取得了位于小行星带中的矮行星——谷神星的很多重要信息，它的直径达到 950 km，表面温度为零下 43 ℃。从谷神星的表面看，它在太阳系形成初期的信息已经失去很多，因为它的表面充满了大量星云物质撞击的痕迹。谷神星与类地行星发源于相同的过程中，经历了从行星胚胎撞击到成为小行星带中最大和最重的天体。在过去的近 50 亿年中，小行星带上的所有天体的运行轨道都已经稳定了，即它们都在确定的引力场中运动，不再发生大规模的引力碰撞和体积发展的过程了。

紧挨小行星外侧的是更为宽广的 E 区，类似地球和火星形成的 C 区，那里原始胚胎的线速度是向外增加的，所以形成的行星胚胎是逆时针自转的。通过引力碰撞，E 区中最后形成了太阳系中最大的木星，以及土星和它们的大量卫星。木星和土星形成在相同的变速带上，有相同的自转方向。

土星的外侧是 F 区，那里最初的星云绕转线速度是递减的，形成的行星胚胎自转方向应该是顺时针的。但是，那里远离太阳，星云组成多是非金属的物质，星云厚度也很大，所以最后形成的天王星自转方向相对地球自转方向是垂直的。天王星也带有卫星。

在 F 区的外侧还有多个最初星云线速度变化的区域，如 G 区和 H 区，那里分别形成了海王星和冥王星及它们的卫星。G 区和 H 区也是由于最初星云厚度大，所以形成的行星自转轴也偏离了正常的逆时针和顺时针方向。在 H 区以外，还存在多个最初星云绕转线速度变化的区域，每个区域也会形成非金属物质组成的行星及它们的卫星。这些行星距离太阳远，公转周期长，如已经发现了的阋神星、鸟神星和妊神星。天王星、海王星和冥王星，形成的变速带远离太阳，太阳的引力作用小，物质在变速带上的空间厚度大。于是，它们的自转方向就不如内地行星的自转方向那样有规则。行星形成是在宇宙势分布下的自组织行为，与偶然的灾变说无关，更不是上帝创造的。

行星形成的绕转太阳线速度切变宽度带大致可以分为两类：一类是向外线速度逐渐增大的切变带，如 A 区、C 区、E 区和 G 区的切变，另一类是向外线速度逐渐减小的切变带，如 B 区、D 区、F 区和 H 区的切变。在八大行星的宽度带上，以体积最大的木星为中心分内外两个部分。在太阳至木星－土星区内（A、B、C、D、E）的绕转线速度各个切变带中，向外线速度增加的切变带上，形成的行星质量大，卫星数目也多。相反的，向外绕转线速度减小的切变带上，形成的行星质量小，卫星数目也少。C 区形成了明显的对比，那里形成了 2 颗行星（地球和火星）和 3 颗卫星，而在它的两侧分别是内侧 B 区的 1 颗行星（金星）和外侧 D 区的小行星带。另一个突出的对比是 E 区中形成了 2 颗大行星（木星和土星）和卫星总数超过了 160 颗，而在它的两侧分别是内侧 D 区的小行星带和外测 F 区的 1 颗行星（天王星）和它的 27 颗卫星。这种差别说明，向外绕转线速度增加的切变带与太阳自转方向相同，有利于波动中物质的集中和行星胚胎的发展。这样的行星绕转太阳形成的演变过程也适用于银河系，甚至河外星系中绕转恒星的行星形成过程。

太阳系的行星分布不但具有数学上的规律，更反映了物理上有生命的演变规则。真实太阳系演化史的内容极其丰富，而用突变论来解释显得非常的简单和无力。在上述的解释中，我们只用物理的历史演变就推论得到了现代太阳系的观测分布。这里并没有引入暗物质和暗能量的任何假定。当然，太阳系中的行星与卫星之间的关系，如地球与月球之间的关系，还有待解读。

钱维宏 . 1994. 行星地球动力学引论 . 北京，气象出版社 .

钱维宏 . 2011. 天问 . 北京，科学出版社 .

QIAN W H. 2017. Temporal Climatology and Anomalous Weather Analysis. Springer ISSN 2194-5225 (electronic), DOI 10.1007/978-981-10-3641-5.

1.12 地球与月球的兄弟关系

在太阳刚形成时，太阳周围有多个同心圆物质分布密集带和绕转太阳的线速度变化带。它们绕太阳的线速度呈现出波动分布，其中最主要的有四个波，构成了八个变速带。有一个变速带就在地球形成的位置，称为地球星云变速带。在这个绕转线速度增加的变速带上，所有星云胚胎的自转方向相同。通过碰撞和引力作用，到后来的某一个时刻，这个绕转变速带上只有有限的几个胚胎发展到了足够大，其中在现在地球的绕转速度切变带位置附近，有一颗胚胎发展成为几颗胚胎中最大的。在这颗最大胚胎的附近，还有另外两颗相对小的胚胎，一颗受最大胚胎的引力作用，加快向大胚胎靠近，并撞击了上去。这颗撞击到最大胚胎上的胚胎，与其他的无数小胚胎一样，成了永远无名的胚胎。另一颗小的胚胎，通过最大胚胎的吸引，进入了绕转最大胚胎的一条轨道上。在这条轨道上的胚胎运行绕转线速度所具有的离心力[1]与最大胚胎的引力达到了一个平衡，它的绕转速度使得它成为这颗最大胚胎的卫星。最大的胚胎就是我们的地球，而那颗绕转的胚胎就是月球（图 1.12.1a）。地球和月球的自转方向相同，是因为它们起源于同一个星云变速带。在这个切向速度增加的星云变速带上，另外还有三颗胚胎与地球和月球同期成长起来，它们是火星和它的两颗卫星。火星的形成过程与地球完全相似，只是它的胚胎形成于相同星云变速带的外侧弯道上。火星的两颗卫星，与月球一样，也是它们在被火星吸引的过程中，具有了绕转火星的线速度。人造卫星能够绕地球按照确定的轨道运行也是同样的原理，月球只是天然形成的卫星。

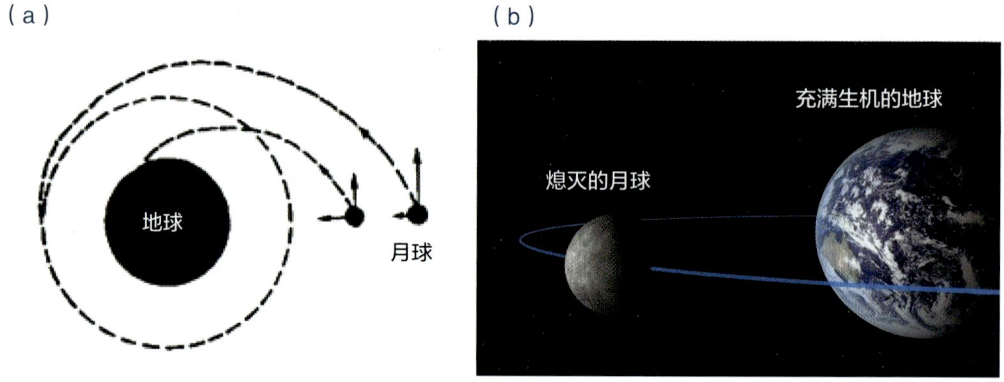

图 1.12.1　(a) 行星地球胚胎的增长和卫星月球的形成（参考钱维宏，1994、2011），(b) 现代地球与月球

关于月球的形成有很多种假说。分裂说是 1898 年著名生物学家达尔文的儿子乔治·达尔文在《太阳系中的潮汐和类似效应》一文中描述的假说。该假说认为，月球本来是地球的一部分，后来由于地球转速太快，把地球上一部分物质抛了出去，这些物质脱离地球后形成了月球，而遗留在地球上的大坑，形成了现在的太平洋。如果是这样，那么其他的大西洋、印度洋和北冰洋的物质又被抛到哪里去了呢？关键问题是，什么力驱动了这样的物质抛出？地球从一个胚胎发展到完全成形，再到有了地壳山水分布，这个过程中只能是引力吸引其他的星体，不可能具有那样的速度把地球上的板块体抛到一个确定的轨道上去。显然，这种假说只是一种罗曼蒂克的遐想，而非来自宇宙演变的科学推理。

[1] 离心力是在非惯性参考系中与旋转体切线速度关联并相互垂直的假想力，这样离心力与地球引力满足牛顿力学。离心力在惯性参考系下反映的是绝对角动量或宇宙势的梯度作用。

关于月球的形成还有一种俘获说，该学说认为月球本来只是太阳系中的一颗小行星，有一次运行到地球附近而被地球的引力所俘获，从此再也没有离开过地球。如果是这样，地球在过去的50亿年中应该会俘获多个卫星，而不仅仅是月球一个。火星应该俘获更多的卫星，因为它靠近小行星带，会更容易俘获小行星。还有一种接近俘获说的观点认为，地球不断把进入自己轨道的物质吸积到一起，久而久之，吸积的东西越来越多，最终形成了月球。问题是，什么机制使得那些被吸积的物质在月球的轨道上集中了起来？以及月球是在什么时期和在什么样的环境下被地球俘获的？

同源说认为，地球和月球都是太阳系中浮动的星云，经过旋转和吸积，同时形成星体。如果是这样，那么月球应该与水星、金星、地球、火星等行星一样，甚至连火星的两颗卫星也有一个绕转太阳的确定轨道，而不是绕转地球和火星的卫星。同源说的这一假设也受到了所谓客观存在的挑战。通过对“阿波罗12号”飞船从月球上带回来的岩石样本进行化验分析，人们发现月球要比地球古老得多。有人认为，月球年龄至少应在53亿年左右，那是月球表层岩石的年龄。其实，月球和地球都是同期开始从胚胎演化开始的，也是差不多同期完成了形成阶段，只是月球体积小，冷却的地质过程开始得稍早，完成冷却演化的速度快。月球不但早就完成了大陆漂移的过程，也早已结束了火山活动。

偶然碰撞说认为，太阳系演化早期，在星际空间曾形成大量的“星子”，首先形成的是一个相当于地球质量0.14倍的天体星子，它通过碰撞、吸积而合并形成一个原始地球。原始地球和另外的一个小的天体在各自演化过程中，分别形成了以铁为主的金属核和由硅酸盐构成的幔和壳。原始地球和这个小天体相距不远，因此相遇的机会就很大。一次偶然的机会，那个小天体以5 km/s左右的速度撞向地球。剧烈的碰撞不仅改变了地球的运动状态，使地轴倾斜，而且还使那个小天体被撞击破裂，硅酸盐壳和幔受热蒸发，膨胀的气体以极大的速度携带大量粉碎了的尘埃飞离地球。这些飞离地球的物质，主要由碰撞体的幔组成，也有少部分地球上的物质。飞离地球的气体和尘埃，并没有完全脱离地球的引力控制，而是通过相互吸积而结合起来，形成几乎熔融的月球，或者是先形成一个环，再逐渐吸积形成一个部分熔融的大月球。这种偶然碰撞说看似周详，也希望与地轴倾斜的事实靠近，但仍然摆脱不了不确定性。地球和月球具有几乎相同的同位素组成，这说明月球是由地球轨道邻近外侧物质构成的。此外，地球表面留存的海陆分布和山脉地形特征也很难用一个小天体的偶然碰撞来解释。

关于月球的来历有太多的假说和推论，但它们都没有从原理上解释地球与月球的关系。从图 1.12.1a 中的胚胎演变过程看，地球和月球是兄弟关系，来源于同一个变速带的不同行星胚胎。由于距离的原因，地球和月球的关系比和火星的兄弟关系更紧密。当然，火星和它的两个卫星的关系也非常密切。地球和月球是一个家族，火星和它的两颗卫星又是一个家族。这两个家族形成在相同的原始星云变速带上，它们有相同的姓氏，是堂兄弟关系。地球时刻在保护着它的同胞弟弟月球。当有星际物质向它们兄弟两个袭来的时候，地球用比月球大的吸引力把那些外来客吸引住了。人们常常可以看到大量星外来客划过天际发出的亮光，那是星外来客在地球大气层中被燃烧时的痕迹。地球大气保护了自己的生灵，它的引力也保护着月球弟弟。

还有一个现象可以说明地球和月球的密切关系，即月球朝向地球的一面是相对比较光滑的，而它的背面则存在着更多“星外来客”打击的痕迹。这些也反映了地球对月球的保护不是全面的，只能说是力所能及的。每当农历八月十五的夜晚，月亮承受太阳的暴晒，把满月的光辉照耀到地球上，同时也享受到人间的无限赞美。

最初的地球胚胎也像其他的胚胎一样，温度不高。低温胚胎呈固体形态。这颗胚胎在增长的过程中捕获了大量的其他胚胎。其他胚胎撞击地球胚胎时，动能转换成热能。地球胚胎表层受到大量胚胎的撞击，温度逐渐升高。到某个时刻，地球胚胎的中心部分被这些来客夯实了，也成了固体地核。而再后来撞击上来的大量胚胎，动能转化为热能，使得地球表层发生热核反应，温度升得更高，形成了高温岩浆的圈层。地球胚胎所在的绕太阳公转变速带上的角动量最后收缩到地球胚胎上，使地球胚胎旋转加快。大量的胚胎撞击到地球胚胎上，熔融状态下的重金属成分下沉到地球岩浆的底部，轻的物质上浮到地球岩浆流体的表层。地球胚胎的旋转加快，使得它的形状不是正球形的，而是扁球状的。轻物质更多地集中在自转地球两极附近的岩浆中。在那样的旋转速度下，极地的“海拔高度”高于赤道。当这个变速带上所有的星云和胚胎都被地球胚胎、月球胚胎以及火星与它的两颗卫星胚胎吸引完后，地球胚胎和月球胚胎的旋转速度达到最快，表层温度达到最高。在这样的速度随纬度的分布下，轻的物质集中到两极。这为两极地表层原始矿藏的形成创造了条件，富含原始碳的自然钻石就形成在当时地壳的南北两极。

地球从胚胎开始发展，达到最高温度和最高自转速度之前的时段，称为地球的天文演化阶段。据称，地球早期曾经有过一年 400 多天的古化石记录，说明地球刚刚形成时的自转速度比现在快，相当于地球绕太阳公转一周多自转了 30 多次，意味着地球那时自转形成的一天时间比现代短。按照现代的地球自转速度每 60 年减慢1 min计算，地球自转从早期的每年400天减慢到目前的速度需要十几亿年的时间。我们尚不能判断其他行星、小行星（卫星）和矮行星的天文演化阶段是什么时候结束的，因为它们的诞生时间与它们所在公转速度切变带上的天体物质多少和最后完成物质吸引的时间有关。但地球和月球的天文演化阶段是在同一时间完成的。当时的地球和月球表面都是流动的岩浆，而它们的中心部分是固体地核和固体月核。地球和月球都是内部固体和外部岩浆液体两个圈层组成的系统。当时的地球和月球也应该是发光的，因为它们表面的岩浆温度可高达几千摄氏度。

地球天文演化阶段中，地核与行星尺度的岩浆圈层之间几乎没有相对运动，主要表现为岩浆流体的加速运动带动了固体地核的加快旋转。岩浆流体表现为，离地球的转轴越远，旋转的线速度越大。不同的纬度带上和不同圈层上有流速差，这样的流速差可形成岩浆流体中旋转涡旋结构。现在木星上仍然有这样的涡旋结构，其中最大的是木星上的大红斑。

地球上充满了生机，与月球形成了完全不同的对比。地球在未来还要继续经历一段时间的局部火山活动和地震活动，而月球上的火山活动早已完成了历史使命（图1.12.1b）。地球上仍然有云腾雾起，而月球上早已无声无息了。虽然月球和地球的生命期开始是同时的，但由于月球的体积相对地球小，所以月球的演变速度要比地球快。月球现在只是一个没有了生机的残骸，一个“熄灭了”的星球，等待的是随太阳终于何处。所以，人类移民月球是没有意义的。

人类已经登过月了，未来到月球上去也只是旅游，去看看再回到地球上来。人类要改变月球或从月球上获取资源，那就是在改变自然，改变宇宙势。任何过度改变自然和宇宙势的做法都会遭遇自然的惩罚。星体的演化和运动都是满足宇宙势原始分布的。这就是为什么地球和月球形成50亿年以来，没有受到与地球和月球相同质量大小的星体撞击的原因，这也是所有灾变说没有立足之地的原因。那么月球经历了一个什么样的生命过程呢？

1.13 月球伴随地球的生命过程

月球，俗称月亮，古时又称太阴、玄兔，是地球唯一的天然卫星，是太阳系中第五大的卫星。月球的直径是地球的1/4，质量是地球的1/80，密度是地球的0.66倍。

它是太阳系的行星卫星中质量最大的卫星，也是太阳系内密度第二大的卫星，仅次于木卫一。月球的自转周期是 27.32 天，与地球平均距离 384 403 km，大约是地球直径的 30 倍。月球的赤道直径 3 476.3 km，两极直径 3 472.0 km，这反映了月球天文演化形成的动力学过程与地球天文演化形成的动力学过程是相似的，也就是月球的外形与地球相似，都呈扁球状，赤道半径大于极地半径。月球没有大气，表面温度在零下 233 ℃和零上 123 ℃之间变化。月球表面布满了由陨石撞击形成的环形山，实际上它们是陨石撞击形成的圆形凹坑，一些大圆形凹坑中还有很多的小圆形凹坑（图 1.13.1a）。月球的体积和质量不会再减小了，但地球的质量因大气的逃逸而会长期处于不断减小的状态，所以地 – 月之间的距离会有非常缓慢的增大，月球以平均每年 4 cm 的速度与地球拉开距离。

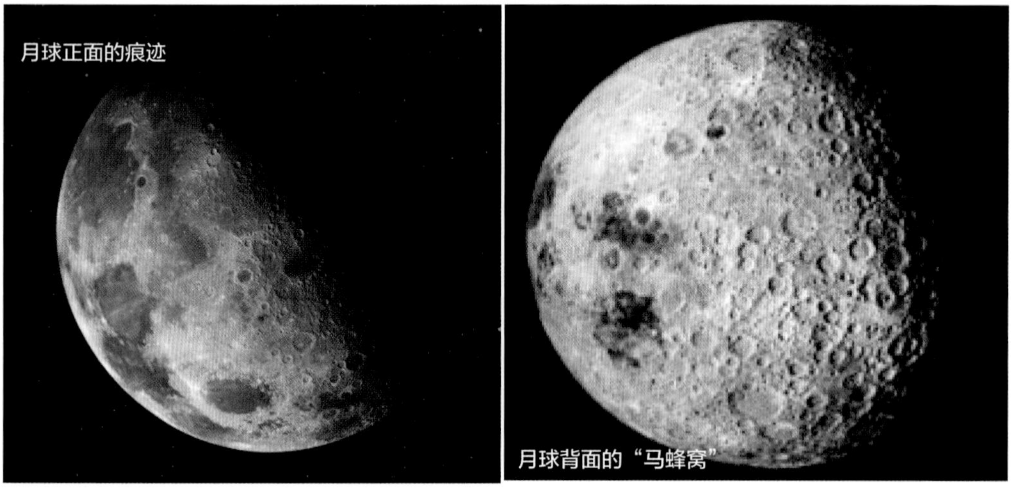

图 1.13.1　月球 (a) 正面和 (b) 背面

地球自转速度还受到来自月球引潮力的长期作用。自地球和月球形成以来，地球便一直受到一个力矩的影响，导致地球自转速度减小。月球相对地球的低纬度，总是像太阳那样从东边的海平面出来，再从西边的海平面下去，因此形成的潮汐力矩对海洋西海岸的作用是使得地球自转速度长期减慢。当月亮到达离地球近处 (近地点) 时，潮水比平时要大很多，这时的大潮被称为近地点朔望大潮。潮汐使地球自转速度减小，使地球从椭球逐渐向正球方向发展，使地球一天的时间逐年变长。精确的“原子时”与以地球自转速度为基础和标准的日长“世界时”逐渐不同步且差异逐渐增大。从格林尼治时间 1958 年 1 月 1 日 0 时 0 分 0 秒作为“原子时”的计时起点以来，两者之间已经存在 68 s 的“钟差”。为了在这两者之间达到平衡，国际上通过“闰秒”来协调“世界时”和“原子时”。最近的一次增加 1 s（闰秒）是在北京时间 2017 年 1 月 1 日 7 时 59 分 59 秒（时钟显示 07:59:60），该日全世界的钟表都需要拨慢 1 s，比平常多出了 1 s。这是 21 世纪的第五次闰秒。可见，地月系统是有一个生命进程的，且是永远不可逆的。

月球在绕地球公转的同时也在自转，周期 27.321 66 日，正好是一个恒星月，所以我们看不见月球背面。这一现象反映了月球胚胎形成的相对位置是在地球胚胎的外侧。月球胚胎形成时的距日位置远于地球胚胎形成时的距日位置，而地球胚胎轨道内侧的胚胎更容易被地球胚胎所捕获。

如果把月球也看作行星的话，那么月球正面也存在着历史遗留的两类差异特征（1.13.1a）。一类是行星尺度的月陆，表面有月球地质演化初期的残余胚胎痕迹和陨石撞击留下的痕迹，以及月球地质演化早期火山活动留下的痕迹。另一类是行星尺度的月海特征，月海表面缺少月球地质演化初期的残余胚胎痕迹和陨石撞击留下的痕迹，而留下的是月球地质演化早期火山活动在月海表面的痕迹。月陆和月海边缘的不规则性体现了月球地质演化早期月壳分裂和漂移的过程痕迹。月壳的分裂和长距离的水平漂移也形成过垂直的造山运动，最后的水平漂移也产生了月震和火山活动。与地球上的特征有所不同，月壳的分裂和水平漂移会同时受到月球不同圈层角动量交换的作用，又要受到地球引力和地月共同质量中心的作用，所以月球背面上的月壳比正面的厚。月球表面还留存有月壳漂移早期的月谷痕迹。月球表面的火山链勾勒出岩石圈板块的边缘。月球上长期的温度剧变和水汽逃逸，导致除了极地可能存在冰水物质外，其他地区早已经没有了水。月球天文演化到最后时刻，月壳南北极上是极有可能存在自然钻石形成的两个地方。现在的月球表面不会再出现月球天文演化阶段结束前后的那些陨石撞击、火山活动和月壳漂移的事件了。现在月球表面的变化来自太阳光的光侵蚀与月球重力场的长期作用。

月球以椭圆轨道绕地球运转，这反映了其早期被地球引力吸引过程中留下的相对运动特征，即遵循着引力与离心力平衡下的运动轨迹。这个轨道平面在天球上截得的大圆称“白道”。白道平面不重合于天赤道，也不平行于黄道面，而且空间位置不断变化，这反映了月球天文演化形成过程中的物质和能量的构成，对应于空间上的宇宙势分布和形成后的宇宙势浓缩。月球轨道 (白道) 对地球轨道 (黄道) 的平均倾角为 5° 9′，反映了月球成长过程中的位置与地球位置的微小差异。

由于月球形成在地球天文演化阶段相同的行星胚胎绕转太阳线速度切变带中，

所以月球的自转与公转同步，始终以同一面朝向地球。地球上之所以只能看到月球的半面，是因为月球的自转周期和公转周期严格相等，这种巧合的内在联系就是它们形成之初，所在的星云物质位于相同的绕转速度切变带上。这种内在联系也完全反映在太阳系其他行星与它们的卫星的关系中，人们发现绝大多数卫星的自转周期和公转周期严格相等。这种现象被称为“同步自转”，这几乎是卫星世界的普遍规律。这样的行星与它们的卫星关系模型和所有恒星与它们的行星关系模型是相同的。

仰望夜空，人们可以看到月球的“芳容”。但人们看到的只是月球正面，即月球朝向地球的一面，而月球背面的神秘面纱却一直有待揭开。20 世纪 50 年代后期以来，苏联和美国一直在试图探测月球的背面。图 1.13.1b 是月球背面的地形分布。太空人威廉・安德斯的描述如下：月球背面看起来像我在孩提时玩过一段时间的沙堆，它们全都被翻起来，没有边界，只是一些碰撞痕和坑洞。背面月貌特征说明：由于月球吸引到的星云物质比地球的少，所以月球的地质演化早，即月球表面温度开始降低的时间比地球早。地球还处于天文演化最后期的时候，月球就进入了地质演化阶段，月球的表面存在着刚刚冷却的月壳，又不断有行星胚胎撞击月面，经过月球正面的行星胚胎大多数被地球胚胎俘获，经过月球背面一侧的行星胚胎撞击到了背面。所以图 1.13.1b 中的背面月貌是行星胚胎撞击到月壳表层和月球岩浆活动的综合痕迹。背面的痕迹与正面的痕迹有所不同，正面有过相对平整的月壳，而背面没有，这也正好成为月球天文演化结束与地球天文演化结束之间月球上发生的事件的记录与对比。从这个演化过程看，月球正面的月壳陆地年代要比地球上的最古老的大陆年代更早。

如果地球在天文演化后期发展得再大一点，或月球那时发展得小一点，那么月球和地球在天文演化阶段就已经合并在一起了。这个合并体的轨道位置应该在现在地球轨道的外测。现在的地球与月球是在围绕共同质心运转的，共同质心距地心 4 700 km(即地球半径的 3/4 处)。由于共同质心在地球表面以下，地球围绕共同质心的运动就好像是在“晃动”一般。因此，月球相对于地球的引力势能就变得最小，在月球绕地球公转的过程中，月球的质心永远在朝向地球的那一边，就好像地球用一根绳子将月球绑住了一样，二者也像一个一头大、一头小的哑铃。太阳系的其他行星与它们的卫星也存在这样的情况，所以卫星的自转周期和公转周期相等是有着内在物理因素的，这个物理因素就是行星形成天文演化阶段开始时刻的星云线速度波状分布。这样的分布就是当时的宇宙势分布，就好像早就被安排好了的那样。从北极星上看，地球和月球均以逆时针方向自转，而且月球也是以逆时针绕地球运行，地球又以逆时针绕日公转。形成这种现象的原因是地球、月球相对于太阳来说拥有相同的角速度，即从一开始就是以这个方向转动的。这就完全反映了太阳天文演化结束时，太阳外黄道面上行星胚胎绕太阳的角速度分布。

随着科技的进步，人们从月震波的传播中了解到，月球也有壳、幔、核等分层结构。最外层的月壳平均厚度为 60—64.7 km。月壳往下到 1 000 km 深度是月幔，它占了月球的大部分体积。月幔下面是月核，月核的温度约为 1 000 ℃，可能由铁金属和榴辉岩物质构成。这些与地球相似的垂直分层结构说明，月球的形成历史与地球一样，是由一个胚胎吸引其他的物质发展而来的，只是月球到了最后的时刻被地球引力俘获了。月球现在没有了磁场，但有古磁场遗留的记录说明，月球在有壳、幔、核的时期，核 – 幔之间的相对运动在月壳上留下了磁场记录。

综合月球表面遗留下的正面与背面的月貌及物理特征，我们可以给月球的生命过程做一个简单的总结。月球的天文演化阶段结束得比地球的早。在月球天文演化结束的时候，月球由月核和月幔上下嵌套的两部分组成，月幔的质量和厚度大于月核。月核是由月球绕日星云速度切变带上早期其他胚胎撞击到月球胚胎上形成的低温固体组成的；月幔是由月球绕日星云速度切变带上后期其他胚胎撞击到月球胚胎上形成的高温岩浆流体组成的。月球地质演化开始后，月球表面逐渐冷却形成月壳，完整的月壳在正面，而反面月壳受到了外来胚胎的撞击。月核与月幔流体之间的角动量交换引起了月壳的分裂和多次漂移，同时月球上的古磁场强度及其倒转记录了月核与月幔之间的相对运动。月壳的分裂和多次漂移形成了月球表面的月貌，包括月壳漂移的痕迹、月海的存在和造山分布。这种类似地球地质演化中早期地貌演变的特征主要发生在月球朝向地球的一面，而在月球背面的那些特征基本上都被撞击上来的残余行星胚胎坑洞掩埋了。月球背面较好地记录下了月球地质演化开始后和地球地质演化开始前，或地球天文演化阶段最后几亿年中行星胚胎撞击到月球背面的痕迹。所以，月球正面的古陆形成年代要比地球上最古老的大陆早。与地球联系最紧密的天体是月球，其次就应该是火星了。

1.14 地球与“堂弟”火星一家

地球从太阳旋转平面外的一个星云胚胎开始，通过吸收相同切变带内的小胚胎和大量星云物质，历经 25 亿年完成了天文演化阶段，形成了最热的地核和地幔。与地球同时开始形成核、幔两个圈层系统的还有地球的卫星月球，以及火星。地球和月球家族与火星和它的两颗卫星家族都形成在太阳天文演化结束时的太阳外相同星云线速度增加带上，所以它们是“堂兄弟”关系，具有相同的自转方向。地球天文演化阶段的 25 亿年只是根据宇宙形成至今的 150 亿年和地球地壳开始形成以来的 50 亿年分配出来的。这个阶段的科学定年需要天文学家与地质学家们将来做出沟通。

任何新生事物的形成都是需要环境条件的，从环境条件到事物形成的结果构成了一个科学的故事。所以，任何灾变说都不能成为一个科学有趣的故事。地球是在一个大环境条件下形成的。75 亿年前太阳完成了它的天文演化阶段，太阳系中 99% 以上的质量集中到了太阳上，另外的不到 1% 的质量分布在了太阳外的旋转平面上。在这个旋转平面上，近太阳区域上的物质被太阳巨大的引力场吸收了。然后，随着相对太阳距离的增大，岩石固态星云物质逐渐增多，而气态星云物质相对较少。到一个特定的距离，岩石固态和气态星云物质参半，物质所在的空间厚度逐渐增大。再继续远去，岩石固态物质空间占比例小于气态的和冰冻的物质，但空间厚度仍然不减。最后在更遥远的地方，该旋转平面上的物质分布趋近于银河系与太阳系的大环境边缘。

太阳位置以外，第一个星云介质波动带的绕转线速度是上升区间，后面的一个波动是绕转线速度下降区间，接着后面的波动又是线速度的上升区间（图 1.14.1 中黄虚线）。我们关注到，在地球所在的绕转线速度上升区间上，由于介质之间的切变和黏性（引力）作用出现了大量逆时针旋转的涡旋，也就是行星胚胎。在一条行星介质速度切变带上，这些星云胚胎一边绕太阳作公转，一边又与其他胚胎间存在相互作用。一种情况是，星云小涡旋受到大的星云切变影响，组织成为大的逆时针旋转的涡旋，并形成更大的行星胚胎。另一种情况是，大的行星胚胎吸引邻近的小行星胚胎，只发展到了一定的大小。最终，在一条切变带上，只有一个或有限的胚胎发展起来。在地球这条星云线速度增加的宽度带上，最终有两颗大的胚胎发展成了行星，另外还有三颗相对较小的胚胎发展成了三颗卫星。其中，行星地球与卫星月球构成了一个系统，它们形成在该星云切变线靠近太阳的内侧部分。在这个切变线的外侧部分，最后有三个胚胎发展了起来，它们是火星和它的两颗卫星。所以，在这条星云绕转速度增加的切变带上，五颗胚胎捕获了这条切变带上所有相同自转方向的星云介质。

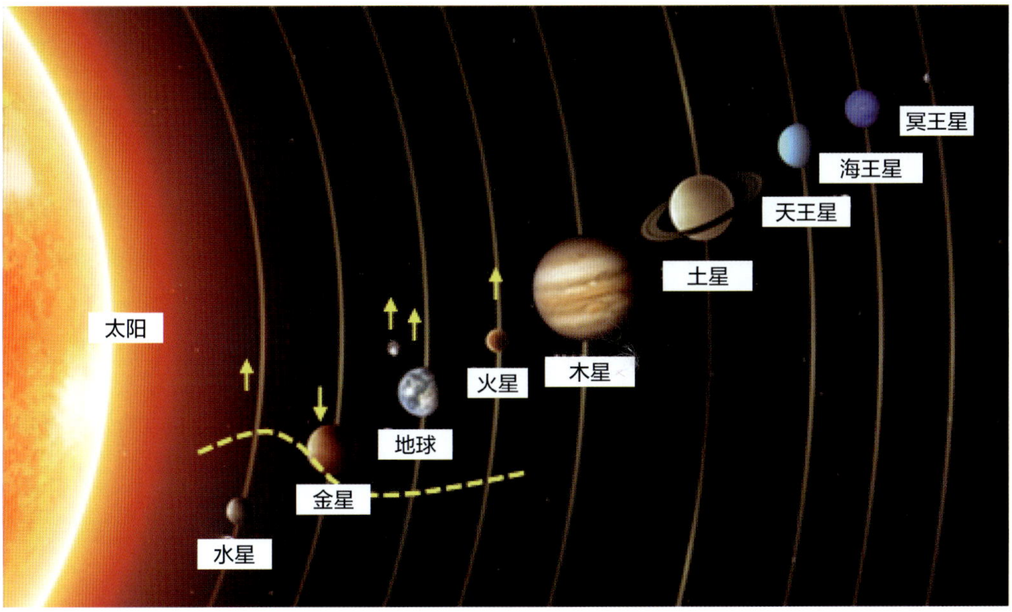

图 1.14.1　太阳系中八大行星和冥王星相对太阳的位置（黄虚线示意星云绕转速度相对距离太阳的分布，黄箭头指示类地行星自转方向）

最初的地球胚胎也像其他的胚胎一样，温度不高，呈现的是低温固态。这颗胚胎在增长的过程中捕获了大量的胚胎，胚胎相撞时动能转换成热能。地球胚胎表层的温度随着大量胚胎的撞击，逐渐升高。到某一时刻，地球胚胎的中心部分被夯实成固体核心，而表层是液态的高温岩浆。地球胚胎所在的星云变速带上的角动量最后收缩到地球胚胎上，使地球胚胎旋转加快。大量的胚胎不断撞击到地球胚胎上，熔融状态下的重金属成分下沉到地球岩浆的底部，轻物质上浮到地球胚胎的表层。地球胚胎的旋转加快，这使得它的形状不是正球形的，而是扁球状的。轻物质集中在地球胚胎的两极。在那样的旋转速度下，极地处的“海拔高度”高于赤道。当这个速度增加带上所有的星云和胚胎都被地球胚胎、月球胚胎，以及火星与它的两颗卫星吸收掉时，地球胚胎和月球胚胎旋转达到最快，表层温度达到最高。

行星胚胎达到最高温度和最高自转速度之前的时段，称为地球的天文演化阶段。据推测，地球刚刚形成时的自转速度比现在快。在月球引潮力的长期作用下，地球自地质演化开始以来的近 50 亿年中，从长期来看，自转速度是逐渐减慢的。不能判断其他行星的天文演化阶段是什么时候结束的，但每个行星和卫星的天文演化结束的时间与它们的体积大小和所在星云切变线上的物质组成有关。地球和月球在各自的天文演化阶段结束时，表面都是熔融流动的岩浆，只是月球进入地质演化的时间早于地球。地球的天文演化阶段结束时，地球内部固体和外部岩浆液体组成了两个圈层的系统。在大量胚胎撞击地球的过程中，岩浆圈层的旋转不断加快，赤道附近岩浆流体的速度最大，极地最小。在这样的速度随纬度分布下，轻的物质集中到当时岩浆流体的两极，这为最原始两极地表层矿藏的形成创造了条件。

地球天文演化阶段中，岩浆流体表现为：离地球的转轴越远，旋转的线速度越大。不同的纬度带上有流速差，这样的流速差可使得岩浆流体中形成旋转涡旋结构。这样的局地岩浆涡旋运动尺度是小于纬度带上的岩浆运动尺度的。

在地球天文演化完成之前的地核和岩浆两个圈层中，地核不具有流动性，只有岩浆在流动。岩浆的垂直运动或对流运动使得岩浆中的物质进行了垂直分层，重的物质进入到了靠近地核的低层，而轻的物质浮到了岩浆流体的表层。

地球的天文演化阶段完成的时候，不再有大量的物质撞击地球后，地球的温度开始下降。地球和火星及它们的卫星真正进入到了温度只有几摄氏度的宇宙环境中。地球最外层的轻物质岩浆流体降温冷却，形成了最初的地壳。最初形成的地壳是很薄的，但两极的地壳厚于赤道。至此，地球形成了三个主要的圈层，包括最内的地核、最外的地壳和它们之间的岩浆圈层。这个岩浆圈层就是演变而来的地幔。最早形成的岩浆圈层是地球上最早的地球流体。

两个家族，地球与月球和火星（图 1.14.2a）与它的两颗卫星，虽然都形成于太阳天文演化结束时的同一个星云线速度增加带上，并在形成之后开始了它们天文演化阶段，但它们各自的天文演化结束时间是不同的。在这条星云变速带上，形成的最后 5 个胚胎中，最大质量的是地球胚胎，其次是火星胚胎，月球位于第三，而火星的两颗卫星较小。最大体积和最大质量的地球是最后完成天文演化阶段的，因为地球表面岩浆流体温度达到最高的时间比火星和月球滞后。地球在类地行星中可能也是最后完成天文演化阶段的星体。有一个证据是，地球地壳上的最古老大陆的年代比其他类地行星和卫星上的都晚。

火星的两个卫星是不同于月球的。火卫一（图 1.14.2b）和火卫二都像不规则的土豆形状，不成球形，表面留下了外来天体的撞击痕迹。火卫一的直径只有 22.2 km，一日围绕火星 3 圈，距火星平均距离约 9 378 km，到火星表面的最近距离只有约 6 000 km。火卫一是火星的两颗天然卫星中较大的一个，也是太阳系中所有的卫星与其主星的距离中最短的。火卫二的平均直径为 12.4 km，是火卫一的一半，相对于火星的距离是 23 460 km，以 30.3 h 的周期环绕火星运行。显然，这两颗卫星也已经是行星胚胎了，只是在它们的岩浆圈层还没有形成时，地球和火星所在速度切变带上的星云和小胚胎已经被两颗大行星胚胎和月球胚胎吸引完了。

图 1.14.2　（a）火星的表层地貌（蓝虚线连接了 3 座死火山），（b）火卫一的体型

从火星的表层地貌看（图 1.14.2a），它与地球表层的地貌特征有很多的相似之处。从行星尺度上看，火星上有类似地球上的海陆分布和海岸线，甚至大陆漂移的痕迹。从区域尺度上看，火星上有最后大陆漂移的海沟痕迹和河流形成的痕迹。从局部上看，火星上也有为数不多的行星胚胎撞击坑和火山遗留痕迹。这些痕迹都可以帮助我们印证，太阳系中的所有行星都经历了一个从天文演化到地质演化的过程。

由于火星已经是一个内部活动停息的星球。火星内部的核与幔，幔与壳之间已经没有了相对运动，当然每个圈层中也就没有了对流（垂直）运动，地震与火山活动都没有了。现在火星的地质演化主要发生在表层，演化的驱动力是火星大气对火星表层的风化作用和搬运作用。这两种作用已经把火星地质演化早期的大陆漂移和造山运动的痕迹掩盖了很多。但巨大的火山痕迹仍然可以分辨，如图 1.14.2a 中蓝虚线连接了三座死火山。

现在的火星已成为一个干燥的沙漠行星，表面沙丘、砾石遍布，大陆漂移和造山运动早已完成。火星那层薄薄的大气主要由二氧化碳和氮气组成，既稀薄又寒冷。火星上的风速可达 180 m/s，是通常台风强度的 5—6 倍。火星上的沙尘暴一旦刮起来可持续三个多月，从地球上望去，火星就像一个暗红色的灯笼。沙尘导致了低的能见度，也形成了表面的沙尘沉积。早在 1971 年，地球科学家发射的探索仪器就已到达火星，然而仪器受到火星全球性沙尘暴的影响而暂停工作。美国国家航空航天局的科学家发现，火星上大约每三个火星年（大约 5.5 个地球年），就会发生由正常风暴演变成的环绕行星的沙尘暴，所以这种现象被称为“全球性沙尘暴”。

行星上要形成沙尘暴，需要下列条件：热力条件——不同下垫面上的温度对比，动力条件——风，最后的条件——沙源。三个条件的顺序是，热力对比催生出风，风吹起了尘埃。这些条件火星上是满足的，在地球上也满足。地球上有很多的沙漠地带，经过沙漠地区的风暴会引发沙尘暴，并影响到下游的非沙漠地区。除了地球和火星两个家族的相似性与不同点外，类地行星是一个更大的家族，成员还包括水星、金星和小行星带。

1.15 类地行星家族

在太阳外围的行星分布中，小行星带大致把太阳系的所有行星分成了内外两个部分：小行星带以内的部分称为类地行星，小行星带以外的部分称为类木行星。太阳系中行星和卫星的当今分布要用引力流体和演化史的观念进行分析与追踪。类地行星形成于太阳天文演化结束时的四条星云切变带中。由里向外的第一条星云绕转线速度增加切变带中形成了水星，第二条星云绕转线速度减小切变带上形成了金星，第三条星云绕转线速度增加切变带中形成了地球和月球以及火星和它的两颗卫星。小行星带形成于第四条星云绕转线速度减小切变带上，其中包括一颗矮行星——谷神星。

在太阳系的八大行星中，水星是最靠近太阳的行星，没有卫星，但在八大行星中有最大的轨道偏心率和最小的轨道倾角。中国古人称之为辰星，它每 88 个地球日绕行太阳一周，而每公转 2 周的同时也自转 3 圈。在太阳系的八大行星中，它的自转速度最慢，自转周期为 58.6 个地球日。它的平均半径为 2 439 km，是地球半径的 38.2%，表面重力加速度是 3.7 m/s^2，平均轨道速度为 47.89 km/s。水星由大约 70% 的金属和 30% 的硅酸盐物质组成，水星的密度是 5.46 g/cm^3，在太阳系中是第二大的，仅次于地球的 5.52 g/cm^3，比金星的 5.26 g/cm^3 稍大。水星的外貌酷似月球，有许多大小不一的环形山，还有辐射纹、平原、裂谷、盆地等地形（图 1.15.1a)。水星表面平均温度约 452 K（179 ℃），变化范围从 90 K（零下

183 ℃）至 700 K（427 ℃），是温差最大的行星。

水星外貌如月，内部却很像地球，也分为壳、幔、核三层，但它已经没有了大气层。水星的组成特征表明，水星形成于以金属为主的太阳外星云弱切变带中。它的形成过程与地球相似，也曾经有固核、高温岩浆圈层的天文演化，和外壳形成后的冷却与外貌演化过程，甚至有过大气层。但由于水星体积较小，与月球相似，自它诞生以来的 50 多亿年中大气尽数逃逸了。它的外貌特征说明：水星天文演化后期，星云线速度增加带中的那些最后被水星吸引并撞击上来的小行星胚胎，在其表面留下了痕迹；同时外表也留下了水星形成后外壳发生破裂并发生相对运动的痕迹。外壳在早期内部岩浆流体上的分裂与漂移早已经结束，外壳已经大大增厚，甚至整个水星可能都已经成为固体了。但是，它诞生以来的活动痕迹还遗留在表层。

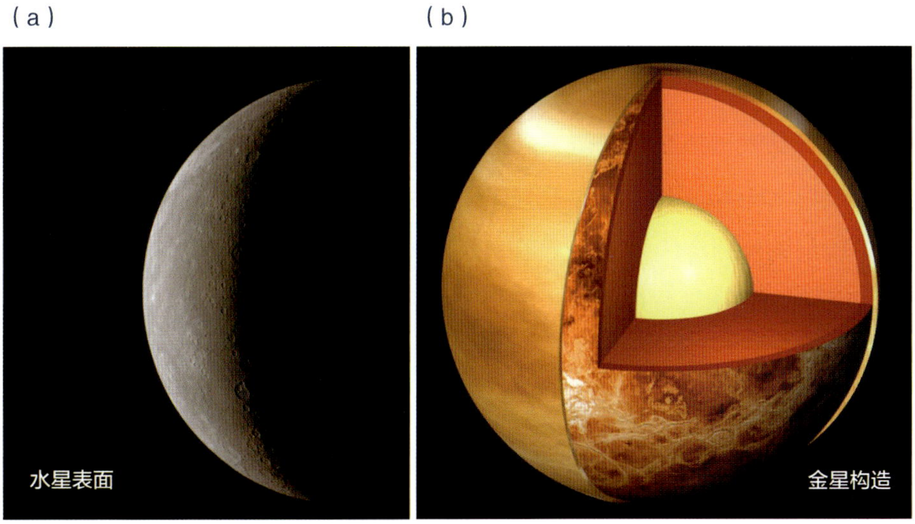

图 1.15.1　(a) 水星表面和 (b) 金星构造（大气、壳、幔、核）

金星相对太阳的距离大于水星，它是太阳系八大行星中相对太阳第二远的行星，位于地球公转轨道的内侧。古罗马人称它“维纳斯”，中国古代称之为长庚、启明、太白或太白金星。金星的半径约为 6 073 km，只比地球半径少了 300 km，体积是地球的 0.88 倍，质量为地球的 4/5，平均密度略小于地球，金星曾经的核、幔、壳分层结构与地球的相似（图 1.15.1b）。这些参数表明，金星算得上是地球的姊妹星。金星大气深厚又浓重，其中的二氧化碳占 97% 以上。由于大气中硫氧化物的相关化学反应，金星上时常降落具有腐蚀性的酸雨。金星深厚和沉重的大气是很好的保温层，金星表面温度高达 280—540 ℃，其表面大气压约为地球的 90 倍。

金星自转方向与它邻近的水星、地球相反，是自东向西旋转的。因此，在金星上看，太阳是西升东落。金星绕太阳公转的轨道是一个很接近正圆的椭圆形，偏差不超过1°且与黄道面接近重合，其公转速度约为35 km/s，公转周期约为224.71个地球日。但其自转周期却为243日，也就是说金星的自转恒星日一天比一年还长。金星形成时处在向外绕转线速度减小的切变带，也就是在负涡度带上，与太阳自转方向相反，最初的物质分布相对稀薄。在这个线速度减小的切变带上，金星的自转速度很慢，成为八大行星中最慢的。它的公转快于地球是因为位于地球与太阳的内侧。金星与地球有相似的大小，但不曾出现与地球相似的生命环境，原因就在于它相对太阳的环境状况和自身的大气状况与地球差异较大。可见，一个让生命能够存在的行星环境是多么的难得。

在太阳外的三个线速度递减带中，金星位置处的减速最大。这样的自转周期使得金星大气朝向和背向太阳的半球之间出现了大气层顶的水平温差。这种温差不同于地球大气中的赤道与极地之间和大陆与海洋之间的温差及其温差驱动的大气环流。金星上表层大气环流可能是平行赤道东西方向上的，有太阳辐射的半球是上升气流，而没有太阳辐射的半球为下沉气流，由西向东的变化周期是4天。由于受到太阳直接辐射的瞬时经线平分了金星表面，在沉重而深厚的大气下对流和云层结构呈“倒V型”的南北延伸形状。由于金星大气的高层白天存在较大的垂直温差和对流运动，当受热气块与夜晚环境大气发生足够大的温差时会产生放电和闪电现象。

金星上可谓火山密布，它是太阳系中拥有火山数量最多的行星。已发现的大型火山和火山特征有1 600多处。此外还有无数的小火山，估计总数超过10万座，甚至100万座。金星火山造型各异，但尚未发现活火山，金星也是一颗几乎没有磁场和内部生机的行星。由于金星与地球的体积相当，同时又是地球的邻居，形成过程和物理环境相似，所以金星与地球的火山活动也应该有相似之处，只是地球上的早期火山痕迹留存的较少。

金星体积稍小于地球等物理特征表明，金星早于地球进入外壳演化阶段，天文演化阶段后期的天体撞击进入大气层，摩擦生热成高温气体，再沉降到金星的表面。所以，在现在的金星上难以分辨出行星的火山链。同理，尽管金星上峡谷纵横，但没有哪一条看起来类似地球上的海沟，这说明金星大气对其外壳表面的影响是多么深重。金星上最高的山是麦克斯韦火山，高达12 km，这说明金星幔外的壳层也曾经发生过大尺度的水平运动与断裂、挤压，甚至叠置抬升。金星外壳的运动痕迹和火山活动痕迹也是金星岩浆流体水平运动的结果。由于金星大气对金星外壳的作用，曾经出现过的金星外壳漂移痕迹已经难以分辨了。

火星是地球外侧的一颗行星。它的直径为 6 794 km，约是地球的一半，体积为地球的 0.15 倍，质量为地球的 0.11 倍，表面积相当于地球陆地面积，密度则比其他三颗类地行星(地球、金星、水星)小很多，这大体说明了行星的密度离太阳越远越小。火星的直径约为月球的 2 倍，质量约为月球的 9 倍，表面重力约为月球的 2.5 倍。

火星的自转轴倾角、自转周期均与地球相近，平均火星日约为 24 h 39 min 35 s，公转周期约为地球的两倍。这些参数表明火星与地球同处于一个线速度增加带中，但因其位于地球的外侧，所以公转周期比地球长。图 1.15.2a 呈现的橘红色外表是火星壳表的赤铁矿(氧化铁)。我国古书上将火星称为“荧惑星”，古罗马称之为“战神玛尔斯星”。

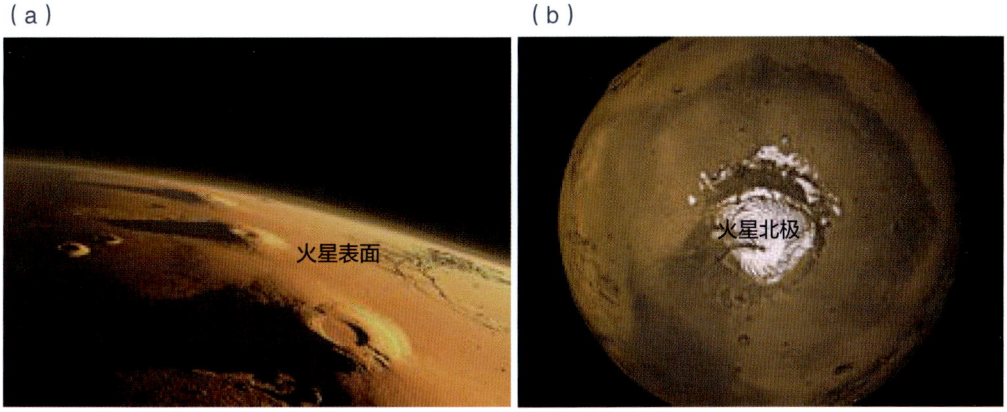

图 1.15.2 (a) 火星表面和 (b) 火星北极

火星有下列基本参数：与太阳的平均距离为 1.52 个天文单位，公转周期为 687 地球日，自转轴倾角为 25.19°，平均火星日时长与地球相近。因此，火星也有四季，只是季节长度约为地球的两倍。由于火星轨道离心率大约为 0.093(地球只有 0.017)，使各季节长度不一致，又因远日点接近北半球夏至，北半球春夏比秋冬各长约 40 天。火星没有大卫星的海洋潮汐作用，自转周期变化小，不会像地球自转减慢。火星有两个天然卫星，火卫一和火卫二，它们形状不规则，但也像月球那样，是被火星捕获在相同星云变速带上的行星胚胎。

由于火星比地球小，而形成的过程与地球同期，又和地球在同一个线速度增加带上，它的外壳演化速度会快于地球，与月球相似。因为在相同的线速度切变带上，火星的自转方向与地球和月球相同。火星已经成为一个没有火山活动和地震活动的星球了，表面沙漠、沙丘和砾石遍布，以二氧化碳为主的大气稀薄寒冷，沙尘悬浮其中，每年常有沙尘暴发生。与地球相比，火星外壳容貌大部分于远古较活跃的时期形成，有密布的陨石坑、火山、峡谷和造山运动的痕迹。火星两极仍然保存了地质演化的遗留物，那就是干冰（固态的二氧化碳）和水冰组成的极冠。火星天文演化结束时，它的自转速度快于今天，大量的轻物质上浮到表层并集中到两极，在低温下冻结成冰（图 1.15.2b）。

火星的形成和演化也经历了与地球相似的过程，只是由于火星体积小，所以它的演化比地球快。火星曾经也有过壳、幔、核三个圈层，幔与核也发生过相对运动。幔相对核的运动也引起了火星外壳的分裂、大陆板块漂移和造山运动，以及后来的外壳震动与火山活动。随着火星上外壳震动和火山活动的减少，最后火星上的海洋和河流也逐渐消失了。这些事件都已经成了历史，留下的是现在我们看到的痕迹。火星已经历了它生命的鼎盛时期，现在表面残留的主要是衰老期的痕迹。所以，保护地球家园是根本，移民火星是没有什么必要了。当然，火星上有矿藏，但没有石油。

类地行星包括水星、金星、地球和火星。实际上，类地行星的物质组成还包括地球的一颗卫星和火星的两颗卫星。水星和金星各自形成在不同的星云绕转线速度切变带中。地球、月球与火星和它的两颗卫星形成在相同的星云绕转线速度切变带中。这条星云绕转线速度切变带又可以分为内外两个部分，内侧部分形成了地球和月球，外侧部分形成了火星和它的两颗卫星。太阳外的最里三个星云绕转线速度切变带为类地行星和卫星的自转方向准备了环境条件，这些条件归根结底就是宇宙势。

根据 1766 年德国人提丢斯偶然发现的一个数列，柏林天文台的台长波德推测在火星和木星轨道之间也许还有一颗行星。如果这颗行星能够形成，它应该像金星那样，自转方向与邻近的火星和木星的相反，因为它形成在星云绕转线速度减小带中。可是，这里没有形成一颗行星，而是分布了多达 50 万颗的小行星，成为太阳系中环绕太阳公转的小行星带。这些小行星是太阳刚刚形成后，由这个切变带上的行星胚胎发展起来的。很多稍大一点的胚胎吸引了带内其他的物质或小的行星胚胎，但它们没有能够集中起来形成一颗与火星相当的行星。原因是它们都有绕转太阳的各自的线速度，它们的离心力与太阳引力达到了平衡。

小行星带内最大的三颗小行星分别是智神星、婚神星和灶神星，平均直径都超过 400 km。在主带中仅有一颗矮行星——谷神星，直径约为 950 km，可以视作 1 000 km 量级的矮行星，其余的小行星都较小。小行星带的物质非常稀薄。在主带内的小行星，依照它们的光谱和主要形式可以分成三类：碳质、硅酸盐和金属。在类地行星或小行星带的外侧，我们就会遇到太阳系中的两颗大行星。

1.16 两颗最大行星的共存

图 1.16.1　木星表层大气中的条带结构、大红斑和极地上空的闪电

太阳系行星家族中，最大的是木星。它的质量是地球的 318 倍，也是其他行星质量总和的 2.5 倍。这说明，木星形成时正处于星云物质密度最大，也最厚的位置上。木星在八大行星中自转最快，自转一周为 9 h 50 min，这与它所处的太阳外黄道面上星云线速度切变增加导致的行星胚胎旋转速度较快有关。原始木星胚胎吸引了大量的同一切变带上的星云，将它们的角动量高度集中了起来，导致最后行星自转速度最快。木星呈明显的扁球状，赤道直径与两极直径之比为 100∶93，这反映了它形成时星云涡旋收缩的角动量特征。木星低纬度既有平行赤道的带状条带差异结构，又有每个条带上的局地涡旋结构，这些都是木星大气中的不同尺度运动特征，这些结构呈现出黄红褐色的分布 (图 1.16.1)。木星大气有 1 000 多千米厚，主要成分是氢和氦。木星被大气层紧紧地裹住，使人们无法直接看到它的表面。1665 年，人们在木星赤道的南侧，发现一个引人注目的大红斑。它自被发现以来，还从未消失过。这个木星大红斑类似地球大气中的南亚高压环流系统，只是位置和强度很少变化。

木星的公转周期是 11.86 年，平均轨道速度是 13.07 km/s。木星生成前处于星云绕转线速度切变带位置上金属成分减少，而非金属成分增多的区间，这与木星巨大的液态氢星体相吻合，也与木星的中心是一个硅酸盐和铁等物质组成的核区相一致。木星的固体物质是次要的组成，而气体成分是主要的成分。它虽然是太阳系中体积最大的行星，赤道半径约为 71 492 km，极半径约为 66 854 km，但它的密度为 1.326 g/cm^3，在气体行星中排行第二，远低于四颗类地行星的密度。木星的高层大气是由体积或气体分子百分率为 88%—92% 的氢和 8%—12% 的氦所组成。

在当时的多个星云绕转线速度切变带中，木星和土星形成在太阳外黄道面上物质分布最多的地带。木星在早期行星胚胎发展的过程中，也发生过其他物质撞击到木星胚胎上后动能转换成热能和热核反应的过程。在高温熔融时期，重的金属成分对流到胚胎的底层，而轻的气体漂浮到表层。在外层气体与内层核幔的分离过程中及之后，石质内核与液态幔之间的耦合会出现磁场。现代木星的磁场强度是地球的14倍。木星有着太阳系行星中最厚的行星大气层，厚度超过5 000 km，相当于地球表面的10倍大气压。木星赤道表层气体的线速度很大，从赤道到两极形成了巨大的线速度梯度。这种梯度产生的不稳定就形成了木星上平行赤道的多条带分布。长的条带结构中又会出现局地的对流扰动，其中的亮带是向上运动的区域，暗纹则是较低和较暗的云。所以，木星上各种颜色的云层像波浪一样在激烈翻腾着。在木星大气中还观测到有闪电和雷暴。

地球大气中，在北半球副热带的青藏高原上空有一个东西方向偏长的南亚高压，属于反气旋环流系统，它的形成与大地形有关。在木星的大气中，一个大红斑位于南半球副热带的23°S处，东西最长可达4万千米，南北宽1.3万千米左右，可以推测它的形成也与下垫面大地形有关。这个大红斑是一个彩色的反气旋，在木星的南半球以逆时针方向转动。地球大气中的南亚高压环流系统，在地球的北半球是顺时针方向旋转的。

与太阳系的演变过程相似，太阳系中太阳形成后，在其旋转赤道面上，太阳之外形成了一个星云盘。木星形成后的光环也是一个木星外的薄圆盘，其厚度约为30 km，宽度约为9 400 km，离木星12.8万千米。光环分为内环和外环，外环较亮，应该以更轻的气体物质为主，内环较暗，几乎与木星大气层相接。光环也环绕着木星公转，7 h转一圈，与木星的自转方向相同。木星光环中的物质有许多是由黑色碎石块构成的，石块直径在数十米到数百米之间。木星周围的光环和其中的石块，它们的形成过程与月球相对地球的形成过程相似，是源于与木星相同星云绕转速度变化带上的物质，受到了木星引力作用具有了绕转木星速度的结果。

在太阳系的八大行星中，木星的天然卫星多达79颗。受到卫星引潮力的影响，木星自转运动从长期来看正逐渐地变缓，卫星引潮力同时也改变了卫星的轨道，木星大气质量的逃逸使卫星慢慢地远离木星。木星周围的卫星分为顺行的和逆行的两类。顺行的卫星偏心率较小，逆行的卫星偏心率较大，它们分别形成在木星轨道的外侧和内侧。内侧的行星胚胎线速度慢于木星，当被木星从内侧吸引的时候，卫星从内侧加速靠近木星，成了与外侧反向运行的卫星。木星的卫星半径多是几千米到20 km的大石头，较大的木卫三半径为2 631 km。

从木星形成的环境和物质组成分析，木星受到过来自外部小天体的撞击，其内部圈层之间有较差运动，有磁场，内部还有热核反应，向外放射和辐射热量。木星的固体表层和幔层中会有大尺度的水平运动和小尺度的对流运动，外壳震动和火山是它们的表现形式。

太阳系中仅次于木星大小的是土星，它位于木星之外，并与木星、天王星及海王星同属类木行星。土星主要由氢组成，还有少量的氦与微量元素，内部的核心包括岩石和冰，外围由含氢的气体包裹着。土星的风速高达每小时上千千米，比木星上的风速大。土星的行星磁场强度介于地球和更强的木星之间。土星以平均 9.64 km/s 的速度斜着身子绕太阳公转，其轨道半径约为 14 亿千米，公转速度较慢，绕太阳一周需 29.5 年，可是它的自转速度很快，赤道上的自转周期是 10 h 14 min。较快的自转速度也是因为它与木星类似，早期的土星胚胎处于太阳天文演化结束时的较厚星云中。公转速度较慢是因为星云位置相对太阳较远。土星也有四季，只是每一季的时间要长达 7 年多，因为离太阳遥远，夏季也是极其寒冷的。

土星有一个显著的特征是行星环，主要成分是冰微粒和较少数的岩石残骸以及尘土。已经确认的土星的卫星总共有 82 颗。其中，土卫六是土星系统中最大和太阳系中第二大的卫星，半径 2 575 km，半径略小于木卫三。土卫六是太阳系已知的有大气卫星中的一员。有大气的土卫六吸引了人们的研究兴趣。土星与其光环的关系就好比太阳天文演化刚刚结束时，太阳与其周围星云盘中的物质组成以及其中的主要八条物质切变带那样，它们都是不同演化过程中宇宙势的分布体现。

虽然土星没有直接的内部结构的形成过程资料，但根据所有行星形成的共同过程看，土星的内部结构会与木星相似。由于土星和木星都比地球大，它们的岩石核心密度会更高，温度也会很高。在核心之上，有更厚的液体金属层，然后是液态氢和氦层，在最外层是厚达 1 000 km 的大气层。大气层包括 96.3% 的氢和 3.25% 的氦。土星的上层大气与木星相似，都有着一些条纹，但相对暗淡。由于土星自转速度比木星慢，土星赤道附近的条纹比木星宽，也相对平静，但也会出现大白斑式的白云风暴。土星大气从底部延展至大约 10 km 高处，是由水冰构成的层次，温度大约是零下 23 ℃。在这之后的温度在 50 km 下降到零下 93 ℃，在 80 km 下降到零下 153 ℃。土星的风速是太阳系中最高的，估计东风最高可达 1 800 km/h。在绕轴旋转的行星大气中，都会有极地涡旋，土星也不例外。

木星表面令人着迷的景象是大红斑，那是和地球大气中南亚高压类似的副热带反气旋环流系统。土星大气中令人着迷的景象是因为一个特殊的急流而持续存在的六角形风暴。它是人们通过旅行者 1 号在土星影像中最先注意到的一个长期出现在 78°N 附近，围绕着北极的六边形涡旋。地球上的南半球大气受到地形的影响较少，在对流层顶有时候能够看到中高纬度气流运动的涡度带，涡度带很少是四条，常常是三条。这种条带结构与地球的自转速度、大气密度及气流速度等有关。土星的自转速度比地球快，所以土星北半球出现的六边形物质分布与地球上南半球对流层大气中的行星尺度波动是一样的，也与土星的自转速度和大气密度等有关。

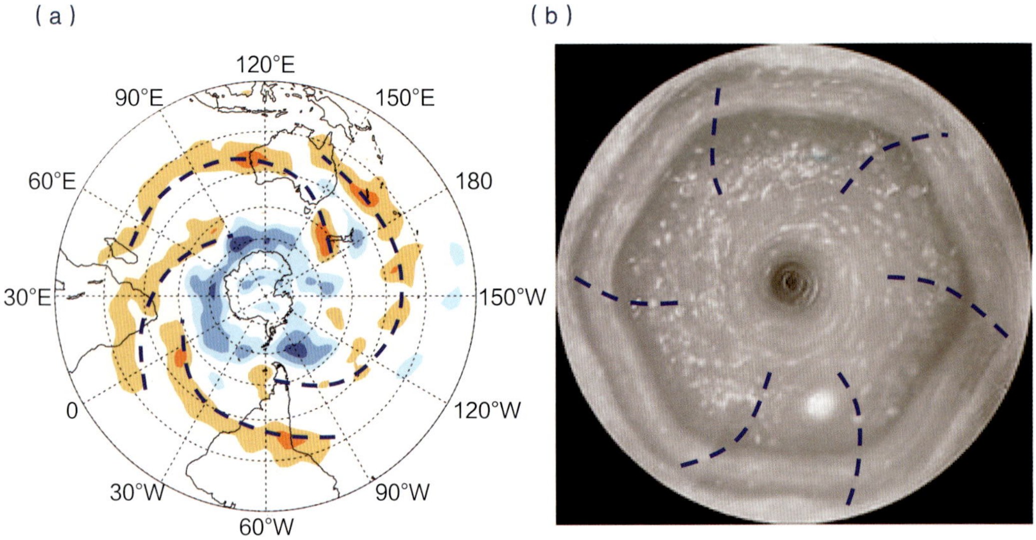

图 1.16.2 (a) 地球南半球对流层上部大气中的气流涡度（粗虚线指示正涡度轴线；参考 Qian, 2017），(b) 土星北半球大气中的六边形涡旋（粗虚线指示气流槽线）

比较地球南半球中纬度大气中的行星尺度瞬时波动（图 1.16.2a）与土星北半球上的瞬时波动（图 1.16.2b）可以看出，行星大气的中纬度行星尺度波动数目与自转速度有关，自转速度越快，波数越多。土星的北极大气中有一个很深的轴对称涡旋，而地球上北半球由于海陆地形的影响，极地涡旋常常偏离北极，不是轴对称的了。土星大气中，绕纬圈有两条明显的大风带，或者称为西风急流，北边的急流速度大于南边的急流速度。连接两条大风急流波动的低谷会形成六条气流的槽线。所以，土星大气中的六边形大致反映了瞬变气候气流中的槽线。槽线与槽线之间的距离并不相等，距离最短的是大白斑两侧的槽线，大白斑是一个土星北半球的高压反气旋环流系统。在每两个槽之间的低纬度西风急流南侧都有一个反气旋环流系统。在北侧的强急流的向极地范围内，那里有很多的反气旋环流系统，即那些小白点。

土星外的赤道面上，除了有 80 多颗卫星外，还有多达 7 条的主要光环，其中包括绕土星旋转的大群质点，它们由碎石块和冰块构成，直径从几厘米到几十厘米不等，只有少量的超过 1 m 或者更长。土星与土星光环的关系类似于太阳与太阳系行星的关系，但前后的两个关系处于不同的空间层次。在土星光环的周围还有巨大的氢云环。

在太阳系的小行星带以外，也有一条太阳天文演化结束时的星云绕转线速度增加带。同样，这条增加带上形成了木星和土星以及它们各自的很多卫星和光环。不管是小行星内侧的两颗类地行星，还是小行星外侧的两颗类木行星，它们从胚胎开始就位于不同的位置，但是处在相同方向的速度切变线上，所以它们都具有相同的自转方向。在土星的外侧还有两颗旋转方向不同的类木行星——天王星和海王星。

1.17 天涯和海角的行星家族

在太阳天文演化阶段结束的时候，天王星和海王星形成在小行星带外侧又一个星云速度低值的两侧，分别位于绕太阳公转的原始星云线速度减小和增大的跑道上。无论是绕转线速度峰值的两侧，还是绕转线速度低值的两侧，形成的行星自转方向都是相反的。天王星的自转方向差不多是与内侧土星自转方向垂直的，也与外侧海王星的自转方向有很大的夹角。这是因为木星和土星之外当初星云的密度会逐渐减小，但厚度会逐渐增大，绕转速度切变形成的胚胎自转方向的离散度会更大。所以，天王星和海王星的自转方向反映了当时众多星云胚胎的总体特征。冥王星之外，仍然有当初星云物质的波动，那里仍会有很多的天体存在（图 1.11.1）。

天王星是太阳系由内向外的第七颗行星 (18.37—20.08 天文单位)，其体积在太阳系中排名第三（是地球的 63 倍，小于木星和土星，但比海王星大），质量排名第四（是地球的 15 倍，小于海王星）。它形成的绕转线速度环境是与金星和小行星带相似的，位于太阳外星云绕转线速度减小带内，但带内的物质厚度较大。天王星吸引了这个带里的物质，也集中了众多星云物质的角速度，所以行星的自转方向几乎横躺在公转平面上，倾斜的角度高达 98°。天王星的平均公转速度是 6.81 km/s。

当天王星在至日前后时，它的一个极点会持续地指向太阳，而另一个极点则背向太阳。只有在赤道附近狭窄的区域内可以体会到迅速的日夜交替，但太阳的位置非常的低，有如在地球的极区。其余地区则是长昼或长夜，没有日夜交替。运行到轨道的另一侧时，换成轴的另一极指向太阳。每一个极都会有被太阳持续地照射 42 年的极昼。在接近昼夜平分点时，太阳正对着天王星的赤道，天王星的日夜交替会和其他的行星相似[1]。

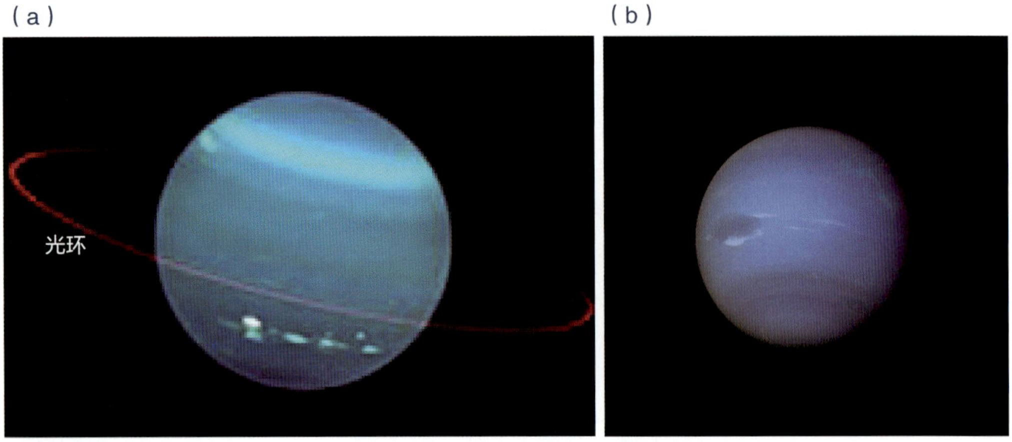

图 1.17.1　(a) 蔚蓝色的天王星和 (b) 蓝色的海王星

天王星大气的主要成分是氢和氦，还包含较高比例的由水、氨、甲烷等结成的“冰”，但是氨和甲烷在天王星上只能以液体存在，所以大气反射太阳光的颜色是蔚蓝色的（图 1.17.1a）。天王星也是太阳系内大气层最冷的行星，最低温度只有零下 224 ℃。天王星的内部则是由冰和岩石所构成，可能有一个固态的内核。天王星的赤道比极区热，说明该行星的表面热量主要来源于其内部。天王星大气中，除了大规模的带状结构外，也存在小块的亮云。大约在它的南北半球 20°的纬度位置上，那里有带状结构的分界，它是位于低纬度地区的第一个环流圈的边界。这种行星尺度环流圈的驱动来自天王星的内部，所以边界上方的温度是低的。垂直方向上，天王星的大气被划分为与地球大气类似的三层：对流层、平流层和增温层。

天王星每 84 个地球年环绕太阳公转一周，与太阳的平均距离大约 30 亿千米。天王星就像在太阳系的“天涯”。天王星内部的自转周期是 17 h 14 min，但是和所有巨大的行星一样，它上部的大气层朝自转的方向存在非常强的风。尤其在南极的高纬度地区，有移动非常迅速的大气，只要 14 h 就能环绕一周。

海王星是太阳系八大行星中的远日行星，49 532 km 的直径属于第四大行星，质量上属第三大行星，看上去是一个气体星球。在类木行星中，大小依次向外为木星、土星、天王星和海王星，而质量依次为木星、土星、海王星和天王星。它的质量大

[1] 在 2007 年 12 月 7 日，天王星经过日夜平分点。

约是地球的 17 倍，是木星质量的 1/18。为什么海王星的质量大于天王星呢？它们的质量差异与海王星位于最初星云绕转线速度增加带而天王星位于绕转线速度减小带有关。海王星的自转周期为 16—18 h，轨道周期大约相当于 164.79 个地球年。它的自转轴倾角为 28°，与地球（23°）相近。

海王星距离太阳之遥远，就像是在太阳系的“海角”。它在 1846 年 9 月 23 日被发现，是唯一利用数学预测发现的行星。天文学家利用天王星轨道的摄动推测出海王星的存在与可能的位置。尽管非常遥远，但美国的旅行者 2 号探测器在 1989 年 8 月 25 日就已经拜访过海王星了。

海王星的大气层以氢和氦为主，还有微量的甲烷。甲烷使得它呈现蓝色 (图 1.17.1b)。海王星有着太阳系最强烈的风暴，测量到的风速高达 2 100 km/h。海王星云顶的温度是零下 218 ℃，因为距离太阳最远，是太阳系最冷的地区之一。海王星核心的温度约 8 000 ℃，和大多数已知的行星相似。海王星的南半球副热带地区有一个大黑斑。大黑斑每 18.3 h 左右绕行海王星一圈，比海王星的自转周期还要长，大黑斑附近的纬度吹着速度达 300 m/s 的强烈西风。海王星高层的云也会在相同的纬度上环绕着行星运转。这些环带的宽度大约在 50—150 km，并且在低层云顶之上 50—110 km。

海王星形成在当初太阳外星云的第七个线速度切变带里，与地球和火星，以及木星和土星的星云绕转线速度增加的切变类似，这 5 颗行星应该有相同的自转方向。但是，海王星形成的地方距离太阳太远了，那里的物质宽厚，在它们的共同角动量集中合并后，形成的行星自转方向有所偏斜。在海王星形成之前，星云线速度切变带上仍然会有少量的岩石和冰构成的混合固态物质。这些物质在线速度切变作用下形成了无数的小涡旋并成了距离遥远的行星胚胎。含固态岩石的胚胎质量较大，吸引和合并了更多的小胚胎，其中心成为固态的岩石内核。该变速带上的一颗最大的胚胎发展成了海王星，在它的表层俘获了可覆盖一层的冰。而在它的内部也存在最内的高温固核、中间岩浆圈层和外壳低温层。海王星有磁场和极光，说明海王星的内部具有圈层结构与相对运动，仍然是一个有“生命”的行星。与其他三个类木行星一样，海王星也有光环，不过比较暗淡。地球上只能观察到暗淡模糊的圆弧和光环，其中的一个光环看上去似乎有螺旋形结构，有类似土星上的大气槽。海王星有 14 颗已知的天然卫星，其中最大的是海卫一，它运行于逆行轨道，说明它是形成在海王星的内侧。

天王星和海王星除了上述基本特征外，它们还各自带有多颗卫星和光环。天王星被发现至少有九圈光环和有已发现的 27 颗天然卫星，它们和天王星一起组成了一个家庭。天王星卫星系统的质量是气体巨星中最小的。这些卫星大约是由 50% 的冰和 50% 的岩石组成。前 5 个大卫星的形状除了天卫五外都呈球形，说明它们的核心也是由最初的行星胚胎吸引同星云线速度变速带上的其他胚胎而成的，后来也有过熔融状态的流体圈层和冷却了的外壳。这些卫星形成的过程与月球的形成没有太大的差别，仅仅是所在的星云物质的组成有差异。它们现在的表面特征都留有外来天体撞击痕迹和火山活动痕迹，甚至留有外壳分裂和漂移的痕迹。天卫一主要成分为水冰、岩石、碳、氮化合物，表面留有撞击、火山坑和很长的山谷等痕迹(图 1.17.2a)。天卫二的表面特征不太清楚。天卫三表面有火山口地形和相连长达数千米的山谷混合的痕迹（ 图 1.17.2b ）。天卫四表面留有许多直径达 210 km 的撞击坑和峡谷 (地堑) 地形。天卫五的体积最小，表面特征最为奇特，留下的是不规则的破缺地形，悬崖峭壁和山峰峡谷的落差达几千米到 20 多千米。这些特征表明，天卫五留下的是早期部分星云胚胎的合并结果，而没有像其他的卫星那样得到更多的星云物质碰撞形成熔融的外表球体。

从表 1.17.1 中可以看出，天卫三和天卫四是 5 颗卫星中直径最大、轨道半径最大、轨道周期和自转周期（ 自转周期等于各自轨道周期 ）最长的卫星。天卫一和天卫五的直径较小，距离天王星较近，轨道周期和自转周期也较短。天王星和它的卫星及光环构成的旋转平面系统与太阳系中的结构分布类似，系统的中央部分体积大，只是分别属于两个不同的层次。天卫一和天卫五相当于在太阳系中类地行星的角色，天卫三和天卫四相当于类木行星的角色，更远的光环中包含的小卫星相当于太阳系中海外天体的角色。

表 1.17.1 天王星最大的 5 个卫星的关键参数，平均直径和轨道半径前面“（ ）”中数字为排序

卫星	发现年份	平均直径（km）	轨道半径（km）	轨道周期（天）
天卫一	1851	(4)1158	(4)190 900	2.5
天卫二	1851	(3)1170	(3)265 980	4.1
天卫三	1787	(1)1578	(2)436 300	8.7
天卫四	1787	(2)1524	(1)583 520	13.5
天卫五	1946	(5)473	(5)129 850	1.4

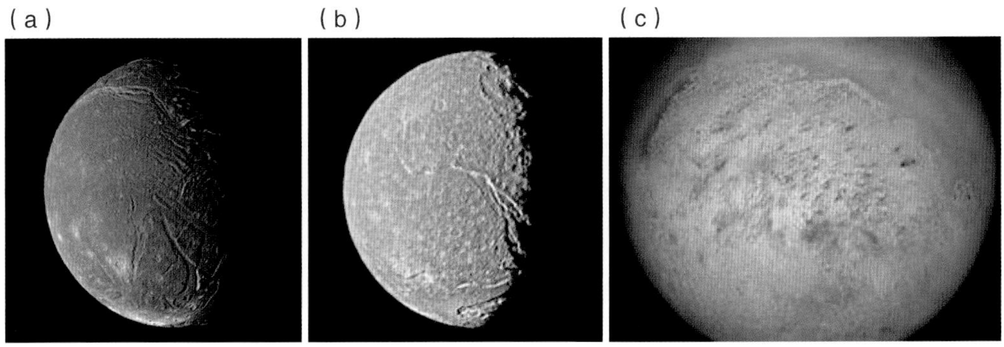

图 1.17.2　(a) 天卫一，(b) 天卫三 和 (c) 海卫一

虽然海王星的质量大于天王星，但目前发现海王星所带的卫星数目只有 14 颗，大大少于天王星。在海王星的 5 个最大卫星中，直径超过 1 000 km 的只有逆行的海卫一（图 1.17.2c）。海卫一是 1846 年被发现的，它的平均直径为 2 707 km，轨道半径 354 800 km，逆行轨道周期 5.9 天。目前认为，海卫一是太阳系内少数有火山活动的卫星天体，表面的撞击坑也较少。海卫二是 1949 年被发现的，平均直径为 340 km，轨道半径是前 5 个卫星中最大的，达到 5 513 499 km，轨道周期也长达 360 天。从海卫三至海卫五，它们都是在 1989 年被发现的不规则形状和没有地表活动痕迹的卫星，平均直径分别为 66 km、82 km 和 150 km，轨道半径在 50 000 km 附近，轨道周期从 7 个小时到 8 天。综合天王星和海王星的 10 个卫星可以看出，平均直径大于 1 000 km 的卫星都呈球形，表面有溶液流体构造运动的痕迹和外来天体的撞击痕迹，而那些几百千米直径的卫星都是不成形的，反映了它们形成时所俘获的天体物质数量还是有限的固体胚胎，没有形成液体表层。

1.18 行星表面波和涡的痕迹

太阳系中的行星和卫星都是各自由一个胚胎经历了天文演化过程发展起来的。天文演化结束的时候，在近似球形的行星和大部分直径大于 1 000 km 的卫星表面，岩浆流体覆盖在它们各自核的外圈层上。在引力场作用下，流体表层必然会出现波和涡。随着各自地质或外壳演化的开始，表层温度下降，外壳上留下了当时表层流体上波和涡的痕迹。行星外壳虽然经历了近 20 亿年的风化和其他的自然过程改造，但是外壳演变的痕迹仍然可辨。

火星在地球轨道的外侧，为距太阳第四远的太阳系中第七大的行星，也被称为“红色行星”。火星上的温度从冬天的零下 133 ℃到夏日白天的近 27 ℃。火星的表面积相当于地球表面的陆地面积。火星与地球不但邻近，也具有最多相似的地形地貌，如火星上壮观的奥林匹斯山脉，它的地表高度有 24 km，是太阳系行星上最高大的山脉。火星表面有一个宽 4 000 km，高 10 km 的巨大凸起，还有深 2—7 km，长为 4 000 km 的峡谷群。这些大型的遗留地貌表明火星与地球经历了几乎相同的地质（外壳）演化过程，包括水平方向上的大陆漂移和垂直方向上的造山运动。

火星的薄层大气主要是由 95.3% 的二氧化碳、2.7% 的氮气、1.6% 的氩气和 0.15% 的微量氧气与 0.03% 的水汽组成。火星表面的平均大气压强仅大约为 7 hPa，比地球上的 1 % 还小。火星上也存在风化和侵蚀，其表面有河流和沙丘的痕迹。如图 1.18.1a 上的火星表面痕迹，有上下两个层次。在火星的大尺度地貌环境和小尺度痕迹中，下部是岩石，上部是风化了的土壤，上部的土壤中有波，也有比波尺度小的涡。事实上，我们可以从火星和金星的表层图片中找到很多波和涡的地貌。

图 1.18.1 (a) 火星表面上的波（虚线）和涡（闭合曲线），(b) 内蒙古阿尔山山地波形中的晨雾

与类地行星的地貌相似，地球表面的小尺度地貌上分布有波和涡。在内蒙古阿尔山的早晨，平行山脊之间的山沟里，因辐射冷却，水汽降温低于露点温度，产生了悬浮于山沟中的雾（图 1.18.1b）。在山脊的上方，太阳光的照晒和大尺度的水平风吹跑了上部悬浮的雾。但是，山沟里的雾气纹风不动，形成了图 1.18.1b 中雾沟与山脊相间分布的画面。地球表面树木和草地点缀成的地貌上的波和涡，形成了与其他类地行星表面完全不同的景观，这是地球上生命的体现。

在类地行星的表面，从最小尺度的地貌分布上看，地质演化的早期地表都曾有过岩浆流体的波动和其中的对流运动，这些对流运动可称为小尺度的涡。这些普遍存在于行星表面的小尺度波和之中的涡都是行星地质演化早期岩浆运动并与地壳发生相互作用遗留的痕迹。这些痕迹在后来的 20 亿—30 亿年中经过了风化和侵蚀，但原始的基本特征仍然存在。这些特征可以帮助人们认识行星的早期地质演化历史。

火星上除了有大型的地质演化早期大陆板块漂移和造山运动遗留痕迹外，还存在火山喷发和河流痕迹（图 1.18.2a）。人们对火星上的三座巨大盾状火山感兴趣。这三座火山是在一条线上的。其实，在它们的延长线上还有火山。所以，在火星的表面有火山链的痕迹。火山链出现在板块的边缘。火星上的火山地貌、河流地貌和陆地地貌特征，都因为风化的作用而不再清晰。

金星是天空中最亮的星星，是一颗类地行星，它的轨道处于地球轨道的内侧。因此，我们看到金星的时段，不是在清晨便是在傍晚，并且金星分别处于天空的东侧和西侧。金星同月球一样，也具有周期性的圆缺位相变化[1]，但是由于它距离地球太远，这种圆缺用肉眼是无法看出来的。金星的天空是橙黄色的，它的大气主要由二氧化碳组成，并含有少量的氮气。金星的大气压强非常大，为地球的 90 多倍，约相当于地球海洋中 1 km 深度处的压强。强大的压强来自空气中大量的二氧化碳，这些气体导致了金星大气的温室效应。如果没有这样的温室效应，金星的温度会比现在下降 400 ℃。由于热惯性和浓密大气的对流，金星表面的昼夜温差并不大。大气上层的风可以 4 天绕金星一周，快速的热量传递使得极 – 赤和日夜之间的温差减小。金星浓厚的云层把大部分的阳光都反射回了太空，所以金星表面接收到的太阳光比较少。

与地球表面的地貌相似，金星表面也有大平原、高原、低地和大山脉。金星上的最高山脉是麦克斯韦山脉，比喜马拉雅山高出 2 km。金星表面除了有极少量的陨石坑外，还有火山痕迹。这些地貌同样表明，金星经历过与地球类似的地质演化过程，出现过行星尺度的大陆漂移和局地尺度的造山运动。金星上最古老的岩石有 8 亿年历史，这也许能表明金星浓厚的大气使它的冷却速度比其他的类地行星慢，表层普遍发生了持续较晚的地质活动。金星表面十分干旱，所以金星上的岩石要比地球上的更坚硬，从而形成了更陡峭的山脉、悬崖峭壁和其他地貌。

金星表面遗留的显示出一定规律的火山痕迹可以在图 1.18.2b 中看出。除了分散的火山遗留痕迹外，金星表面还存在一些可以连成一条线的火山链。这些火山链应该位于板块的边缘，较大尺度的板块为火山链的形成创造了条件和组织环境。早期的金星板块痕迹已经随着外壳冷却和地表风化等过程消失了，但火山痕迹仍然存

[1] 金星的位相变化，曾经被伽利略作为证明哥白尼的日心说的有力证据。

在。金星地质演化过程中，外貌现象的出现有时间上的早和晚、空间尺度上的大和小之分。地质演化史上的很多早期外貌特征已经不存在了，现在仍然留下并且可以分辨的是空间深度比较大的造山运动，如大型火山的喷发痕迹。金星和火星上的火山活动分布痕迹有助于人们去理解地球上仍然活动的火山及其形成和分布的原因。

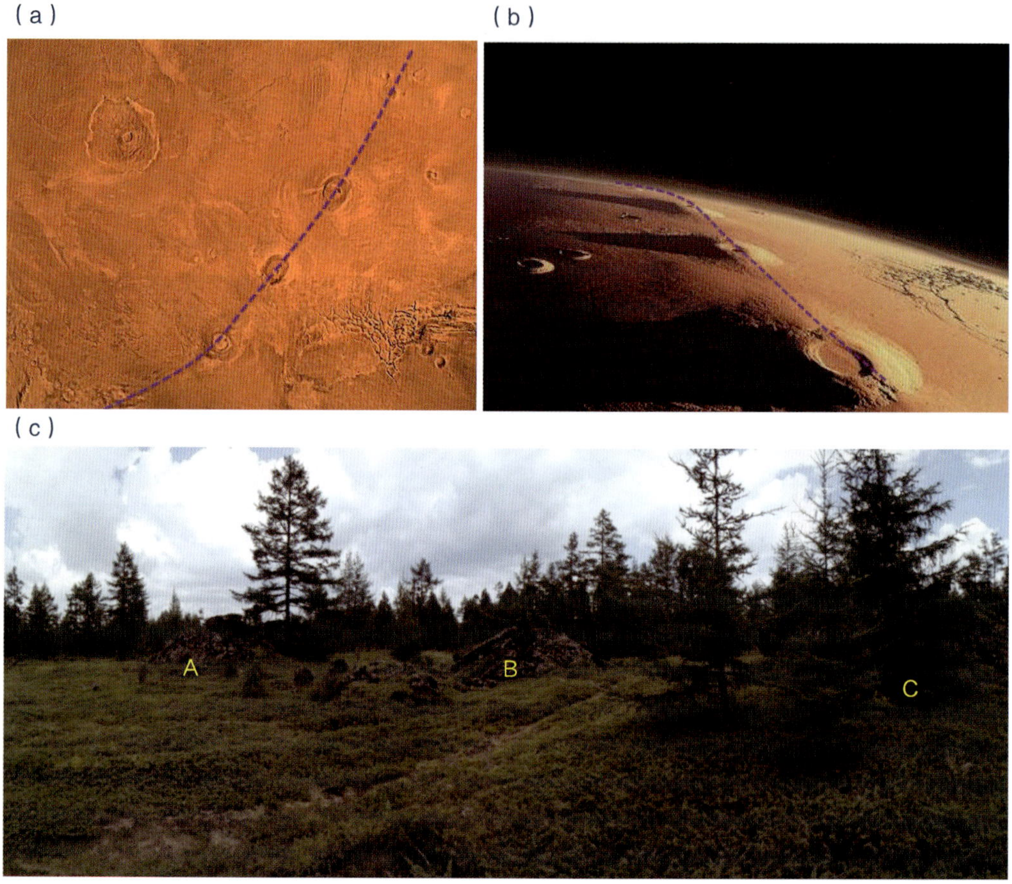

图 1.18.2 (a) 火星上的三座巨大盾状火山与火山链，(b) 金星表面的火山链，虚线连接火山口，(c) 内蒙古阿尔山火山链

所有行星都经历了天文演化阶段中先形成地核、后形成地幔岩浆圈层两个时段。地质演化开始后，由于冷却作用，所有的行星都形成了外壳，发生了岩浆流体驱动的外壳漂移和大陆（或外壳）边缘相互作用产生的局部造山运动。大陆漂移和造山运动都在行星的地表留下了痕迹。所有行星上，大陆（或外壳）漂移早已完成，大陆漂移结束时留下了大陆边缘位置。它们是地壳表面通向地幔岩浆流体最薄弱的地带，多呈带状分布。这些带状板块边缘有行星尺度的、也有区域尺度的弯曲。

地球经历了从胚胎开始的天文演化阶段和地质演化阶段，而现在不同尺度的地壳板块边缘处是火山和地震活动的地方。火山和地震活动是板块边缘在地幔岩浆流体驱动下产生的水平相对运动扰动能量在局地缓慢积累后的快速释放。地表的那些自然温泉点和温泉带是薄弱地壳环境处通向地幔上层的通道，其水温和要素浓度甚至气体变化均可以反映地幔流体的运动状况，特别是地幔中异常能量的分布状况，可以绘制成地幔异常信息分布图，用于局地地震和火山的预测、预警。同样的，大气中存在赤道辐合带、信风辐合带、季风辐合带、西风带辐合带和梅雨锋辐合带，这些辐合带相当于板块的边缘，这里可以先后形成有组织的、不同强度的对流和扰动涡旋，这些对流和扰动涡旋是极端天气发生的根源。对流系统形成的真正动力是来自这些辐合带上能量的局部集聚。

地球上仍然有很多的火山和地震活动，但更多的是留在地表的火山活动遗迹。图 1.18.2c 是位于内蒙古东北部阿尔山地质公园里的火山痕迹。那里有一些小火山痕迹，高度 1—2 m，直径 2—4 m。有趣的是，它们是有规律排列的。这样的分布特征说明，它们形成在一条局地板块的边缘，小火山是板块水平异常运动形成的局地涡旋。地球表面的风化等作用已经让我们看不到板块边缘了。图 1.18.1c 中三个排列的火山堆，只是小火山露头的小部分，土壤下还有火山岩构成的大部分。这些都是地球地质演化在不同时期留下的痕迹。

类地行星表层的多尺度地貌特征可以帮助我们认识太阳系中行星形成的历史。在类地行星中普遍存在上层次的波和下层次的涡。波是早期岩浆圈层表面的水平波动痕迹，而涡是水平异常辐合和辐散产生的局地扰动，包括垂直运动。类地行星上的火山痕迹都是地壳表面最后活动通向地幔岩浆流体的通道。它们形成在尺度比它们大的板块边缘。火山链上的火山爆发发生在板块边缘最薄弱的地方，反映的是地幔岩浆中异常能量的局部积累与快速释放现象，是地壳上发生的极端事件。所有行星都经历了由热至冷的过程，于是行星表面有一个普遍存在的痕迹，就是龟裂现象。

1.19 行星和宇宙中的龟裂现象

龟裂也称连续介质中形成的网裂或皲裂。龟裂中的裂缝与裂缝连接成龟甲纹状的缝线。龟裂可自然形成在气体、液体、固体物质上，甚至宇宙星云中。最常见的龟裂现象是土地因为水分减少后干旱形成的龟裂网络。在行星地壳初次形成或行星地质演化的早期，岩浆流体冷却后也会在行星表层留下龟裂的痕迹，这些龟裂反映了行星早期变化的历史。由于初期的行星地壳厚度相对岩浆圈层是很薄的，冷却形成在地壳上的龟裂缝隙长度会较短，不会达到行星尺度的空间长度。现代火山外溢的岩浆流体在冷却的过程中也会出现尺度很小的龟裂花纹。当然也有热与冷和湿与干同时剧烈变化引起的介质龟裂现象。

太阳系中，当太阳刚刚完成天文演化阶段的时候，太阳旋转赤道外，黄道面上留下了一个绕太阳旋转的星云盘。星云盘中星云的线速度差异形成了很多的行星胚胎，小的胚胎通过引力吸引发展成大的胚胎。胚胎一开始是固态的，到了一定的大小后，胚胎的引力增大起来，吸引更多的其他小胚胎，同时引力能（宇宙势）转换成动能，使小胚胎以很高的速度撞击到大胚胎上去，甚至会发生热核反应，行星胚胎的表面温度迅速升高，并且可能释放出强光辐射。进一步撞击到行星胚胎上的物质都很快呈熔融状态，胚胎就成了一颗高温岩浆行星，甚至其上的热核反应就像一个小太阳。当这颗行星胚胎周围的物质和小胚胎都被吸收完，行星也就完成了天文演化阶段，此时行星体积达到最大，温度达到最高。

从行星最高温度下降开始，行星进入到地质演化阶段，表层岩浆流体逐渐降温到一个临界值后，表面出现固体壳层，并有裂缝出现，同时也伴随有局地的对流和少量星云物质的撞击，形成局部的凸凹地形。在不断冷却的过程中，行星地壳表层留下了龟裂痕迹与撞击痕迹的混搭。随着地壳下部岩浆流体的运动，龟裂的地壳缝口处被撕裂，发生板块裂解。随着地壳的不断增厚，龟裂的长度会有所增加。完全靠温度变化的龟裂是不可能发生大陆漂移这样的行星尺度板块运动的，大陆漂移的驱动力必须是水平行星尺度的，而不是局地对流驱动的。当然，在板块的内部仍然会有保存完好的龟裂图案。即使在大陆板块漂移后，新形成的岩浆裸露区域，也会冷却出现新的龟裂现象，这些新形成的龟裂也会在新板块的内部被保留下来。地质史上，板块的不断漂移、新岩浆的冷却形成的新龟裂都会留下不同时期（年龄）的龟裂地壳斑块。在后来的亿万年中，风化和板块挤压等作用虽然改变了地貌，但不同时期形成的龟裂痕迹仍然存在。

在地球轨道的内侧有金星，图 1.19.1a 是金星表面的龟裂痕迹，龟裂的缝隙走向呈平行的、垂直的分布。这片表面可能是原始金星大陆的表层部分，或金星海洋的表层部分。虽然这片区域上主要是龟裂地貌特征，但它们是分段的。相对平整的区域，龟裂地貌保存得较完好；在不平整的地方，那里正是地形起伏较大的构造带。起伏较大构造带的动力来源（或驱动来源）是下层岩浆流体的运动。所以，龟裂多是发生在薄层介质中的局地现象。

火星在地质演化开始后，表层岩浆流体的冷却也留下了局地表层龟裂的痕迹（图 1.19.1b）。由于火星上沙尘暴事件经常发生，火星已经成了一个被沙漠戈壁覆盖的行星。显然，图 1.19.1b 中的这片表层区域上，龟裂后的块体已经被早期的下部岩浆流体驱动并漂移过，也发生了形变。一种静态的表层纯冷却作用下的龟裂已经被动力分裂所掩盖了。尽管如此，这些块体仍然是可以拼合的。其中，龟裂缝隙中已经充满了沙尘。每个块体上的层级又表明，它们不是来自最原始火星大陆壳体龟裂的痕迹，而是后来新的岩浆裸露形成的龟裂痕迹。

（a）　（b）

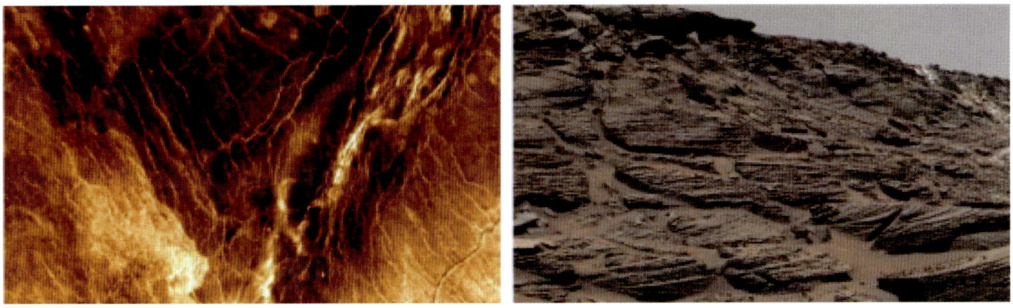

图 1.19.1　(a) 金星表面的龟裂痕迹和 (b) 火星表面的龟裂痕迹

地球表面有多种尺度的龟裂痕迹。大的龟裂现象有南半球和北半球大陆板块的分裂，而大陆板块分裂后又经过了长距离的漂移，形成海洋盆地轮廓，再到后期还会形成海沟。行星表面的龟裂不是局地的或垂直方向的冷热和对流造成的，而是地壳受到下垫面水平方向行星尺度驱动力的作用形成的。图 1.19.2a 是位于内蒙古阿尔山火山地质公园里的小尺度龟裂痕迹。如果它们是火山岩浆冷却形成的，那一定是火山喷发后大面积的岩浆流体水平流动到这个平坦的地方后冷却形成的。仔细观察，龟裂的块体中还有次一级的龟裂缝口存在。

现代火山口喷发出来的岩浆会很快冷却，图 1.19.2b 是岩浆中形成的龟裂斑块。龟裂斑图多为不规则的多边形，与图 1.19.2a 中的火山岩浆龟裂遗留的痕迹相同。从顺序时间看，先有火山岩浆冷却的龟裂斑图，再有龟裂的遗留痕迹，当龟裂痕迹的地壳下部出现了大尺度水平不均匀运动的时候，地壳才会沿龟裂的缝隙发生漂移。大陆漂移的结果在大尺度或行星尺度上来看，是可以发现其中的规律的，但大陆分裂的边缘可以沿原始没有规律龟裂的边缘。

(a)

(b)

(c)

图 1.19.2　(a) 内蒙古阿尔山火山地质公园里的龟裂痕迹，(b) 现代火山口上喷发岩浆中冷却形成的龟裂和 (c) 银河系中的龟裂现象

龟裂是当时和事后留下的痕迹，关键是产生龟裂的原因是什么？最近，大连理工大学的唐春安博士给出了一个《地球大龟裂》的简介故事。故事认为，地球演化历史中的重大地质事件，如大陆漂移、裂谷形成、生物灭绝等，都与地球自身热波

动有关，而控制热波动的开关在地壳的龟裂。故事从 46 亿年前的太阳系八大行星和卫星诞生时开始，它们是炙热的星球，被岩浆完全覆盖，没有大陆和海洋及生命，但最初的岩浆星球从何而来有待交代。这个岩浆星球在宇宙空间中会冷却，于是形成了坚硬的岩石地壳，从而把内部的高温岩浆与壳外世界分隔开了。壳外持续降温，形成了大气中的水蒸气并冷凝到地面，形成了原始海洋。降温持续到 23 亿年前，地球进入到了第一次的雪球期。接着，地球内部放射性元素衰变产热膨胀，使得地壳裂解，完成了地球大龟裂的第一次过程，形成了地球上的六大板块。这里需要定量知道地球内部放射性元素衰变能产生多大的热量可以把冰冻的地壳裂开。

故事认为地球内部的热量产生具有周期性，被地壳封闭下的内部热量积累到一个临界值时，地壳破裂成表层龟裂形式，同时释放出内部热量，从而形成了地球的热波动。在地球的多次热波动过程中产生了大陆漂移、造山运动、火山活动和生物的形成与灭绝。这个行星内因驱动说的故事总体比较简单。虽然故事描述的是以地球为对象的热波动龟裂现象，但龟裂在其他行星和卫星中也是一个普遍的现象。有很多的外因说实际上是偶然的灾变说。地球上太平洋的形成和柯伊伯带上卡戎卫星赤道附近的大裂谷的形成都有外来天体撞击的偶然说解释。内因驱动说的故事不同于外因说的是用星球的内部热力和动力的原因来解释行星和卫星上发生的表层自然现象。行星尺度的大龟裂是大陆漂移和行星上的大裂谷，它们的形成需要的是行星尺度的动力驱动，而且大陆漂移的边缘和行星上的大裂谷走向是有规则分布的。其实，行星形成的过程中，表层的岩浆从热至冷的多次内部过程和行星胚胎成长过程中遭遇到的外来天体偶然撞击都发生过，问题是怎样把内外过程有机地联系起来，即把内因说和外因说有机地统一起来。

如果将视野扩大到宇宙中的部分空间上去，一些星云的组织也存在着龟裂现象。图 1.19.2c 是银河系的部分，其中，在星云密度很高的区域，那些地方的暗色条纹也可以看作宇宙中的龟裂现象。宇宙中龟裂产生的原因是宇宙势的空间不均匀分布，也是宇宙物质的不均匀分布，宇宙物质可在确定宇宙势下形成形态上的排列。

龟裂是因为连续介质温度的差异变化、湿度的差异变化、宇宙势的差异变化以及挤压力的作用等环境变化引起的物质块体在形态上的裂变，实质上是因为连续介质环境变化而形成的个体之间的重新排列。所以，龟裂是自然界中的普遍现象，是写在自然界中的历史，其痕迹记录了其形成时的环境状况。

1.20 柯伊伯带上的太阳系天体

柯伊伯带是海王星轨道之外，太阳系边缘存在着的一个由冰与岩石物质分散运行的带状区域。从 20 世纪 30 年代起，一些科学家就预言在海王星之外存在着一个含有大量绕太阳运行的小天体空间。其中，荷兰裔美国天文学家柯伊伯 (1905—1973) 长期从事太阳系中遥远小天体的研究，也是海王星轨道外存在天体运动的倡导者。人们为了纪念他，把这个区域命名为“柯伊伯带”。早期人们认为，海王星是太阳系中行星形成的最远区域，后来，人们又把新发现的冥王星作为太阳系中最远的天体，而认为外部是一片虚空。柯伊伯在 20 世纪 50 年代提出冥王星之外是短周期彗星的来源，并不是空虚无物的空间。

从 1992 年以来，天文界陆续在距离太阳 40—1 000 个天文单位的区域发现了新的天体。至 1999 年发现的新天体数量超过 170 个，2001 年有 400 多个，2005 年有 800 个，现在已经达到 1 000 多个，估计那里的天体会多达十亿个，其中直径超过 100 km 的天体不少于 35 000 个，犹如火星与木星之间的小行星带的天体分布那样。天文学家们从地球上观测这些天体，很难准确地知道它们是由什么组成的。观测到的现象是，表层比较模糊，很像是冰块、岩石和尘埃的混合物，有些天体的个头接近冥王星，甚至质量超过冥王星。人们尚不清楚，它们是遵循了太阳系早期演变的规律，还是星际天体碰撞的偶然产物?

如果把海王星轨道之外的区域看作为柯伊伯带，天文学家在这条带上发现的第一个天体是冥王星。冥王星是在 1930 年 1 月由美国天文学家克莱德 · 汤博在罗威尔天文台发现的。它在当年 3 月 24 日被命名，意思是罗马神话中的冥界之王，不久被归类为太阳系的第九大行星（图 1.20.1a）。冥王星距离太阳十分遥远，近日点 29.7 个天文单位，远日点 49.3 个天文单位，这表明它的椭圆轨道细长，观测最清晰的哈勃空间望远镜也只能拍摄到冥王星表面的明暗程度，而无法了解确切的地貌。冥王星是一颗带有冰壳的岩石星球，密度大约为 2 g/cm^3，岩石约占 70%。它的平均轨道速度为 4.75 km/s，公转一周需要 248 年，表面温度在零下 240 ℃和零下 218 ℃之间变化。在太阳系的绕转大天体中，冥王星体积排名第九，但它的质量排在第十，质量排在小行星带中阋神星之后。2015 年 7 月 14 日，美国宇航局发射的“新视野”号探测器飞掠冥王星，成为人类首颗造访冥王星的探测器，近距离重新测量的直径确定为 2 370 km，比月球的平均直径小，是月球质量的 1/6、月球体积的 1/3。

（a）（b）

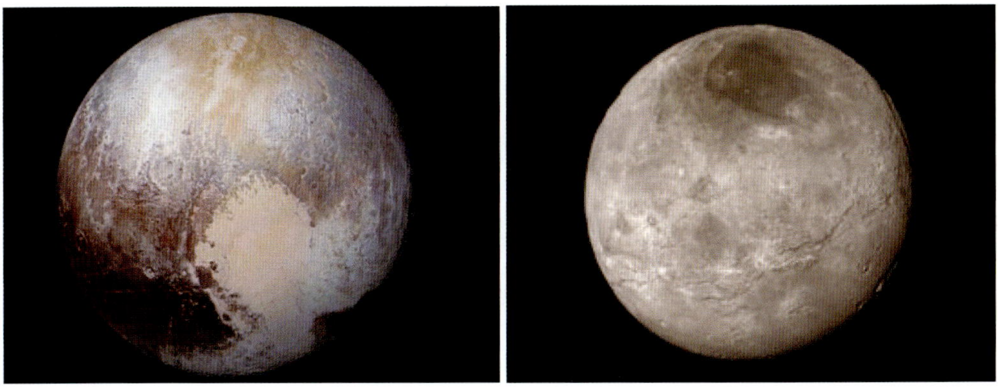

图 1.20.1　(a) 冥王星和它的最大卫星 (b) 冥卫一（卡戎）

冥王星有五颗卫星。冥卫一又称卡戎，是在 1978 年发现的（图 1.20.1b）。它是冥王星已知的天然卫星中最大的一颗。卡戎的直径约为 1 212 km，约为冥王星的一半，质量是冥王星的 1/8，表面布满了冰冻的氮和甲烷，表面温度约为零下 230 ℃，密度为 1.63 g/cm^3，岩石占了一半多。冥王星和卡戎之间以 6.387 天的周期互绕，以相同的位置遥遥相对，两者的平均距离是 19 570 km。卡戎看上去就像冥王星的大月亮。它们的共同质心落在这两个天体之外，因此其中一个并不是真正像卫星那样绕着另一个在公转。它们并不完全像月球与地球的关系那样，所以在 2006 年冥王星和卡戎双双被定义为矮行星。由于卡戎绕冥王星公转的周期，恰好等于卡戎自身的自转周期和冥王星的自转周期，它们始终保持同一面朝向对方，这又与地月的关系类似。卡戎和冥王星绕太阳公转的周期都是 248 个地球年，它们之间有一个共同的公转轨道。

天文学家在 2005 年发现了冥王星的另外两颗卫星：冥卫二（尼克斯）和冥卫三（海卓拉）。非常蹊跷的是它们也环绕着共同的重心，但直径只有 40—60 km。2011 年 7 月，哈勃空间望远镜发现了冥王星的第四颗卫星，2012 年 7 月，又宣布发现了第五颗卫星，它们的尺寸就更小了，而且不成球形。冥王星的卫星轨道都为圆形，与冥王星赤道共面。冥王星和它的卫星系统与木星和它的卫星系统，或与土星和它的卫星系统之间都有相似之处，也有不同之处。

1992 年后，天文学家在柯伊伯带发现的一些质量大小与冥王星相当的冰—岩天体，大大挑战了冥王星的行星地位。1998 年，曾有建议把冥王星从太阳系行星之列中剔除掉，但被当年的国际天文学联合会否决了。2005 年发现的阋神星质量甚至比冥王星质量多出了 27%。新的发现说明，冥王星也只是柯伊伯带中的一员，在它的附近就有挑战者——阋神星。因此，国际天文联合会在翌年正式定义了行星新概念，将冥王星排除出了行星范围，划归为矮行星(类冥天体)。目前已知的冥王星卫星总共有五颗：冥卫一至冥卫五。一些天文学家仍然认为冥王星属于行星的范围。海王星内外的行星到底有什么差异，那需要知道太阳系的早期形成过程和统一理论，一切的一切才能知晓。

冥王星和它目前被发现的五颗卫星确实是在一个系统之中。此外，天文学家还在 2002 年发现了命名为夸欧尔的柯伊伯带新天体，它是一个冰和岩石各占一半天体（图 1.20.2a）。夸欧尔绕太阳公转的周期为 288 年，直径约为 1 290 km，相当于冥王星的一半。2003 年发现并在 2004 年命名的塞德娜天体（图 1.20.2b），直径达到 1 800 km，距离太阳的近日点和远日点分别在 76 个天文单位和 937 个天文单位，它的公转周期近万年，比任何已知的矮行星相对太阳的距离都要遥远，它的自转周期大致在 10 h。夸欧尔和塞德娜也像水星和金星一样，目前尚没有看到它的卫星。

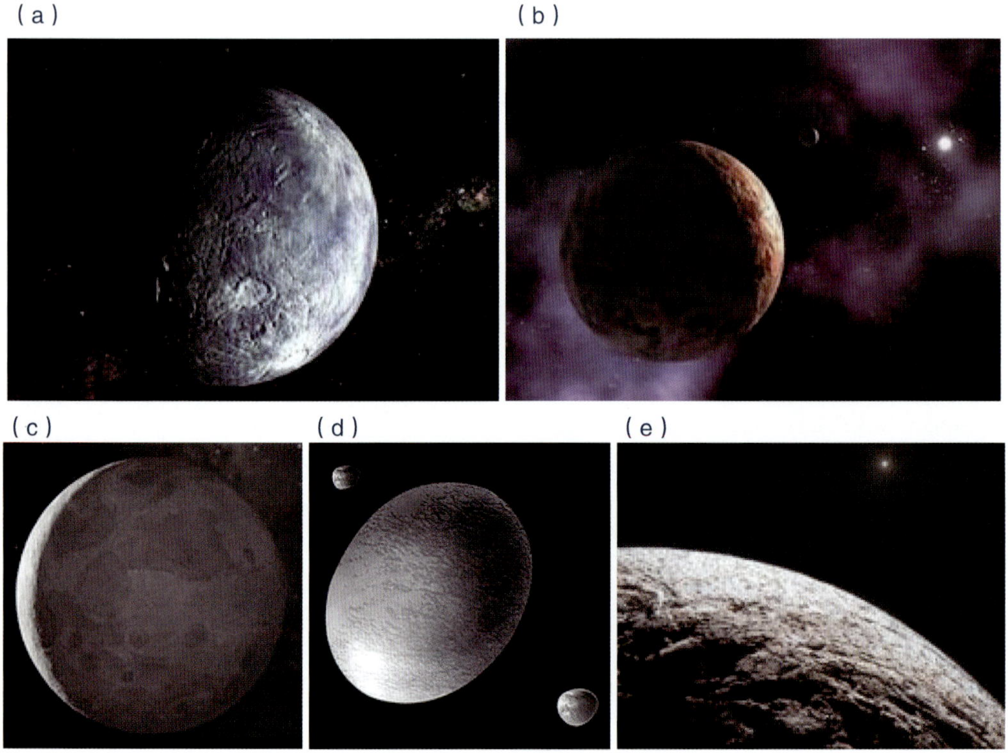

图 1.20.2　柯伊伯带上的天体 (a) 夸欧尔，(b) 塞德娜，(c) 阋神星，(d) 妊神星和（e）鸟神星

2005 年新发现的阋神星(厄里斯)（图 1.20.2c），是一个已知的柯伊伯带上第二大的矮行星，直径约为 2 326 km，虽然体积稍小于冥王星，但质量比冥王星还重，

曾经被认为是太阳系中的第十大行星。阋神星还被发现有一颗卫星，一般行星有的，它也有了，特别是质量不比冥王星差。阋神星的近日点和远日点分别在 38 个天文单位和 98 个天文单位，公转周期为 557 年，公转速度在 3.4 km/s。

另外在柯伊伯带上发现的矮行星天体都是在 2008 年，它们是相差两天先后被命名的妊神星（图 1.20.2d）和鸟神星（图 1.20.2e）。妊神星的直径为 1 436 km，质量是冥王星的 1/3，公转周期大约为 283.5 年，距日在 51 个天文单位左右，公转平均速度 4.5 km/s。与火星一样，妊神星有两颗卫星，最大的卫星直径为 350 km，相当于小行星带中的天体。它的最大特点是自转速度特别快，0.16 个地球日 (不足 4 h) 自转一圈，所以它的形状呈现极度的椭球形，长半轴大大长于短半轴。

鸟神星是迈克尔 · 布朗领导的团队在 2005 年 3 月 31 日发现的，到 2008 年 7 月才被列为类冥天体。它的近日点和远日点分别在 39 个天文单位和 53 个天文单位，轨道周期 310 年，平均速度 4.4 km/s，平均温度约 30 K。鸟神星的一些物理参数尚没有足够的支持，但它的直径估计在 1 500 km。2016 年 4 月 26 日，天文学家发现鸟神星也有一颗卫星，直径大概在 160 km。这么遥远的天体组合也与类地行星和类木行星一样，也具有行星中心体与周围卫星的家庭式组合。

柯伊伯带上的天体运动和物理特征完全可以看作为类地行星、小行星带和类木行星的综合和在空间区域上的延伸。从总体特征上看，柯伊伯带位于图 1.11.1 中海王星形成的星云切变带的外侧，那里出现的是一个星云速度带上的峰值区。在星云速度峰的内侧形成了海王星，外侧形成了冥王星和其他柯伊伯带上的天体。太阳刚刚形成后，黄道面上的星云绕转速度是随着距离太阳越远越低的，但星云物质分布却是越远越厚了，这就导致了天王星及其以外的行星自转方向的多样性。在海王星之外的柯伊伯带上，太阳系之初的星云绕转速度分布还有多个波动。在当初的星云物质绕转盘面上，星云分布从水星位置向外至柯伊伯带，甚至更远都是连续的，只有星云速度的波动包括切变强度和星云密度的空间变化。从最内的水星至冥王星，最初的星云和行星形成后的物质组成分布都是渐变的，不同的是木星向两侧行星的个头减小，而从天王星开始形成的行星自转方向不再有规则。

柯伊伯带上形成的行星具有类地行星的基本特征，如体积大小，冥王星带 5 颗卫星，夸欧尔和塞德娜与水星和金星一样没有卫星，而阋神星和鸟神星与地球一样带有 1 颗卫星，妊神星与火星一样带有 2 颗卫星，当然它们的密度是随和太阳之间的距离远近而减小的。柯伊伯带上也存在小行星带内的很多特征，如直径最大的矮行星（谷神星）和三颗小行星（智神星、婚神星和灶神星），它们像巨大的明珠动态地镶嵌在小行星带里，这与柯伊伯带上发现的众多矮行星分布在无数小天体中是一样的。柯伊伯带上矮行星与它们的卫星形成的旋转面或自转方向的多样性与类木行星中的天王星和海王星的情况是类似的，这些矮行星的物质构成和表面特征更像类木行星的分布。

冥王星和它的五个卫星是形成在海王星外侧的同一个星云速度减小带，与地球－火星形成的星云速度增加带相反，但它们之间又有很多的类似之处，如地球与月球围绕它们共同质量中心的互旋，冥王星与它的卡戎卫星也是在互旋。地球的质量远大于月球，所以月球在宇宙势的强迫下最终被地球吸引，成为它的卫星，质量中心在地球里面。冥王星与卡戎之间的质量相差不太大，所以它们在宇宙势强迫下形成的质量中心不在冥王星上，也不在卡戎卫星上。它们确实是两兄弟之间的关系，当初两个星云涡旋的相互绕转和最后两个行星的形成都可以用“藤原效应”来解释。在这条星云切变带上，冥卫二（尼克斯）和冥卫三（海卓拉）也构成了一对互旋系统，而冥卫四和冥卫五在这个层次上是独立系统。在这个层次上，冥王星与卡戎是最大的互旋系统，其次是冥卫二和冥卫三也组成了互旋系统，再其次是各自的冥卫四和冥卫五。后面的五个卫星总质量加起来也不及冥王星，所以在这条星云变速带上的最大质量的代表当然是冥王星了，能够把它们凝聚到一起的原因是这条星云带上的宇宙势。

没有卫星的夸欧尔和塞德娜与冥王星系统分别属于单独形成的同层次系统。带有卫星的阋神星、鸟神星和妊神星与冥王星系统一样，也是同一个层次的系统。这些系统之间的分割是基于它们形成时星云速度切变带所处的宇宙势分布。地球刚刚形成的时候，自转速度快，椭球体是扁的赤道半径大于极半径，那是地球胚胎岩浆流体旋转加快的结果。妊神星椭球体长轴垂直于旋转面并带着两个卫星在旋转赤道外，是与地－月关系不同的。妊神星椭球体是当时星云分布宇宙势收缩的结果，那里星云的旋转切变很大，除了把大量物质集中到了妊神星椭球体上以外，还在妊神星外侧形成了不成形的两颗小卫星。

所有在类地行星、类木行星、小行星带和柯伊伯带上的呈球形和椭球形的行星和卫星，它们都是由最初太阳外星云宇宙势梯度（以速度切变为表现形式）强迫下若干星云形成的凝聚物，它们经历了最初的核心固体和后期的高温热熔状态下形成了表面光滑的球体的形成过程。这些行星当前的表面状况与它们形成之初的物质组成和近 50 亿年来的环境演化过程有关。柯伊伯带上的矮行星形成后的环境温度低，物质组成主要为岩石和冰，现代它的表面呈冻结的状态，空气稀少，所以多数可以观察到表面形态。大量的柯伊伯带上的天体保留了原始的星云分布和少量星云合并的不对称体型特征，甚至在被行星俘获的过程中成了不成形的卫星。

在太阳系中，几乎所有呈球形和椭球形的行星和卫星的表面都受到过外来小天体撞击的痕迹（撞击坑），火山活动在类地行星中表现清楚，因为它们具有较深厚的核与幔和较薄的外壳，火山活动是幔层中高温岩浆异常运动能量集中突破外壳的结果。在类木行星中，由于较厚的大气层和表层物质运动，外壳表层的早期痕迹已经难以辨认了。柯伊伯带上的矮行星表面留下的是行星地质演化开始时少量外来天体撞击的痕迹，当然也有外壳分裂漂移留下的痕迹。

冥王星的表层除了有外来小天体的撞击痕迹外，在它的表面还有一个大的心形区域，被称为“冥王之心”，其实在它的伴星卡戎的高纬度地区也有一个不同的凹洼区域，此外在卡戎的近赤道附近还有一条长达 1 600 km 的超级大裂谷。这样的大裂谷和边缘部分的外壳凸起，反映的是行星地质演化开始后的内部高温物质运动导致的外壳分裂和漂移。卡戎表面的很多圆坑是外来小天体撞击的痕迹，但中心处的小圆凸起是次表层物质反弹，像火山喷发的结果，它们喷发出来的不是岩浆，而可能是来自次表层的高压物质。所有柯伊伯带上的矮行星和球状卫星表面都有不同深浅和长短的裂谷，它们都是早期次表层高温物质运动在表层留下的痕迹。老子说：“无名天地之始，有名万物之母。”人类对宇宙的认知还少之又少，不同行星之间的相似性和差异性都是存在的，为它们取什么样的名字才更合适呢?

第二篇

真实地球

地球内部可分为地核、地幔、地壳，而地球外部有水圈、生物圈和大气圈等。地球是目前宇宙中已知存在生命的唯一天体，是包括人类在内上百万种生物的家园。地球诞生 50 亿年以来发生了什么？我们相信，地球内部和外部发生的一切变化都会在地壳表面留下痕迹，解读这些痕迹可得到地球的演化史。

真实地球起源的故事离不开太阳系和太阳的起源。地球是太阳形成后，在太阳黄道面上星云连续介质分布线速度变速带上的一个行星胚胎发展起来的。当地球胚胎俘获了它周围的其他胚胎后温度达到最高时，地球完成了它的天文演化阶段。所以，地核是来自固体的行星胚胎，而地幔是大量其他胚胎撞击后形成的熔融岩浆圈层。之后，地球开始冷却进入地质演化的地壳增厚阶段。在地核与地幔岩浆流体的耦合过程中，两个半球的原始地壳大陆发生了分裂和漂移，它们的每次方向性漂移都在大陆板块边缘和新的海洋地壳上留下了造山运动的痕迹，大陆板块明显漂移的最后痕迹是海沟。根据地球上地质演变的痕迹，本篇还讨论了地磁场的倒转、现代地震和火山活动、地球生物圈包括恐龙的多次毁灭性灾难等问题。

本篇不但解释了大陆漂移的方向性问题，还解读了青藏高原和地中海的形成等古老的地球科学问题。大陆不再漂移以来，地貌变化主要来自大气风沙和水流泥沙的作用。其中，中国东部的海岸带变化主要是受河流泥沙的冲积作用，而美国东西海岸带的变化主要是受洋流对泥沙的冲积作用。认识真实的地球不但是一个自然科学的问题，也是应用自然资源造福人类的问题。

2.1 地球的地质演化

读懂太阳系中所有行星和卫星的形成过程与现代分布，那叫作太阳系中行星和卫星的天文。读懂银河系内和河外星系所有恒星和星际物质的形成过程和现代分布，那叫作银河系的和宇宙的天文。类似地，读懂地球地质演化以来的地壳运动过程及其留下的痕迹，那叫作地球的地理。

太阳在 75 亿年前诞生，在这之后，地球经历了 25 亿年的孕育期，终于在 50 亿年前诞生了。此后裸露在低温宇宙中的地球经历了 50 亿年的冷却，在此期间，地表内外的各个圈层之间经历了不同的相互作用和能量与物质的交换，这也波及了地球的表面。于是，地球多圈层间相互作用的信息也部分纪录在了地球的表面。解读 50 亿年来地球表面形成的遗留痕迹可称为对地球的考古。

地球诞生时只有固体内核和外层岩浆流体圈层。这个炽热的原始地球暴露在宇宙低温之中，它的内部运动和外部变化使其逐渐演变成今天的样子。地球从诞生后降温的那个时刻开始就进入到了地质演化的阶段。在演化初期，辐射冷却形成的地壳表面形态分布很简单：大陆位于地球旋转轴两极的高纬度地区，海洋位于热带低纬度地区。50 亿年以来，地球的表面形态发生了巨大的变化。

以现今的固体地球表面为界，整个地球圈层主要划分为内部圈层和外部圈层两大部分，即内三圈和外三圈。内三圈指固体地球内部的主要分层，从地表到地心依次分为地壳、地幔、地核；外三圈指地球外部离地表平均 800 km 以内的圈层，包括大气圈、水圈和生物圈。此外，在外部圈层之外，还存在着超外圈——磁层，起始于离地表 600—1 000 km 处，磁层顶在向太阳一侧距地心约 10 个地球半径，在背向太阳一侧可延伸到几百至上千个地球半径。地球各圈层在分布上有一个显著的特点，即固体地球内部以及表面之上的高空基本上是呈上下圈层嵌套分布的。而在地球表面附近的各圈层，即内、外圈层相互接触处则是相互渗透甚至相互重叠的，其中生物圈的表现最为明显，其次是水圈。这部分被称为地球表层，是多圈层相互渗透和彼此交织在一起的特殊圈层，也是与人类生存关系最为密切的地球部分。

在银河系中，太阳系存在的位置也是一个最佳的层次，它不在银河系的中央部分，也不在偏远的地方。所以，人类想在银河系中找到类似太阳系的恒星系统，就应该在另外的旋臂上寻找与太阳系相对银河中心相近的位置和环境分布，那里具有相似的宇宙势。但宇宙中不可能存在完全相同的太阳系，因为没有完全相同的局部宇宙势环境。在太阳系中，地球不形成在很靠近太阳的星云物质切变带上，也不形成在远离太阳的星云切变带上，这也是地球形成时的独特宇宙势分布环境。地球的高级生命不形成在地球的最内圈层的地方，也不形成在最外圈层的地方，而是形成在中央圈层交界的地方。相信在不久的将来，人类就可以利用计算机，把银河系甚至宇宙中不同地方的宇宙势模拟出来，比较哪些地方与地球诞生处有相似的局部宇宙势。那时，人类寻找外星生命就有了科学的目标和依据。

地球的外部圈层与磁层及内部圈层之间并没有严格的界线，各圈层之间也没有明显的分界，特别在大气圈的底层，那里大气圈与水圈和生物圈相互交错。相互交错处的层次也称为边界层，存在圈层与圈层之间的物质和能量等的交换，边界层是一个比较复杂的层次，也是复杂系统中能够催生生命的层次。

地球地质演化以来，地球内部的内外地核和上下地幔间的形态变化较小。变化最大的应该是地壳，其次是上地幔的上部。现代人们所指的地形地貌是地壳表层的分布特征。地球地质演化以来，地壳表层受到了来自大气、水和地幔运动的作用。

大气圈是地球外圈中最外部的气体圈层，存在于整个地球外层。同时，它是地球海陆表面到星际空间的过渡圈层，没有明显的上限，一直可以延续到 800 km 的高度以上，只是越趋向外，大气密度越小，在 2 000—16 000 km 的高空，仍有稀薄的气体和基本粒子[1]。大气圈包裹着海洋和陆地，地下土壤和某些岩石中也会有少量空气。大气圈对生物的形成、发育有很大的保护作用。大气圈挡住了绝大多数飞向地球的陨石，使其进入大气层后摩擦燃烧消亡，也拦截了太阳辐射中的大部分紫外线和来自宇宙的高能粒子流，保护了地球生命。因此，大气圈是地球表面生命的盾牌。

水圈是指包围地球表面的水层，包括海洋、江河、湖泊、沼泽、冰川、雪盖和地下水等，它是一个连续但不很规则的圈层。水圈中既有液态水，也有气态水和固态水。固态水以海冰和陆冰的形式存在，并存在于冻土中。从离地球数万千米的高空看地球，可以看到地球大气圈中水汽形成的白云和覆盖地球大部分的蓝色海洋。地球是一颗“蓝色的行星”，也是一颗“水球”。水圈是地球特有的环境优势，其运动影响了地球表面上各种环境条件的变化和相邻其他各个圈层的变化，让地球处在不断变化之中。更重要的是水对亿万种生命的生存和发展具有决定性的意义，太阳系的其他行星和卫星中不存在水圈。

[1] 地球除了具有能量的损失外，质量的损失就在大气的最外层发生。

水在缓慢地改变着大尺度的地球表面环境，同时，地球表面的环境变化也会引起水环境的巨大变化。地球地质演化以来，大陆漂移和造山运动是地球表面的巨大变化，那时大陆板块之间裸露的地幔岩浆就曾经引发了地球水圈的重大变化。水圈的变化，如海洋被汽化并形成了全球性的暴雨与泥石流，也大大改变了地貌环境。所以，现在的地球地貌非常复杂，早已不是地球地质演化开始时的简单地貌了。我们仍然相信，这些不同时期剧烈变化的痕迹能在现代地貌分布特征中找到。

生物圈是地球表层生物有机体及其生存环境的总称，是一个有生命的特殊圈层。它是地球大气、水和地壳长期演化、相互作用的结果，它又参与了对岩石、大气和水等其他圈层的改造，对地表物质的循环、能量转换和积聚具有特殊的作用，也留下了历史的痕迹。现在的考古，基本上是指对古人类和古动植物在时空层面上的追踪。

地球内部是无法直接观测到的。地球科学家使用地震波研究现代地球内部的结构与构成。根据地球物理的研究，地球内部在垂直方向上是一个非均质体，各层物质的密度、压力、温度、物理状态和化学成分存在着明显差异。地球内部存在两个明显的地震波不连续界面，由此将地球从外至地心分为地壳、地幔和地核三个同心圈层。其中，地壳及地幔顶部是由坚硬的岩石所组成的，厚度为 70—150 km，又称为岩石圈。莫霍界面是地壳和地幔的分界面。地幔层可分上地幔和下地幔，上地幔又称为软流圈。上地幔的深度在 1 000 km，而下地幔的深度在 2 900 km，那里又称为古登堡界面，它是地幔与地核的分界面。地核分内核和外核，内外核的分界面大约在距地面 5 000 km 处。有的人认为外核是液态的，但人们公认内核是固态的。当然，根据物质组成的不同、温度的不同和状态的不同，地球的内部可以分成更多的垂直分布层次。按照最简单的层次划分，地表以下就三个圈层：地壳、地幔和地核，其中地幔是液态的（图 2.1.1）。

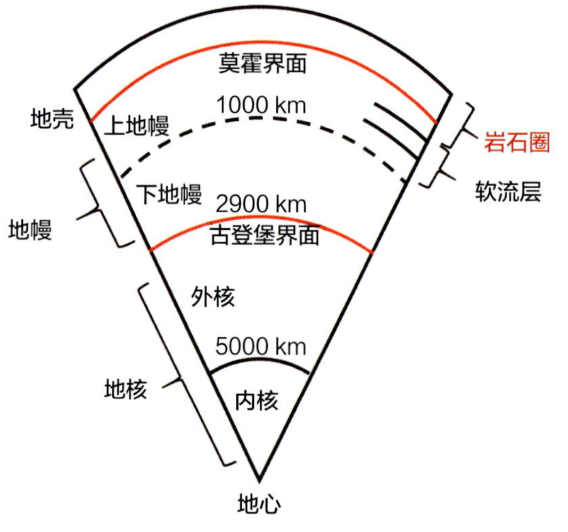

图 2.1.1　地球内部的圈层

在地球的表面，最大尺度的地形差异特征是海陆分布，其次是山脉与峡谷。这些差异特征可以在卫星照片上真实地看到。人的肉眼能够看到的只是如图 2.1.2 中的局地照片。那是倾斜地层的露头部分，它们的水平延伸可以达到数十千米。其实，固体地球的内部就是由很多这样的地层叠加而成的，只是表层为坚硬的地层，而到下部为软的，到底部的地层甚至为流体。在冬天的北京昆明湖上，漂浮的碎冰在北风驱动下，会淤积到南岸附近。那些冰层就像地层那样向南并向上倾斜。北风停息后，人们也许能推测到那些排列成倾斜冰层的形成过程。那么，图 2.1.2a 中的倾斜地层是什么驱动形成的呢？从它们的上部寻找原因，只能是风的驱动和水的驱动，但显然风和水的力量是不可能驱动并形成这样倾斜分布的地层的。可能的形成原因是，当地壳较薄时，来自地层下部岩浆流体的驱动。

（a）（b）

图 2.1.2　(a) 裸露在地表的倾斜地层和 (b) 二次构造运动形成的挤压地层

在地球表面，除了可以直接看到较大尺度的地幔岩浆水平流动驱动的地层水平运动或漂移产生的倾斜构造外，我们还可以看到二次构造运动形成的挤压地层（图 2.1.2b）。二次构造运动是指地层第一次受到了地幔流体的水平漂移作用，形成了图 2.1.2a 中的地层分布后，当再一次地幔流体运动后，由于地层增厚，某一部分水平漂移的地层受到前方地层的阻挡作用，于是在受到挤压的情况下，形成了图 2.1.2b 中的局部上升和局部下沉的地层变形，甚至地层在局部成为垂直的拱形状的构造。在地幔流体多次往复运动作用下，局部地层会进行多次构造，展现出复杂的形态。

地壳是地球表面的一层薄壳。地壳的厚度不均匀，大陆地区平均厚度约 35 km，最厚处可达 70 km，如青藏高原；海洋地区的地壳平均约 7 km，最薄处仅 4 km。地壳的体积为全地球体积的 1%，质量为全地球质量的 0.4%，密度是地球平均密度的 1/2，为 2.7—2.9 g/cm^3。危害极大的大陆浅源地震就发生在地壳这一层内。

地幔介于地壳和地核之间。在距地球表面以下平均深度 60—250 km 处的上地幔上部有一层软流圈，它位于岩石圈之下，是一个明显的地震波的低速层，物质具有柔性。软流圈可能与地球表面的许多活动有密切的关系，它是岩浆的源地，地震和火山现象的扰动根源。

地核指地球核心部分，其半径约 3 400 km，质量和体积分别为全球的 31.5％和 16％，密度极高，边缘区为 9.7 g/cm^3，地核中心则高达 13 g/cm^3。地核主要由高密度的铁镍合金组成。地核也被分为外核和内核两部分，其中内核半径为 1 300 多千米。在地球的地核、地幔和地壳三圈层的地质史中，最具戏剧性变化并留下丰富多彩特征的是地壳运动，即大陆漂移和造山运动。

2.2 大陆漂移的方向性

地质演化阶段开始时，地球的自转速度大约是现在的两倍，一年有 600—700 个地球日。地球是一个扁球体，赤道半径大于极半径，但在旋转的地球上等位势面极地高、赤道低。地球形成前所在的星云物质带中，有金属的物质成分，也有非金属的物质成分，包括冰晶和能够形成水的物质。随着地球冷却和重力场对物质的分离作用，地球大气和地球海洋逐渐形成。重的元素，如重金属沉到了地球的内部，而轻的元素浮到了表层。形成的大气在地球的最外层，而海洋位于地球表面地势较低的地方。海洋应该位于当时近赤道地表位势高度低的热带地区，而陆地位于地球的中高纬度和两极。

地质演化开始不久后，地心为固体，中间是地幔岩浆流体圈层，外层是刚冷却形成的地壳。在大陆首次发生漂移之前，地球表面的温度分布决定于太阳辐射的纬度分布与下垫面热力和动力的平衡，于是地表高纬度极地为冰雪，低纬度为海洋，中纬度为大陆，它们的上部为大气圈，这些是最初的地球表面特征。地球表面没有东西方向的海陆交错分布，只有南北方向上的海陆平行分布，海岸带在 30°S 和 30°N 附近。在春分和秋分时刻，太阳光直射赤道附近，赤道海洋上的温度高于赤道外的热带海洋。大气中的赤道辐合带是环绕赤道的，赤道上的上升气流到达对流层上部形成向南和向北的气流。在当时地球自转速度是现在双倍的情况下，沿赤道的上升气流分成向南和向北流动的两个分支。在地转偏向力作用下，北半球的一支气流到达 15°N 成了西风，那里形成了赤道以北热带海洋上的高压带。近地面高压带的气流向南流动到赤道地区，于是在近赤道的 15°范围内形成了北半球的第一个环流，这是空气在赤道加热上升、到赤道外下沉形成的闭合环流圈。此时，沿 30°N 的纬度带上，北侧的大陆下垫面高温与南侧的海洋低温之间形成了热力驱动的对流层垂直环流，北半球高层向南的分支气流到达 15°N 处下沉，于是形成了 15°—30°N 的北半球第二个垂直环流圈。

30°N 的上升气流到达对流层上部，向北的分支气流受到地转偏向力的作用，到达 40°—45°N 的地方形成西风气流并下沉，于是形成了北半球的第三个垂直环流圈，在这个纬度带上形成了大陆干热的高压带。这个高压带的近地面气流向北运动到 60°N 附近形成近地面气流辐合带和降水带，有了 45°—60°N 之间的第四个垂直环流圈。这个带上的水汽来自 60°N 以北的冰雪地面世界。初始的地表植被就形成在 60°N 的纬度带附近，而在它的北方是冰雪覆盖的高纬度和极地地区，没有植被。在较大的地转偏向力下，第五个垂直环流圈大致在 60°—70°N 的位置上，70°N 附近为下沉气流和高寒高压带。再向极地方向，80°N 附近有一条低压带，70°—80°N 之间存在第六个垂直环流圈。极地对流层大气接收极少的太阳辐射，温度最低，热力驱动的环流在极地下沉，形成了 80°—90°N 之间的第七个垂直环流圈。南半球也会有对应的 7 个垂直环流圈和气候带。所以，地球地质演化开始后不久，地球大气中存在 14 个垂直环流圈，它们是当时全球大气中瞬变气候的表现形式。其中，在瞬变气候分布中也存在瞬时扰动，这些瞬时扰动就是当时导致极端天气形成的主要影响系统。由于当时地球自转速度快，一个运动物体受到地转偏向力的作用强度是现在的 2 倍，物体会受到更大的偏转力，容易形成大气中的涡旋，所以虽然那时的涡旋尺度小、维持时间短，但气流辐合强度和上升气流强度比现在的大。故而那时地球大气中的天气事件也更为强烈。随着地球自转速度的长期减慢，大气中的行星尺度垂直环流圈数目减少到了现代的 8 个。

地球地质演化开始不久，地球内部的岩浆圈层被地壳封闭了起来。热带海洋中的洋流表现为赤道附近的东风驱动的向西洋流和冷水上翻与赤道外西风驱动下的向东洋流和暖水下沉，形成了赤道内外洋流对比的分布。在地球地壳形成以来的近 50 亿年中，初期这种地壳完好封闭的状态到底维持了几亿年，这有待确认。当时的地壳、地幔和地核三圈层之间的相对运动不明显，原因是早期的地球变化以地壳的冷却和增厚为主。

地球的地质演化到一个时期，岩浆圈层中不同纬度带之间的温度差异变得显著了。作为比地球大气更为深厚的岩浆流体，其不同纬度带上的温度差异也会形成水平运动和垂直运动，同时其也受到地转偏向力的作用，于是岩浆流体中会产生行星尺度的环流强度变化。在总体的圈层结构上，地壳、岩浆和固体地核构成的圈层系统中，它们之间的旋转速度差会引起圈层间角动量的交换。地幔岩浆圈层是这个系统中最活跃的部分。地壳的厚度与地幔岩浆圈层和地核比起来，太微薄了。假定地核与地幔岩浆圈层构成的系统中，地核失去角动量，旋转减速，那么地幔岩浆圈层就会得到角动量，旋转加速。它们之间的相互作用满足总角动量的守恒。于是，地幔岩浆旋转速度增大，在其外层的地壳就像浮在海水上的冰山，漂浮的地壳受地幔岩浆流体向东的驱动力的作用，而一旦地壳向东运动，又形成了指向赤道方向的地转偏向力的作用。结果是，位于两极和高纬度地区的整体地壳会在这两个力的作用下发生分裂和相对运动。

大陆地壳受下部行星尺度地幔岩浆流体相对地核的方向性运动的驱动，发生了分裂（图 2.2.1）。南半球大陆分裂成了 5 块，以非洲板块最大，印度板块最小。当时南半球大陆的南极位置在非洲板块的南端，这个位置与南非发现的世界上最大的自然钻石所在位置一致。当时分裂的南极大陆板块并不在南极，而是处于当时的中纬度地区，这也许是南极板块上能有最初地壳表层形成的高品位煤炭和爬行动物化石的原因。如果南极洲有史以来一直像现在这样被冰雪覆盖，其上就不会有形成煤炭的条件，爬行动物也难以留下生存的痕迹。北半球的原始大陆分裂成了 4 块，亚洲板块最大，格陵兰板块最小。日本和菲律宾是亚洲板块东侧的破碎边缘。最早的北美大陆板块是通过日本和菲律宾的岛屿与亚洲板块相连的。当时的格陵兰并不位于冰雪覆盖的北极附近，其上的生物化石遗留分布是最好的说明。也有报道说，西伯利亚发现了钻石，这些钻石也是从北极漂移来的。这里有个很有意思的巧合——地球古大陆的分裂正是“四分五裂”的。

地球天文演化阶段的结尾时刻，岩浆圈层流体旋转速度最快。在如此高的旋转速度和重力分层作用下，最轻的含碳物质被自然筛选到了南极和北极的表层。这些较轻的碳在当时的高温和高压环境下会形成特殊结构和成分的物质。在地球地质演化开始后，南极和北极成为两个半球大陆海拔位置最高的地方。当然，天然钻石会出现在全球大陆的不同地方，它们在当时的环境条件下形成，而在现代被人所发现。但南极点和北极点附近的钻石一定是有不同特色和不同强度的。

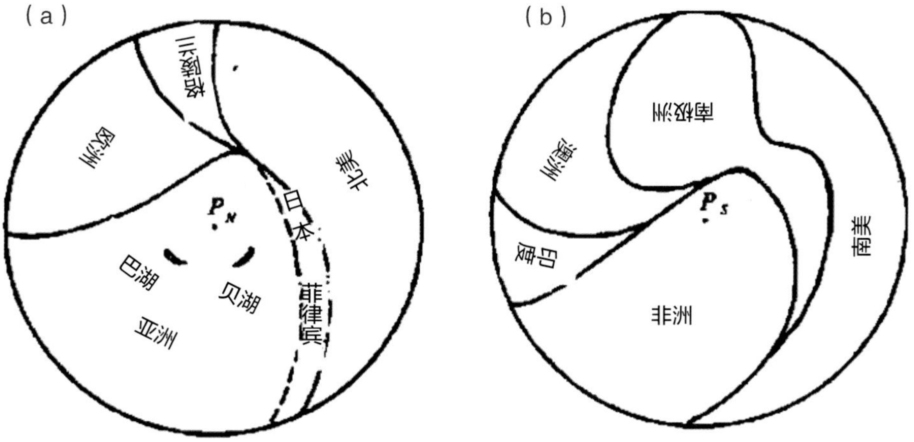

图 2.2.1　最古老的 (a) 北半球和 (b) 南半球中高纬度极地大陆及其分裂（P_N 和 P_S 分别指示北极和南极的位置；参考钱维宏，1994、2011）

南非钻石产自非洲大陆的最南端，是世界上优质的钻石，它的位置就是在最古老的原始地壳南极。南非著名的金伯利大洞钻石首先通过火山喷发被送至地面，并且大多数位于一种被称为金伯利岩的岩管“咽喉”中。俄罗斯的钻石主要分布在西伯利亚中部的雅库特地区，该区发现了有 100 多个含金刚石金伯利岩管，它的位置就是在最古老的地壳北极。但是，俄罗斯钻石矿开采的凹坑更像陨石撞击坑。有些科学家认为，这些金刚石具有无与伦比的硬度要归因于 3 500 万年前一颗巨大陨星突然撞击地球发生爆炸的一瞬间，是在巨大压力和高温环境下的产物。局部地看待地质历史上的遗留痕迹只能推测为突发的天文极端事件，而难以确定不同地区钻石形成的根本原因。

“话说天下大势，分久必合，合久必分”，这是罗贯中在《三国演义》中开宗明义的第一句话。其实，地球的大陆最早是一统的，因为地下岩浆流体相对地核的运动，才造成了“天下四分五裂”。从那之后，“天下大势”经历了“分久必合，合久必分”的循环过程。循环并不等于周期变化，而是幅度逐渐减小的相似变化。现代地球冷却增厚了地壳，使得地幔岩浆的运动再也不能驱动大陆的分裂和漂移了。所以，“分久必合，合久必分”也是要有条件的。

为了讨论最初大陆分离和漂移的方向性，我们可以把坐标系建立在地核上。地球的地质演化开始后，地球再无外来行星物质被大量俘获，地壳开始冷却，地壳的厚度在低纬度处较薄。在地核坐标系下，第一次南半球分裂后的大陆板块在地幔岩浆流体的驱动下向东北漂移，北半球分裂后的大陆板块向东南漂移。现在人们看到的地球大气圈层与固体地球之间的角动量交换就类似于当初的地核与地幔系统中的角动量交换。当地核得到角动量，而地幔失去角动量的时候，地幔岩浆流体有向西的运动和受地转偏向力的作用有向极地运动的分量。在岩浆流体的驱动下，南半球的大陆板块向西南回漂，北半球的大陆板块向西北回漂。随着地核和地幔之间的多次角动量交换，角动量交换的幅度逐渐衰减。后一次漂移和回漂再也不可能回到前一次漂移和回漂所到的位置。现在的大陆板块和海洋板块都不会再出现大的漂移了。最后的一次明显漂移留下的痕迹就是海沟。现在地幔的水平运动引发的是板块之间的地震活动和火山活动。大陆历次漂移在大陆板块边缘和海洋地壳上留下了可以分辨的大量痕迹。

2.3 大陆板块漂移的痕迹

地球地壳的增厚是从地球进入地质演化的 50 亿年前开始的。经过最初大约 2 亿年的地球冷却，极地地壳增厚大于赤道地壳，地表水集中在热带低纬度地区，形成了热带海洋。地质演化初期冷却形成的地壳是平坦的，南、北半球的两条平行的海陆交界线是相对赤道对称的，从海洋到大陆的过渡也是均匀平缓的。可是，50 亿年来，地表已经发生了巨大的变化。从第一次原始大陆分裂和漂移的初态，到现今全球海陆和局地地貌分布的终态，某种原因或驱动造成了如此复杂的地表分布。大陆漂移是公认的事实。于是，这些复杂地貌中一定留下了大陆漂移的痕迹。现在陆地表面存在的各种各样的形态，总称为地形地貌，按其形态可分为山地、高原、平原、丘陵和盆地五种类型。地形地貌是地质演化以来内力和外力共同作用的结果，它在未来还会继续变化。目前的主流观点认为，内力来自地幔对流，包含行星尺度的和区域或局地尺度的对流。外力多为风、降水、水流等。地幔流体、海洋流体和大气流体统称为地球流体，它们不但存在不均匀的大尺度水平运动，也存在区域的或局部的垂直运动。

大陆第一次从南北半球分裂成了多个板块（图 2.2.1），其中最大的就是现在仍然存在的七大洲大陆。地球地质演化以来，七大洲的地形地貌变化各具特色，欧洲、非洲、南极洲地形较为单一。欧洲地形以平原为主，地势较低平，平均海拔 300 m 左右，是世界上海拔最低的一个洲。它的诞生地并不在北极和很高的纬度，诞生以来没有受到其他分裂板块的重大影响。

非洲大陆地形以高原为主，被称为“高原大陆”。它的大部分诞生地特别是靠近南非的地方本来就在原始古南极上。现在的南极洲地面多被冰雪覆盖，平均海拔超过了 2 000 m，是世界上海拔最高的洲。可现在的南极洲在诞生时并不在南极，只是它分裂的位置最靠近南极，所以有较高的海拔高度。

南美洲和大洋洲大陆的地形，大体上可以分为西部、中部、东部三大地形区。它们原属古南半球的大陆，最初位置远离南极，原始厚度与北半球的欧洲相似。南美洲地形可分为西部山地、中部平原和东部高原，而澳大利亚大陆的地形可分为西部高原、中部平原和东部山地，都表现为中央部分受大陆板块相对运动的影响小。这两个大陆的东西部与中部的不同地形特征就是大陆板块相对运动留下的痕迹。北美洲原始大陆也分裂在远离北极的中纬度地区，与南美洲大陆类似，也表现为西部山地、中部平原和东部高原的地貌分布。南北美洲大陆在地质史上留下的痕迹具有相似性。

亚洲大陆在初期分裂时所占的空间范围最大，与欧洲大陆之间没有明显的分界，现在的西伯利亚位于当时的古北极附近。现在的青藏高原是原始北半球大陆分裂时靠近南部海洋的平缓部分。现代的亚洲大陆地形最为复杂，中部为高原，山地面积广大，地势向四周降低，平原分布在大陆周围（图 2.3.1a）。青藏高原东侧的地形分几个阶梯，东南侧有南北走向的横断山脉，东侧有落差很大的四川盆地，中国大陆外围还有朝鲜半岛，以及隔海的中国海南岛和中国台湾岛，西南侧有地下油田丰富的中东不毛之地，东北侧有煤炭资源丰富的内蒙古草原，这些都是大陆漂移留下的痕迹。亚洲大陆上青藏高原的隆起绝对是有必要解释的与大陆漂移有紧密联系的遗留痕迹（见 2.10 小节）。

大陆的漂移痕迹主要集中在大陆的边缘附近，海洋地壳上留下的大陆漂移痕迹更为丰富。大陆和洋底间呈现出两个不同的台阶面（图 2.3.1b），陆地大部分地区在海平面以上 0—1 km，洋底大部分地区在海平面以下 4—6 km。海底地形类型复杂，有海盆、岛屿、火山、大陆架、海底山脉、海沟、海底平原和海底高原等，它们都是大尺度大陆漂移和局地造山运动留下的痕迹。大洋最深点深 1 1034 m，是位于太平洋的马里亚纳海沟，这一深度超过了陆上最高峰珠穆朗玛峰的海拔高度（8 844.43 m）。太平洋中部夏威夷岛上的冒纳罗亚火山海拔 4 170 m，而岛屿附近的洋底深五六千米，冒纳罗亚火山实际上是一座自洋底算起高约万米的山体。这些独特的和神奇的地形地貌都是大陆漂移和地幔活动留下的痕迹。

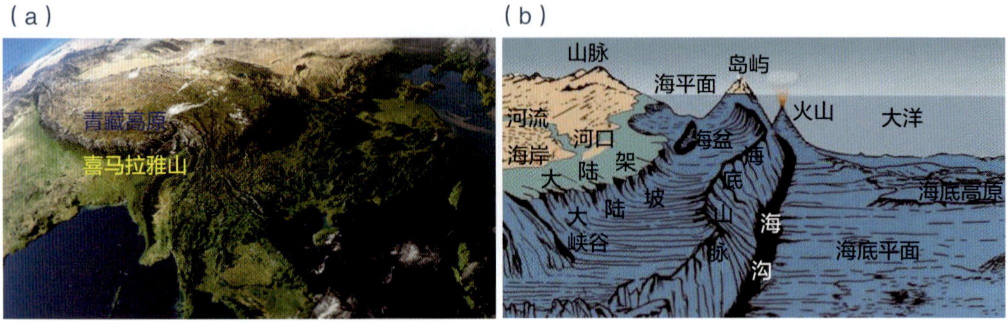

图 2.3.1　(a) 以青藏高原为主体的亚洲大陆地形分布和 (b) 大陆架、大陆坡和洋底

洋中脊表现为大洋中间的巨大脊梁，是大尺度大陆漂移留下的最大痕迹。纵贯大洋中部的全球洋中脊，可连接绵延上万千米，宽度数百至数千千米，总面积堪与全球陆地相比，其长度和广度为陆上任何山系所不及（图 2.3.2a）。从太空看地球，好像大陆地形比海底地形复杂，这是因为从太空看到的只是表面的蓝色海洋。其实海平面以下的海底地形要比大陆地形复杂得多。全球主要的洋中脊把太平洋、大西洋和印度洋连接起来了。而在如此长的主要洋中脊两侧，海底地形较为平缓。洋底最为复杂的地区是从东印度洋至西太平洋，那里形成了很多南北走向的海底山脉。

大西洋洋中脊为全球洋中脊系统的一部分（图 2.3.2b）。大西洋是南北长条形走向的，位于其中的洋中脊从靠近北极圈的冰岛出发向南延伸到南极附近的布韦岛；呈“S”形，长度达到 1.5 万多千米，平均宽度达到 1 000—1 300 km，其规模远远超过世界陆地上的任何山脉。大西洋洋中脊从洋底测量起，其高度平均为 2 000 多米，巍峨壮观，有些峰顶甚至钻出海面，形成了串珠般的群岛，如亚速尔群岛和特里斯－达摩尼亚群岛。大西洋除了有“S”形的行星尺度洋中脊外，还存在着与洋中脊垂直的区域尺度的横向断裂。大西洋海底充满了幻想和神奇。

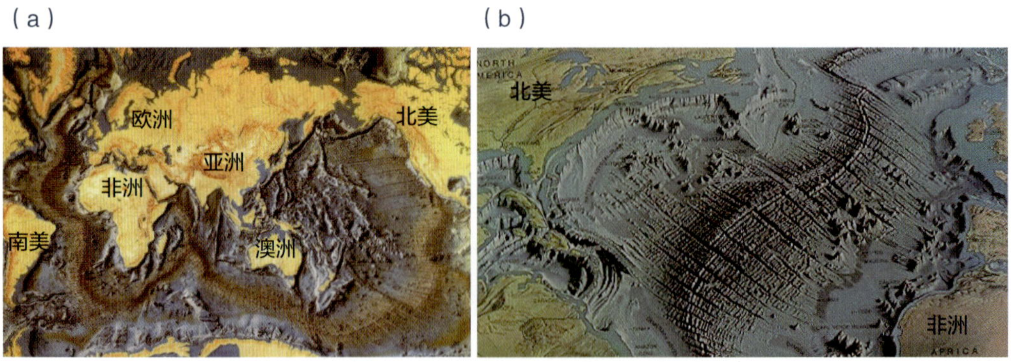

图 2.3.2　(a) 全球海底地形相对全球大陆的分布和 (b) 北大西洋海底地形

整个大西洋洋中脊在南北走向呈“S”形，与两侧的欧洲大陆、北美大陆、非洲大陆及南美大陆的边缘相吻合，所以长期以来人们推测，来自大西洋洋中脊的对流隆起是两侧大陆发生漂移的驱动力。对流隆起的背后原因被认为是来自地幔的热对流，证据是洋中脊上仍然有火山活动。现存的现象好似表明，洋中脊上的对流和海底扩张仍然在进行，大西洋两侧的大陆仍然在分离远去。但问题是，什么原因使洋中脊的对流呈现出了行星尺度跨越南北半球的“S”形分布？在因果关系问题上，是洋中脊驱动了大陆漂移？还是大陆漂移形成了洋中脊？如果是后者，那么洋中脊只是大陆漂移遗留在海洋上的痕迹。

分开大陆表面与海底表面看，大陆表面上能够找到相对平缓的地表，如在欧洲和俄罗斯、北美中部等地，它们源自比较古老的原始大陆。大陆漂移对海洋地壳的冲击次数较多，因此海洋地壳上留下了更多的大陆漂移痕迹。真正驱动大陆漂移的力和大陆漂移留下的分布痕迹是我们需要探索的科学问题。

2.4 两半球的大陆面积相等

地球地质演化开始后，地球的表面以内存在地核、地幔和地壳三个圈层，以地幔最为活跃，其具有流动性，包括大尺度的水平流动和局地的对流运动。地球的外三圈是大气圈、水圈和生物圈，而大气圈又可大致分为对流层和平流层[1]。大气质量的90% 集中在对流层中，水汽也主要集中在对流层里。对流层受到太阳辐射和下垫面热力、动力的影响，是大气中最为活跃的圈层。对流层中大气质量的流动，形成的风不但进行了大气质量和水汽的跨地区输送，还是海洋洋流形成的重要驱动力之一。

地球流体包括大气、海洋和地幔，它们都具有行星尺度的水平运动和局地尺度的对流（垂直）运动。三种地球流体中，地幔最厚，大气次之，海洋最薄。海洋的水平运动和垂直运动受制于上部大气的运动，而地壳的水平运动和垂直运动受制于下部地幔的运动。为了更好地理解地幔非对称运动对地壳的作用，我们先描述大气非对称运动的气候形态和其对海洋的作用。

大气中的热带辐合带是两半球信风气流形成的辐合地带的总称，又称为赤道辐

[1] 平流层大气圈外还有更高的大气圈层，但那里的大气质量已经很少了，这里就不再考虑。

合带。由于这个地带的气压比附近地区低，该低压带也称为赤道槽。在现代的南、北半球对流层大气中由南极到北极排列着气候上的八圈环流，其中北半球有四个环流圈，也称为北半球大气中的气候四圈环流模型。最靠近赤道两侧的环流圈称为哈德莱环流，它们的下沉支各自在 30°S 和 30°N 的副热带地区，那里是副热带高压带的位置。南北半球副热带高压带之间的低压带就是赤道辐合带。赤道辐合带以北的近地面吹东北信风，赤道辐合带以南的近地面吹东南信风。信风是指海洋上风向和风速相对稳定的风系。其实，由于太阳辐射的季节变化和海洋与陆地热力的季节和异常变化，信风并不是常年稳定的。

如果地球是一个水球，也就是没有海陆等的地形差异分布，那么多年平均的大气赤道辐合带就应该在赤道上，辐合上升气流只能出现在赤道以及 60°N 和 60°S 的三个纬度带上，上升支气流形成了对应的三条降水带。可是，用多年降水量计算得到的年平均最大降水带并不在赤道上。在图 2.4.1 中，年平均最大降水带主要集中在赤道以北的地带。从东太平洋和大西洋上、赤道附近及中纬度地区的总共三条降水带还可以看到，只是它们偏离了赤道和偏离了 60°N 和 60°S 的位置。但在印度洋和西太平洋的南北方向上，这样的分布就不存在了，原因是降水的空间分布受到了相对赤道不对称的大气环流系统的影响。在东太平洋和大西洋上，那里的副热带高压、信风和赤道辐合带仍然可见，表现为东南太平洋上的副热带高压和南大西洋上的副热带高压的范围都超越到了赤道以北，它们的北边缘已经到达赤道以北的 7—8 个纬度地带。于是，赤道辐合带的位置也就偏离到了赤道以北。

如果东西方向上没有海陆分布，南北半球应该各有一个环纬圈的副热带高压。现在的情况是，大陆把全球低纬度的海洋分隔成了三个大洋。每个洋盆上形成了对流层大气中的瓦克环流，其把副热带高压带分割了，于是形成了大洋盆东西部的降水差异。所以，降水是大气水平环流和垂直环流系统下的产物。由于海陆地形的不均匀分布，赤道辐合带和副热带高压这样的环流系统都偏离了没有地形影响时的位置。现代气象学家利用气候模式，可以去掉大陆，模拟出水球情况下南半球或北半球对流层大气中的四圈环流，其中并没有瓦克环流，从而认识到，现代全球降水和环流的分布图 2.4.1 是受到海陆地形分布作用的结果。

在图 2.4.1 中，赤道以北中东部太平洋上的气流辐合带和降水带，虽然偏离了赤道，但还算是平直的。可是，在热带西太平洋和南亚 – 印度洋区域上，那里的气候降水有大小不同的中心，气流辐合带也不再平直，而是变成了不同方向上的短的低压槽线。显然，那是半岛尺度海陆分布和山脉地形作用的结果。地球地质演化开始时的地球表面不是水球，也不是陆球，而是低纬度的海洋带和南、北半球的大陆带。从那时的全球海陆分布和地球自转速度，到现代的全球海陆分布和地球自转速度，人们可以推测大气环流发生了怎样的变化、全球降水分布发生了怎样的变化。地球从诞生开始就没有出现过完全的水球、陆球，甚至冰球和雪球的世界。

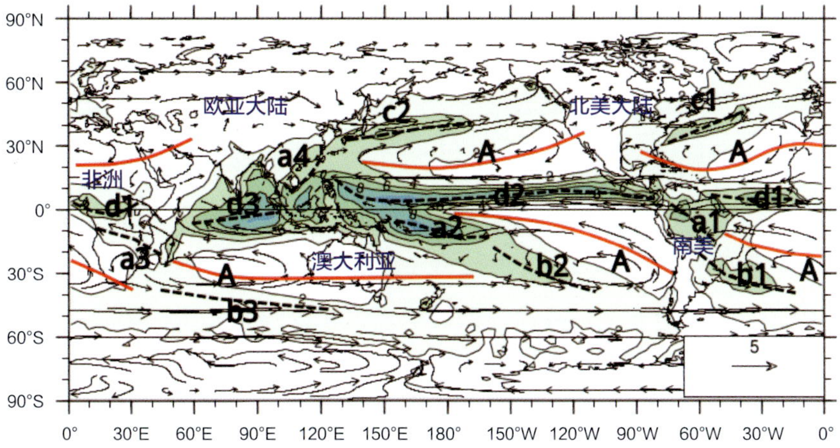

图 2.4.1　全球气候年平均降水率（实线，2 mm 间隔），和气候风矢量 (m/s)（字母 A 指示高压环流，字母 a、b、c 和 d 为不同的气候雨带；阴影处为大的降水，虚线指示辐合带，红线是高压脊线；参考 Qian et al.，2015）

大气对流层中的气流赤道辐合带是存在的，只是受地形的影响偏离了赤道，在局部地区偏离得更远，甚至在部分地区断开了。在这样不连续和不规则分布的气流赤道辐合带和其他气候系统气流的作用下，一些地方的降水特别多，有些地方的降水特别少，形成了气候降水的不均匀分布，但是总体上的赤道辐合带降水还是能够辨认的。

海洋温跃层是位于海面以下 100—400 m 内垂直方向上海温梯度很大的层次。受偏移赤道辐合带的大气风的强迫作用和洋盆地形作用，全球海洋温跃层中的洋流赤道辐合带也偏离到了赤道以北。虽然对流层大气与海洋温跃层之间有耦合作用关系，但在地形不变的情况下，这样的海气耦合会趋向一个平衡态，即瞬变气候态。这个平衡态可以用同一个太阳天文高度下的多年观测的大气变量和海洋变量平均得到。它的物理本质反映的是一个地点上在一个确定太阳天文高度角辐射下，大气和海洋与海陆地形等环境要素达到平衡时的状态。从这个气候态中可以找到大气中的赤道辐合带和海洋中的赤道辐合带，它们都非对称地偏离了赤道。

地球表面受大陆漂移和造山运动改变后，全球海陆分布深刻地影响着今天大气和海洋流体辐合带的分布、局地大气和海洋环流的分布、大气降水分布和海洋物质分布。对流层大气是流体，地幔也是流体，只是两个圈层流体的温度、密度和特性不同。固体地壳是对流层大气流体的下边界，是地幔流体的上边界。地幔流体的运动和变化直接影响到地壳的运动和变化。青藏高原就好比冰山那样漂浮在地幔流体之上。海面之上的冰山越高，冰体浸入到海面之下的深度也会越深。同样，相对周围环境的大陆山脉或海洋山脉越高，那么它浸入到地幔流体中的根也会越深。对流层大气下垫面的地壳有复杂的地表地形，同样，地幔流体上盖面的地壳也有复杂的地形。地壳就像是地幔层流体和对流层大气之间的一面镜子，地幔中的山根好比大气中高山的不完全对称的倒影。

地壳嵌入地幔中的复杂地形也会导致地幔流体赤道辐合带位置偏离赤道和局地地幔流体的异常环流分布。地幔流体赤道辐合带和地幔流体区域环流会驱动大陆板块的复杂运动而影响其分布。

我们先不讨论当前海陆地形的分布是怎么来的，而是先给出全球海陆分布的基本特征。地球的地质演化开始的不久后，那时的地壳已经冷却形成，只是比较薄。在还没有发生大陆分裂和漂移之前，以赤道为界，南北半球的大陆面积是实际相等的和对称的。不管在后来的 40 多亿年中，大陆发生了怎样的分裂和漂移，大陆地壳和海洋地壳具有怎样的造山运动，大气对流层中气流赤道辐合带一直存在，地幔流体赤道辐合带也一直存在。经历了 50 亿年的地质演化后，现今的地幔流体赤道辐合带如图 2.4.2 中的红虚线所示。原始南半球的整体大陆，虽然发生了分裂和漂移，但它们并没有越过地幔流体赤道辐合带，原始北半球大陆的分裂和漂移也是如此。现在，地幔流体赤道辐合带两侧的大陆面积和海洋面积也接近相等，这成为大陆漂移留下的重要分布特征。

随着地壳的冷却增厚，大陆漂移的距离越来越短，最后一次漂移留下的明显痕迹是海沟。海沟的深度可以反映当时海洋地壳的厚度。在海沟形成之前，南半球大陆的总体漂移方向是指向东北的，北半球大陆的总体漂移方向是指向东南的，南北半球分裂开的大陆都没有漂移越过各个时期的地幔流体赤道辐合带。地幔流体赤道辐合带经过现今的地中海、波斯湾、青藏高原南边缘、爪哇海沟、伊里安岛北侧、斐济岛、加勒比海到地中海，这是一条不规则、弯曲的地幔流体辐合带。

为什么大陆漂移到最后海沟形成的时刻，地幔流体辐合带有这样的弯曲走向呢？这是由于两个半球的大陆在分裂和漂移过程中，大陆板块的质量和动量，特别是相对地球自转轴的角动量重新分布的结果。这一变化也引起地幔流体角动量的重新分布，使得地幔流体的流线变得弯弯曲曲了。

从两半球的大陆开始分裂漂移，到全球海沟形成的这段时间中，地幔流体辐合带以南的上层流体总体是向东北运动的，所以地幔流体辐合带以南大陆的西南侧没有岛屿，岛屿主要分布在大陆的东侧和东北侧。这些岛屿与其西侧大陆分开的原因是，大陆曾经在向西南的地幔流体运动驱动下，向西南漂移（回漂）了，而东侧和北侧边缘的岛屿没有赶上向西南漂移大陆的速度，或被新冷却形成的海洋地壳阻挡，留下成了岛屿。这就可以解释阿拉伯半岛和红海是怎么形成的，也能够说明马达加斯加岛是怎样与非洲大陆分离的。大陆往返多次漂移的详细过程将在后面介绍。曾经有一种观点认为，南半球的马达加斯加岛是从北半球的里海蛙跳过来的。从形状上看，马达加斯加岛正好能够把里海填满。但什么力导致了马达加斯加岛的蛙跳呢？提出者并不知道。相似地，伊里安岛是从卡奔塔利亚湾与澳大利亚大陆分离开来的；印度半岛与阿拉伯半岛都是从非洲大陆东边缘分裂漂移出去的。

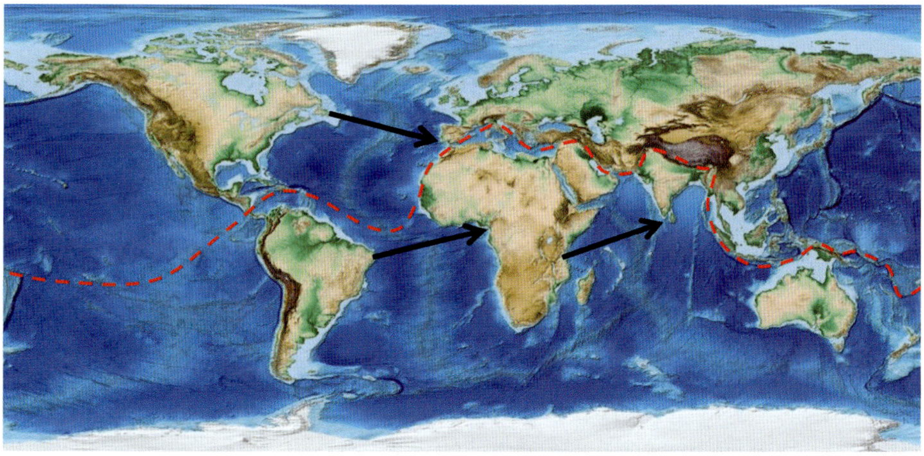

图 2.4.2　现今的全球海陆分布（红虚线指示地幔流体辐合带，黑箭头指示南北半球大陆长期漂移到达的方向和位置；参考 Qian，2017）

在地幔流体辐合带北侧，岛屿主要分布在北美大陆和亚洲大陆的东侧。北美大陆曾经向东南方向漂移到了非洲大陆的西北侧，那时的北大西洋消失了。大陆漂移的历史上，曾经有一个联合大陆的时期。这个联合古大陆的一个部分是由南美大陆、非洲大陆、阿拉伯半岛和印度半岛从南半球古大陆分裂后向东北漂移来的，另一部分是由北美大陆、格陵兰岛、欧亚大陆从北半球古大陆分裂后向东南漂移来的。地幔流体辐合带以南和以北的这些大陆和半岛板块分别受到地幔流体向东北和东南方向的驱动作用，使得地中海、波斯湾和印度半岛的北部形成了东西方向上的山系，其中青藏高原位于最东的部分，伊朗高原位于中部，亚美尼亚高原位于西部。大陆上有这样东西方向上的大型山脉构造体系，同样海洋中也有平行于大陆边缘的大型山脉构造体系。

QIAN W H, JIANG N. 2015. The global monsoon definition using the difference of local minimum and maximum pentad precipitation rates associated with cross-equatorial flow reversal. Theor Appl Climatol 124(3): 883–901. doi:10.1007/s00704-015-1448-4.

QIAN W H. 2017. Temporal Climatology and Anomalous Weather Analysis. Springer ISSN 2194-5225 (electronic), DOI 10.1007/978-981-10-3641-5.

2.5 大西洋洋中脊的形成

提到大陆漂移，人们就会想到一个德国人魏格纳（1880—1930）。中学生们对魏格纳的模样并不陌生，大陆漂移学说是中学地理课程中的重要内容之一，在很多中学的学校走廊上，甚至在小学科技馆里也挂有他的肖像。魏格纳不是科班出身的地质学家，而是德国的一位气象学家。欧洲气象学家用得最多的工具是天气图，上面有标注地理位置的底图，范围包括大西洋及其两岸的南北美洲大陆、欧洲大陆和非洲大陆。这个底图引起了魏格纳的猜想：南美大陆东部凸起的部分正对着非洲大陆西侧凹进去的部分，难道大陆是漂移开的？

1912 年，魏格纳正式提出了大陆漂移学说，并在 1915 年出版了《海陆的起源》一书。由于不能解释大陆漂移的动力学机制问题，他的大陆漂移说受到了地质和地球物理学家的质疑，没有被广泛接受。直到 20 世纪 50 至 60 年代，随着古地磁与地震学的发展，大陆漂移说才获得新生，并发展成板块构造学的理论。

看一看大西洋及其两岸的地形地貌，确实让人赏心悦目（图 2.5.1）。在地球地质演化开始后不久，分裂开的南北半球大陆板块漂移在当时的岩浆流体之上。第一次大陆漂移结束时，非洲大陆漂移到了地幔岩浆流体的辐合带上，并遇上了欧亚大陆。两个大陆相遇的位置就在图 2.5.1 中地中海红虚线的地方。地核相对岩浆圈层转速减慢，而岩浆圈层相对地核转速加快，地核与岩浆圈层之间的总角动量不变（守恒），产生角动量交换的原因是岩浆流体在不同纬度带之间的热力差异和相对地球自转轴的角动量差异。它们之间的关系可以从现代固体地球与大气之间的角动量守恒关系中得到理解。现代固体地球与对流层大气之间的角动量也可以看成守恒的，但赤道内外海洋表面海温的异常变化会形成南北半球大气环流强度的变化，使得大气的西风角动量发生变化，西风强度的变化会产生对固体地球摩擦力矩的变化。与此同时，洋盆东西部的海温异常变化形成了南北走向大陆山脉带两侧的气压差，于是山脉力矩又会导致固体地球自转速度的变化。这样，固体地球与大气之间的热力变化引起了它们之间的角动量交换。固体地球与大气角动量交换的动力是摩擦力矩和山脉力矩，地核与岩浆圈层之间的角动量交换动力也是核幔之间以及幔壳之间的摩擦力矩和山脉力矩。

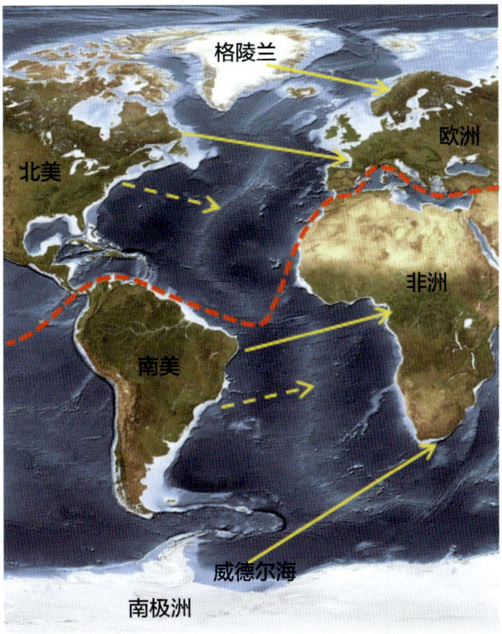

图 2.5.1　现代大西洋及其两岸的地形地貌（红虚线为大陆和海洋地壳下的地幔流体辐合带位置，实线和虚线黄箭头分别指示大陆漂移同期到达的位置）

如果把坐标系建立在地核上，岩浆流体得到角动量使得岩浆流体出现向东的加速度。当岩浆流体有向东的速度时会出现向赤道方向地转偏向力，南半球的岩浆流体会出现指向东北的速度，北半球的岩浆流体会出现指向东南的速度。于是，分裂漂浮在岩浆流体之上的大陆受到向赤道方向地转偏向力的作用。两个半球大陆分裂的初期，大陆地壳厚于海洋地壳。大陆分裂后，较厚的地壳像破冰船那样，在向赤道方向漂移的时候，把浅薄的海洋地壳撞碎了，浅薄的和破碎了的海洋地壳甚至会被岩浆重新融化。

南北半球大陆发生第一次分裂和漂移前，地壳表面是比较平静和平坦的。两极有了冰雪盖。赤道和低纬度海洋上海水盐分不高，基本上如淡水一般，原始的海洋生物已经形成。老去的海洋生物沉淀到平缓的洋底。在南北半球中纬度平坦的大陆带上，特别是在降水充沛的大气对流层环流上升支的纬带上，形成了陆生高含碳的原始植物和初级动物。南北半球的陆地原始植物和动物因为被赤道海洋带隔开而没有交流，它们之间应该有差别。

非洲大陆从南半球古大陆分裂后，第一次向东北漂移，撞碎了前方的海洋地壳，遇到欧亚大陆而减慢了运动。南美大陆从西南方向上漂移过来，也撞碎了前方的海洋地壳，与非洲大陆亲密结合。像图 2.5.1 中南半球的黄实线箭头指示的那样，南美大陆东侧的凸出处与非洲大陆西侧的凹进处吻合在一起。同时，非洲的南端凸出部分是从南极洲附近的威德尔海那里漂移而来的。需要注意的是，大陆板块在岩浆球面流体上漂移，各处岩浆流体提供的漂移驱动力是不等的，于是大陆板块漂移的同时，会发生形状变化。大陆板块就像一块很薄的面皮，会因为被岩浆流体拉伸和挤压而变形，其中变形最大的地方是在大陆板块的边缘。非洲大陆板块的中西部就受到了南美大陆凸出部分的挤压作用而出现了地形皱褶，同样，南美大陆板块的东侧也形成了地形皱褶。而非洲大陆上北非大部和南非部分受到的影响较小，那里仍然保留了原始大陆的平坦特征。

北美大陆从北半球原始大陆分裂后，向东南漂移到达了非洲大陆的西北边缘和南欧的西边缘，在那里形成了地中海西侧与大西洋之间的山脉。格陵兰岛也从原始北半球大陆分裂向东南漂移，最后到达中欧和北欧的西侧，形成了南北向的山系。

第一次大陆分裂漂移结束时是没有大西洋的，而欧亚大陆、北美大陆、非洲大陆和南美大陆，加上格陵兰岛，它们紧密地结合在一起，形成了地质史上的第一次大陆大联合。联合大陆的中心位置是在现在地中海及其以东的波斯湾地区，那里是名副其实的陆地中央热带海洋最后消失的中心，也是最初海洋生物集中埋葬的地带。第一次大陆漂移结束时，澳大利亚大陆板块也向东北漂移到了斐济岛，并与亚洲大陆的东南部分连接在一起。此时，只有南极洲大陆被孤立在了南极附近，其周围是环纬度带的海洋。这时北半球只有一个地质史上最宽的大洋，它是北美西侧至亚洲东侧的早期太平洋。在大陆第一次发生向赤道漂移的过程中，分裂大陆板块的长距离漂移和其对海洋地壳的破碎作用，使得地球表面很大的区域上岩浆流体裸露，全球温度极高，海水几乎蒸发殆尽，大气中充满了沸腾的水汽。

联合大陆平静地度过了 1 亿—2 亿年。在此期间，联合大陆和南极洲大陆之外的裸露岩浆表层冷却，形成了新的海洋地壳。这是第二次的地球表面平息期。南极洲大陆从第一次大陆分裂漂移前的南极外地区进入南极，从此再也没有离开过那个环境，所以它上面动植物的残留是最原始的。联合大陆时期，赤道和中低纬度地区都有了集中的大陆，这是一个全球联合大陆最宽广的时期。大量的和高量体的陆地爬行动物、海洋浮游动物和低空飞行动物繁衍起来，这个时期的地球呈现出一派繁荣景象。

这个繁荣时期就是地核与岩浆圈层之间不发生角动量交换的时期。继后，这样的繁荣和平静期被圈层之间的角动量交换打破了。在这个由两个圈层组成的系统中，当地核得到角动量与岩浆圈层失去角动量的时候，岩浆流体相对地核减速，即表层岩浆流体出现了向西和向极的运动。于是，联合大陆分开，表现为岩浆流体辐合带以南的南美大陆向西南漂移（回漂），岩浆流体辐合带以北的北美大陆向西北漂移（回漂），它们与非洲大陆和欧洲大陆之间形成了比现在更宽的大西洋。非洲大陆与欧洲大陆也分开了，形成了比现在地中海更宽的海洋，位于辐合带上的印度半岛没有再与亚洲大陆板块分开。大陆第一次回漂形成的新海洋，实际上是新裸露的岩浆流体表面，全球海水再次被蒸发，全球大气再次充满了沸腾的水汽，全球进入蒸笼般的世界。

当地核与岩浆圈层的角动量交换趋近停止期间，大陆的回漂也停止。表面岩浆冷却形成了新的地壳。大气中的水汽凝结后再次回到低洼的海洋中。此时，欧亚大陆、格陵兰岛、北美大陆、南美大陆、非洲大陆、澳大利亚大陆、南极洲大陆都被海洋分隔开了。全球不同大陆和不同海洋区域的气候是各不相同的。在丰富多彩的气候环境和海陆环境下，生物的多样性逐渐形成。

当地核与岩浆流体圈层再次进行角动量交换的时候，岩浆流体辐合带以南的大陆又开始向东北漂移，辐合带以北的大陆又向东南漂移。欧洲大陆与非洲大陆在岩浆流体之上的辐合漂移，使得地中海有所缩小。南美大陆向东北漂移，到了现在南大西洋洋中脊的位置，北美大陆和格陵兰岛向东南漂移，到了现在北大西洋洋中脊的位置。每个漂移大陆的后部都形成了新海洋，而前部都有地壳的堆积和边缘部分的抬升。南美大陆和北美大陆东边缘部分的高原，就是在这个过程中形成的。南美大陆、北美大陆和格陵兰岛向东漂移到现在大西洋洋中脊位置的时候，大西洋的宽度是现在的一半左右，也就是说，现在大西洋洋中脊以西是被南美大陆和北美大陆及格陵兰岛占有的，而南北美洲大陆西侧的太平洋更宽广。

由于地球内部核－幔－壳三圈层之间密度的不同和热力与动力学特征的空间差异，它们之间通过摩擦力矩和山脉力矩表现出准周期的角动量交换。在新形成的全球海陆分布和地形分布下，地核与岩浆流体圈层之间的角动量交换再次停止。大陆漂移后裸露的岩浆表面再次冷却，形成新的海洋地壳。蒸发进入大气的水汽再次冷却，形成的降水回归到新的全球海洋中。地球表面进入了又一轮的繁荣状态，大型爬行动物和高大的植物在除了南极洲大陆外的所有大陆上繁衍。可是，1 亿—2 亿年后的地核与岩浆圈层角动量交换过程再次开始。这次岩浆辐合带两侧的表层岩浆流体是向西运动的。南美大陆向西南漂移，留下了大陆东侧边缘的条带堆积物平行于南美大陆东边缘，它就是南大西洋洋中脊。同样，北美大陆向西北漂移，留下了大陆东侧边缘的条带堆积物，平行于北美大陆东边缘，它就是北大西洋洋中脊。洋中脊是海洋中部的海底山脉，与大西洋两侧的大陆边缘是平行弯曲的。洋中脊嵌入地幔之中，有利于地幔岩浆在洋中脊薄弱的地方流出到地表形成火山，这也延续了洋中脊的长期演变。

除了南极洲大陆外，这些大陆后续又随着地核和岩浆流体圈层的角动量交换，发生了多次往复漂移。随着大陆地壳和海洋地壳的增厚，大陆板块的漂移难以再像先前那样，可以把漂移前部的海洋地壳破碎和融化了。大陆板块和海洋板块最后一次漂移留下的痕迹是平行于洋中脊的海沟。大陆板块的最初漂移可以形成比现代太平洋还宽大的海洋，最后的漂移只能形成窄的海沟和断裂。现在，虽然地核与地幔之间还在进行着角动量的减幅交换，地幔流体还有相对地核和地壳的运动，但不同的大陆和海洋板块已经紧密地靠在一起了，不再有大陆和海洋板块之间的明显漂移了，只表现为地震和火山活动。

可以看出，地球内部地核与岩浆圈层之间的耦合关系引起了岩浆表层流体的相对运动，其所导致的大陆板块和海洋板块的漂移和运动，形成了现代大西洋和洋中脊上的花样。跨越整个大西洋，一直到达南北极附近的洋中脊确实反映了两侧的大陆曾经是有一个联合体的。不以这样的一个真实的核 – 幔耦合过程为前提，而仅仅看大西洋中部凸起的洋中脊必然让人推测存在着沿洋中脊的物质对流和海底扩展，从而推测出本末倒置的大西洋形成的海底扩张说。核心的问题是，任何均匀流体包括岩浆流体中的对流都应该是零散的，难以形成有组织的条带。在流体或固体中，必须先有大尺度的辐合带或断裂带，才可能在其上出现有组织的局地对流。作为地球流体的地幔圈层与大气圈层一样，以水平运动为主，水平运动中会出现气候上的行星尺度辐合带，辐合带上的局地异常才会出现有组织的对流，这是自然界的层次关系。人们难以直接观测到地球内部不同圈层之间的相对运动和耦合关系，但地球物理中的场量，如地球磁场强度变化就是圈层相对运动的物理量表现。

2.6 地磁场倒转的成因

20 世纪的地质科学经历了世纪性的革命，其中包含了两次浪潮。第一次浪潮的标志是 20 世纪初期对地质科学的认识从“固定论”到“活动论”的激烈争论。挑战固定论的代表人物是 1880 年在德国出生的魏格纳。固定论的思想很简单，它认为大陆和海洋是固定不变的。而魏格纳提出了大陆漂移假说，他根据大西洋两岸，特别是非洲与南美洲海岸凹凸轮廓的特征，认为地壳当中，相对轻的硅铝层漂浮于下部地幔的硅镁层之上，并设想全世界的大陆在古生代石炭纪以前是一个统一的整体（盘古大陆），在它的周围是辽阔的海洋。魏格纳设想的盘古大陆类似前文提到的大陆第一次从两个半球漂移到岩浆流体赤道辐合带后除了南极洲大陆外的联合大陆。他认为，盘古大陆在天体引潮力和地球自转所产生的离心力的作用下，破裂成若干块，在硅镁层上分离漂移，逐渐形成了今日世界上各大洲的大陆和大洋的分布。魏格纳没有用地质演化的观念描述地核与岩浆圈层之间的角动量交换和地核、岩浆圈层与地壳三者之间的演化关系。

就大陆漂移假说来说，魏格纳从多个方面给出了相邻大陆之间似曾一起的证据。第一个是大尺度上的大陆边缘形态学证据，即大西洋两岸的海岸线相互对应，特别是巴西东部的直角形凸出部分与非洲西岸直角形凹进的几内亚湾非常吻合。第二个证据是区域尺度上大西洋两岸的美洲和非洲及欧洲在地层、岩石和地质构造上的遥相呼应，表现为：北美纽芬兰一带的褶皱山系与西北欧斯堪的纳维亚半岛的褶皱山系相对应，又非洲南端和南美阿根廷南部的地质构造方向、岩石层序和所含化石的相一致。第三个证据是大西洋两岸古生物群具有亲缘关系，如巴西和南非两地地层中均含有的一种曾生活在淡水或微咸水中的爬行恐龙的化石，又如广泛分布于非洲、南美、印度和澳大利亚等地的舌羊齿植物化石。第四个证据是发现了非洲中部和南部的冰川遗迹。这些证据表明曾经相邻的大陆之间发生过漂移，或从一个气候带漂移到了另一个气候带。

魏格纳这一“石破天惊”的观点立刻震撼了 20 世纪初的科学界，但当时反对力量远远大于支持力量，因为这个假说涉及的问题如若成立，整个地球科学的理论就要重写。持主流观点者对此产生了极大的怀疑，甚至认为魏格纳获得的天文学博士学位和从事的气象研究，使他难以跨界到地质学、地球物理学和古生物学等众多的学科。

魏格纳所提的大陆漂移说有两个问题没有得到解答：一是巨大的大陆是在什么之上漂移的？二是驱动大陆漂移的力是什么？魏格纳认为低密度的硅铝质大陆漂浮在高密度的硅镁层上，即轻的固体在重的固体上漂浮和移动。对于推动大陆漂移的力，魏格纳猜测是海洋中的潮汐以及太阳和月亮的引力。但是，这些解释都不能让当时的人们信服。由于大陆漂移驱动力的问题不能让人信服，所有他所提出的证据，包括不同大陆上地质构造的相似性和早期动植物形成于淡水或微咸水环境的相同性证据也难以得到人们的认可。于是，大陆漂移学说以轰动问世，却很快在嘲笑声中销声匿迹。有人开玩笑说，大陆漂移学说只是一个“大诗人的梦”而已[1]。

地质科学革命第二次浪潮的标志是 20 世纪 50 年代后半期开始的对海底磁异常条带的发现和解读。从 1956 年起，科学工作者开始测量海底岩石的磁化强度，并把正、负磁性异常圈定在图上进行研究。自 20 世纪 60 年代起，人们发现洋中脊一侧的正负磁异常条带都在另一侧对称性地出现，这反映了过去亿万年的地球发展过程中，地球磁场南北极曾多次反向过[2]。把所有横剖面上所测得的正负地磁异常连接起来，他们发现在洋中脊的两侧具有一系列与之平行的地磁异常条带，以洋中脊为中心，正向和逆向的地磁条带交替出现。每一条地磁异常条带宽度不超过数十千米，而长度却可达几千千米以上。

洋中脊上地磁条带的发现，使得 20 世纪 60 年代初加拿大科学家赫斯和迪茨分别提出了具有应用意义的海底扩张说，这是海底地壳生长和运动扩张的一种学说，也是对大陆漂移假说的发展。海底扩张学说认为，洋中脊（海岭）是新大洋地壳的诞生处。板块的驱动力是图 2.6.1 中的地幔物质对流。地幔物质从海岭顶部的巨大开裂处涌出，凝固后形成新的大洋地壳。此后继续上升的岩浆又把原先形成的大洋地壳以每年几厘米的速度推向两边，使海底不断更新和扩张。扩张着的大洋地壳遇到大陆地壳时，便俯冲到大陆地壳之下的地幔中，逐渐熔化而消亡。那个俯冲的地方就形成了海沟。这个理论描述的是洋壳“新陈代谢”的物质输送过程，其所历时间需 1 亿—2 亿年。海底扩张说不但让大陆漂移假说得到了发展，也为板块构造学的兴起奠定了基础。

沿洋中脊两侧分布有平行地磁条带的事实确实是一个划时代的发现。科学家们为了解读这样的奇妙现象，纷纷绞尽脑汁，提出了各种不同的假想和模型，其中英国剑桥大学大地测量和地球物理系的两位青年学者——瓦因和马修斯，他们在 1963 年提出的解释模型被广泛认可。他们结合海底扩张假说与地磁场倒转现象，对海底磁异常条带作了解释，认为海底磁异常条带不是由海底岩石磁性强弱不同所致，而是在地球磁场不断倒转的背景下海底不断新生和扩张的结果。高温的地幔物质不断沿大洋中脊

[1] 不服输的魏格纳还是孤独地吟唱着自己的诗篇，并在 1930 年第四次深入格陵兰岛考察气象，不幸长眠于冰天雪地之中，年仅 50 岁，他的遗体直到第二年夏天才被发现。在此后的 30 年中，魏格纳的灵魂被冰封在格陵兰的积雪中，大陆漂移学说则被尘封在图书馆的书架上，无人问津。

[2] 如果现在的磁场条带叫正向，那么与现在磁场方向相反的条带叫逆向。

上涌后冷凝形成新的海底，当它冷却经过居里温度时，新生的海底玄武岩层便会沿着当时的地磁场方向磁化。随着海底扩张，先形成的海底向两侧推移，在洋中脊顶部继续不断地形成新的海底，如果某个时候地磁场发生转向，则这时形成的海底玄武岩层便在相反的方向上被磁化。这样，只要地磁在反复地转向，起源于洋中脊的海底又不断地新生和扩张，那就必然会形成一条又一条正向和反向磁化相间排列、平行洋中脊对称分布的磁化条带。1965 年，对大陆漂移的驱动因素，威尔逊用转换断层概念进一步给予了解释，认为地幔对流使得岩石圈板块的水平位移成为可能，而洋中脊的新生洋壳与海沟带的老洋壳消减之间达到了平衡。

自 20 世纪地质科学革命的两次浪潮结束以来，地质科学就长期定格在海底扩张模型上了。好像早期人们对魏格纳大陆漂移假说的驱动力和上下层物质属性问题的质疑，都已经由沿洋中脊的地幔对流和海底扩张理论得到了很好的解释。其实不然，现在的问题集中到了是什么决定了环球表面的行星尺度洋中脊的形成以及地磁场和地磁极倒转的成因是什么。魏格纳给出的一些行星尺度和区域尺度的观测事实并没有得到很好的解释。就像对流层大气中行星尺度的气流辐合带与局地尺度的热力对流那样，地幔圈层中也有行星尺度的岩浆流体辐合带和局地尺度的对流。对地幔岩浆流体圈层中的行星尺度水平运动及其与地磁场翻转和大陆漂移的关系，海底扩张说并未解释清楚。如果认为地幔对流可以形成新的海洋和大陆分裂与漂移，那么沿东非裂谷至红海早就形成了海洋，欧亚如此巨大的大陆下部也应该出现了行星尺度的对流，导致了新海洋的形成和欧亚大陆的分裂和漂移。显然，人们尚不清楚其中真正的全部环节。

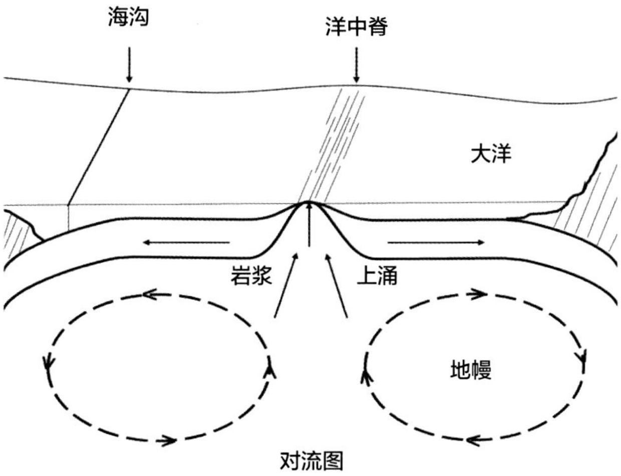

图 2.6.1　海底扩张学说的模型（平行洋中脊的海底磁异常条带是在地球磁场不断倒转的背景下，地幔对流导致的岩浆沿洋中脊上涌与海底不断新生和扩张的结果）

这些环节可以沿着宇宙势的演化路线寻找。图 2.6.1 中的地幔对流模型只是多个空间层次环节中的最后一个局地层次环节的现象。首先，我们要解读地磁条带记录的是什么？太阳形成后，地球从太阳外一条星云线速度切变带上的一个胚胎发展起来，聚集的是它那条切变带上的物质。地球天文演化阶段早期的部分物质被集中形成了地球的固体内核，就是现在的地核。地球天文演化中后期的物质被集中形成了地球的岩浆流体圈层。从地球天文演化阶段结束后至今的 50 亿年中，地球系统中的两个主要的圈层就是地核和地幔（早期的岩浆流体圈层）。它们之间始终发生着相互作用，即角动量的交换过程。地壳的表面，如洋中脊上活动的火山可以记录下地核与地幔角动量交换的正负强度和持续时间。

地磁场被认为是地球内部存在着的天然磁性现象，磁偶极中的一个极在地理北极附近，另一个极在地理南极附近。地磁场包括基本磁场和变化磁场两个部分，基本磁场具有亿万年尺度的缓慢变化，包括磁场极向的倒转，而变化磁场包括地磁场的各种短期变化和局地变化，其中有太阳黑子活动的干扰。由于磁力线集中于两极，赤道上的基本磁场强度弱于极地。中国古代四大发明之一的指南针就利用了地磁场的原理。

那么，地磁场是怎么形成的呢？既然地球存在如此大的磁场，那它也应该存在如此大的电场，而电场的存在必然有一个很大的发电机存在，这个发电机的原理即为地球不同圈层之间的较差运动（角动量交换）。地球内部的不同圈层是客观存在的，它们分别是地核、地幔和地壳。现代人们把地核外的软流体圈层称为地幔，它在地球天文演化的中后期是岩浆流体圈层。地核与地幔之间的相对运动就是圈层之间的较差运动，也就是地球发电机的形成原理。于是，在地壳还没有形成，也就是地球地质演化还没有开始前，地球磁场就已经形成了。地球的地核、地幔和地壳三个圈层之间也有较差运动。于是，两两较差运动的圈层都是一个发电机，形成对应的两套行星尺度的磁场。但以地核与地幔之间的发电机效率更高，其对应的行星尺度的基本磁场强度也就更大。

人们在洋中脊的两侧岩石上发现了成对且平行的古地磁记录，这也证明了洋中脊是通往地幔层的通道。地球地质演化时期洋中脊上的火山喷发记录了当时的地磁强度和方向。洋中脊两侧记录到的平行古地磁条带，它们的方向性变化反映了地球磁场具有历史性的倒转现象。这种地磁场方向性倒转曾经引起了人们的担忧：是否一旦发生倒转便会对地球生物圈造成灾难性的影响？地球地质演化的早期，地核与岩浆圈层之间相对大的较差运动，特别是方向性倒转导致了早期大陆板块相对海洋板块的相对漂移，板块漂移开的岩浆裸露使得海水汽化，全球极热，生物灭绝，那确实是灾难性的。现在地核与地幔之间的较差运动形成的地磁场仍然存在，但是随着频率增加，强度已经大大减弱了，冷却增厚了的地壳也不可能形成当初的大陆漂移和大面积的岩浆裸露了。现在的核 – 幔较差运动可以把能量反映到局地的地壳变化上来，出现的是局地地震和火山活动，所以难以形成全球性的生态灾难。地磁极不但会发生倒转，也会偏离地转极地，反映的本质是内部圈层的相对运动。

大陆板块在早期岩浆流体驱动下的运动，也是地核与地幔相互作用的结果。洋中脊上的地磁条带只是记录了地质史上地核相对地幔若干次较差运动的方向性倒转，对地球天文演化时期和地质演化早期的核–幔相对运动并没有记录。地球地质演化开始时期的核–幔相对运动都记录在大陆板块的方向性漂移上。大陆经历了最初的几次来回漂移后，洋中脊才得以形成，其是大陆漂移遗留的与海洋地壳相互推压的边缘。洋中脊形成后才有了其上的火山活动和地磁极向的倒转记录。大陆漂移是岩浆流体水平运动的结果，而不是局地对流驱动的结果。当地球冷却使地壳增厚到一定程度，不同的大陆和海洋板块之间不再出现长距离的漂移了，最后的一次漂移才形成了海沟。

现在地核与地幔之间还存在相对运动，它表现为地磁场的强弱变化，以及地壳板块之间的地震和火山活动。较差运动的强度变化会反映在地磁场强度变化上，较差运动的方向性变化会反映在地磁南北极的方向倒转上。不仅如此，大陆漂移后的局地立体地壳块体也影响了地壳内部地幔流体和地壳外部海洋流体及大气流体的轴不对称性的水平运动。地壳外表地形影响着行星尺度大气轴不对称运动，使得大气极涡偏离了地理南北极。同样，地壳外表地形影响着海洋行星尺度轴不对称运动，使得洋流偏离纬带。从倒立的方向上看，地壳下部地幔流体的水平运动也受到嵌入地幔山根地形的影响，使得地幔岩浆流体行星尺度水平运动的南北极偏移了地理南北极，表现的就是地磁偏差和地磁极具有多时间尺度的迁移，同时也形成了来自内部的局地地磁扰动。当然，太阳黑子活动也会从外部干扰地磁场的强度变化。所以，地磁场的形成及其变化主要反映的是地幔流体相对地核的运动。过去的 50 亿年中，早期的多次地磁极向倒转记录了大陆漂移的方向性变化。海沟形成以来，特别是近 10 亿年和近数百万年以来，核–幔相对运动引起的地磁场强度逐渐减弱，但倒转的频次有所增加了。从现代卫星探测的全球和局地磁场变化中，人们可以捕捉到地幔异常运动引起的地震和火山活动信号，而火山是地面通向地幔的窗口。

2.7 通向地幔的火山喷发

在太阳系的四个类地行星和它们的卫星中，只有地球上还有火山活动。水星和金星位于地球绕太阳公转轨道的内侧，它们的地质演化已经使得核 – 幔 – 壳三个圈层完全固化了，已经不再有火山活动，只留下火山活动过的痕迹。地球轨道外侧的火星，虽然它姓火，还带着两颗“火卫”，但是它们的内部圈层也都已经在它们的地质演化过程中固化了，没有了岩浆圈层，没有了火山活动。离地球最近的天体是月球，人们常常用冷月描述月球。月球确实是冷了，月球地质演化也使得它的岩浆圈层固化了，它的火山活动也早已结束。所以，在类地行星及其卫星中，比地球体积和质量小的天体都已经因冷却结束了它们内部核 – 幔 – 壳之间的相对运动，没有了磁场，也结束了火山活动的历史。

现在，地球上仍有活火山活动，它仍然年轻，不时地“火力四射”。火山爆发时刻喷发出固体碎屑、液体熔岩流和气体物质，其中喷发的固体和液体围绕着喷出口堆积可形成隆起的丘或山。火山喷出口是一条由地幔到地表的管道。火山喷发后大部分物质堆积在火山口附近，还有部分气体物质被大气携带到高处而扩散到几百或几千千米外的地方，阻挡到达地面的太阳辐射，降低地面温度。在地球地质演化早期，火山非常活跃，但它们中的绝大部分现在已经成为“死火山”。全球已经发现的“活火山”共有 500 多座。

火山在地球上的分布是不均匀的，它们大都出现在地壳的断裂带附近，如环太平洋火山带、大洋中脊火山带、东非裂谷火山带和阿尔卑斯 – 喜马拉雅火山带。在海岭中央（洋中脊上）又多有宽 20—30 km，深 1—2 km 的地堑，也称为大洋裂谷。大洋内的火山就集中分布在大洋裂谷带上，人们称其为大洋中脊火山带。大洋中脊火山带上的火山分布也是不均匀的，多集中于大西洋裂谷，该段北起格陵兰岛，经冰岛、亚速尔群岛至佛得角群岛，长达万余千米。冰岛位于大西洋洋中脊线上，其上的火山共有 200—300 座，其中有 40—50 座是活火山。冰岛可以称为目前地球表面通往地幔的最多集中窗口，是有巨大地热应用前景的地方。

从地质演化的角度看，早期大陆漂移的后部，地幔岩浆裸露，形成的是洋盆尺度的“火海”，那里是引发动植物灭绝的灾难场所。在地质演化后期，地幔流体运动只能驱动大陆板块小的相对漂移，形成的是岩浆裸露的海沟，也是“火沟”。火沟及其两侧的温度很高，灾难巨大，在远离火沟的大陆上，动植物所受的影响较小。现在地幔流体运动只能形成地壳薄弱点上的火山活动，对动植物的灾难影响只在火山附近。

活动的火山是地幔中物质和能量透过地壳后被输送到地面的窗口。火山表现形式是地幔上层流体集中的点对流，但这样的点对流运动也是离不开地幔中的大尺度岩浆流体的水平异常运动的。现存的火山点是地下岩浆流体水平异常运动有可能集中和喷发的位置条件。地幔中物质多尺度水平异常运动的难以观测正是难以预测火山活动的根本原因。

冰岛不像一般的大陆边缘岛屿，它是由于很多火山长期活动于洋中脊上而累加形成的岛。冰岛外形大致呈一个四边形，一条对角线大致沿洋中脊方向，另一条对角线平行于洋中脊断裂的方向。火山主要形成于两条对角线上（图 2.7.1a）。

（a）　（b）

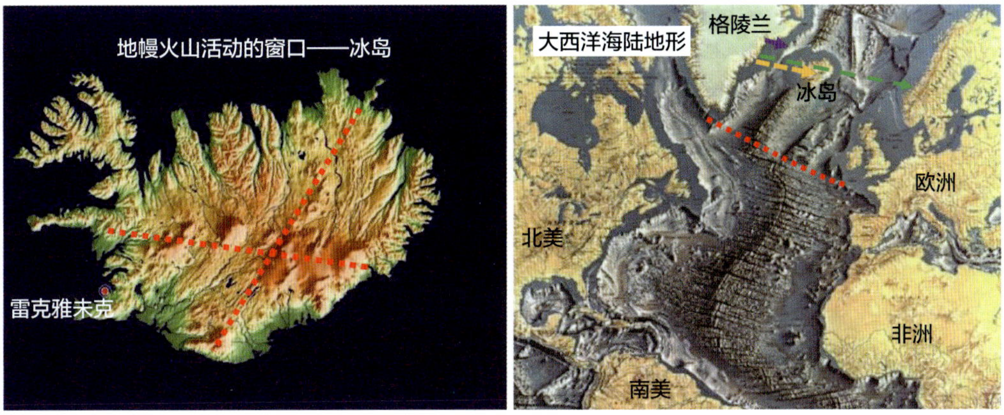

图 2.7.1　(a) 冰岛地形和两条对角线（红点线）上的主要火山分布，(b) 北大西洋洋中脊及周围的地形和地貌（b 中红点线以北是格陵兰岛漂移的范围，箭头指示格陵兰岛曾经漂移到达的位置）

冰岛的形成有它的环境背景，首先是格陵兰岛向西北回漂后留在洋中脊上的痕迹，之后多座火山又在局地洋中脊上频繁爆发（图 2.7.1b）。格陵兰岛实际上是一个冰雪覆盖的大陆，位于冰岛以西，与之隔海相望。格陵兰岛的南部比冰岛纬度还低，却覆盖着冰雪。冰岛平均温度偏高，能够适宜人的居住，有两方面的原因，一是来自大西洋上的西南暖洋流，二是来自地下的火山活动和地热释放。

赤道以北的非洲大陆西边缘，与北美大陆吻合的不是海面以上的大陆边缘，而是海面以下的大陆架边缘。北大西洋中部洋中脊以西的海底盆地与北非西部大陆的区域形态极为一致。所以，那个洋底盆地是大陆第一次漂移形成联合大陆，联合大陆再次漂移分开后形成的。北美大陆板块不仅仅只是现在的海平面之上部分，还包含北美大陆东侧的大陆架部分。同样，欧洲大陆板块也不仅仅是现在的海平面之上部分，还包含了英格兰岛和斯堪的纳维亚半岛在内的大陆架部分。

与北美大陆第一次漂移到南欧和北非大陆西岸同期，格陵兰岛也向东南漂移到了挪威西海岸的位置。格陵兰岛与北欧挤压在一起的时候形成了与格陵兰岛东部边缘走向一致的山脉，即斯堪的纳维亚山脉。然后，格陵兰岛向西北回漂，留下了其东侧更宽广的海洋。格陵兰岛第二次向东南漂移到北大西洋洋中脊的位置，再向西北回漂后留下了大西洋北段的洋中脊。北段洋中脊是与北大西洋南段洋中脊断开的。所以，格陵兰岛漂移是在图 2.7.1b 中红点线以北的范围。格陵兰岛后来又经历了第三次向东南的漂移。斯堪的纳维亚山脉也曾向西北漂移到达过其西侧的海盆中。欧洲与格陵兰岛之间海洋中的地形要比非洲与北美大陆之间的海洋地形复杂得多。北大西洋北部有多个与洋中脊平行的海底山脉，它们的形成与那里洋中脊形成后的格陵兰岛和北欧大陆的几次来回漂移有关。

图 2.7.1b 中红点线以北的洋中脊是格陵兰岛第二次回漂后遗留在海洋地壳上的堆积物，即海洋新山脉。一般来说，海洋地壳上的山越高，嵌入地壳下部地幔中的山根也会越深。山根成为现代地壳的部分，密度相对周围地幔要小，于是会有岩浆沿山根薄弱之处挤压到表层，表现为火山喷发的形式，形成进一步发育的洋中脊。随着海洋地壳的增厚，海洋板块，包括洋中脊的漂移与断裂也越来越困难了。最后，海洋地壳表层在洋中脊上留下了漂移的断裂痕迹，出现了洋中脊上的裂谷。冰岛就是在北大西洋北段洋中脊与洋中脊横向断裂带交叉的地方，因长期的火山喷发形成的。冰岛火山的长期喷发已经把北段洋中脊的中部覆盖了。

地球表面留下了地球地质演化历史上的所有痕迹，其中，海洋地壳上保留了多尺度的运动特征，包括火山对流点、平行的横向断裂和纵向的洋中脊等不同尺度的地壳活动痕迹。这些表层地质结构特征的出现都与地幔或岩浆流体在不同时期的运动有关。在北大西洋，从赤道至北冰洋的行星尺度跨度上，图 2.7.1b 红点线以南的洋中脊是北美大陆早期漂移留下的与两侧大陆边缘吻合的堆积物，这一段与两岸海岸线平行并等分了大西洋地壳。与此同时，格陵兰岛的来回漂移留下了图 2.7.1b 中红点线以北的洋中脊堆积物，因为洋中脊上火山的活动才又分开了冰岛以南和以北的两段洋中脊。岩浆或地幔上层的流体除了有向东南和向西北的行星尺度运动和平行的运动速度差异外，还有地形导致的洋盆尺度运动。多尺度的地幔运动，特别是密度低的洋中脊在不同部位的相对运动也会改变海洋地壳。因此，在垂直洋中脊的方向上出现了平行的断裂条带。这些断裂条带不但出现在北大西洋的中南部，也出现在冰岛南北两侧的洋中脊上。这是因为，洋中脊是海洋地壳最薄弱的位置，密度小于两侧的海洋地壳。岩浆流体的行星尺度运动导致了洋中脊两侧海洋地壳板块的相对运动，以致形成了类似海沟的地形分布。垂直于洋中脊的横向断裂是洋中脊上的平行裂谷。

地壳中不同的板块类似大气中不同的气团，两个气团的交界面称为锋面，类似地壳上的板块边缘，如海沟和洋中脊等行星尺度和大陆板块尺度的边缘。这些板块边缘是地幔岩浆流体水平运动能量集聚通往地壳外，形成对流（火山）活动的有利条带，即形成了所谓的火山链。

如此描述的火山活动环境模型与板块学说建立的火山活动模式是不同的。板块学说建立的火山活动模式（图 2.7.2）是与海底扩张联系在一起的。该传统模式认为，洋中脊两侧至大陆板块之间，两个位于地幔垂直剖面中的辐合环流是驱动因素。此学说解释了很多的地质和地球物理现象：沿洋中脊的上升运动驱动了海底扩张和大陆漂移以及俯冲带（海沟）的形成；而海洋地壳俯冲进入大陆边缘地壳之下形成了大陆边缘山脉和火山喷发等现象。

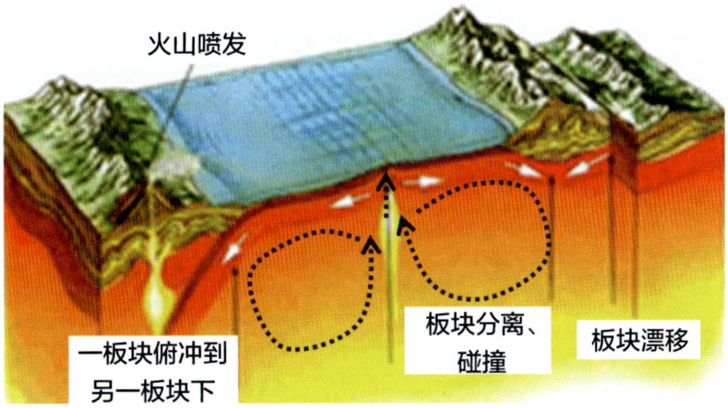

图 2.7.2　板块学说建立的火山活动模式（点线箭头为附加在地幔中的垂直环流）

我们确信，在地幔中存在多尺度的水平环流，也存在图 2.7.2 中垂直剖面中的虚线环流，甚至这样的垂直环流不一定直接跨越从洋中脊到俯冲带之间的宽度，而是在两者之间有集中于洋中脊上升的多个垂直环流的存在。图 2.7.2 中的白箭头模式属于现代的短程模式，没有考虑地球地质演化的长期演变，忽略了这个模式形成的大环境背景。这个模式最大的不足之处，是把地幔环流中的上部水平运动与海洋地壳运动混在一起了，其实应该分清楚海洋地壳与地幔是两种不同的介质。图 2.7.2 的传统模式也不适用于大西洋，因为环大西洋周边没有这样的火山喷发带和海沟（俯冲带）。海底扩张说和板块学说没有从全球的角度给出全球大陆和海洋板块以及全球洋中脊和全球海沟的全面描述。

总之，地球上的火山多呈带状，零散地分布在地壳地形相对周围较高的岛弧、洋中脊（海岭）等地形条带上，也靠近大陆板块和海洋板块的边缘，是板块薄弱地带通往地幔圈层的窗口。火山喷发是多尺度的地幔物质运动，特别是水平异常运动在局地发生能量集中和垂直运动的结果。板块学说建立的火山活动模式只是地幔中存在的三维多时空尺度环流中的一种可能形式。从地质演化的角度看，早期大陆漂移后部是大范围的岩浆洋盆（火海），后期大陆漂移后部形成了海沟尺度的火沟，近代地幔流体异常运动提供了地壳薄弱点上火山活动的条件。现代火山活动的间歇性反映了地幔流体水平异常运动的不连续性。大陆漂移的痕迹还可以在太平洋上得到进一步地考证。

2.8 西太平洋的六条洋中脊

地球地质演化开始的时候，地球表面只有一条位于低纬度地区的原始海洋带，而中高纬度地区为两个半球上的原始大陆。第一次大陆分裂和漂移是因为岩浆的旋转速度比地核快，北半球的原始大陆分裂成了欧亚、格陵兰、北美等大的板块，而南半球的原始大陆分裂成了南极洲、澳大利亚、印度、非洲和南美等大的板块。这些大陆在地幔岩浆流体之上来回漂移了多次，形状发生了变化，但是各个大陆板块还能够分辨出来。很多大陆的中部地区受到大陆板块之间和大陆与海洋板块边缘相互作用的影响小，仍然保留了原始的外貌。但是，第一次大陆漂移前的原始海洋已经面目全非了。

经过大陆板块的多次来回漂移，目前太平洋仍然是全球最大的海洋，被亚洲大陆、南北美大陆、澳大利亚大陆和南极洲大陆所包围。新的海洋地壳是在大陆首次漂移后形成的，所以其上留有大陆漂移的痕迹。西北太平洋上应该能够找到中国大陆向东南挺进遗留的痕迹；西南太平洋上应该能够找到澳大利亚大陆向东北漂移遗留的痕迹；东太平洋上应该能够找到南北美洲大陆向西漂移留下的痕迹。这些痕迹是大陆漂移遗留在海洋地壳上的地理证据，可以帮助海洋考察与地矿探寻。

首先，图 2.8.1 中用红点线分开了地幔岩浆流体辐合带以南和以北的太平洋。这根红点线是地壳下部地幔岩浆流体的赤道辐合带位置。地幔赤道辐合带偏离了地球自转赤道，这是因为早期各个大陆的不均匀漂移改变了地幔流体和地壳的角动量分布。亚洲至澳大利亚之间大陆漂移形成的地壳分布非常复杂。东南亚地区出现了很多的半岛、岛屿和岛弧，它们都是在北半球地幔流体向东南方向运动的驱动下，大陆边缘碎块发生的漂移痕迹。环南海的中南半岛、加里曼丹岛、菲律宾群岛，一直到南边的爪哇岛和努沙登加拉群岛，它们都是亚洲大陆东南边缘的破碎部分。在它们东边的伊里安岛和所罗门群岛，再到斐济，它们都是澳大利亚大陆东北边缘的破碎部分向东北漂移而成的。

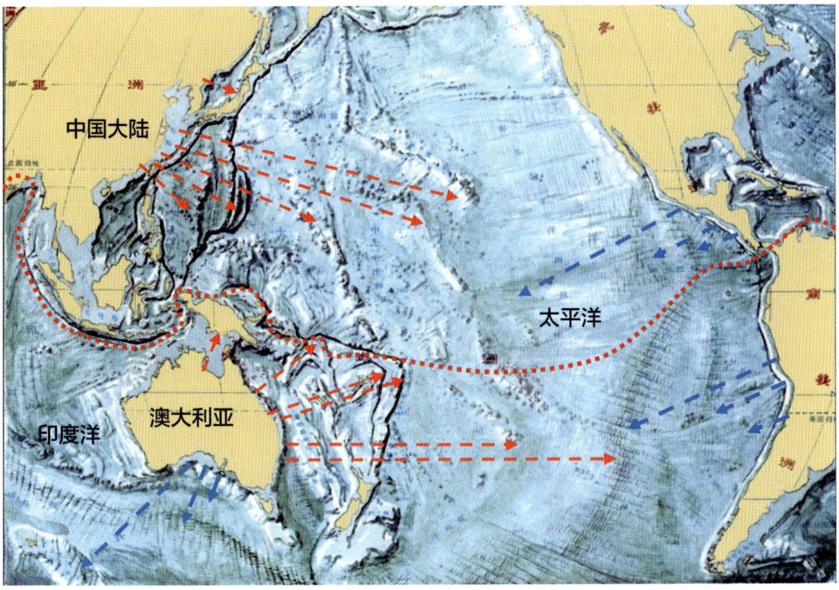

图 2.8.1　太平洋上的大陆漂移痕迹（红虚线箭头指示中国大陆东边缘向东南漂移到达的位置和澳大利亚大陆东边缘向东北漂移到达的位置，蓝虚线箭头指示北美洲大陆、南美洲大陆和澳大利亚大陆西南边缘向西或向西南漂移到达的位置，红点线指示地幔流体赤道辐合带的位置）

细数一下红虚线箭头，澳大利亚大陆出现过六次明显的向东北方向的漂移和回漂过程。澳大利亚大陆东北侧海洋上的那些锯齿形海洋山脉分布，记录了这个南半球的大陆板块多次向东北漂移到达的位置痕迹，它的漂移没有越过地下的地幔岩浆流体赤道辐合带。澳大利亚大陆第一次随岩浆流体向东北漂移到达了东南太平洋洋中脊，即土阿莫土群岛的位置，也就是图 2.8.1 中澳大利亚大陆东侧最长红虚线箭头指到的位置。当时在它的东侧没有遇到分裂的大陆，澳大利亚大陆向西南回漂后，在它的东侧留下了海洋堆积痕迹，也就是东南太平洋上的海岭。

澳大利亚大陆第二次向东北漂移到达库克群岛的位置，这个位置在第一次大陆向东漂移到达的最远位置的西边，这表明岩浆流体驱动大陆漂移的力度有所减弱，反映的是核 – 幔之间较差运动或角动量交换的减弱，同时在大陆漂移的前方，新的海洋地壳已经形成，并且每次大陆漂移后海洋地壳都在增厚，这也增加了大陆板块漂移的阻力。澳大利亚大陆第二次向西南回漂后，同样在它的东侧留下了海洋堆积物，也形成了海岭。

澳大利亚大陆第三次向东北方向漂移，到了汤加群岛的位置：图 2.8.1 中澳大利亚大陆东侧第三长虚线箭头指示的地方。大陆向西南回漂后留下的海洋堆积物形成的洋中脊向南到达新西兰岛。新西兰岛是澳大利亚大陆这次回漂后留下的大陆边缘部分。大陆漂移前方海洋地壳的冷却增厚，增加了大陆向东北漂移的难度，但大陆漂移使得漂移前方边缘的堆积物增多。大陆向西南回漂后，从汤加群岛至新西兰岛一线，留下了比南太平洋中东部更窄，但是更高的洋中脊。这样陡峭的南北走向洋中脊，在后来地幔岩浆流体向西的驱动下形成了汤加群岛至新西兰岛一线东侧的海沟。海沟成了海洋板块的边缘，那里是地震易发的地方，也是洋中脊上火山活动的地方。

澳大利亚大陆第四次向东北方向漂移，到了维提岛（斐济）的位置：图 2.8.1 中澳大利亚大陆东侧第四长虚线箭头指示的地方。大陆向西南回漂后留下的海洋堆积物形成的洋中脊向南也延伸到了新西兰岛。纬度越低，大陆受到地幔流体驱动在东西方向上的漂移距离越大。于是，在新西兰岛向北的方向上有第三次和第四次大陆漂移遗留的两条洋中脊和两条海沟。澳大利亚大陆第五次向东北漂移到达所罗门群岛的位置，向东南延伸的洋中脊也到了新西兰北岛的位置。从第三次漂移到第五次漂移，甚至后来漂移留在澳大利亚大陆东侧海洋上向南延伸的洋中脊，它们在北部的间隔较宽，而它们的南端位置都集中到了新西兰岛北端及其以西的边缘，原因是北部低纬度地幔岩浆流体漂移的速度大于南部。

澳大利亚大陆第六次向东北漂移的距离比前五次都短，它漂移到了伊里安岛的位置。其再次向西南回漂之后，留下了伊里安岛在地幔流体辐合带的地方。澳大利亚大陆回漂后形成了其北部中央边缘位置上的一个缺口，它就是卡奔塔利亚湾。伊里安岛与澳大利亚大陆分开后，形成了现在的阿拉弗拉海。如果把伊里安岛向南拉回进阿拉弗拉海，澳大利亚大陆北边缘上的缺口就填满了，正好是“一个萝卜一个坑”。

地幔岩浆流体赤道辐合带以南的太平洋上，留下了澳大利亚大陆漂移的痕迹，而以北的太平洋上留下了中国大陆东边缘漂移到达的位置痕迹和留下的边缘痕迹。中国大陆东侧指向东南方向最长的红虚线箭头到达了北太平洋中部的夏威夷岛。这是亚洲大陆首次从北半球分裂并向东南漂移到达的最远位置。如果没有海洋上遗留的痕迹，人们恐怕难以想象，北太平洋中部的夏威夷群岛曾是中国大陆的边缘体部分。随着地幔流体相对地核运动方向的反转，中国大陆向西北漂移，退回到比现在更西北的位置，但在中途岛到夏威夷群岛一线留下了大陆漂移到达和退回后留下的海洋堆积物，就是现在看到的北太平洋中部的洋中脊。中国大陆的东边缘第二次向东南漂移到了约翰斯顿岛至圣诞岛的位置。

在第三次地幔流体相对地核向东运动的驱动下，中国东部大陆边缘漂移到了马绍尔群岛至吉尔伯特群岛的位置。中国大陆东边缘向西北回漂之后，留下了经马绍尔群岛至吉尔伯特群岛的洋中脊。这条北半球的洋中脊与南半球的汤加群岛洋中脊完全对接上了，说明第三次南北半球大陆向东漂移到达最东位置的时候，澳大利亚大陆与亚洲的中国大陆部分是在当时地幔流体赤道辐合带上连接在一起的。原来，中国大陆与澳大利亚大陆也曾是两个相邻的大陆，当时的动物是可以在两个大陆之间串联的。

中国大陆的东边缘在第四次向东南漂移的后期，到达了马里亚纳群岛一线。第三次与第四次大陆向东漂移之间的这段时间中，海洋地壳增厚了很多，澳大利亚大陆与中国大陆从此之后再也没有漂移到一起。第四次中国大陆回漂之后，在马里亚纳群岛的南北方向上留下的大陆边缘堆积物，形成了那里的洋中脊。这条洋中脊的高度要比前三次形成的洋中脊高，这也反映了地质演化的过程中，海洋地壳的不断增厚和大陆再次漂移的艰难。在后来的地幔流体运动作用下，沿马里亚纳群岛的洋中脊也有了漂移迹象，那就是在其东侧形成的马里亚纳海沟，它实际上是东西两侧海洋地壳的边缘。那里全球最深的海沟与海岭平行在一起，是容易形成地震和火山活动的地方。

随着地幔岩浆流体第五次向东运动，中国东部大陆边缘向东南漂移到了九州－帕劳海岭的位置。中国大陆与澳大利亚大陆已经被它们之间的大洋所隔开。中国大陆向西北回漂后，留下的大陆边缘残留物形成了九州－帕劳海岭。中国大陆东侧的九州至帕劳海岭与澳大利亚大陆东侧的所罗门至新赫布里底群岛的海岭是同期形成的。

第六次中国大陆东部边缘向东漂移的距离较短，只到达了日本群岛至琉球群岛一线。同样，当中国大陆向西回漂后，留下了日本群岛至琉球群岛一线的大陆边缘残留物，形成了包含群岛在内的一条“海岭”。在后来的地幔流体运动的驱动下，日本群岛至琉球群岛的海岭（洋中脊）发生了相对海洋地壳的漂移，形成了海岭东南侧的海沟。这条海沟与海岭一起，造成了太平洋西海岸附近多地震和多火山活动的地质地貌环境。

有意思的是，从第三次到第六次大陆向东漂移，南半球形成的所有海岭（洋中脊）的南端都集中在了新西兰岛上。同样的，这段时间里，北半球形成的所有海岭（洋中脊）的北端都集中在了日本群岛上。形成这种低纬度海岭分开和高纬度海岭趋于集中的原因是，低纬度地区地幔流体向东运动的速度大于高纬度。可以看出，越靠近现代大陆位置的海岭越年轻、高度越高、间隔距离越近，这反映的是海洋地壳不断增厚的趋势与过程。

南北美洲大陆西侧的太平洋东部海洋里，洋底上也可以看到多条海岭（洋中脊）的分布，它们是在地幔流体向西运动期间，南北美洲大陆向西漂移到最西位置，再向东漂移后，留在海洋地壳上的残留物。南北美洲大陆在向西漂移的过程中，曾经受到东太平洋海洋地壳的阻挡作用，不但形成了海洋地壳上的海岭（洋中脊），也使得南北美洲大陆的西侧边缘产生了挤压并形成了大陆边缘的高大山脉和内陆平行的山脉，包括南北美洲大陆西侧的科迪勒拉山系，及其间的一系列平行山脉、山间高原和盆地。

东太平洋与南北美洲大陆西边缘海陆交界处出现的海沟是东太平洋海洋板块与南北美洲大陆板块的边缘。这条海沟是这两个板块发生的最后的明显相对漂移留下的痕迹。该海沟形成的时候，沟底的岩浆流体裸露，使得海水沸腾，全球温度升高，导致了地球表面动植物生存的一次大灾难。这样的海沟是板块漂移后留下的豁口，其中的岩浆流体被裸露在两个板块之间，它不同于现代地壳挤压形成的多点火山喷发。在整个太平洋的周边，环绕的群岛、海岭（洋中脊）和海沟是板块漂移遗留在海洋地壳上的痕迹。阿留申群岛与其北侧的白令海海洋板块相对北太平洋板块的漂移，形成了阿留申海沟。

中西太平洋海洋地壳上记录了澳大利亚大陆和亚洲大陆各六次向东漂移和向西回漂的痕迹，所以那里的海洋地貌特别复杂，而且越靠近西边缘大陆的地形越复杂。其实，复杂的地貌分布中又有规律，因为这些地貌产生的背后是有行星尺度地幔流体驱动力的。大陆板块和海洋板块的大尺度漂移和小尺度的海沟形成，都曾经给海洋动植物和陆地动植物造成了毁灭性的灾难。每次大陆漂移终了，新的海洋地壳形成，地幔岩浆流体重新被大陆地壳和海洋地壳封闭到下部去。接着，海洋中的动植物和大陆上的动植物又繁荣起来。大陆经过了前六次向东的漂移和六次向西的回漂，地球地质演化开始时的低纬度海洋带最终呈现出现在全球海洋的分布格局，而海岭分布是全球海洋地壳上最具特色的地貌。现代澳大利亚大陆上的袋鼠应该是大陆发生明显漂移后才出现的孤立大陆上的动物。

2.9 大陆漂移遗留的岛链

亚洲大陆六次来回漂移遗留的海岭中，有三条海岭上岛屿较多。在这些岛屿上，人类可以居住并可开展各类活动。多个岛屿形成在同一条海岭上被称为岛链，而海岭则成为岛链的底托。根据相对亚洲大陆东部的距离，岛链分为第一岛链、第二岛链和第三岛链，这三条岛链是亚洲大陆向东南方向的六次漂移过程中，大陆东部边缘曾经到达过的地带。岛链是大陆向西北回漂后遗留在海洋地壳上的海岭地形高出海面的部分，其上也会留下大陆边缘的碎块或火山遗迹。

在图 2.9.1 中，“第一岛链”的位置从本州岛向西南，经过九州岛、台湾岛和吕宋岛三个弯曲点，到达棉兰老岛和苏拉威西岛。“第二岛链”的位置从本州岛向南，经过小笠原群岛、关岛和帕劳群岛。两条岛链都从日本的本州岛出发。第二岛链是中国大陆向东南第四次漂移留在海洋地壳上的痕迹。最远的第一次中国大陆向东南的漂移曾经到达了夏威夷群岛的位置，在那里形成了“第三岛链”。

仔细观察图 2.9.1，第一岛链与第二岛链之间还有两条海岭。其中，靠中间位置的一条海岭是中国大陆向东第五次漂移留下的痕迹。在第二岛链中北部的西侧，有一条紧挨着的海岭，它可能是亚洲大陆向西北回漂中的一次暂停，或者是第二岛链所在的海岭受到地幔岩浆流体的驱动作用，发生东西向位置漂移的痕迹。

图 2.9.1 中有两段粗黄虚线，指示的是地幔岩浆流体辐合带的位置，它南侧和北侧的海洋、大陆和岛屿分别受到来自南半球和北半球的地幔流体运动控制。印度和孟加拉所在地，巴布亚新几内亚所在的岛，它们都在地幔流体辐合带以南。而东南亚和西北太平洋地区的岛屿、半岛和大小不同的海盆都受地幔流体辐合带以北流体运动的控制。加里曼丹岛和菲律宾群岛是从南海漂移过来的。苏门答腊岛、爪哇岛和努沙登加拉群岛，是从中南半岛南侧漂移出去的。这些岛群连接成了位于海岭上的岛弧。受到地幔流体运动的作用，当岛弧出现相对海洋地壳向北回漂时，在其南侧便形成了海沟。图 2.9.1 上的这些海沟是在南北半球地幔流体驱动下局地岛弧相对海洋地壳漂移产生的，所以那里地壳的复杂程度和地壳活动风险程度都比较高。那里的热带地貌风景很优美，但地质活动（地震和火山活动）和海洋风险（海啸）也很高，如近年来频繁发生的地震和海啸事件。

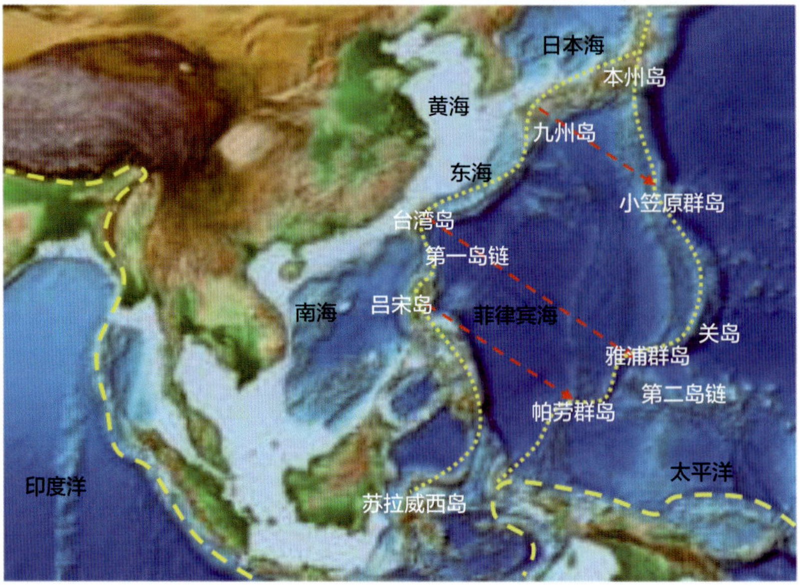

图 2.9.1　西北太平洋上“第一岛链”和“第二岛链”（黄点线）位置（黄虚线指示地幔流体辐合带的位置，红虚线箭头指示地标点的位置漂移方向）

在西北太平洋上，亚洲大陆最后一次明显向东南漂移留在西北太平洋上的痕迹就是第一岛链。沿着第一岛链，北海道、本州岛、九州岛、台湾岛、吕宋岛和棉兰老岛，每个岛上都有一个最高峰，海拔高度分别是：旭岳 2 290 m，富士山 3 776 m，九重山中岳 1 791 m，玉山主峰 3 952 m，普洛格山 2 926 m 和阿波活火山 2 954 m。其中最高的山峰是台湾岛上的玉山主峰，次高的是本州岛上的富士山。每个山峰都是一个地标点。

为什么“第一岛链”上最高的山峰是在中国的台湾岛上呢？台湾岛是距离中国大陆最近的岛屿，也是“第一岛链”上中段与南段方向性转折的拐点。这个点相当于地壳上的一个铆钉，体现了其在大陆漂移中的砥柱作用。

又为什么“第一岛链”上次高的山峰是在本州岛上呢？本州岛是“第一岛链”与“第二岛链”的分叉点。这个点相当于地壳上的另一个铆钉，它在“第二岛链”的形成过程中没有明显的位置移动。具有位置移动的是：九州岛的点向东南漂移到了火山列岛的位置（小笠原群岛的西南位置），台湾岛的点向东南漂移到了雅浦群岛的位置，吕宋岛的点向东南漂移到了帕劳群岛的位置。

这些岛链是大陆来回漂移时，其边缘遗留在海洋地壳上的痕迹。大陆边缘遗留的痕迹也不是均匀分布的，有些点上遗留的破碎块体大又厚，嵌入岩浆流体中的深度较深，在此基础上形成的火山活动强烈，最后形成的山脉也高大。大陆板块是在地幔流体上漂移的，不同地方的漂移速度和方向既是地核与地幔耦合的结果，也是地幔与地壳耦合的结果。但是，所有这些大陆漂移和大陆边缘岛链漂移留在海洋地壳上的痕迹，是仍然可以分辨的。

无论是银河系、太阳系和地球大气与海洋的运动形态，还是地壳上的地貌，它们的组成都是复杂的，但又都是有层次的。在一定的层次当中的分布是有规则和规律的，甚至显得更为简单。当从北太平洋的地貌层次降低到环中国大陆边缘海的地貌层次时，新的地貌分布特征又展现出来了。中国大陆周边有四个海域，北部的两个海域分别是渤海和黄海。其中，渤海是中国大陆的内海，黄海的对岸是朝鲜半岛。

黄海是西太平洋最大的边缘海，位于中国大陆与朝鲜半岛之间。黄海是一个南北方向上呈锯齿形的海域，海域的周边多个半岛与海湾交替分布。黄海的西北部通过渤海海峡与渤海相连，东部由济州海峡与朝鲜海峡相通，南以长江口东北岸启东角到济州岛西南角连线与东海分界。黄海平均水深 91 m，海底平坦，大部分水深均在 60 m 以上，最深的中部海盆也呈南北走向的锯齿形分布。黄海的名称来源于它的大片水域水色呈黄色，这是因为其近海的海水中含有大量的黄色泥沙。以胶东半岛的成山角到朝鲜的长山串的海面最窄连线为界，黄海分为北黄海和南黄海两个部分，南黄海面积是北黄海面积的四倍多。黄海内的岛屿主要集中在辽东半岛东侧、胶东半岛东侧和朝鲜半岛西侧边缘。渤海作为内海，三面环陆，在辽宁、河北、山东、天津三省一市之间。辽东半岛南端老铁山角与山东半岛北岸蓬莱遥相对峙。渤海通过渤海海峡与黄海相通。渤海海峡口宽 59 海里，有 30 多个岛屿南北成串，其中较大的有南长山岛、砣矶岛、大钦岛和北隍城岛等，总称庙岛群岛。渤海由北部辽东湾、西部渤海湾、南部莱州湾、中央浅海盆地和渤海海峡五部分组成。

朝鲜半岛三面环海，东北与俄罗斯相连，西北部隔着鸭绿江、图们江与中国相接，西部与胶东半岛隔海相望，东南隔朝鲜海峡与日本相望。西、南、东三面分别有黄海、朝鲜海峡、日本海环绕。朝鲜半岛由半岛本土和 3 300 个大小岛屿组成，半岛本土占全境总面积的 97%。境内多山，山地和高原占全境总面积的 80%，地形西低东高。太白山脉在朝鲜半岛东部，从元山沿东海岸蜿蜒到釜山，组成半岛的脊梁。

根据北半球大陆向东南漂移的方向性，我们可以推测朝鲜半岛相对中国东部大陆的漂移位置。如图 2.9.2 中红色虚线箭头所示，韩国的罗州群岛是从中国的海州湾漂移过去的，山东半岛与江华湾对接，辽东半岛是从辽东湾漂移过来的。如果把整个的朝鲜半岛和辽东半岛向西推进到山东半岛和华北来，那么黄海和渤海就没有了。朝鲜半岛还曾经向西漂移到了黄海的中部。按照图 2.9.2 中的蓝色虚线箭头，如果让朝鲜半岛上的黄海南道向西漂移到北黄海的最西位置，让罗州群岛向西漂移到南黄海的最西位置，那么整个朝鲜半岛正好填平了黄海中部南北走向上最深锯齿形海盆的区域。

朝鲜半岛的来回漂移与黄海中部的锯齿形海盆分布不只是一种巧合，它们满足北半球大陆来回漂移的方向性规则。朝鲜半岛向东漂移，在遇到东部海洋地壳阻挡的时候，形成了其东部的太白山脉。朝鲜半岛又向西回漂过，到达了黄海中部的位置。它最后向东漂移到了现在的位置，才形成了黄海中部锯齿形的海盆。从中国大陆东部，依次到达渤海 – 黄海、朝鲜半岛和日本海，东北亚大陆经历了地质历史早期的分裂、在东西方向上的漂移和分隔成局地海盆的过程。它们的驱动力都来自地幔流体的水平方向性运动。

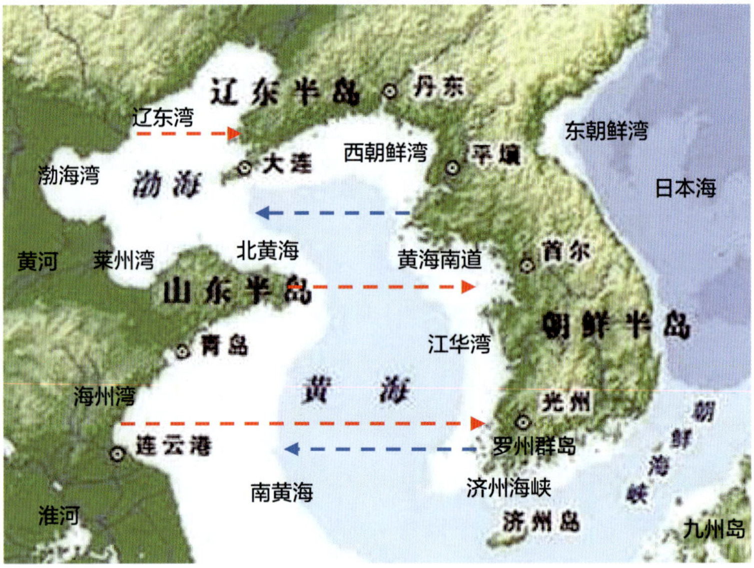

图 2.9.2　黄海及其周边的地形（红色虚线箭头指示两个地方漂移前的相邻位置，蓝色虚线箭头指示朝鲜半岛曾经向西回漂到达的位置）

如果以黄海类比大西洋，朝鲜半岛类比非洲大陆和欧洲大陆，中国大陆类比南北美洲大陆，那么魏格纳在大西洋及其两岸发现的大陆漂移故事完全可以浓缩到黄海及其两岸的大陆漂移中来。相似的故事说明，它们发生漂移的驱动力是相同的，漂移是具有方向性的。可是，大西洋的故事与黄海的故事又完全是两个不同空间层次的故事了。除了这些海洋地貌故事外，大陆上地貌特征最具魅力的故事应该数青藏高原的隆起了。

2.10 青藏高原的隆升谜题

青藏高原是中国最大，也是地球上海拔最高的高原。如此巨大的高原是怎么形成的？还有一个核心的问题，它是在什么能量或在什么力的驱动下形成的？这是世人关注，也是很多科学家长期研究，甚至为之奋斗终生的课题。

普遍的描述认为，青藏高原的地质历史可以追溯到距今 4 亿—5 亿年前的奥陶纪，其后青藏高原地区各部分曾有过不同时期的地壳升降，或为海水淹没，或成为陆地。在这个描述中，到地质年代的早二叠世（2.8 亿年前），现在的青藏高原是波涛汹涌的辽阔海洋，位于现在欧亚大陆的南部地区，与北非、南欧、西亚和东南亚的海域沟通，称为“古地中海”，当时气候温暖，成为海洋动物、植物发育繁盛的地域。古地中海的南北两侧是已被分裂开的泛古大陆，南边的称冈瓦纳大陆，包括现在的南美洲、非洲、澳大利亚、南极洲等大陆和南亚次大陆；北边的大陆称为欧亚大陆，也称劳亚大陆，包括现在的欧洲、亚洲和北美洲大陆。这段描述中，南极洲被考虑与南半球的其他大陆紧靠在一起了。泛古大陆从何而来的？现在还无从得知。

我们通过归因描述最初古地中海和泛古大陆的形成。地球地质演化开始时（大约在 50 亿年前），青藏高原隆起前的所在地是在低纬度海洋带的北侧海陆交界的位置。在地质演化开始后，地幔流体内部的热力不均匀分布引发了地核 – 地幔 – 地壳之间的角动量交换，地幔岩浆流体相对地核加快运动，致使南北半球中高纬度较厚的大陆地壳和位于低纬度地区较薄的海洋地壳发生分裂。南北半球大陆地壳分裂后，在地幔流体的驱动下，南半球的大陆板块向东北运动，北半球的大陆板块向东南运动。除了南极洲大陆漂移到了地球旋转的地理南极附近以外，其他所有的大陆都漂移到了以现代的地中海和青藏高原南侧为中心地带的位置。首先是亚洲大陆、非洲大陆和位于漂移前端的印度板块向地幔流体赤道辐合带的漂移与汇合。在地中海的西南侧辐合而来的是南美大陆，北侧辐合而来的是欧洲大陆，西北侧辐合而来的是北美大陆，澳大利亚大陆位于亚洲大陆的东南边缘。所以，第一次大陆漂移的结果，形成了地质历史上最大的联合大陆，其中的印度板块也从南半球分裂漂移到达古地中海的东南侧，这个过程发生在距今 40 亿年之前的第一次大陆分裂和漂移时期。

由于缺乏对地球地质演化以来大陆分裂和漂移驱动原因的认识，人们对几亿年以前的地壳演变过程全然无知，而认为所有的大陆漂移和造山运动都集中在近几亿年中。目前的认知是，2.4 亿年前，由于板块运动，分离出来的印度板块以较快的速度向北移动，不断向亚洲板块下插入和挤压，其北部发生了强烈的褶皱断裂和抬升，促使昆仑山和可可西里地区隆升为陆地。什么导致了板块运动？虽然驱动力不明确，但当前的科普中对印度板块漂移的形态学细节描述又是清楚的，如印度板块漂移是随着印度板块继续向北插入古洋壳下，又推动着洋壳不断发生断裂。但在时间描述上是有问题的，如约在 2.1 亿年前，古地中海北部再次进入构造活跃期，北羌塘地区、喀喇昆仑山、唐古拉山、横断山脉脱离了海浸；又距今约一万年前，高原抬升速度更快，以平均每年 7 cm 的速度上升，使之成为当今地球上的“世界屋脊”；而到了距今 8 000 万年前，印度板块继续向北漂移，再一次引起了强烈的构造运动。对今天的垂直运动更不知缘由，如认为今天的青藏高原中部以风化为主，而边缘仍在不断上升，冈底斯山、念青唐古拉山地区急剧上升，藏北地区和部分藏南地区也脱离海洋成为陆地。

追踪青藏高原的起源可以沿着两条时间线，分别是由今往古和由古往今。一条时间路线是从现在往古代追踪，就像上述很多科普描述的是距今 2.4 亿年以来的地球故事，但对之前几十亿年的地球历史没有描述。在地球地质演化 50 亿年以来的经历中，如果以 2.4 亿年为一个时间单位，50 亿年大致可以分成 21 个时间单位。目前的科普资料对地球形成以来的前 20 个时间单位中发生的地质事件全然不知，当然这样确定的时间单位也不是客观的。当前科普是把实际发生在距今 40 亿年前后的地质事件时间平移并集中到了近 2.4 亿年来了。在我们的追踪中，可以发现大陆经历了不超过 10 次的向赤道方向明显漂移，每次漂移的持续时间在 1 亿—2 亿年，最初的几次大陆漂移持续时间会长于 2 亿年。所以，上述现代科普描述的 2.4 亿年中的青藏高原形成过程属于不在时间点上的推测。我们主张沿着另一条时间路线，从地球的地质演化开始，按照大陆来回漂移的时间段，从 50 亿年前演进到现在。亚洲大陆的地质构造最为复杂：世界上海拔最高的青藏高原位于亚洲的中南部，南起喜马拉雅山脉南缘，北至昆仑山、阿尔金山和祁连山北缘，西部为帕米尔高原和喀喇昆仑山脉，亚洲西南部还有伊朗高原。是什么力量驱动了高出全球海平面数千米以上的青藏高原形成的呢？我们需要沿着由古往今的时间路线来描述。

为了解释青藏高原的形成，我们先给出三个前提：第一个前提是，地幔是一种缓慢流动的流体，具有行星尺度的运动和局地尺度的运动；第二个前提是，大陆板块的水平大尺度漂移具有方向性，地幔赤道辐合带以南的板块向东北方向漂移，地幔赤道辐合带以北的板块向东南方向漂移，两个半球的主体大陆板块难以漂移越过地幔赤道辐合带；第三个前提是，大陆板块的水平运动尺度远大于垂直运动尺度，后者的运动和能量依赖前者的运动和能量，是对前者运动能量的区域集聚。地幔赤道辐合带的位置从地中海北边缘向东，经过阿拉伯半岛的西北边缘、伊朗高原南边缘、印度板块北边缘，到中南半岛西侧和东南亚的爪哇海沟，是一条弯曲的弧线。

在运动的地幔流体之上，40 亿年之前非洲大陆第一次从南半球原始大陆分裂后向东北漂移到地幔赤道辐合带上，其东段前锋的印度板块与整体向东南漂移而来的北半球原始大陆的一个边缘发生交锋。来自两个半球的大陆板块交锋的持续性动力来源于大陆下部地幔流体大尺度的方向性流动，即赤道辐合带以南的地幔流体向东北流动，赤道辐合带以北的地幔流体向东南流动。所以，印度板块下冲与北半球青藏高原隆起的真正动力，来自欧亚大陆和非洲大陆受到的两个半球的地幔流体持续向地幔流体赤道辐合带的汇聚驱动。

欧亚大陆的南边缘漂移到地幔流体赤道辐合带附近时，与来自南半球大陆板块或海洋板块的相互作用，形成了五个可分辨的区域。在图 2.10.1 中，由东向西看，最东边的可分辨区域是青藏高原东部的中国东部大陆和中南半岛，它们是从地幔流体赤道辐合带以北漂移来的大陆板块。中南半岛和中国东部大陆以南南海位置上的大陆碎块能够轻易地破开低纬度较薄的原始海洋地壳，漂移到更偏南的位置。在亚洲大陆第一次至第三次向东南漂移的后期，亚洲大陆与澳大利亚大陆是连接在一起的，连接位置在太平洋的中部。

第二个可分辨的区域是对峙的印度半岛板块与青藏高原板块，其反映的是两个半球地幔岩浆流体运动的对峙。非洲大陆整体到达印度板块的西南部，其中索马里半岛的东北角，如图 2.10.1 中的红虚线箭头到达印度河口的位置。马达加斯加岛首次向东北的漂移，是与斯里兰卡岛一起漂移到了中南半岛的西边缘位置。当然，印度半岛板块就位于索马里半岛与马达加斯加岛中间的位置上。非洲大陆从南半球原始大陆分裂后，第一次漂移是向东北到了中南半岛的西侧位置。非洲大陆第二次漂移到达东印度洋海岭（洋中脊）的位置，如第二长的黄虚线箭头所示。非洲大陆第二次向西南回漂后，在东印度洋上留下了大陆边缘的痕迹，它是东印度洋上的海岭。非洲大陆第二次向西南漂移（回漂）的时候，印度板块位于地幔流体辐合带上没有漂移走，只是印度半岛的南端与斯里兰卡岛一起，离开了中南半岛的西侧位置。

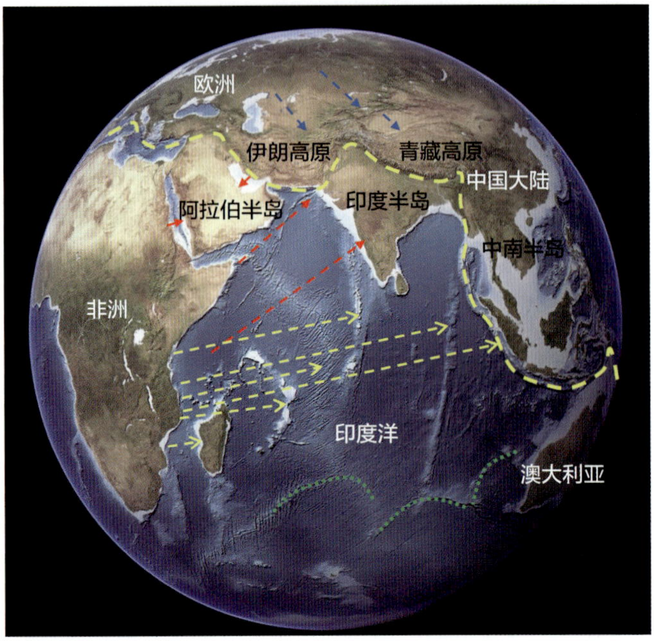

图 2.10.1　环印度洋的地形分布（粗黄虚线是地幔辐合带的位置，红箭头指示大陆或岛屿漂移的方向与位置，黄色虚线箭头指示非洲大陆向东北漂移到达的位置，绿色点弧线是澳大利亚大陆向西南回漂三次到达的位置痕迹）

在后来的地幔流体多次向赤道辐合和大陆漂移的过程中，非洲大陆对青藏高原隆起没有直接的贡献，有贡献的是一直处于地幔赤道辐合带附近的印度板块与亚洲板块的交锋。非洲大陆第三次向东北漂移到达了第三根长黄虚线箭头指示的位置。然后，非洲大陆再次向西南回漂后，形成了印度半岛南侧中印度洋上的海岭。非洲大陆第四次向东北漂移到达索马里半岛尖角向东南延伸的海岭位置处。之后，非洲大陆又向西南回漂了。第五次非洲大陆向东北漂移到达了马达加斯加岛的东侧海岭的位置，之后同样又向西南回漂了。第六次非洲大陆向东北漂移到达了马达加斯加岛的位置。当非洲大陆再次向西南回漂后，留下了现代位置的马达加斯加岛。

从上述过程看，非洲大陆早期经历了六次明显的向东北方向漂移的过程，与澳大利亚大陆早期经历的向东北方向漂移和中国大陆东边缘早期向东南方向的六次漂移时间是完全一致的。三个大陆早期漂移的前锋都在地球表面留下了现代可见的真实痕迹。非洲大陆最早的第一次和第二次向东北漂移都到达了现代印度板块的后部，后来的几次向东北的漂移都没有到达印度半岛的后部。印度半岛在经历第一次大陆漂移到达地幔流体赤道辐合带位置并遭遇上亚洲中部大陆、隆起出高原后，再没有与青藏高原分开过，而是滞留在地幔流体赤道辐合带上。可见，青藏高原的隆升主要是在第一次和第二次非洲大陆向东北漂移的过程中形成的。这两次过程中，直接与亚洲中部大陆碰撞的是印度半岛板块，后部非洲大陆的漂移也起到了不可缺少的推动作用。青藏高原隆升的真实驱动机制，是在地质演化的早期，即至少 40 亿年前，地幔岩浆流体持续的大尺度水平运动能量汇聚到赤道辐合带上，形成的区域对流运动能量。所以，青藏高原的隆升是长期减幅的，是在地球地质演化早期完成的事件，并不是近几亿年来完成的事件。

第三个可分辨的区域是存在过早期相互作用过程的阿拉伯半岛与伊朗高原。在第一次非洲大陆向东北漂移的后期，它的东北部大陆与来自北半球亚洲大陆的西部在地幔流体赤道辐合带上相撞，形成了两侧大陆的隆起。这样的两侧大陆边缘直接相撞经历了早期明显的六次过程，伊朗高原的高度和阿拉伯半岛处的高度逐渐上升，但上升的速度是逐渐减小的。最后非洲大陆第六次发生明显的向西南漂移（回漂）时，留下了阿拉伯半岛，形成了红海。同时，阿拉伯半岛向西南的回漂也形成了伊朗高原南侧的波斯湾。

第四个和第五个可分辨的区域位于地中海的东部和西部。那里也是非洲大陆北边缘的中西部与南欧大陆相互作用的区域，形成了一些近东西向平行的山脉地形分布。上述五个可分辨的区域反映了来自两个半球的大陆前缘在地幔流体赤道辐合带上交锋的差异性。亚洲大陆的中部交锋是直接与印度板块的对峙，汇聚到这个部分的地幔流体能量和来自两个半球的大陆漂移动量都比其他区域的更为集中。有如此巨大的来自两个半球的大陆板块在地幔流体驱动下的剧烈交锋，才形成了喜马拉雅山脉南缘陡峭的地形地貌。青藏高原以北的盆地与山脉的南北向构造反映了地壳与地幔流体之间的相互作用，是地幔波状能量传播的痕迹。从青藏高原向西的另外三个可分辨区域，地形高度逐渐下降，反映的是两个半球交锋能量的递减。青藏高原东边缘的地形分布就与西部不同了。西部印度板块所受向北地幔流体运动的作用与东部中南半岛板块所受向南地幔流体运动的作用，东西部分的作用对比留下的痕迹是南北走向的，形成的是我国西南地区南北走向的横断山脉。

东非大裂谷是当时非洲大陆板块受不均匀分布的地幔流体驱动分裂开的痕迹。红海是阿拉伯半岛相对非洲大陆分裂并漂移开的痕迹，波斯湾是阿拉伯半岛与伊朗高原漂移开的痕迹。从黑海到里海，一直向东北延伸到巴尔喀什湖和贝加尔湖，是欧亚大陆向西北回漂形成的痕迹。此外，在非洲大陆向西南回漂的过程中，澳大利亚大陆也是向西南回漂的。南印度洋上的三条绿色点弧线是澳大利亚大陆向西南回漂三次所到达位置的遗留痕迹（图 2.10.1）。

总之，青藏高原及其以西的伊朗高原的隆升是亚非大陆在地幔岩浆流体水平运动驱动下的区域造山结果，也是非洲大陆前锋的印度板块、阿拉伯板块与欧亚大陆南部直接交锋的结果。在地幔流体的驱动下，非洲大陆经历了六次向东北的漂移。青藏高原主要是在 40 亿年以前的两次漂移过程中形成的，这个过程中也形成了我国西南的横断山脉，它们都不是如当前科普资料呈现的发生在近 2.4 亿年中的地质事件。青藏高原和横断山脉都位于地幔赤道辐合带附近，地幔流体长期向赤道带的辐合有助于这些山脉在地质史上长期阶段性的升高。揭示真实的地质历史是认识地质时代至现代的全球环境，特别是全球季风和亚洲季风演变的前提。在地幔流体赤道辐合带上，能够与青藏高原和伊朗高原形成对比的是地中海。

2.11 名副其实的地中海

顾名思义，地中海是被周围大陆环抱的水域。传统的地中海是指世界上最大的，被北边的欧洲大陆、南边的非洲大陆和东边的亚洲大陆所包围的陆间海。地中海的平均深度为 1 450 m，最深处 5 121 m，位于希腊南面的是爱奥尼亚海盆。由于地中海位于大陆之间，盐度较高，最高达 3.95%。从大的板块分布看，地中海处在欧亚板块和非洲板块的交界处，是世界强地震带之一，分布有维苏威火山和埃特纳火山。地中海的东部与南部是中东地区，包括了从地中海东部到波斯湾的大片地区。

此外，西半球南北美洲大陆之间的加勒比海也被称为“地中海”。加勒比海是大西洋西部南北美洲之间的一个海，它的北部和东部的边缘有一连串从墨西哥湾延伸到委内瑞拉的岛屿。其西部的太平洋沿岸有一条细长的大陆带，由多个半岛连接而成。加勒比地区沿岸包括许多海湾，如戈纳夫湾、委内瑞拉湾、达连湾、帕里亚湾和洪都拉斯湾等，四周多深海沟和火山地震带，最深的开曼海沟低于海平面 7 686 m。加勒比海盆被若干海脊分隔，使其海盆与海沟成交错分布。

把加勒比海也称为地中海，从地球地质演化的角度看，是不是合理的呢？图 2.11.1 中，地中海与加勒比海分别处于南北大陆之间，且恰位于大西洋的两侧。到了全球海陆分布呈定局的时候，它们都位于南北漂移而来的大陆中央。从图 2.11.1 中由地形勾勒出的红点线看，加勒比海和地中海分别是南美洲大陆板块和非洲大陆板块在地幔流体相对地核向南漂移后的结果。

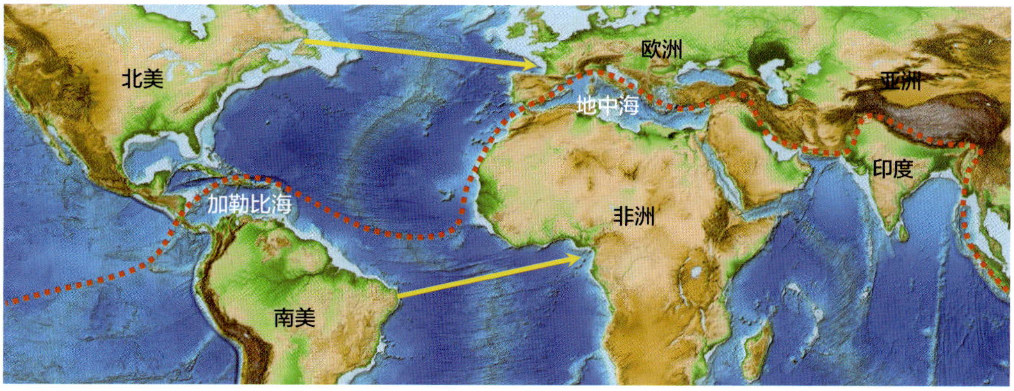

图 2.11.1　地中海和加勒比海及其周围的地形地貌（红点线指示地幔赤道辐合带，黄箭头指示大陆曾经漂移到达的位置）

在地球天文演化结束之前，地球是由地核和地幔岩浆流体两个圈层组成的系统。当时的地幔岩浆流体赤道辐合带就在地球自转赤道上。地球天文演化结束之后，地球逐渐冷却的过程中形成了地核、地幔和地壳三个圈层。地球地质演化开始后，地壳在两个极地的厚度大于在赤道的厚度。那时，中高纬度为南北半球上的两个原始大陆，而热带地区是原始海洋，这片海洋实际上就是南北两个原始大陆之间的“原始地中海”。

在现在的大气 – 海洋 – 地球系统中，海温异常、大气西风异常和地转速度异常是紧密联系在一起的，它们共同形成了这一耦合系统的振荡关系。这样的耦合振荡关系也适用于地球地质演化阶段的地核、地幔和地壳，只是这个系统是耗散的，振荡的振幅逐渐减小，而频率逐渐加快。

第一次地幔岩浆流体相对地核出现了一个向东的相对速度，于是南北半球的地幔流体在相对地核地转偏向力下分别出现了指向东北和东南的速度。南北半球高纬度地区两个厚的地壳在地幔流体驱动下发生了分裂，南半球的分裂大陆向东北漂移，北半球的分裂大陆向东南漂移。这些大陆的分裂和向赤道的漂移并不是均匀的，它们在漂移的过程中也搅动了地幔流体角动量的重新分布，使得地幔赤道辐合带偏离了地转赤道。就像现在的大气流体和海洋流体，它们受到地形的影响后，各自的赤道辐合带也偏离了地转赤道。

来自两个半球的分裂大陆向赤道的不均匀漂移，使得地幔赤道辐合带（图 2.11.1 中的红点线）的最北位置到达了地中海。非洲大陆包括阿拉伯半岛漂移到地幔岩浆赤道辐合带位置的时候与从北半球漂移而来的欧亚大陆西端相遇。地幔与地核之间通过耦合又发生了多次角动量交换，地幔流体的方向性运动也改变了多次，这些运动和大陆漂移留下的痕迹仍然可辨。

在地幔赤道辐合带以南，非洲大陆向东北的漂移使得其前端形成了地形堆积。其中非洲大陆的北部前缘形成了东西向的山脉，东部前缘形成了东非高原；大陆向西南的回漂中，阿拉伯半岛的西南部形成了高原。红海是阿拉伯半岛相对非洲大陆漂移开形成的新海洋，从这个角度看它可以称为“红海陆沟”。它形成在大陆板块之间，而海沟形成在海洋板块之间。马达加斯加岛不是从北半球的里海蛙跳过来的，而是从非洲大陆东边缘漂移来的，虽然马达加斯加岛的形状与里海相似。东非大裂谷曾经受到地幔流体的驱动，但这个驱动力尚没有达到能分离大陆的程度。

受山脉地形的影响，地中海至南亚真正的地幔辐合带是沿着图 2.11.1 中的弯曲红点线。由东向西，第一个凸向北处是印度半岛，它与欧亚大陆的碰撞形成了青藏高原；第一个凸向南处是伊朗高原，它的形成与欧亚大陆整体向东南漂移时遇到的非洲大陆和阿拉伯半岛的挤压有关。

北半球大陆在地幔流体的作用下，向东南漂移形成了地中海以北、欧洲南端的山脉，以及乌拉尔山脉和贝加尔湖至巴尔喀什湖以东的山脉。欧亚大陆向西北的回漂，形成了北欧西侧的挪威山脉和乌拉尔山脉的增幅（图 2.11.2）。

沿着图 2.11.2 中的红点线，那里是古热带海洋“原始地中海”的地盘，其周边的造山运动中必然会留有古海洋地壳的沉积和古海洋生物的沉积，这也能够解释那里的石油矿藏和地震活动带。现在的地中海，已经不是地球地质演化初期那里的原始赤道海洋了，而是非洲大陆与欧洲大陆多次在原始地中海地区相互挤压，直到最后一次分离后形成的海洋地壳。所以，现在的地中海比原始地中海深。非洲大陆与欧洲大陆每次来回漂移的过程中，扩展和收缩的地中海都有新动植物的形成、繁盛和消亡。地中海至中东地区留存了地球地质演化有史以来丰富的矿藏资源。

再回到图 2.11.1 中，大陆第一次从南北半球分裂漂移后，集中到一起形成了联合大陆。这个联合大陆就是按照图 2.11.1 中的黄箭头把现在的南美大陆向东拉到中非西侧的南大西洋、把北美大陆向东拉到欧洲西侧的北大西洋中去的。那时的地中海和加勒比海区域几乎处在欧洲大陆、非洲大陆、南北美洲大陆的中心。但是，那时它们已经被四个大陆的联合挤压消失了。在大陆第一次向西回漂后，由于非洲大陆和南美大陆有向南漂移的分量，而北美大陆和欧洲大陆有向北漂移的分量，地中海和加勒比海才再次形成。地中海和加勒比海经过了大陆板块的多次来回漂移，范围变化多次，才最终形成今天的位置和分布。确切地说，地中海与加勒比海在第一次联合大陆回漂的时候是一个联合大陆包围之中的“地中海”。大陆在漂移的过程中，动植物是没法生存和繁育的。现存的动植物矿藏是在大陆漂移期间恶劣的天气气候环境下储藏起来的。所以，大陆漂移期是动植物的成矿期，大陆不漂移期（间歇期）是动植物的繁殖成长期。

图 2.11.2　地中海及其周围地区的地形分布（P_N 为原始地壳上北极的位置，红虚线箭头指示北半球大陆向东南的漂移和南半球大陆向东北的漂移，蓝虚线箭头的方向相反，红点线指示地幔流体辐合带的位置，黄点线分隔了欧洲大陆与亚洲大陆）

现代地中海周围，非洲大陆、阿拉伯半岛、欧洲大陆和亚洲大陆上的地形地貌的形成都是有它们的动力学过程的。地理上，欧亚两个洲的分界线经过乌拉尔山、里海、高加索山脉、黑海、爱琴海。从图 2.11.2 中看，这条分界线其实是两个大陆板块的边缘线。乌拉尔山脉是欧洲大陆板块与亚洲大陆板块运动挤压形成的。里海、高加索山脉和黑海以南的东西向山脉是非洲大陆和阿拉伯半岛一起与亚洲大陆相对运动挤压形成的。此外，在欧洲大陆的西部，波的尼亚湾和波罗的海是斯堪的纳维亚半岛向西回漂后形成的，而挪威海和北海是大不列颠岛和爱尔兰岛向西回漂后形成的。垂直的造山运动是板块水平运动辐合与辐散的产物，水平运动的空间尺度远大于垂直造山运动的尺度。

地球地质演化历史上，先后有三种不同地貌分布特征的地中海。大陆首次分裂和漂移之前，“原始地中海”位于热带的地球自转赤道、地幔流体赤道、海洋流体赤道和大气流体赤道上。联合大陆形成之后，南北美洲大陆、欧亚大陆和非洲大陆在地幔赤道辐合带附近的分离，形成了现代地中海和加勒比海的雏形，不过那时它们是连接在一起的联合“地中海”，那时的大西洋还没有因两侧大陆的漂移分开而形成。全球大陆经历了地质演化早期的六次来回漂移后，地中海和加勒比海才到了今天地球上的位置，且现代地中海的范围是地球地质演化史上三个地中海中最小的。地中海是地幔赤道辐合带两侧大陆漂移形成的边缘洼地。如果站在南北两极上空观看地球地貌，那么两个半球上的海陆分离和演变将更为壮观。

2.12 大陆漂移后的两极地貌

地球地质演化初期，地球的地貌和气候呈现相对地球自转赤道对称的简单分布。简单的五个区带分别是沿赤道的热带海洋带，位于南北半球中纬度的两个大陆带和位于高纬度的两个极地冰雪盖。大陆第一次发生漂移后的 40 多亿年以来，地球上的地貌和气候等的分布不再相对赤道对称了。最大的不对称的表现是南极成了大陆板块的南极洲，而北极大陆漂移后形成了北冰洋。南北极的地貌从初态的对称分布到现在的不对称分布，这种变化形成的原因是什么呢？

对南半球从原始大陆漂移到现今大陆分布的过程，我们的解读是与传统观点不同的。传统的解读是，南极洲是由冈瓦纳大陆分离解体而成的。1885 年，奥地利地质学家和大地构造学家修斯发现，南半球各大陆上的岩层非常一致，因而推断它们曾经是由拼合在一起的原始古大陆分解而成的。他将这个原始古大陆称为“冈瓦纳古陆”，又称“南方古陆”或“冈瓦纳大陆”。与南方古陆对应，南非地质学家杜德瓦在 1937 年提出了北方大陆，又称“劳亚古陆”或“劳亚大陆”。劳亚大陆同冈瓦纳大陆隔着一个古地中海（特提斯海）。图 2.12.1 中，特提斯海在赤道附近。除了非洲古大陆北边部分越过了地转赤道外，冈瓦纳大陆的主体位于南半球，其中南极洲大陆就在南极。劳亚大陆由北美大陆和欧亚大陆组成。实际上，这样的联合古陆是现今全球大陆的一种拼图，这种学说缺乏对动力学演化过程的解读。

笔者在 1994 年《行星地球动力学引论》一书中的解释是，最初的南半球大陆像一个悬浮在地幔岩浆流体之上的球冠。最初分裂时，南极点在现在的南非位置，印度板块、澳大利亚大陆、南极洲大陆和南美洲大陆都位于中低纬度。分裂出的南极板块是被澳大利亚大陆、非洲大陆和南美洲大陆包围的，它当时是最靠近南极的大陆板块（图 2.2.1）。下面将进一步解释从当初的这种分布到现在的分布经历了怎样的过程或路线。

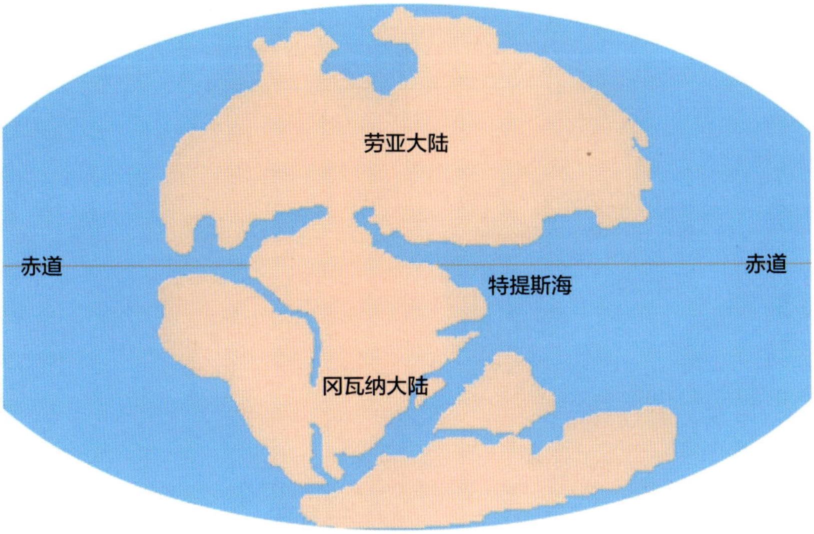

图 2.12.1　地质学家提出的冈瓦纳大陆和劳亚大陆分布

站在南极外看地球，南半球主要有四个大陆，分别是南极大陆、澳大利亚大陆、非洲大陆和南美洲大陆。南半球四个大陆在地球地质演化早期是怎样漂移的呢？现代南极大陆的外围是广阔的南半球高纬度海洋带。澳大利亚、非洲和南美三个大陆之间是印度洋、南大西洋和南太平洋。澳大利亚大陆南边缘凹进去的部分是大澳大利亚湾。南美洲大陆南端是半岛式的巴塔哥尼亚高原。非洲大陆最南端的国家是南非，最南的地方是阿古拉斯角。

南极大陆上分布了较多的高地，如毛德皇后地、恩德比地、威尔克斯地和维多利亚地等，图 2.12.2a 中标出了纬度相对偏北的恩德比高地。南极大陆边缘有一些半岛和岛屿，包括南极半岛和亚历山大岛等。它的周围有多个大小不等的边缘海，其中两个大的海湾分别是威德尔海和罗斯海。

50 亿年前的原始大陆时期，南极洲大部处于中纬度地区，只有威德尔海沿岸的纬度较高，位于 70°—80°S，这里的气候环境是有利于动植物的繁殖和生长的。首次大陆分裂并漂移结束之后，南极板块漂移到了现在的位置。在地核 – 地幔 – 地壳角动量交换的过程中，地幔流体的水平运动相对地幔辐合带是总体对称的，即越到南北两极附近，地幔流体的运动速度越小，对地壳板块的影响也小，这就解释了两极无地震和南极大陆不再漂移离开南极的现象。40 多亿年来，虽然大陆漂移了多次，但南极大陆已经被埋入冰雪之下，最初形成的动植物也成为矿藏埋入了地壳的浅表层。所以，南极洲上的煤炭、石油和天然气的品质应该是很高的。

（a）（b）

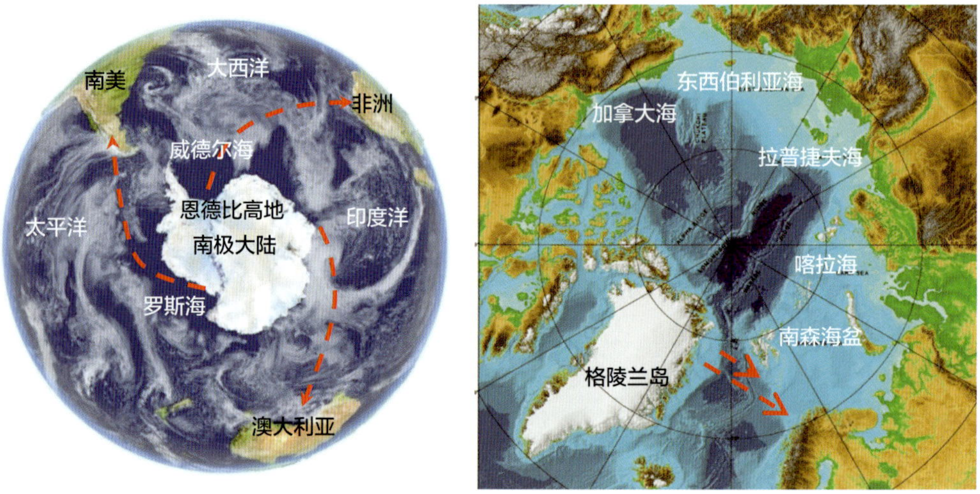

图 2.12.2　(a) 从南极外的天空俯视南半球四个大陆、海洋和云，(b) 北冰洋及其周围的海陆分布（a 中红虚线箭头指示三个大陆相对南极大陆按顺时针向东北的漂移，b 中红虚线箭头指示格陵兰板块曾经漂移到的位置）

随着地幔岩浆流体的运动，南极大陆漂移到现在位置前，地貌，特别是大陆的边缘部分也经历了变化。南极大陆是南半球原始大陆中的一个板块。按照南半球大陆向东北方向漂移的规则可以找到澳大利亚大陆、非洲大陆和南美洲大陆相对南极大陆的漂移路线。如图 2.12.2a 中的红虚线箭头指出，非洲大陆南端是从威德尔海漂移而来的，南美大陆南端是从罗斯海漂移而来的，那里的海盆与大陆有很好的吻合。澳大利亚大陆是从南极恩德比高地边缘漂移开的。现在位于南半球中低纬度的三个大陆，是地球地质史上，离开南极大陆向东北方向漂移分散而去的，这个过程中形成了南半球的太平洋、大西洋和印度洋。新西兰岛随澳大利亚大陆漂移到了大陆的东侧位置。马达加斯加岛也随非洲大陆漂移到了大陆的东侧位置。所以，南半球中低纬度的大陆和岛屿长期是按顺时针方向离开南极大陆向东北方向漂移的。

与南极洲大陆完全不同，北冰洋是由大陆环绕着的陆间海，又称北极海，大致以北极圈为中心，位于地球的最北端，被亚欧大陆和北美大陆环抱着，通过狭窄的白令海峡与太平洋相通，通过格陵兰海和许多海峡与大西洋相连，是世界大洋中最小、最浅和最冷的。北冰洋的岛屿数量和面积仅次于太平洋，其中有世界第一大岛格陵兰岛（图 2.12.2b）。北冰洋海底地貌的突出特点是大陆架非常宽广，特别是亚欧大陆北部的大陆架最宽，而阿拉斯加以北的大陆架较窄。北冰洋与原始海洋没有任何的关系，完全是北半球大陆分裂和漂移后形成的陆间海。冰洋海底起伏不平，分布了一系列的海岭、海盆和海槽，中部有一横贯的海底山岭——罗蒙诺索夫海岭，全长 1 800 km，宽 60—200 km，高出洋底 3 km，岭脊相距海平面约 1 km。海岭把整个北冰洋分为两部分，面向北美洲的和面向亚欧大陆的分别为加拿大海盆和南森海盆。

大陆漂移之初，北半球较厚的地壳也是一个套在地幔岩浆流体之上的、冷却了的球冠。北极点位置在现在的西伯利亚，亚洲大陆包含了从北极到低纬度沿海的广大地区。欧洲大陆位于低纬度的区域宽，位于高纬度的区域窄。北美板块集中在中低纬度地区，最初的海岸线特别长。北美与亚洲之间是日本和菲律宾的狭窄地带。格陵兰板块是南北长条的，并不在高纬度地区。地幔流体首次相对地核加快运动，原始地壳的分裂并不是均匀的。这样，分裂不均匀的地壳随地幔流体运动，也导致了地幔流体角动量的区域分布不均匀。分裂后的亚洲大陆北极部分与中低纬度部分整体向东南漂移，留下了北极部分成为冷的北冰洋。长条形北美大陆，旋转后的一端漂移到了高纬度，另一端漂移到了中低纬度。格陵兰板块在漂移的过程中也到了北极高纬度地区。

在图 2.2.1 中，初始亚洲大陆漂移前，现在的贝加尔湖和巴尔喀什湖位置在北极附近，而蒙古高原和格陵兰位于中纬度地区，那时的气候有利于动植物繁育生长。现在的格陵兰虽然被冰雪所覆盖，可当时的环境能够形成十分丰富的动植物资源。同样，当时蒙古高原所在纬度的气候条件也适宜动植物的生长，所以漂移到现在位置的蒙古高原上可以有煤炭等矿藏资源，甚至有恐龙化石的发现。

亚洲大陆漂移出北极后，北冰洋通往中低纬度大洋最宽的区域在格陵兰岛与北欧大陆之间的挪威海盆。来自中低纬度的北大西洋暖流经过冰岛以南海域流到北欧，使得北欧温暖的气流随高纬度西风带向东流动。温暖的气流经过了寒冷的西伯利亚北部、俄罗斯远东、再经过阿拉斯加，到达加拿大的高纬度地区。一股本来温暖的气流，经过环北冰洋边缘海，从欧亚大陆北边缘到北美大陆，两次大陆性降温，气流到达加拿大的东北与格陵兰岛地区时，已经达到最冷。所以，格陵兰岛成为北冰洋上可以与南极洲媲美的冰雪世界。

北冰洋中部的几条平行海岭（洋中脊）和海沟是大陆板块和海洋板块多次漂移遗留在海洋地壳上的堆积物和大陆最后发生明显漂移的痕迹。格陵兰板块的边缘不仅仅是海平面以上的部分，也包含了大陆架的部分。包含大陆架的格陵兰板块曾经先后两次向东漂移到了挪威海的东边缘和格陵兰岛东侧洋中脊的位置（图 2.12.2b 红虚线箭头）。穿过北冰洋洋中脊、格陵兰岛东侧洋中脊和北大西洋洋中脊之上的裂谷说明，大陆第六次在地幔流体之上的向东漂移后，北半球地幔流体的北极位置在加拿大的一侧，而不在北冰洋中。地壳不是一个整体，而是由若干的大陆和海洋板块拼接起来的。现代地幔流体的运动再也不能分开这些拼接在一起的板块了，但在拼接处会不断地出现地震和火山活动。

2.13 板块边缘的地震火山带

现代固体地球的地壳表面能够承载人类生存的建筑物和人们的生产活动。但是，这样的地壳内部一旦发生强烈的和突然的相对运动，即发生地震常常会造成严重的建筑物破坏，人员伤亡，还可能造成海啸、滑坡、崩塌、地裂缝、堰塞湖等次生灾害和生态环境的破坏。内部岩浆的喷发，其结果会给地震和火山发生地及其周围地区人们的生产生活带来灾难和损失，也会破坏地震和火山发生前的正常生态环境。地震的本质是地壳快速释放能量过程中形成的伴有地震波的一种自然现象，表现形式是地壳板块与板块之间相互挤压碰撞造成了板块边缘和内部产生的错动和破裂。地震发生的地点称为震源，正上方的地面称为震中，破坏性地面振动最烈处为极震区。地球上，每天要发生上万次的地震活动，但绝大多数的强度很弱，或者发生在无人地区，所以人们感觉不到。真正能对生命财产造成严重危害的地震，每年大约有十几至二十次，特别严重的地震灾害每年大约有一到两次。

地震是地球内部发生的极端地质事件。发生地震极端事件的根本原因是地球内部的地幔流体出现了大尺度的水平异常运动，导致了异常能量在局地的积累和到一定程度时的快速释放，表现为地震活动。只有几十千米厚的地壳，与地幔岩浆圈层比较起来，就像是鸡蛋壳与鸡蛋清的关系，地壳只能算得上是地幔流体的“皮肤”。但地壳是脆性的，地壳板块相对运动的驱动能量不是在地壳中产生的，而是来自下部地幔流体的大尺度水平运动和局地对流运动。人们目前尚难以穿过地球的边界层

（地壳），探测到地幔流体的运动，所以难以预先获得地震预报的信息。

地球地质演化的近 50 亿年以来，南北半球古大陆开始分裂和漂移后就不断地有地震活动。原因是地幔流体的不同纬度带上、不同深度层次上，都存在着地幔流体的热力梯度和相对运动。地幔圈层整体又与地核之间发生着动力的和热力的作用以及角动量的交换过程。因此，地幔流体是地球内部最活跃的部分，它的多尺度运动影响着地壳的异常运动。地球地质演化早期，地幔流体发生的大规模水平运动导致了地壳板块的分裂和漂移。在漂移地壳板块的前方边缘和后方边缘，甚至侧边缘都会与其他的板块边缘或新的海洋地壳及地幔岩浆流体发生相互作用，形成频繁的地震。地幔流体水平运动驱动的板块水平运动，在遇到前方地壳板块阻挡的时候会发生倾斜下潜、倾斜上翻和直立上升等碰撞运动。这些运动形成的地层岩石结构，在现代的地层中随处可见。它们是当时地幔表层流体水平运动的能量积累与构造活动在地壳板块中的反映和留下的痕迹，也是当时地震的痕迹。

地球表面的哪些地方最容易释放地幔流体的异常运动能量呢？这些地方是地壳板块的边缘，包括大陆架、岛弧、海岭（洋中脊）和海沟等位置。大陆架是原始的大陆地壳与后来形成的海洋地壳的边缘，大陆地壳板块厚于海洋地壳板块，大陆板块在地幔流体中的下沉厚度也大于海洋板块。于是，地幔表层流体的大尺度运动和热力对比会产生大陆板块与海洋板块边缘两侧的摩擦力矩和山脉力矩。这些力矩是大陆板块与海洋板块边缘地震多发和强地震频发的动力成因。

海岭（洋中脊）是早期的大陆板块漂移和回漂后遗留在洋盆中部地壳上的大陆边缘残余堆积。岛弧是大陆漂移后留下的大陆边缘碎块，多残留在海岭（洋中脊）上。岛弧地形堆积在海洋地壳的表面，也同时会下沉到地幔流体中，于是后来地幔表层流体的水平运动也形成了海岭（洋中脊）两侧的摩擦力矩和山脉力矩，继而会引发沿海岭（洋中脊）的地震活动。

随着地球的不断冷却，地壳不断增厚，老的大陆地壳板块、新的海洋地壳板块和更新的海洋地壳板块，共同形成了地壳上下边界上层层叠叠的地形，同时也会让地幔流体、海洋流体和对流层大气的水平运动产生摩擦力矩和山脉力矩。这些板块受到地幔流体驱动，出现了最后一次明显的漂移和地幔岩浆流体的裸露，其所形成的较狭长地带冷却后就成了地球表面最深的地壳凹痕——海沟。沿洋中脊上，最后一次发生的地壳明显分裂可称为海洋裂谷。在大陆上，最后的大陆板块之间小距离漂移可称为大陆裂谷，如东非大裂谷，也可称为陆沟。海沟和大陆裂谷的地方是不同板块的边缘，是地幔表层流体水平和垂直运动可以释放能量的地方，也是容易发生地震的地方。在太平洋西部，海沟与岛弧平行排列，而在太平洋东缘，海沟与陆缘火山弧相伴随。大西洋、印度洋和北冰洋也有少数海沟。环太平洋的地震带也都位于海沟附近。海沟与岛弧紧密共生，构成统一的弧沟系。在太平洋上，有马里亚纳海沟、汤加海沟、日本海沟、千岛海沟、菲律宾海沟和克马德克海海沟。这些海沟形成的时间较晚，深度较深，在 10 000 m 以上。在北大西洋和南大西洋上分别有波多黎各海沟和南桑威奇海沟等多条深度在 8 000—10 000 m 之间的海沟。印度洋有阿米兰特海沟、蒂阿曼蒂那海沟、爪哇海沟、维马海沟、鄂毕海沟、毛里求斯海沟和查戈斯海沟。北冰洋上有利特克海沟和弗拉马海沟，深度在 5 000 多米。

大陆板块和海洋板块的范围大小，是随着地质演化过程而变化的。早期的两块靠近的海洋板块会随着地壳的冷却和共同增厚，最后合并成一个大洋板块，这样原先的两个海洋板块交界处的地震也就少了，甚至没有了。当然，那些海洋板块之间的海岭（洋中脊）、海沟和裂谷的表面深度比较浅的，地形落差小的，它们在地幔流体中的下沉深度也浅，摩擦力矩和山脉力矩已经体现不出来了。在图 2.13.1 中，红虚线代表地幔流体赤道辐合带，辐合带是南北半球分裂漂移而来的不同板块的边缘，这里应该是强地震多发带。仍然保留着这种地形辐合特色和可诱发地震的地带是在大洋洲的北边缘至印度尼西亚、横断山脉、青藏高原、伊朗高原一线，以及南太平洋中部和北太平洋中部早期的大陆到达的边缘和早期的海岭分布上。

在现代全球地震强度和频次的分布图 2.13.1 中，人们可以依照上面描述的原理认识当前哪些地方是活跃的板块边缘。地震带多是沿海沟和海陆边缘高大山脉地形带的，那里有地形高差的存在。从最大的空间层次上看，环太平洋地震带的内部是一个最大的大洋板块，地震带是这个大洋板块的边缘。中国南海和菲律宾海的周围也有强烈的地震活动，那里也有两个范围较小的海洋板块。在东半球地幔赤道辐合带的位置上和环太平洋海沟与洋中脊地形落差带上，它们是大陆最后出现明显漂移的地带。在次一级的空间层次上，南太平洋、大西洋和印度洋上的地震带，它们都在早期海岭（洋中脊）的位置，也是大陆漂移曾经到达过的位置。现在的青藏高原和伊朗高原已经不是原始均匀分布的大陆地壳了，山脉在高原地形分布上的复杂性也表明了山脉下沉到地幔流体中的复杂性，于是复杂地形是地幔流体运动导致高原局地地壳相对运动和发生地震的着力之处。在亚洲大陆上，从青藏高原最北端伸向俄罗斯远东的一条地震带是现代大陆内部的板块边缘。

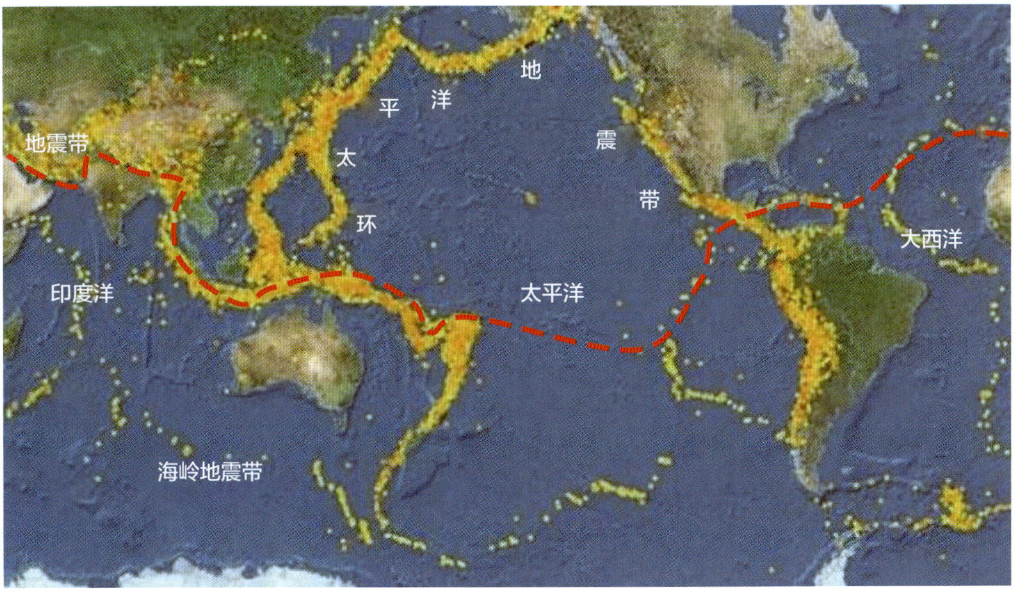

图 2.13.1　全球三大洋上的海岭（洋中脊）地震带和板块边缘地震带分布（红虚线是地幔流体辐合带）

火山是从地球表面以下的地壳中流出的高温岩浆。火山分为“活火山”、“死火山”和“休眠火山”。死火山在地球上和在类地行星上都记录了早期火山活动的遗迹。休眠火山是在未来有利的环境和条件下可能会再次喷发的火山。火山喷发的危害性物质有火山泥石流、熔浆流、火山灰和气体等。现代火山喷发是从已经存在的火山口的位置上再次喷发的。

从地质演化的角度看，早期大陆漂移后，露出的都是热熔的地幔岩浆流体，范围大到一个洋盆。从那时的地球外看，地球裸露的大洋成为火的海洋。最后的岩浆裸露是海沟形成的时候，裸露的岩浆分布形如火蛇。现代海岭（洋中脊）、岛弧上的火山都是一些单点的火山，可是这些火山点确确实实连成了一条线，称为火山链（图 2.13.2）。随着地质演化和地壳冷却增厚，很多的活火山会成为永久的死火山，那时图 2.13.2 中的这些红点和红点连成的线将会消失，而不会出现新的火山点。地壳的作用就是包裹地幔岩浆圈层，使之不外露到地球的表面，地幔表层冷却使得地壳进一步增厚。最终，地幔将完全冷却为固体，地核、地幔和地壳会形成一个完整的固体，与类地行星中的其他行星和三颗卫星一样。地球大气不断外逸，再也得不到来自地幔的物质补充，最后地球大气也没有了，地球归于死亡，但这是很久很久以后的事情了。

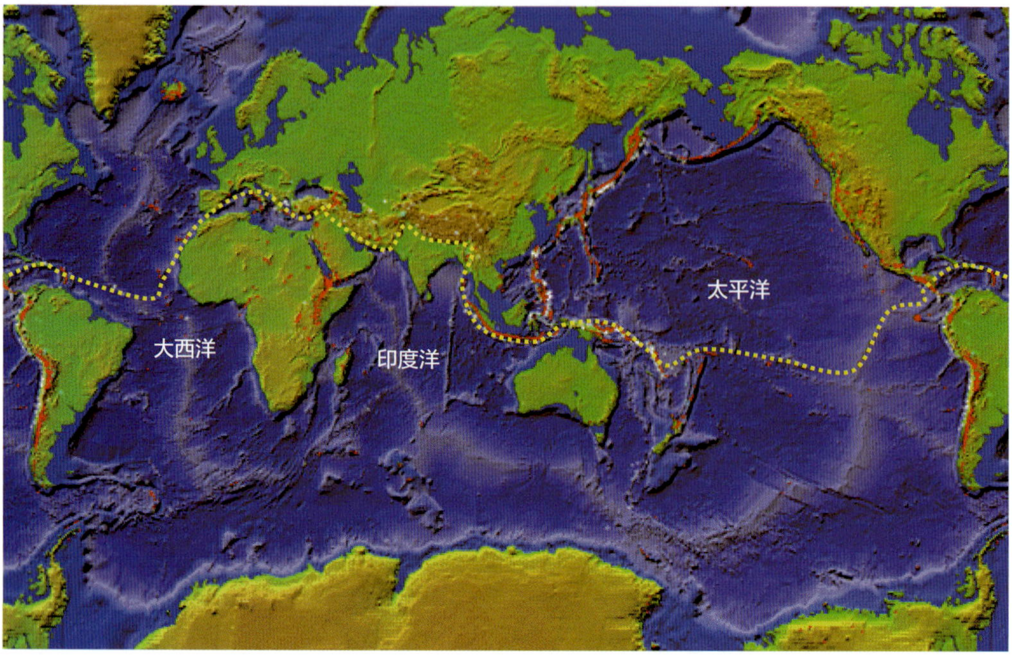

图 2.13.2　全球火山（红点）分布（黄虚线是地幔流体辐合带）

与全球的地震分布带平行，全球火山活动带呈现出火山链式的分布。火山活动带很好地贴合了两个相邻板块的边缘。火山带是地壳中的薄弱地带，是地幔岩浆流体容易穿透的地带，可形成其中最薄弱的点，成为地幔流体水平运动能量集中和透气的位置。与地震的突然发生一样，火山也在地幔能量高度集中的有利地壳环境位置喷发。全球最长的有利火山活动的环境位置就在地幔流体辐合带上，沿着图 2.13.2 中黄点线分布，其中包含了地中海火山带。第二长的火山带是集中火山数量最多的环太平洋火山带。还有其他的火山沿着洋中脊和东非大裂谷，而冰岛有蚂蜂窝状的火山口。早期的大陆板块可以一漂千里，而现代地震带和火山链成了板块的边缘。

2.14 地质力学与大陆漂移模拟

地质力学是中国地质学家李四光在 20 世纪 40 年代创立的一种构造地质学说。它主要是用力学的观点研究地质构造现象和研究地壳各部分构造形变及其内在联系的学说。地质力学核心内容包括了大陆漂移的“全球性”“定时性”和“刹车说”三个方面。地质力学是理解和研究地球地质演化过程中驱动力的科学，也是研究地球地壳和地貌在过去 50 亿年来演变史的科学。从时间现象上看，地壳在 50 亿年来逐渐增厚，地貌变化得越来越复杂，进化的过程包含了早期的大陆来回水平漂移和垂直造山运动，以及地壳外风和水对土壤的搬运作用。从空间现象上看，最原始的两个大陆地壳和一个海洋地壳分裂漂移成了若干的大陆和海洋板块，其中板块之间的相对运动出现了山脉、海岭（洋中脊）、海沟、岛弧、裂谷以及其中的地震和火山活动。追踪它们在时间上的演化过程，并理清它们在空间上的演化特征及成因是地质力学研究的课题和任务。

“地质力学”的英文是 Geomechanics，它的意思是地质机理，指的是地壳和地貌的自然变化机理。地质力学首先要解释的问题是行星尺度的地壳构造。李四光创立的地质力学核心内容之一是“大陆车阀说”，简称“刹车说”。这是他 1926 年在《地球表面形象变迁的主因》一文中提出的，是一种解释地壳运动起源问题的假说。1924 年，李四光认为大陆上海水的进退不仅表现为海面的升降，还可能有由赤道向两极以及相反的由两极向赤道的方向性运动。据此，他推断大陆运动也可能有这种方向。在地核与地幔的角动量交换过程中，地幔岩浆流体的方向性运动和驱动可以解释大陆“由赤道向两极，反过来由两极向赤道的方向性的运动”。

按照他的理论，地壳运动有以下几个特征：地壳历史上发生的几场大的构造运动都具有全球性和定时性；地壳运动具有一定的方式和朝向（方向性）；地壳构造运动的发生与地球自转速度变化有密切关系（定量化）。定量化的表达是，当地球自转加速到一定程度，会产生经向和纬向的挤压力，继而会形成经向和纬向的构造带，以及各种扭动型的构造体系。这一理论第一次把空间（全球性）和时间（定时性）联系起来了，又与地球旋转角动量的数值化等几个方面联系了起来。我们可以从大陆漂移的“全球性”“定时性”“刹车说”和“定量化”四个方面认识地质力学可能包含的内容，并在现代认识的基础上对其归纳和理解如下。

从全球性上看：地幔岩浆赤道辐合带两侧的大陆面积是相等的，海洋面积自然也相等；最原始的古大陆位于南、北两极的中高纬度地区，它们发生了分裂和漂移，地幔赤道辐合带以南的大陆总体是向东北漂移的，地幔赤道辐合带以北的大陆总体是向东南漂移的，大陆漂移具有方向性，但它们都没有漂移过地幔赤道辐合带；南半球的岛屿都位于大陆的东侧和东北侧，北半球的岛屿都位于大陆的东侧和东南侧；全球大陆的漂移和运动方向具有相对地幔赤道辐合带的对称性。

从定时性上看：地球先期经历了天文演化阶段，由一个胚胎发展而来，内部为固核，外层是岩浆流体，温度升到最高时，体积增到最大，自转速度也达到最快；

地球后期经历了地质演化阶段，温度逐渐降低，两极地壳不断增厚；地幔作为地球系统中最活跃的岩浆热流体，其中包含了行星尺度环流和局地对流，地核和地幔之间的角动量交换导致了地壳的分裂和漂移，也改变了地壳的角动量分布；地核获得角动量的同时地幔失去角动量，地核失去角动量的同时地幔获得角动量，交换角动量的同时表层地幔流体驱动了地壳运动；地核和地幔之间角动量交换和对地壳的影响幅度随时间逐渐减幅。

从“刹车说”上看：地球自转速度确实有加速与减速交替出现的情况，但需要解释其速度交替变化的原因和表达出地球形态变化与地壳运动的关系。这一学说首先描述了地转加快会导致的地表向赤道运动。当地球自转加快，地球表层就出现由两极向赤道挤压的运动，以适应地球自转加快时所要求的扁度。地球形成的早期，地转速度可能是现代的两倍，对应的地球扁度要大于现在。随着地转速度的长期减慢，地球向正球形趋近。根据这一学说，在地转加快的同时，如果某些大陆部分粘在地幔上不大牢固，它们就会落后于地球自转速度增加的要求，或多或少地向西滑动。因此，地壳产生了纬向与经向水平错动，对地幔发生摩擦，起了好像“自动刹车”的“车阀”作用，这种作用的结果是使地球自转的速度变慢。这个学说认为地球自转加快，就包含着它会变慢的“车阀”作用。如从地转减慢开始，“车阀”作用可以说明大陆向东滑动并使地球自转的速度变快。如果从地球形成的天文演化和地质演化的过程来看，用地核与地幔之间耦合的角动量交换来解释地球自转速度的加速与减慢的交替变化及其对地壳的作用会更合理。地幔流体相对运动对地壳的分裂和漂移作用能够较好地解释地球表面的经向构造带和纬向构造带，以及各种扭动型的构造体系。地球自转速度变化与地球内部不同圈层之间的角动量交换有关，而真正导致角动量变化的是地幔流体中热力强迫和力矩作用。大陆漂移和造山运动是地幔流体驱动的结果，大陆漂移是板块运动的形式，这时需要考虑地转偏向力，会形成向极地和向赤道的运动，也有向东和向西的来回运动，表现的是南半球大陆向东北与向西南的来回漂移，和北半球大陆向东南和向西北的来回漂移。总结以前的学说可以设计模型，数值模拟出全球大陆的漂移和造山运动。

从“定量化”上看：笔者在《地质力学学报》2000 年第 6 卷第 1 期中介绍了一个简单的动力学模式和试验模拟结果。计算机模拟让地幔流体相对地核有一个相对运动，地幔上层漂浮了等厚 5 m，但不等大小的 5 个矩形大陆板块，西北部的板块（1）在地幔赤道以北，有三个板块在地幔赤道以南，最东部的一个板块（5）跨越地幔赤道，模式运行的第 24 个百万年的结果如图 2.14.1a。在这个数值模拟试验中，大陆板块有两种尺度的运动，一种是水平的大尺度运动，另一种是垂直方向上的小尺度山脉隆升运动。板块在地幔流体的大尺度水平运动驱动下，由于不同地理位置上的运动速度不等，外形和厚度也就发生了变化。

(a)

(b)

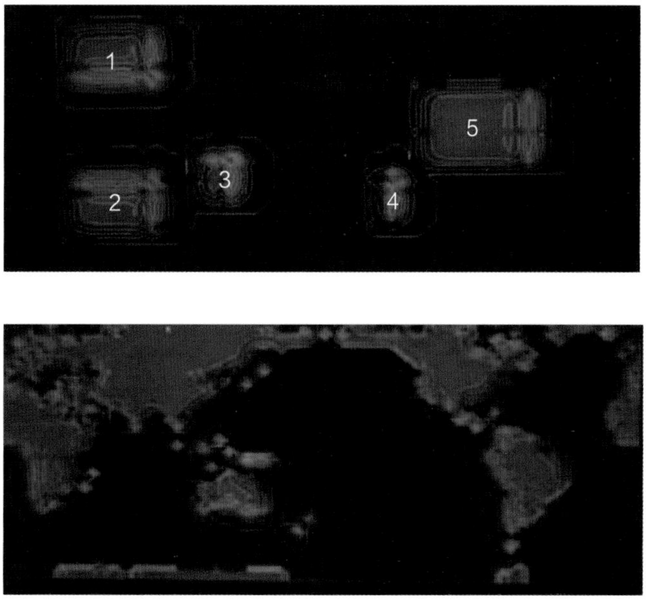

图 2.14.1　(a) 计算机模拟的第 24 个百万年 5 个板块在地核减慢而地幔加快流体上的漂移和山脉形成，(b) 计算机模拟的第 24 个百万年全球大陆在地核加快而地幔减慢流体上的漂移和山脉形成（红深颜色为隆起的山脉，模拟时间和板块厚度都是虚拟的）

仔细观察图 2.14.1a，其中北半球西北部的大陆板块（1）类似欧亚大陆的位置。北半球大陆第一次在地幔流体上向东南漂移时，总体上的地貌演化趋势是，大陆板块的东部和南部山脉隆起，其中最东南部形成最高大的山脉，而西北地区地形高度普遍较低，形成低洼的平原。图 2.14.1a 中北半球西北部的大陆板块（1）经过数值计算，模拟出了现今欧亚大陆的相似地貌分布（图 2.14.2)，如东部山脉与南部山脉及山脉在最东南位置上的叠加，也模拟出了西北部的低洼平原。图 2.14.2 中的地貌分布与图 2.14.1a 中理想分布产生了差异，主要是因为在模拟中没有引入来自南半球大陆漂移的撞击作用。

图 2.14.1a 中最西南部的板块（2）类似非洲大陆，原始平坦的非洲大陆在地幔流体上的向东北漂移，形成了类似的东非裂谷和东北侧的阿拉伯半岛，以及东非高原和北非高原。现在非洲的西南部分是来自原始大陆上的极地高原。现在非洲大陆东侧的阿拉伯半岛和马达加斯加岛是相对非洲大陆分裂漂移开的。非洲南部高原和非洲东部岛屿没有考虑在这样的模拟试验中。

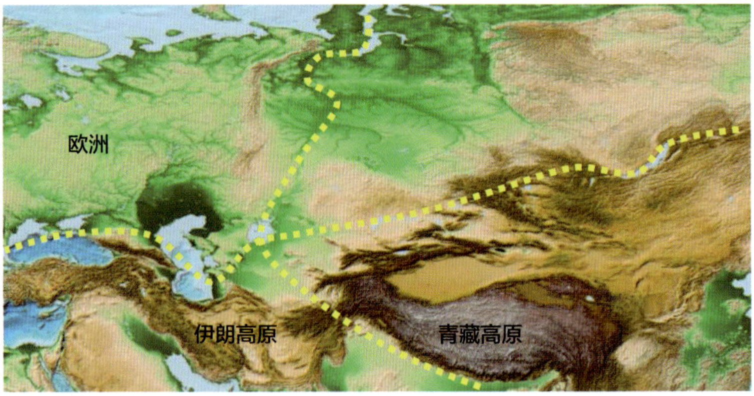

图 2.14.2　欧亚大陆地貌分布（东部山脉与南部山脉叠加形成了东南部的高原和西北部的低洼平原，黄点线为低洼地形交叉线）

同时在图 2.14.1a 中，一个位于赤道以南偏西的小方板块（3）形似印度半岛，模拟了板块在地幔流体之上向东北的漂移。印度板块北部的宽大和南部的窄小与图 2.14.1a 中的模拟相似。从该板块向东北漂移可以猜测，在地幔岩浆流体的驱动下，印度板块的北部深厚的大头地壳已经嵌入到了青藏高原的下部。青藏高原的隆起正是亚洲南部板块与印度北部大头板块叠加的结果。另外，赤道以南偏东的小长块（4）在向东北的漂移过程中被模拟出了形似新西兰的南岛和北岛的地形分布。

对跨越赤道上的大板块（5），在地幔流体向东的驱动下，大陆板块在东部边缘形成了南北走向的山脉隆起，而中西部大陆高度普遍较低。如果一个跨越赤道南北的大陆板块在地幔流体的驱动下向西漂移，那么相反的地貌演化就会发生，在大陆的西边缘会有山脉的隆升，类似南北美洲大陆带西侧的山脉走向。

另一个试验取用真实的海陆分布，去掉了所有的山脉，只给出 5 m 厚的所有大陆，地幔流体是向西运动的。模拟的是第 24 个百万年的大陆，南半球大陆向西南漂移，北半球大陆向西北漂移，在大陆的西侧形成了新的山脉。在图 2.14.1b 中，最典型的特征是模拟出了南、北美洲西侧的山脉，它是在大陆向西漂移的过程中形成的。位于非洲大陆西部的高原和澳大利亚大陆西南部的高原在图 2.14.1b 的模拟中也出现了。

综合考虑图 2.14.1 中对理想情况下大陆板块的模拟，它们分别经历了向东和向西的来回漂移，分别形成了西侧的山脉和东部的高原。在第一次的大陆分裂漂移结束后，南北美洲大陆漂移到中低纬度，后来的大陆向西漂移形成了大陆西部的高大山脉，而向东漂移形成了东部的高原，中间是大陆内部受影响较小的中央平原。大陆地貌分布中夹杂的地形不规则性反映了不规则板块在不均匀地幔流体驱动下的相互作用。在海陆分布的不规则性中仍然可以分层次观测到大陆东边缘岛屿的有规则分布。

2.15 全球大陆的东边缘岛屿

现在的欧亚大陆是北半球一个巨大的板块。按照北半球大陆早期漂移的方向性，在它的东侧边缘海上应该有一些岛屿。同样地，非洲大陆和北美洲大陆的东边缘海上都有一些相似特征分布的岛屿。在不同的大陆东边缘找到类似的岛屿分布，就可以证明南北半球大陆的早期漂移是行星尺度地幔流体驱动的，也可以证明地核与地幔之间存在着角动量的交换过程。

我们从非洲出发，到亚洲和北美，考察这些大陆东部岛屿的分布。非洲是一个神奇的大陆，独特的地形地貌与气候环境使这里诞生了与其他大陆十分不同的动植物种类。在地球地质演化的前 20 多亿年中，地幔岩浆流体辐合带南侧来自南半球高纬度的分裂大陆板块是辐散状地朝东北方向漂移的，所以南半球主要大陆的东侧留下了岛屿，而在大陆的西侧没有岛屿。

图 2.15.1a 是以阿拉伯海为中心位置给出的印度洋与非洲和欧亚大陆地形地貌的分布。以地幔流体辐合带为地壳中大陆板块的边界，马达加斯加岛是从莫桑比克海峡西侧的东非大陆边缘分裂漂移开的。地质演化史上，马达加斯加岛曾经漂移到过它的东北侧的马斯克林群岛和向北的弧形洋中脊那里。阿拉伯半岛与非洲大陆分裂并漂移形成了红海。

我们特别关注的是印度板块向东北的分裂和漂移。如果把印度板块向西南拉回到非洲大陆的东边缘去，那么它的位置应该在索马里海盆中。印度板块在南半球大陆第一次分裂并向东北漂移的过程中就已经漂移到了现在的位置，而北印度洋上的海岭是后来非洲大陆漂移到达的遗留痕迹。表面上看，印度板块与亚洲板块之间发生了剧烈的碰撞，才形成了如此高大的青藏高原。印度板块的北边部分已经下潜到了青藏高原板块的下部，而青藏高原表面是亚洲大陆板块被抬升的部分，被抬升的高原南边缘是最早的海洋地壳部分。青藏高原的隆起集中了两个半球地幔岩浆流体环境场多次辐合的动量，表现为大陆板块的水平运动和垂直造山运动，甚至波及了青藏高原更东北方向的位置，即形成了向东北方向延伸的次级高原。所以，青藏高原相对海平面的高度抬升部分相当于是对当时地幔流体运动能量的集中储存。

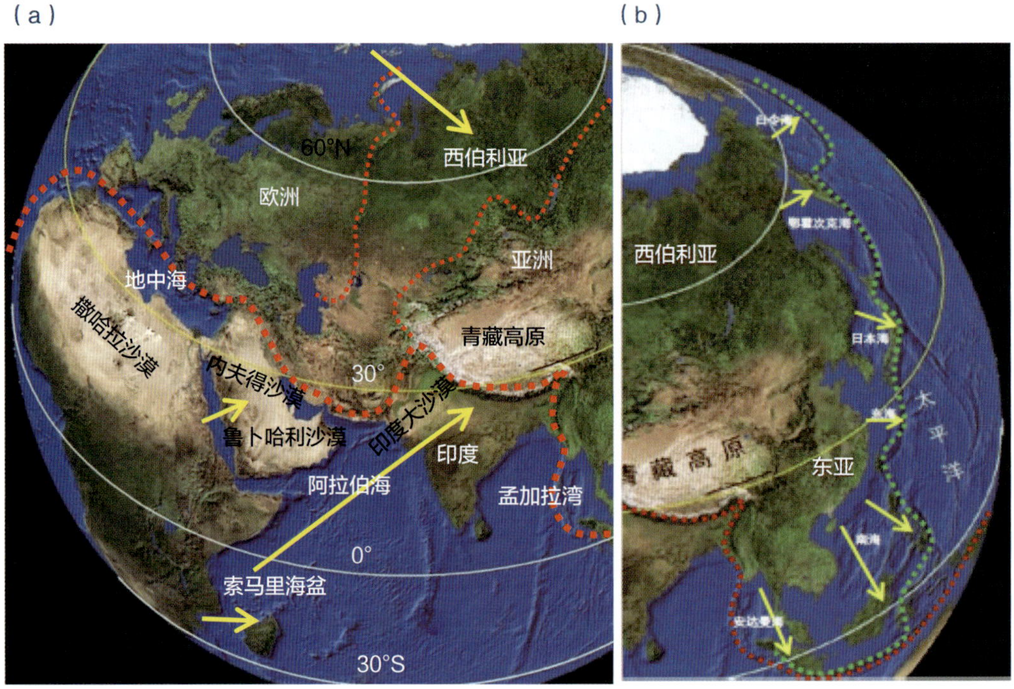

图 2.15.1 (a) 非洲大陆及其东侧边缘板块对青藏高原板块的冲击作用，(b) 亚洲大陆东边缘海陆分布（a 中箭头指示板块的漂移方向，红粗点线是地幔辐合带，红细点线是大陆板块边缘；b 中绿点线是大陆边缘的岛弧，红点线是地幔辐合带，黄箭头指示岛屿的漂移方向）

除了分裂但没有漂移开的东非大裂谷外，阿拉伯半岛、马达加斯加岛和印度半岛都是分裂和漂移得非常清晰的。与非洲大陆及其周边的分裂岛屿不同，欧亚大陆看上去是一个整体，不过也存在板块间的边缘痕迹，像沿乌拉尔山到里海的山脉。西伯利亚与中国大陆也可认为是两个不同的板块，西伯利亚板块的主体是从原始北极大陆漂移而来的。

理论上说，在北半球地幔岩浆流体的驱动下，欧亚大陆的东边缘也应该有一系列的边缘岛屿。图 2.15.1b 给出了整个亚洲大陆的东边缘海陆分布。大陆边缘有一系列的海，而海被一系列的岛弧与外侧的大洋相隔。大陆边缘的岛弧大约有 6 个，每个岛弧上都有比较大的岛屿。安达曼海之外有苏门答腊岛。南海之外有加里曼丹岛和菲律宾群岛。东海之外有台湾岛和冲绳岛。日本海之外有日本群岛。鄂霍次克海之外有堪察加半岛。白令海之外有阿留申群岛。阿留申群岛是北美大陆西北的阿拉斯加半岛随北美大陆向东南漂移，遗留在海洋地壳上的残余。这些岛弧都是大陆在最后的几次漂移中形成的。它们是大陆漂移遗留在海洋地壳上的痕迹。在这些岛弧的内海中还有一些大陆边缘漂移残余，如海南岛、朝鲜半岛和库页岛等。岛弧外侧的海沟是岛弧相对海洋地壳漂移留下的痕迹，是大陆最后发生明显漂移时裸露的地幔岩浆流体的地带。可见，大陆相对岛弧的漂移和岛弧相对海洋地壳的漂移产生了海沟。海沟形成的地质年代是晚于海岭（洋中脊）的。图 2.15.1b 中的绿点线形成了六个岛弧，它们是大自然的造化，呈现出了地球球面上的美的花样，美的花环。必须指出，这条美丽花环的破碎板块是极其活跃的，意味着随时有可能发生地质灾害，包括会频繁发生的地震和火山活动。

在亚洲大陆的东北部，图 2.15.2a 中的堪察加半岛是从西伯利亚东南边缘海上分裂后，向东南方向漂移而来的。就如朝鲜半岛从中国大陆的东部边缘分裂后向东的漂移形成的黄海，堪察加半岛的向东南漂移，形成了鄂霍次克海。同样，库页岛与黑龙江东侧大陆的分裂，向东漂移后形成了鞑靼海峡。在所有的大陆板块漂移过程中，阿拉斯加半岛的漂移旋转的角度最大。图 2.15.2a 中北美大陆向东南的漂移形成了北太平洋，同时也形成了白令海。阿留申群岛是阿拉斯加半岛漂移遗留在海洋上的痕迹。在地幔流体向西北运动的驱动下，阿留申群岛发生了向西北的回漂，形成了阿留申海沟。

(a) (b)

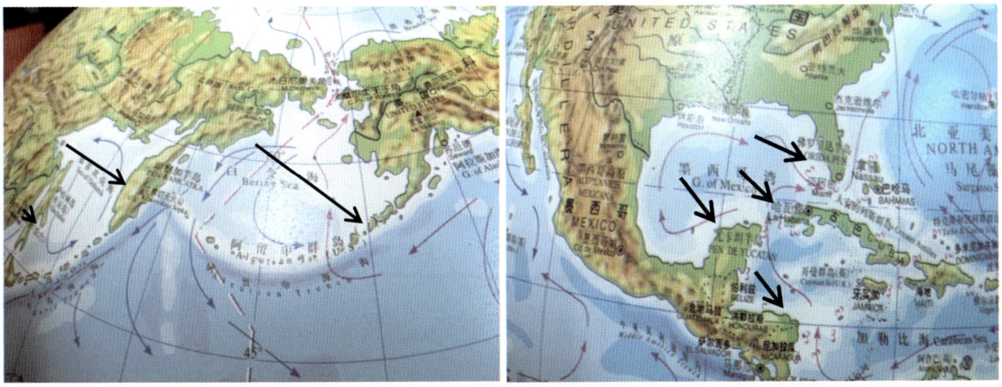

图 2.15.2 (a) 鄂霍次克海和白令海的形成与它们的岛弧，(b) 北美南部墨西哥湾周围的地形分布（a 中三个箭头指示库页岛、堪察加半岛和阿留申群岛的形成；b 中箭头指示岛屿的漂移来向）

如果把目光集中到北美大陆的南部地区，墨西哥湾的东侧有佛罗里达半岛，它是相对墨西哥湾东部向东漂移开的（图 2.15.2b）。古巴、海地的岛屿是相对北美大陆漂移遗留下的痕迹。尤卡坦半岛及其东南方的另一个半岛是相对墨西哥湾的南部位置漂移开的。墨西哥高原及其向东南方向上的半岛最后向东漂移形成了半岛西南侧的中亚美利加海沟。

如果再把目光转向北美大陆的东北部地区，那里的哈得孙湾的东北侧有巴芬岛，东侧有拉布拉多半岛，它们是北美大陆向西回漂遗留的痕迹。北美大陆的最东边缘的纽芬兰岛也是从拉布拉多半岛边缘漂移隔开的。实际上，哈得孙湾至北美五大湖一线是大陆漂移遗留的一条断裂，只是拉布拉多半岛并没有完全与北美大陆漂移开。

这些地球表面的地形特征表明，南半球不同大陆东侧的边缘岛屿是向东北漂移的，而北半球不同大陆东侧的边缘岛屿是向东南漂移的。南北半球大陆边缘岛屿漂移的方向性，足以说明大陆漂移是在底层地幔岩浆流体驱动下的行星尺度运动。大陆和岛屿发生相对漂移的真正动力学原因是地核与地幔之间的角动量交换，而大陆和岛屿的分裂与漂移是受地幔流体作用的被动过程。地球地质演化历史上，大陆不是一直分裂和漂移着的，而是存在着漂移期与间歇期的交替。大陆漂移期间的地貌、海洋和大气环境发生了剧烈的变化，生物面临了巨大的灾难，而在间歇期中的地球表面恢复平静，是有利于生物繁衍的一段时期。

2.16 恐龙时代结束的原因

地球地质在演化的 50 亿年中，经历了前期近 20 次大陆来回漂移和造山运动与地质环境恶化期，也经历了 20 次的大陆漂移平静期。大陆漂移间隙的平静期中，地幔岩浆流体被封闭到地壳之下，地球表面温度降低到一个与太阳辐射达到平稳的状态，即达到了一个气候平衡态。现代地层中发现的恐龙化石和石油与煤炭等矿藏都是地球从平静期到恶化期的产物。近 10 亿年来地球逐渐向优化的地质和气候环境发展，才出现了人类。

有一种假说，大约在 2.55 亿年前，地球上曾经出现过的一类爬行动物。像所有的爬行动物一样，它们的后代由卵孵化而出，其皮肤上覆盖着鳞片，这就是恐龙。从中晚三叠世至白垩纪末，恐龙统治地球达 1.6 亿年之久。恐龙是古爬行动物蜥龙类和鸟龙类的统称，它们的种类很多，身体大小、形状、生活习性各不相同，陆地、海洋、天空都是它们的活动场所。

关于恐龙，我们所知道的一切都来自对它们化石的研究（图 2.16.1）。恐龙遗留的骨骼和牙齿等坚硬部分是由矿物质构成的，而矿物质在地下往往会分解和重新结晶，变得更为坚硬，这一过程被称为“石化过程”。由于在地质演化过程中地球表层的变化，恐龙遗体被其上不断增厚的沉积物深埋，最终变成化石。周围的沉积物也变成了坚硬的岩石。在博物馆里，人们能看到恐龙骨骼化石。1841 年，英国人理查德·欧文爵士，首次将这类古爬行动物命名为恐龙。

图 2.16.1　博物馆里的恐龙骨骼化石

由于形成的年代久远，恐龙化石保存并不容易。只有在特殊的地质环境下，地质时期的化石才能保存完好，最常见的是存在于质地细致的沉积岩中。现在所发现的恐龙化石埋藏地主要有德国的索伦霍芬和蒙古戈壁沙漠的火焰崖等地。美国怀俄明州科摩断崖处的蜥脚类恐龙骨骼化石、阿根廷西部兽足类恐龙和马来西亚彭亨州的恐龙化石也比较典型。在南极洲大陆、非洲大陆和澳大利亚大陆上也发现了恐龙的足迹。

目前我国得到学术界认可的“恐龙之乡”有十多处，分别是云南禄丰盆地、新疆准噶尔盆地、新疆吐鲁番盆地、新疆阿拉善戈壁、四川自贡盆地、陕甘宁古清阳湖、山东莱阳、安徽南部西山盆地、内蒙古二连浩特、广东河源、广东南雄、河南南阳、湖北青龙山、山西天镇、浙江天台山等地。这说明在中国大陆不同的古气候带上都有过恐龙活动的足迹。其中，四川自贡是世界三大恐龙遗址之一，被认为有距今 2 亿年前的恐龙的化石标本。

恐龙为什么会灭绝？这是一个人们特别关心且很有趣的话题，因为人类时代是恐龙时代之后才出现的，人类害怕重走恐龙时代的路。科学家对此众说纷纭，提出了上百种假说，大致可分为两大派别，即灾变论和渐变论。灾变论与天文事件有关，如“超新星爆炸说”认为，在 6 500 万年前的白垩纪末期，宇宙中的一颗超星体大爆炸后产生强大的高能粒子辐射，使恐龙被辐射后患病而亡；“小行星撞击说”认为，在白垩纪末期，小行星脱离轨道，与地球相撞爆炸产生的尘埃挡住阳光数月，植物无法生长，食物链中断，恐龙缺少食物而灭绝。天文灾害事件属于人类没有经历过，也难以预料未来能否发生的事件。而渐变论有“ 气候变迁说”、“哺乳动物兴起说”和“孵化温度不够说”。如果属于渐变论，以人类的科技发展趋势来看应该是有希望应对的。

恐龙灭绝的事实表明，当时可走、可飞的恐龙的生存环境肯定发生了全球性的巨变。从地球的地质演化来看，地壳形成以来不可能再有比月球稍小的行星胚胎撞击到地球上来，并引发整个地球地壳的剧烈变化。恐龙时代的生存环境是什么样的呢？应该与人类时代的生存环境相似。造成恐龙灭绝的全球环境巨变会是四种极端状态：干、湿、冷、暖，具体来讲，就是地球表层突变为全球无水（干球）、全球被水覆盖（水球）、全球冰冻（雪球）、全球高温（火球）四种状态。在这四种全球环境中的一种或几种情况下，全球的陆地植物都无法生长了，陆地动物也就没有了生存的环境。

全球突然成为水球的环境几乎不可能发生，因为地球上一旦出现了大陆后，就不可能全球都被水淹没。突然冰冻的雪球环境也不可能在全球发生，因为地球从地质演化开始的温度是相对宇宙空间逐渐降低的，在地球相对太阳的轨道上，难以找到一种机制能让地球突然冷却，从而使全球被冰雪覆盖，后又恢复到今天的状态。大陆结束漂移后的火山活动喷发出的火山灰能够降低地面接收到的太阳辐射量，使得地面温度降低，但这种降温是区域的，不可能是全球性的。干旱的全球环境更不可能发生，除非全球海洋干枯了，大气不再相对地面运动了，就像现在的月球那样，没有了海洋和大气。地球地质史上可能发生过的极端环境唯有全球性的高温。

高温来自哪里？高温来自大陆多次来回漂移过程中，地幔岩浆流体在分裂和漂移开的大陆板块之间的裸露，犹如火球。岩浆裸露使得大气温度升高、海水汽化、暴雨洪涝加泥石流不断发生，大多数恐龙被埋在了盆地中，最终恐龙灭绝。四川自贡恐龙化石发现地就有如下特征：食肉与食草类的恐龙骨骼化石在同一处被挖出，表明它们是在其他地方分别死去后被洪水和泥石流把遗骨冲汇到一处的。恐龙灭绝之谜与各地发现的煤炭和石油矿藏之谜是有关联的。地球地质演化史上，在有利于植被生长的气候和土壤环境下，就可能有动物的繁盛，也就可能有恐龙的出现。在南北半球古大陆时期，现代南极洲和蒙古地区的位置都在中纬度，具有适合动植物生存的环境。大陆经历了第一次的漂移后，南极洲大陆漂移到了现代的冰雪之下，那里的早期动植物只能成为矿藏和化石。漂移过来的蒙古地区气候和地貌环境也发生了根本性的改变，不再适宜高大树木和恐龙的生存了。在大陆漂移过程中频发的暴雨和泥石流埋葬了气候温和期的动植物，使它们成为现代的矿藏和化石。蒙古地区现在发现的煤炭和恐龙化石就反映了这个地方是从原先有利于动植物生存的纬度气候环境下漂移过来的，漂移过程中，动植物蒙受了被埋葬的灾难。

大陆发生第一次分裂漂移前，南北半球的中低纬度带气候环境是适宜动植物的生存的。人们可以从南极洲和格陵兰岛的冰雪之下的地层中找到那时的遗物，它们是高品质的煤炭。第一次分裂开的大陆板块的前后方都是裸露的岩浆流体，海水被汽化，海洋成为火的海洋，大陆板块上热浪滚滚、对流旺盛、暴雨如注、泥石横流。在那种巨变的火球环境下，动植物是不能生存的，它们最后以化石和矿藏的形式埋葬到了地层中。这样的大陆漂移形成的高温热浪及其次生灾害是全球性的，是包括恐龙在内的所有生物都难以生存的全球性灾难环境。

当地幔岩浆流体相对地核发生向西运动之前，地核与地幔之间的角动量交换有一个静止期，那时地球上有一个联合大陆，只有现代的南极洲不在其中。在联合大陆和南极洲大陆的周围，全球形成了一个广阔而又贯通的海洋带。联合大陆和周围的海洋进入到了一个气候平静期，动植物又开始繁盛起来。除了南极洲大陆外，联合大陆上的动植物可以自由迁移与繁殖，且不受海洋的阻挡。

在地幔相对地核减慢时期，地幔流体向西和向极地的运动驱动了联合大陆的离散，地幔流体赤道辐合带以南的大陆向西南漂移，辐合带以北的大陆向西北漂移。漂移的过程中，大西洋形成了，联合大陆中部的地中海扩展开了。这些新形成的海洋不是水的海洋，而是充满地幔岩浆流体的火海。全球海水被汽化，大陆板块上再次热浪滚滚、对流旺盛，暴雨引发泥石流。动植物不能生存，它们又以化石和矿藏的形式埋藏到了地层中。

随着地核与地幔圈层之间相对运动趋缓，地幔流体的大尺度运动恢复平静，新的海洋地壳又被冷却成为固体地壳。固体外壳隔离了地幔岩浆流体与大气的直接接触。全球气候再次进入到一个温和期，新的动植物再次在新的不同大陆板块、海洋板块上繁殖起来。这次全球气候温和期各大陆的动植物与前一次平静期形成的动植物是不同的，它们之间没有本质的联系。常言道，“留得青山在，不怕没柴烧”。

一样的道理，只要地球在，进入平静期的地球一样会有新的动植物兴盛起来，与以前的动植物不同源、不同宗。

在此之后，两个半球地幔流体又有了向东和向地幔流体赤道辐合带的运动分量。地幔流体驱动着分散的大陆向东和向地幔流体赤道辐合带的方向漂移。南美洲、北美洲大陆向东漂移，趋向现在大西洋洋中脊的位置。其间，大陆和海洋环境再次恶化，动植物又以化石和矿藏的形成埋入到了地层中。

当南、北美洲大陆漂移到大西洋洋中脊的位置后，地幔流体的运动速度又趋于平缓，大陆漂移又一次进入平静期，形成固化的新海洋地壳，大气中的大部分水汽再次回到全球大洋中。新的动植物又在大陆和海洋上繁殖起来，地球表面又成为动植物的天堂。

至此，大陆向东漂移了两次，向西回漂了一次，合计漂移了三次。每次大陆漂移的过程都是地幔流体裸露的时期，全球大陆板块遭遇高温、暴雨、泥石流环境恶化，动植物灭亡并被埋葬到了地层中，成为化石和矿藏。从联合大陆时期到大陆漂移三次平静期，一共有了四次动植物的繁盛期。澳大利亚大陆向东北漂移到海洋地壳上有 6 次明显的记录，与此同期，中国大陆向东南漂移到海洋地壳上也有 6 次明显的记录，那么地球表面的平静期有 13 次。如果加上后来的海沟形成和行星尺度火山活动的平静期，地球表面差不多经历了 20 次的平静期与活动期的交叉过程。那么，20 次的平静期中，大陆上，海陆交界处，甚至海洋上都有动植物从新生到繁盛的过程。而在大陆漂移和地壳活动期间，以高温为主的环境气候剧烈变化，出现了动植物灭亡，同时伴随大气和水圈的异常变化形成了化石和矿藏这一过程。

如果以大陆的早期明显漂移期和平静期的时间大致长于 1 亿年估计，前 40 亿年，地壳完成了相对漂移的过程，到最后阶段，大陆地壳的裂谷和海洋地壳上的海沟和裂谷也都已经形成了。但是，早先的大陆漂移期和漂移平静期与后来的大陆漂移期和漂移平静期，这之间的时间间隔可能是不均等的。20 次的大陆平静期繁育起来的动植物都被 20 次大陆来回漂移期的恶劣气候和地貌环境变化所毁灭或部分被掩埋了，形成了不同地质时期的埋葬化石和矿藏。每次大陆漂移期和海沟形成期，地球表面的高温恶劣环境都是全球性的，对之前大陆漂移平静期形成的生物都是毁灭性的。所以，在 20 次的动植物繁盛期中，就可能有不同的恐龙问世又消亡。地球地质史上的多次动植物存亡都是与大陆漂移的平静期和活动期有联系的，这跨越了地球地质演化 50 亿年中的前 40 亿年的时间，并不是当前科普中描述的近 2.4 亿年来大陆漂移中的事件，恐龙也不是假说中推测的大约在 2.55 亿年前的事。

在前面几节描述的大陆漂移和造山运动中，我们能够推测到那种环境对生物的破坏。近 10 亿年来，大陆板块之间不再出现明显的漂移了，原因是海洋地壳增厚了，甚至有些老的多块海洋板块由于冷却缝合而成了一个大的整体。受地幔流体运动的驱动，不同的大陆板块之间、海洋板块之间、海陆板块之间发生相对运动的形式只是地震和火山活动。随着大陆漂移的结束，地球表面的大部分地质环境是有利于动植物向精细化和高质量方向发展的，只有多地震和多火山活动的板块边缘仍然不利于动植物的生存和发展。在近 10 亿年的早期几亿年中，这种多地震和多火山活动仍然严重影响了很多地球表面动植物生存。随着地球上地质环境趋于优化，气候环境也得到了优化。在近几亿年的这种优化的地质和气候环境下，高等动植物得到了发展，人类也就诞生了。

地球的大小、能量、物质组成、相对太阳的距离这些独特因素，是太阳系中其他行星和卫星所不具有的，所以地球才有了动植物多次形成和繁盛发展的可能。早期地球地质环境的剧烈变化是不利于动植物发展和长久生存的。最近几亿年的地质环境和气候环境是最有利于高等动植物生存和发展的。从某种角度上看，地球上现有的地震和火山活动，各种冷暖极端天气和台风与龙卷等大气扰动系统，正说明地球自身还是有生机的。地球地质演化进入近几亿年的优化环境以来，大陆漂移和造山运动不再是地貌改变的主要原因，水循环和大气循环过程中泥沙和风沙的沉淀已成为地球地貌改变的主要成因。

2.17 长期南移的长江入海口

现在的长江于上海崇明岛以东注入东海，上海既是沿江大都市，又是沿海大都市，是通江和通海的商埠之地，因而能够从一个江流入海的小渔村发展成为一个国际化大都市。而在 6 000—7 000 年以前，上海的位置还在海平面之下，长江入海口在扬州和镇江之间，最深的长江河道从现在的扬中，经过苏北的海安到角斜（图 2.17.1）。现在的京杭大运河以东，包括太湖、高邮湖和洪泽湖都是当时的沿海海湾，类似现在的杭州湾。几千年来，扬中所在的江口以东的海床上逐渐形成了泥沙沉积，苏北里下河及其以东地区、苏南太湖以东大片地区才从大陆架的浅滩上露出了海面。这种露出海面的地形，不是因为地壳的垂直抬升，而是由于泥沙在地壳表层的沉淀，所以称为冲积平原。

地图上，扬中以下部分，长江河道的形成依靠的是两个力：一是上下游地形坡降的重力水位差形成了从南京至扬中向东的水流；二是向东流动的江水受到的地转偏向力，使得长江主流不断冲刷南岸，改变主河道，而在北岸流速减缓，形成了沙洲。于是，原先一条从南京向东流动的长江河流，在向右的地转偏向力作用下，河道总体是向东南方向弯曲并延伸的。这是地转偏向力导致了长江入海口的长期向南偏移。

图 2.17.1　长江未来的主河道（黄虚线）和历史上的长江深水河道（红虚线）（紫虚线指示现在的长江主河道，深蓝虚线指示海面下的水槽，杭州湾以东的四个黄色箭头指示未来长江主河道的四次南移变更，杭州湾将成为又一个内陆淡水湖）

长江下游的水位高低和流速大小直接与长江中上游流域的降水量有关。长江中上游的年降水量有年际和年代际的变化，甚至世纪变化，于是会形成长江中上游流域水土流失量和长江下游河道流量的多时间尺度变化。这些变化会改变长江下游河道和沙洲分布，即形成河道的不连续弯曲。每次长江河道大的弯曲变更都在现在的海岸线上留有痕迹，如扬中那里的河道弯曲对应角斜海岸凹进的河口，江阴那里的河道弯曲对应吕泗港海岸凹进的河口，海门那里的河道弯曲对应北支口，宝山那里的河道弯曲对应北槽口，外四码头处的河道弯曲对应南槽口。未来，主河道的北侧会出现新的沙洲，而长江的出海口继续向南逐步推进。

两千年前，长江的入海口到了江阴，海岸线的东移，封闭了洪泽湖、高邮湖和太湖那里的海湾，使它们变成了内陆淡水湖。一千年前，长江的入海口东移到了海门。后来，长江入海口又东移到了宝山。现在的长江入海口已经到了上海附近的外四码头了。每一个历史上遗留的入海口痕迹都会延伸到现在仍然存在的海岸边缘湾口，它们从北向南分别在角斜、吕泗港、北槽口和南槽口。海岸边缘湾口外的泥沙辐射状分布也暗示了原先的入海道已成现代的地下河。从长江入海口的时间演变来看，入海口的变化有加快的趋势，这可能与长江流域的水土流失有关。由于咸水与淡水的交汇，长江入海口处的河口水流系统产生了细颗粒泥沙絮凝，在河口下段出现最大混浊带和相应的浅水区，大大影响了河道的通航能力，因此近些年来人工疏通成了干预河道的一项工程。

人工在一地干预河道保航不是永久的做法。可以预见，随着长江主河道沿舟山群岛的未来四次南移变迁，黄海与东海的分界线要南移，黄海面积增大，而东海面积缩小。随着长江入海口迁移到杭州湾的东部，现在的上海大都市会成为一个内陆城市。甚至，一万年后，杭州湾也可能成为又一个大太湖，一个长三角地区最大的淡水湖。现在的杭州湾到那时也许会更名叫“杭州湖”。

黄海与东海的明显差异是海水中的泥沙含量。海水中的长期高泥沙含量和泥沙沉淀，使得黄海靠近苏北的近海比靠近上海和浙江东海的近海深度浅。于是，从长江早期入海口到今天的入海口，近海深度是逐渐向南加深的。在向西的常规引潮力作用下，海潮自东向西运动受到向西北的地转偏向力作用。在落潮的时候，向东退去的潮流又受到向右（南）的地转偏向力的作用。于是，涨潮和落潮都受到了地转偏向力的作用，其结果是会在浅海形成向东南方向的水槽。图 2.17.1 中，在角斜、吕泗港和北槽口各自向东南的方向上，用蓝色虚线表示出了海面下的指向东南方向的水槽。

图 2.17.1 中的多次河口变更是近一万年来，长江河道变化和泥沙沉积遗留在地

壳表层的痕迹。在最后一次大陆漂移形成的海床上，长江入海口外形成了泥沙沉淀的冲积扇。这个全球最大面积的冲积扇明显地展示在图 2.17.2 的蓝色点线范围中。冲积扇上的深沟条纹沿最北的河口（角斜）向黄海和东海方向辐散开。向东南的辐散强度和长度更为明显，这也反映了地转偏向力的作用。在朝鲜半岛的汉江口外和鸭绿江口外，也可以看到这样的冲积扇及其辐散痕迹。

地球表面确实遗留了很多的大陆漂移痕迹，以及地表水运和风运沉积物痕迹，甚至在扬中至角斜的地下可能仍然留有一条历史上的地下河道。如图 2.17.1 中苏北浅海的泥沙痕迹，苏北冲积平原的浅层地下可能有多条地下河道。在冲积扇之外，琉球群岛形成于中国大陆向东漂移遗留的海岭，它的东侧是一条海沟。在琉球群岛的西侧，中国东海海盆中存在海底地形上的三个台阶（图 2.17.2）。在海底的三个台阶上和中国东部大陆上，表层地貌分布中充满了大陆漂移结束以来的流水和泥土作用的痕迹。

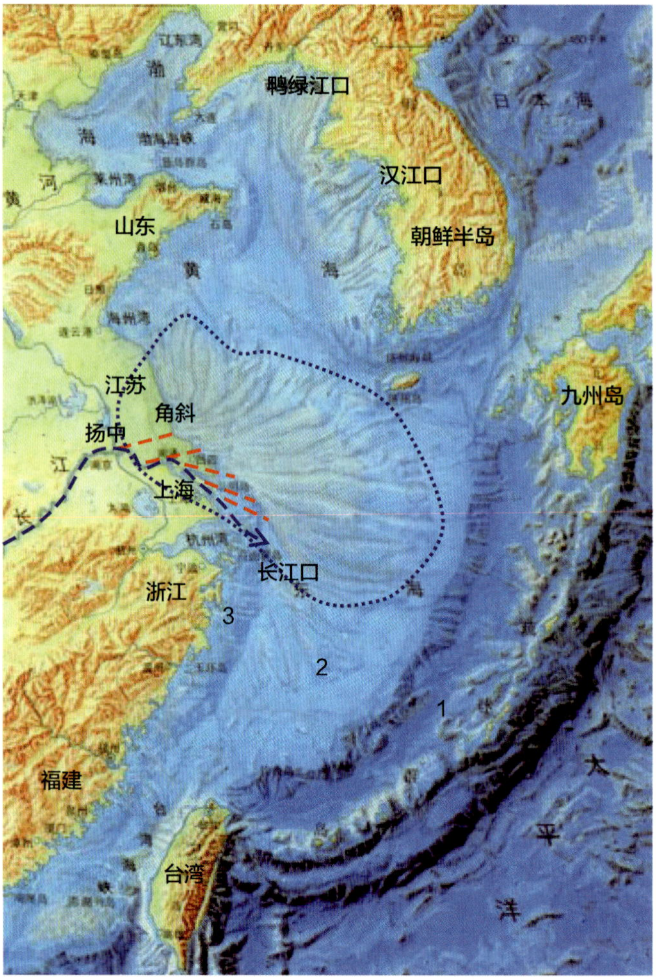

图 2.17.2　长江未来的主河道（蓝虚线）和历史上的长江深水河道演变（红虚线）（蓝色点线包围的是一个大面积的冲积扇）

只要地球上的海洋不枯竭、大气环流还存在，大气中的水循环就不会停止，那么长江就会继续存在。长江流域的泥土会进入长江，随江水东流入海。黄海和东海的泥沙沉淀会继续，中国东部的大陆会向海上扩展，这是中国东部地貌发展的一个总趋势。

根据长江水东流对泥沙的输送作用和水流流速的地转偏向力作用，长江的入海口最终可能会到达宁波附近，未来的上海将不再是沿海大都市，而是长江入海口河道以西的内陆大都市。在大陆与洋盆之间的大尺度水文循环过程中，海洋表面的水在太阳辐射的作用下，蒸发上升参与了大气环流。在青藏高原东侧的中国大陆上，来自西太平洋和印度洋的水汽随大气环流进入大陆上空，甚至爬升高原，在遇冷凝结后以降水的形式下落到长江流域并与泥沙一起汇聚到长江河道中。这是一个永恒的水文循环路线和过程，水沙运动会改变地表特征，形成新的地貌。大陆停止漂移以来的类似地貌变化不但发生在长江三角洲，也同样发生在中国北方的黄河和淮河入海的区域，甚至南方珠江入海的区域。

2.18 苏北冲积平原的形成环境

习惯上，长江以南的江苏区域称为苏南，而长江以北的江苏区域称为苏北。苏北平原是指长江以北、京杭大运河以东的冲积陆地平原。苏北冲积平原包括现在的扬州、泰州、南通、盐城和淮安，以及宿迁的东部和连云港的南部等地区。苏北冲积平原的西边以洪泽湖和高邮湖为界，南边以长江为界，东边有黄海，只有北边没有明确的分界，但那里有山地或丘陵台阶为限。

苏北冲积平原是怎样形成的呢？流经中国东部大陆的河流主要有三条，由北向南依次是：黄河、淮河和长江。黄河是中国第二长河，流经中国的北方地区，与黄河有关的故事很多，都与黄河的水文地理环境变化有关。历史上，河道变更最大的是黄河，其次是淮河，长江河道变化相对较小。长江河道的历史变迁主要受河道流量和地转偏向力的作用，在其下游顺水向右偏移。黄河水流从西宁段到郑州段走过了一个“Ω”型的路线，包围了黄土高原的主体部分。到了郑州附近，黄河在南北方向上经历过很大跨度的改道。黄河的宋朝故道从郑州以西向东北，经过鹤壁到衡水，最后经海河，出大沽口，入渤海（图 2.18.1）。这是最西北的黄河故道，在与现代的黄河之间还形成过历史上的西汉故道和东汉故道，它们都曾肆虐于华北平原，并造陆于渤海之滨。黄河最南的故道从兰考向东南，到徐州和淮安，再转向东北方向，经盐城市的滨海入黄海。从宋朝建炎二年（公元 1128 年）黄河改道向东南到清朝咸丰五年（公元 1855 年）黄河在铜瓦厢决口改道向东北期间，黄河在苏北入海长达 700 多年。期间，黄河与淮河一起快速冲积出了苏北中北部的大片三角洲，也让淮河口向海上大大地推进了。黄河距今最近的一次非人为重大改道发生在 1855 年 8 月 1 日，黄河在兰考北岸决口，形成了现代黄河，流经济南和滨州入渤海。

历史上，黄河改道给当地的生灵造成了巨大的伤害，也改变了沿途的地形地貌，甚至留下了难得的资源和遗产。黄河河道决口的自然因素主要有两个：一是来自下垫面的因素，黄河上中游的地表多沙地和裸地，地表径流含有大量泥沙，而黄河河水搬运泥沙形成的堆积地貌是河道两侧决口的一个自然原因；二是黄河中游持续性大降水，从最北的黄河故道到最南的黄河故道之间，大多数地区都曾经受过黄河水患的影响。

图 2.18.1　中国东部地区的三条主要河流：黄河、淮河和长江（蓝色虚线箭头指示现代河道，红虚线箭头为两条黄河故道，紫色虚线箭头为淮河可能的历史入海河道，绿色虚线箭头为长江历史入海河道）

沿着中国东部的海岸线标注的现代和古代三个黄河入海口都不是凹进陆地的河口，而是凸向海上的冲积扇，黄河河床到了下游形成了比周围高的台阶。黄河的入海口与长江入海口的地貌特征完全相反。长江入海口是比两侧低洼的位于海平面以下的河道。由于黄河水流慢，泥沙多，在近海筑成高台是它的发展特色。黄河故道在苏北地段的位置大致与现代的苏北灌溉总渠走向一致。苏北黄河故道上部有一层浅薄的土壤，而下层有很厚的黄沙。黄河故道附近的土壤层特征与苏北中部和南部是不同的。

阜宁县的金沙湖是黄河故道上的黄沙被挖走作为建筑材料后形成的。追踪苏北阜宁县城附近的黄沙，它来自黄河的中上游地区，是黄河改道带来的泥沙沉积。如此大面积的黄沙沉积一定是历史上黄河严重泛滥的结果，即黄河上中游遇到了超强的雨水。黄河改道到洪泽湖附近时，苏北地区还沉浸在海洋中。快速入海的黄沙堆积在了苏北阜宁县城附近。黄河改道到北方后，苏北受到夏季风的影响，表层淤积了淮河下来的浅层泥沙，把黄河原先冲来的黄沙像矿藏般埋到了地下。黄沙的埋藏使这里成为一条长达 7 km，幅宽 1.5 km，呈东南—西北走向的黄沙冈。20 世纪 70 年代，人们对这片沉睡了万年之久的矿藏进行开采。苏北地区淮河泥沙沉淀而成的表层土壤适宜长花生，疏松的下层沙土与表层土壤一起在季风环境下可长梨树，沙矿的开采可发展当地经济，所以当时的苏北地区被人们称为“花生香，梨子甜，黄沙又卖钱”的好地方。经过 30 年的开采，原先的黄沙冈地貌变成了金沙湖。2015 年 3 月在金沙湖出土了万年前漂泊而来的楠木。金沙湖沉淀了黄河的历史，成为华南和华东广大地区上难得的沙与水共存的景观资源，如今已成为 4A 级风景区。

黄河故道与淮河交汇的地方在宿迁，那里 65 m 深的土壤中有 8 个可分辨的不同土壤颗粒层次，反映的是两条河流对宿迁影响的更替，现在成了地下优质水的自然过滤器。洪泽湖是现代苏北沿京杭大运河上最大的内陆淡水湖，可它曾经是海边上最大和最深的咸水海湾。洪泽湖以东的海湾深达 1 400—1 800 m，海水盐度较高。当更东侧的外围被河流入海泥沙淤积后，淮安一带形成一个局地海盆。当淮河经泗阳，过响水入海后，淮安那里的高盐分海水蒸发形成了盐矿。后来，黄河侵淮、夺淮，加上淮河南移的多次变迁，形成了表层 600—900 m 厚的土壤层，而在它的下面就是平均厚度达 347 m 的盐矿层，这是在 1956 年钻探发现的。洪泽湖的北侧和东侧戏剧性地成了淡水、盐矿、黄沙矿的资源地。这正是沧海变成了桑田，沉淀的是黄河与淮河交织的历史。

与黄河入海口陆地凸向海上的冲积扇海岸线不同，长江入海口呈现的是海岸线凹进的河口。长江入海口的变迁都与河道明显向南偏移对应，这是河道水流受到地转偏向力作用的结果。这种对应的河道与河口的位置由北向南移动了多次。6 000—7 000 年以前，长江入海口在今天的扬州、镇江附近；公元 3 世纪，长江入海口在江阴一带；到了唐武德元年（618 年），崇明岛开始形成，自此长江河口被分为南北两支；19 世纪后期，长兴岛、横沙岛陆续露出水面；现在，又形成了九段沙。所以，现代长江入海口及以北有五个箭头（图 2.18.1）。苏北的南段陆地是随着长江河道向东南的变更，由江北沙洲逐步冲积而成的。

现代淮河的主河道通过三河闸，出三河，经宝应湖、高邮湖在三江营入长江。历史上，黄河长期侵淮、夺淮，淮河流域的地形和水系发生了很大变化，留下了现代的废黄河河床。与长江在江苏段的变更相似，淮河入海口河道也经历了多次由北向南迁移的变更，这些变更形成了苏北中部的冲积平原，也围成了西侧的洪泽湖和高邮湖等湖泊，并在东部海岸线上留下了入海口痕迹。可是，现在的淮河没有了真正的入海口，它的主河道并入了长江。淮河的入海口历次南迁主要发生在江苏海岸线最长的盐城市地段。北宋天圣二年（公元 1024 年）由范仲淹主持修建的范公堤经过阜宁至西溪（今东台）一线，起到了"束内水，隔外潮"的效用。现在沿范公堤的东侧已经修筑了高速公路和高铁，而现在的海岸线相距范公堤已经东移了 50 多千米。

所以，在中国东部的三大河流中，黄河是最活跃的。它曾从河南郑州的西边，向东北，过华北平原，流入渤海，也曾从河南郑州的东边，向东南，过苏北平原的北部，流入黄海。淮河河道常常受到黄河的影响而改道，但它基本上具有与长江河道一样向南变更的趋势。近万年来，长江和黄河的变迁过程中，在河道的下游留下了变化的痕迹，说明近代地貌变化的痕迹会明显地表现在海陆交界处。在中国大陆上，最大的地貌改造就是河流的作用、海陆边缘的变迁以及风沙沉降。

在大陆漂移和造山运动成定局后，大气环流和气候分布的格局也定下来了。10 亿年前的青藏高原稳定形成以来，北半球的西风气流遇到高原，在西侧发生了南北分流。南侧的气流绕经孟加拉湾转变成暖湿西南气流，到达中国东部地区，北侧的气流绕经蒙古 – 西伯利亚转变为干冷的西北气流，也到达中国东部地区。所以，在中国东部地区形成了夏季的西南暖湿气流与冬季的西北干冷气流，它们季节性地交替出现，形成了季风环境。每年冬季，强劲的西北气流伴随冷空气的爆发，把干冷的沙子吹到空中，随冬季气流向东南方向飘移。一路上，沙尘逐渐沉降。所以人们能够看到，地面黄土中粗粉沙含量由西北向东南递减，而黏土的含量却从西北向东南递增。

10 亿年来，风沙这一动力因素形成了位于中国西北地区的黄土高原，它是世界上最大的黄土沉积区，范围覆盖为 34°—40°N，103°—114°E。东西 1 000 余千米，南北 700 余千米，包括太行山以西、青海省日月山以东，秦岭以北、长城以南的广大地区，面积约 40 万平方千米。黄土高原上覆盖着深厚的黄土层，厚度多在 50—80 m 之间，最厚处可达 150—180 m，这样的厚度是近 10 亿年来，无数次沙尘暴风沙沉降的结果。其实，风沙的沉降并没有受到太行山的阻挡。原因在于，太行山以东属于东亚季风区，冬季风期间沉降的沙子会在夏季风期间，被降水冲刷进入河道，最后随黄河流入到黄海或渤海。太行山以西的情况有所不同，一是冬季的风沙沉淀较多，二是夏季降水较少，它们都有利于风沙在当地的积累，形成了黄土高原。所以，随黄河故道水流进入苏北的泥土可以追溯到黄土高原地区。

黄土高原的黄土层之下的煤炭资源也反映出，在青藏高原隆升之前，这个区域位于大陆漂移前偏高的纬度，原始大陆和早期漂移的大陆有利于动植物的生长和繁育。随着后来大陆的漂移，这些动植物被埋入地下，形成了矿藏。青藏高原隆升后，风沙的沉降把这些矿藏埋得更深了。苏北平原的形成伴随着大陆海岸线的变迁，是历史上黄河、淮河和长江三条河流长期阶段性的泥沙冲积形成的，成为黄土地的延伸。黄河入淮河加快了苏北北部冲积平原的拓展，淮河河道和长江河道由北向南的改道分别冲积成了苏北中部和苏北南部的平原。大陆边缘的地貌变化除了河流对泥沙的冲积原因外，海洋中洋流对泥沙的冲积也可以改变大陆边缘的地貌。

2.19 美国大陆的东西海岸带

在地球地质演化的前 40 亿年中，地核与地幔进行角动量交换，形成了地幔岩浆流体相对地核的运动，地幔流体的相对运动又驱动了大陆的分裂和漂移，也形成了多时间尺度和空间尺度的造山运动，如后期的海沟形成和沿海岭（洋中脊）的大范围火山活动。近 10 亿年来，造山运动对地貌的改变已经完成，大气环流和水循环过程分别对风沙和泥沙的搬运正改变着区域尺度的地貌特征。此外，海洋环流对海洋泥沙的搬运和堆积作用，也形成了类似于分布在北美大陆东西两侧海岸线上的外围堆积沙坝。这与形成于中国大陆东侧海上的冲积平原有所不同。

除了火山的地貌特征外，美国西海岸还具有三种形式的局地地表特征，分别分布在陆上山地、海洋水下和海陆交界处。在山地斜坡上，一些岩石的露头呈现出条带平行的分布结构（图 2.19.1a）。这些条带岩石形成的年份较早，至少形成于 10 亿年前大陆发生明显漂移和造山运动时期。在地核与地幔发生角动量交换的一个时段里，地幔流体除了具有行星尺度的大规模水平方向性运动外，地幔流体中还会有如水波那样的岩浆流体波动。这些反复出现、作用于同一个方向上的波动，会形成如图 2.19.1a 中所示的岩石层级构造。它们好似地幔流体在多个时间段不断在一个区域上多层次叠加并冷却形成的。这样的局地构造在山区非常普遍，来自更大尺度的地幔流体驱动，使先前呈叠置状态的地壳再次整体发生了倾斜。

(a) (b)

图 2.19.1　美国加州西海岸 (a) 山地斜坡上岩石条带的平行露头，以及 (b) 远处海岸附近的海水波纹和近处早期的岩浆波纹痕迹

在海面以下，海洋地壳并不是最原始的地球地质演化开始时的地壳了，而是大陆漂移后，地幔岩浆流体露出部分冷却并形成的海洋地壳。岩浆流体中的波浪会遇到先期冷却的不规则海洋地壳板块的阻挡作用。所以，海洋地壳的表面具有波浪式的分布形态，又有变形的弯曲特征，这是早期岩浆波浪快速冷却的结果（图 2.19.1b）。这些特征分布又常常被泥沙所埋，或被海水冲刷显露出来。图 2.19.1b 中，如果当前远处的海水突然冻结，那么形成的冰层一定如眼前的早期岩浆表层的波浪构造一样。现代人们能够看到的岩石地貌特征正是 10 亿年前岩浆流体运动的痕迹。

山地的岩石条带构造和海洋地壳上的波形轮廓，它们是地幔岩浆多次水平运动叠加和岩浆在表层运动冷却后留在地质演化史上的痕迹。这些地壳分层叠加痕迹和岩浆波动形成的岩石波纹都不可能再出现新的叠加或者说再流动了，历史已经把它们定格在了那里。北美大陆在 10 亿年前，至少在海沟形成之后，就已经定格在了北太平洋与北大西洋之间。北美大陆定格时，大陆的边缘是破碎的，形成了弯曲不整齐的海岸线。然而，经过 10 亿年来的变迁，北美的东西部大陆海岸边缘线在很多地区变得平直了很多。图 2.19.2a 是美国西海岸一个地段上大潟湖附近的海岸线，图中的黄线是美国 101 公路，它绕转这个大潟湖和北侧的两个相对小的潟湖，由南向北通过。在三个潟湖的西侧是平直的细长海岸线，它不是人工围造的堤坝，而是自然形成的。去掉这条平直的海岸线，留下的陆地与水的边缘才是北美大陆 10 亿年前定格时的海陆边界。那么，这条平直海岸线是怎么形成的呢？它的形成与沿岸海流和海浪在过去 10 亿年中的长期持续作用有关。

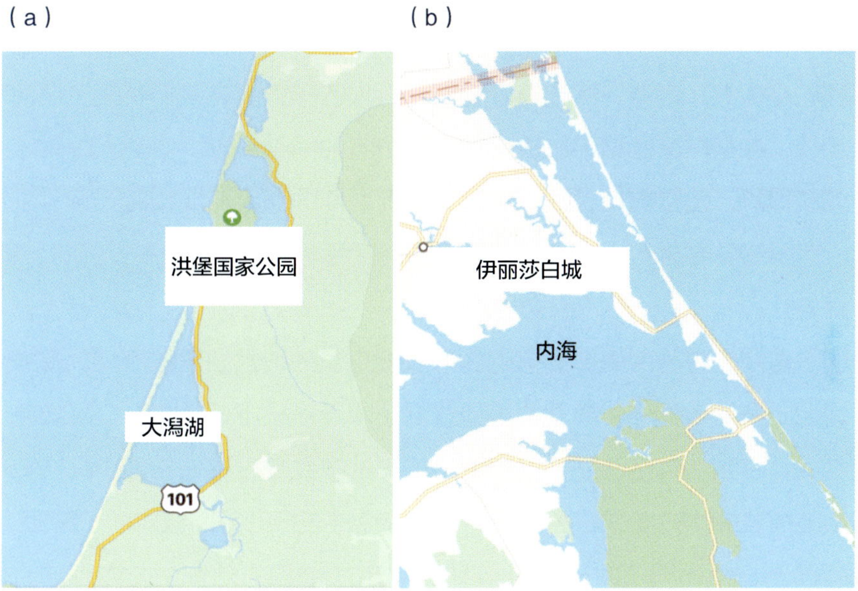

图 2.19.2　(a) 美国西海岸被封闭了的三个海湾（黄线是美国 101 公路），(b) 美国东海岸弗吉尼亚海滩上的沙子堆积坝

图 2.19.2a 中的平直海岸条带可以分成南北两段。南段在大潟湖的西侧，北段在两个小的潟湖的西侧。两段海岸线交界处在洪堡国家公园的位置。国家公园相对向西凸出到了太平洋的一侧，可以看成一个半岛。在近海西南洋流的作用下，图 2.19.2a 中海洋地壳上的泥沙（或粉砂）被洋流卷起，海水中所含泥沙的运动会在半岛的下游背后减速下来，形成泥沙堆积的离岸沙坝。这样，泥沙在半岛的下游堆积并不断延伸，若干年后就自然形成了一条平直的海岸线，当与再下游的一个半岛（障壁岛）连接上，就在海湾外构造出了一条沙坝。所以，图 2.19.2a 中出现了三段沙坝。平直的沙坝已经把三个海湾封闭了起来，形成了排列在一条线上的大小三个潟湖。美国西海岸有南北走向的山，山的西侧地面径流是入西侧太平洋的。于是，山上的水通过径流进入这些被封闭的海湾，就可以形成淡水湖了。简单地说，海湾陆地边缘凸出海洋的部分，在海流的下游方向上长期受到泥沙的堆积，狭长的沙咀不断延长，

渐渐形成离岸坝，海湾与海洋失去联系，形成了封闭的湖，即潟湖。

潟湖在全球很多大陆边缘都有形成。潟湖形成的重点是要在大陆海岸线外形成长坝。形成一条直线式长坝的基础是要有至少两根固定在地壳上的岩体，它们像地壳牙床上的一排牙齿，如海湾两侧伸上外海的大陆边缘，或多个岛屿连成的岛弧、海岭、珊瑚浅滩等。长坝形成的材料是沉淀和堆积的泥沙和粉砂等，动力条件是有规则的海潮。泥沙可以来自内陆的河流，到达海上后再由海潮驱动并沉淀，也可以来自海洋中或海洋地壳表层的粉砂。中国东部的潟湖已经完全变成了内陆淡水湖，如洪泽湖、高邮湖、太湖、西湖等，它们外侧坝的形成就是来自长江、淮河和黄河的大量泥沙，甚至在这些湖的东侧又形成了更宽的冲积平原。亚洲大陆东部虽然有多条岛弧和海岭，但它们离大陆太远，岛与岛之间的海太深或相距太远，不可能形成沙坝。美国很多潟湖外沙坝的材料主要是来自海洋的黄沙、砂石、砾石、珊瑚礁、贝壳碎屑等。

美国东海岸也有与西海岸类似的，但长度更长的被封闭了的海湾。在弗吉尼亚海滩，南北走向的大陆外，平直的海岸线到了南段形成了一个弧形，好像是人工筑成的。其实，它也是自然的。平直海岸线的形成多数是把相邻的两个岛屿或海洋地壳上的凸起通过泥沙的堆积连接起来了。促成这种连接的是洋流对沙子的搬运作用，在岛的背洋流一侧形成了沙子堆积。图 2.19.2b 中沙坝先向东南方向延伸，然后又转向西南，形成了一弯眉毛样的轮廓。沙坝里面是宽窄不等的内海。小范围的潟湖甚至会被沙坝完全封闭，成为与海水隔绝的淡水湖，它们此后会因为内陆泥沙的沉积而逐渐缩小，最后成为陆地或者沼泽地。小范围的水体就算不与海水隔绝，来自海水中的泥沙沉淀也会将海水的潟湖填塞掉，成为陆地。而像图 2.19.2b 中大面积的内海，也会被内陆河流泥沙和外来海水泥沙逐渐填埋，面积渐渐缩小。

美国东南部有一条全球最长的沙坝。这条坝已成为美国 1 号公路最南的路段。沙坝最南端的基韦斯特市，位于墨西哥湾东口佛罗里达群岛西南端的基韦斯特岛上，是美国本土最南的城市。由于基韦斯特岛仅由一条公路深入到远离大陆的海洋中，这里成为旅游的好去处。当然，这条全球海上最长的沙坝还没有形成完整的的水上连接通道，其中有十多千米的坝体仍然在海平面以下。在全球各大陆的边缘，美国东海岸有断续长达 1 500 km 的沙堆滨岸坝，围成了很多的潟湖和内海。

由于风化和径流作用，在地球重力作用下，海平面高处的土壤和沙石会被搬运到低洼的地方去，形成了山不再升高、海不再加深的长期趋势。同时，在水平方向上，风沙和径流的作用会使得陆地面积有一个扩展的趋势，扩展最快的区域是在大陆的边缘，而那里的海面在缩小。地球流体中的地幔、海洋和大气对地壳和地貌的改变能力是巨大的，人类可以充分认识这些自然现象，合理利用自然资源。

2.20 顺应自然环境的资源利用

什么是环境？环境是由物质和信息构成的非我。我的有生命主体可以是一个人、一群人、地球上所有的人类。我的无生命主体可以是一栋房子、一个岛屿、一颗行星。这些主体有一个边界，边界外的一切就是它的环境。地壳、地球水圈和大气是人类的环境。太阳、太阳系中其他行星和宇宙中的其他星际物质都是地球的环境。在不同的环境约束和影响下，主体会有不同的发展，同时主体也会作用于环境，从而形成主体与环境的相互作用。

什么是资源？资源是指能够被主体所利用才能存在与发展的物质、能量和信息。对人类主体来说，食物、光、水、土地就是生存与发展的资源。一个国家的生存与发展需要物力、财力、人力、信息等多方面的资源。资源可以来自主体的内部和外部。内部资源的大量使用就是主体的内耗，所以主体的稳定与发展需要的是来自外部的资源，即环境资源。

怎样让环境资源为我（主体）所用呢？构成环境资源的要素在质和量上是随时空变化的。不同的变量有它的平衡态和变化的规律，同时也会有偏离平衡态的异常。通常的“适者生存”是指的主体适应平衡态的环境。一旦有偏离平衡态的异常或极端出现，就会给主体造成灾难。我国古代有很多先人，在认识自然环境资源的基础上，成功地利用自然规律减少了灾害，造福了一方民众。从大禹治水，到都江堰和京杭大运河建成，两千多年来，中国人的治水已经摆脱了堵和抗的机械做法，走上了在认识自然资源环境的基础上顺势疏导的科学治理轨道。历史上大多数造福子孙后代的水利工程都集中在我国的东部季风区或者西风带区域中。这些古老的工程仍然能够造福于今天和未来，是祖先勤奋学习自然规律的成果。

人类可以修建坝、堤、溢洪道、水闸、进水口、涵洞、渠道、渡漕、筏道、鱼道等不同类型的水工建筑物，以实现改变水流去向的目标。我国古代最著名的水利工程是位于成都平原西部岷江上的都江堰水利工程。它是蜀郡太守李冰父子在前人鳖灵开凿的基础上组织修建的大型水利工程。建成后的两千多年来，都江堰水利工程一直发挥着防洪灌溉的作用，让成都平原成为丰衣足食的“天府之国”。

岷江的水与低洼的成都平原土地本来是不搭界的两个自然环境系统。李冰父子及其前人修建的水利工程利用了岷江沿线的地形特征，因地利导，巧妙地修成了鱼嘴分水自动调制水流量、飞沙堰泄洪排沙和宝瓶口引水这三大有序的主体工程。三者之间有机配合、相互制约、协调运行、引水灌田、分洪减灾，具有随雨水量季节交换“分四六，平潦旱”的功效。一个宝瓶口的开凿，就像“四两拨千斤”，流过宝瓶口的水衍生出若干支流，灌溉了四川盆地中西部地区7市38县70多万公顷农田。这样的一个宝瓶口就把岷江与成都平原两个自然环境系统连接起来了，两个自然环境资源的有效利用造福了一方民众，成为利用自然环境资源造福人类的典型范例。

另一个有效利用自然环境资源的例子是京杭大运河，它于公元前486年开始建造，全长达1 797 km。大运河的开凿最初是为春秋末期的军事所用。南方的吴国为北伐中原的齐国，在苏北扬州附近开凿了一条引长江水入淮河的邗沟。它是把本来不相连的两条河流通过开凿的运河连接起来了，于是可以把江南的兵力和物资水运到北方中原去。随着朝廷的首都从中原迁往北京，原先的邗沟不断向北和向南扩展与整治，基本上完成了今日京杭运河的规模。它的用途已不仅仅是为军事了，更主要的是为来自江南的物流输送和不同流域间的文化交流与融合。京杭运河的南北开通，充分利用了沿线的天然河流和湖泊，很多的是先前的海湾形成的潟湖，部分河段是人工开挖的。它是中国古代重要的漕运通道和经济命脉。

上述两项我国两千多年前的著名水利工程的共同特点是充分利用了自然地形边界条件。现代人们提出的南水北调三条输水线，也是充分利用了前人的遗产资源和自然环境条件（图2.20.1）。东线工程从长江下游扬州抽引长江水，利用京杭大运河及与其平行的河道逐级提水北送，并连接起调蓄作用的洪泽湖、骆马湖、南四湖、东平湖。东线出东平湖后分两路输水：一路向北经隧洞穿过黄河；另一路向东，过济南输水到烟台、威海。中线工程起点位于汉江中上游丹江口水库，供水区域为河南、河北、北京和天津四个省市。中线输水利用了山脉地形的坡降，可让水沿渠道坡降自流。东线和中线已经有了实质性的输水能力。西线仍然是处于规划中的工程，它是要在长江上游通天河、支流雅砻江和大渡河上游筑坝建库，开凿穿过长江与黄河的分水岭巴颜喀拉山的输水隧洞，调长江水入黄河。西线工程的供水目标主要是解决涉及青、甘、宁、内蒙古、陕、晋等6省（自治区）的缺水问题。东线利用了老海岸线遗留的自然条件，而中线利用了地形坡降的自然条件，所以东线和中线的效益就能够比较顺利地体现出来。它们都是对自然环境资源的有效利用。

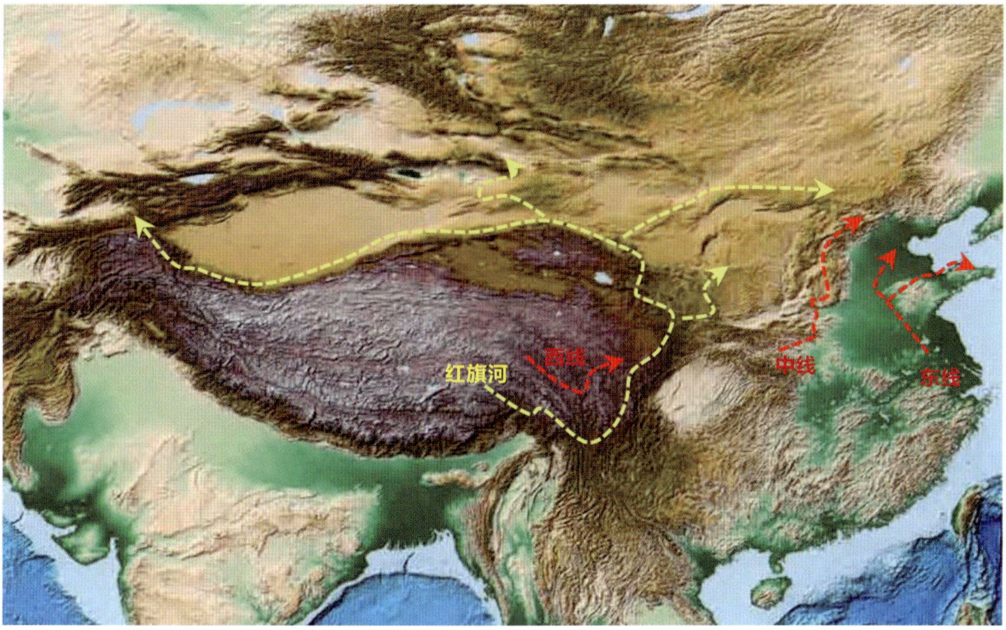

图 2.20.1　中国季风区内南水北调的三条输水道（红虚线箭头）和跨季风区与干旱区的“红旗河”输水路线（黄虚线箭头）示意图

三条南水北调的线路（图 2.20.1），都位于中国气候日平均 4 mm 降水线能够由东南向西北推进到达的范围，属于我国季风降水区里进行的“南水北送”工程。青藏高原东南部降水形成的地表水和冰源水是一个重要的水资源，号称“水塔”，因为它的海拔位置高。我国西南部青藏高原和横断山脉有大片季风降水区，与东部的多人口和多降水区连成一片。而西北的新疆和内蒙古地区位于非季风的干旱区，那里有光热和土地资源，季风降水不能到达。最近有人提出了“红旗河”工程的设想。它的引水思路是让来自水塔区域的水顺着青藏高原的地势坡降，通过水的逐步自流把高原南侧的水绕着高原东边缘和北边缘引到非季风干旱区。这个工程看似可行，有可利用的自然环境资源，但困难很大，坡降的路线上有地形复杂的冰冻山区，造价会非常的昂贵。当然，现代科技的发展也许能够解决这些难题。

要增加我国北方的水，除了上述的地面河道输送外，还有人想到了空中调水的思路。这是因为有人注意到，夏季有一条对流层低层大气水汽通道从西南印度洋出发，经过赤道东非（在那里叫索马里急流）进入北半球，受到北半球地转偏向力的作用成为经过印度的西南季风气流，最后到达中国东部地区（图 2.20.2）。这支带有较多水汽的西南季风气流，它的位置受到副热带高压（副高）的直接影响。副高位置随季节的四次不连续北跳，也就形成了中国东部气候降水的四次不连续北跳。

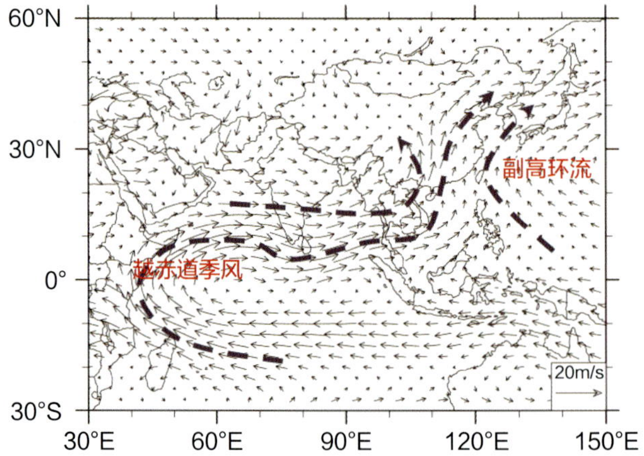

图 2.20.2　强季风年的夏季 850 hPa 气流（三条粗的蓝虚线箭头分别指示来自孟加拉湾的季风气流、越赤道季风气流和热带西太平洋季风气流；参考 Qian et al.，2012）

这支风速大、输送水汽多的气流带也被人们称为“大气河”，甚至有人把大气中的这种输送较多水汽的通道称为“天河”。这种“天河”的提法容易引起与地上河流的误会。地上河流中的流体相对地表是有明确边界的，人们可以改变边界从而改变水的去向。但大气中“天河”的水汽和宇宙中的星云“银河”都是没有明确的边界的。水利工程改变的是水在地球重力场下的地面环境，即河道。而悬浮在大气中的水汽随气流的运动会同时受到山脉地形的作用和热力差异的驱动，人们无力改变地形和热力之间的差异形成的大气环流系统。

除了中国东部的降水水汽来源于南半球的越赤道气流和副高西南边缘的气流外，我国西南地区还有第三股水汽通道。它来自阿拉伯海，经过孟加拉湾，受青藏高原地形和热力强迫，气流在南海的北部湾转向，成为高原东侧的东南季风气流，大致沿 100°E 的横断山脉向北和向西北爬坡升高。在高原与周边热力差异的驱动下，这种暖湿东南季风气流自然抬升，形成了那里南北走向的多云通道（卫星云图上可以看到）、水汽通道、降水通道和地面植被绿色通道。这条多彩通道经过了云南的西双版纳，贵州的黄果树和四川的黄龙（九寨沟）等好山好水之地，直指三江源的东部，强的时候甚至还与西风带在祁连山地区相遇。

大气中的水汽通道靠近大气边界层的上部，有空间上的地理分布，也有时间上的气候演变规律。低层大气中的越赤道气流就携带了大量的水汽。来自海洋的大气气流越强，携带和输送的水汽量越多。我国南方夜间的低空急流会比白天强。夜间的低空急流会输送更多的水汽，但输送多水汽的地方并不一定降水多，雨水多集中在气流减速，即所谓水汽辐合的地方。

大气中的水汽循环可以分为大尺度的气候循环及其扰动和微尺度的气候循环及其扰动。大尺度的气候水汽循环和微尺度的气候水汽循环是客观存在的，对降水的空间分布是确定的，也是需要认识的。一个地区的降水增加部分只能来自大尺度扰动环流和微尺度扰动环流的作用。人们不可能改变大尺度的气候环流系统，除非移走青藏高原。人们没有能力制造出两个水平相邻的相对各自气候态温度分布的大尺度异常冷与暖对峙的气团，如人工形成一个青海省范围大小的深厚暖异常气团，而在相邻的四川省上空制造出一个深厚冷异常气团。但人们可以改变微尺度的扰动，从而改变微尺度水汽循环。在青海省的三江源地区，虽然夜间时常没有降水，但在人工草地上，夜间会有那么多的露水形成。这种露水就是在微尺度循环环境下形成的地面水。人工优质草地上，草长得比筷子高，露水沿着草尖形成，并一颗颗沿主杆向下滑落。可以计算 1 m^2 上有多少根草、每根草上滚落下了多少颗水珠。如果在青海增加大片人工草地，夜间自然温度降低，形成的露水渗透到土壤中，就称得上人工微循环增水工程了。

QIAN W H, SHAN X L, CHEN D, et al. 2012. Droughts near the northern fringe of the East Asian summer monsoon in China during 1470-2003. Clim Change 110:373–383.

第三篇

真实气候

现代气候的定义是大气物理特征的长期平均状态，它的时间尺度为月、季、年、数年到数百年以上，具有稳定性，通常以冷、暖、干、湿等状态特征来衡量，用某一时期的气象变量平均值和离差值表征。而中国古代确定的 24 节气和 72 候气候是随太阳辐射的天文位置和局地下垫面地表特征而连续变化的，本篇定义的瞬变气候是对我国古代气候定义的发展，以局地太阳高度角和下垫面特征为背景，把一年的时间细分到每年 365 天和每天 24 个时次，一年共有 8 760 个时次等分的瞬变气候。

与中国古人提出的 24 节气一样，瞬变气候是不需要预报的。在这样的瞬变气候下，我们可以认识北半球大气中南北方向上的四圈环流，而不是现代气候认为的三圈环流。真实气候环流在大气等压面上是瞬变气候槽，其中包括受到海陆分布影响形成的季风槽和地形气候槽。季风反映的是地球大气中的风向和干湿季节变化。全球季风包括了热带季风、温带季风和寒带季风，只有热带季风与越赤道气流有关并且受海陆地形的影响最大。

瞬变气候是诊断和预测气候异常的参考态。相对瞬变气候态，大气中的扰动系统很少能维持一个月以上，这与现实中异常气候也难以超过一个月是一致的。跟踪大气中相同扰动变量的持续时间，我们可以清楚地分辨出地球上不同地区同时发生的相反气候异常和同一个地区先后发生的相反气候异常，累加全球不同地区的气候异常才是全球气候异常。所以要认识和预测气候异常（或气候趋势），那些持续性的大气环流系统异常（或趋势）和它们在空间上的变化结构才是关键。

3.1 古代气候钟与现代气候钟

局地的潮涨潮落和日落日出是有规律的。这种自然规律是一种气候态，像钟表指针一样周而复始地运作，是一种可以利用的资源。因此，我们可以把随时间有规律变化的气候称为气候钟。24 节气就是一种气候钟，是我国古代劳动人民对年气候循环的科学经验总结，广泛地指导着人们的生产和生活。24 节气也表述了气候资源随季节的分布，反映的是时间分辨率相对较低（15 天为一个节气）的气候参考态。24 节气是华夏祖先历经千百年的实践创造出来的宝贵科学遗产，是反映天气气候和物候变化、指导农事活动安排的工具，也是评判天气气候是否异常的参考，对气象科学的发展，特别是对气候资源的利用发挥了重大贡献。

24 节气的气候季节划分起源于黄河流域的中原地区，是古代劳动人民长期的经验积累和智慧结晶。到秦汉年间，24 节气已完全确立。公元前 104 年，由天文学家落下闳与邓平等制定的《太初历》，正式把 24 节气订于历法，明确了 24 节气相对应的天文位置。从此，24 节气就有了天文气候学的含义。

24 节气的形成和发展经历了一个长期的过程。早在春秋战国时期，《尚书》中就有对节气的记述。中国古代人利用土圭实测日晷，即在地平面上竖一根杆子来测量正午太阳影子的长短，以确定春分、夏至、秋分、冬至四个天文节气。一年中，夏至和冬至分别是土圭在正午时分影子最短和最长的一天，而春分日和秋分日是影子长度居中的一天。

在商朝时只有四个节气，24 节气名称首见于西汉刘安的《淮南子·天文训》。中国古代用农历（月亮历）计时，用阳历（太阳历）划分春夏秋冬 24 节气。我们祖先称 5 天为 1 候，3 候为一气，即节气，全年共分为 72 候或 24 节气。72 候的古代年循环气候钟的时间分辨率达到 5 天，已经可以描述实际气候中的准双周变化了。

理论上，太阳从黄经 0°起，沿黄经每运行 15°所经历的时日称为一个“节气”。每年运行 360°，共经历 24 个节气，每月有 2 个节气。其中，每月的第 1 个节气为“节气”，即：立春、惊蛰、清明、立夏、芒种、小暑、立秋、白露、寒露、立冬、大雪和小寒 12 个节气；每月的第 2 个节气为“中气”，即：雨水、春分、谷雨、小满、夏至、大暑、处暑、秋分、霜降、小雪、冬至和大寒 12 个节气。节气和中气交替出现，如今它们已经被统称为节气了。无论是 24 节气还是 72 候，都是古代人对年气候循环的等时段划分。随着 24 节气的气候循环，植物也普遍经历了发芽、生长、开花、结果、落叶、休眠等的生命循环，称为“物候”。72 候多有地方的物候进程或动物活动指示意义，如古代把立春的节气分为三候：“一候东风解冻，二候蛰虫始振，三候鱼陟负冰。”三候所对应的花信：“一候迎春，二候樱桃，三候望春。”又把雨水节气分为三候：“一候獭祭鱼，二候鸿雁来，三候草木萌动。”雨水三候对应的花信：“一候菜花，二候棠棣，三候李花。”每个节气都有不同的三个候和对应的动植物特征描述。更重要的是，它们都被赋予了气候在农业种植上的适时资源利用，如来自俗语的：“处暑萝卜白露菜”，即在处暑季节种萝卜，白露季节长蔬菜。

从 24 节气的命名可以看出，节气的划分充分考虑了气候、物候等自然现象的循环变化规律（图 3.1.1）。其中，立春、立夏、立秋、立冬、春分、秋分、夏至、冬至 8 个节气是用来反映气象上的季节的；立春、立夏、立秋、立冬反映了四季的开始，而春分、秋分、夏至、冬至是从天文角度划分的 4 个节气，反映了太阳高度变化的转折点；小暑、大暑、处暑、小寒、大寒 5 个节气反映了气温的变化；雨水、谷雨、小雪、大雪 4 个节气反映了降水形态和强度随季节的变化；白露、寒露、霜降 3 个节气表面上反映的是水汽凝结、凝华现象，但实质上反映出了气温逐渐下降的过程和下降程度；小满和芒种反映了有关作物的成熟和收成情况；惊蛰和清明反映的是自然物候现象，其中，惊蛰是用天上初雷和地下蛰虫的复苏来预示春天的回归。实际上，春分、秋分、夏至、冬至是四个天文时间基点，在两个相邻时间基点间又插入了 5 个与气候现象有关的时间点，它们都是按照天文时间等分的。

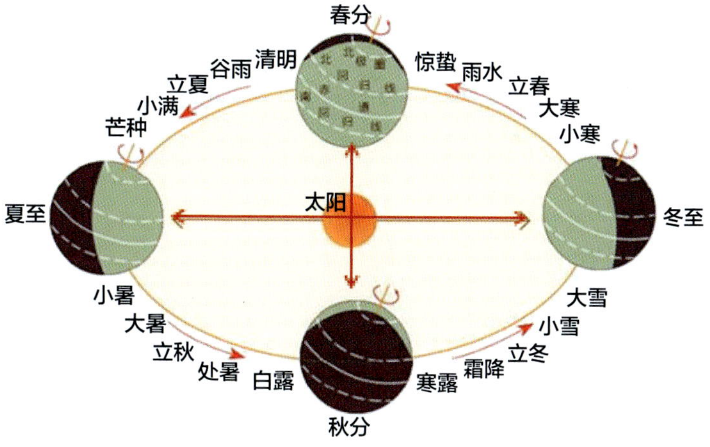

图 3.1.1　古代气候钟——24 个节气

中国在千年以前没有完整的气象记录，记录的只有物候和天气现象。古代人利用物候和天气现象记录创造了古代气候钟——24 节气和 72 候。当代人积累了近百年的气象记录，包括很多气象观测站每天 4 个时刻甚至 24 个小时的历史观测记录，以及来自卫星、雷达、探空仪、飞机和自动气象站观测到的多源要素。有了如此多的精准仪器观测资料，我们就可以效仿古代人的做法，对每个空间格点上的多年历史观测资料做同一天文时刻的平均，得到那个空间点上相应天文时刻的瞬变气候。这个瞬变气候是客观存在的，是指太阳辐射与下垫面环境共同作用达到动力与热力平衡时的定常态。每天 24 小时的瞬变气候变化可以称为瞬变气候态的日循环，而日与日之间的瞬变气候变化可以称为瞬变气候态的季节循环，由此得到每天 24 个时刻与 365 天的乘积——8 760 个天文时刻的瞬变气候态。于是，构造的现代“气候钟”有日循环 24 个刻度和季节循环 365 个刻度对应的两个指针，它们指向的 8 760 个天文时刻有各不相同的全球气候空间分布特征。瞬变气候态是由大气中的基本变量——气温、湿度、气压、风等组成的综合状态。

可见，古代气候钟由年循环的 24 节气和 72 候构成，是我国古代农业气候认识的一种天文表达，它重在气候资源在农业生产上的适时利用。而现代气候钟可把气候年循环（365 天）细分到每天 24 个时次共 8 760 个天文时次的气候，我们称其为瞬变气候，它是古代气候钟的进一步发展，是对气候、物候等变化规律的精细化表达。现代气候钟不但可以更好地指导气候资源的利用，还可以作为预测及防范气象灾害程度的参考。

在一些地区和一些季节里，同一天中两个不同时刻的瞬变气候态有很大的差异。如果我们考虑单位时间的气候温度变化，即气候温度变化速率，简称为气候温度变率，那么较大的变率是气候温度的日循环随时间的变化。地面上接收到的太阳辐射最强是当地时间的正午 12 时，而当地的日最高气候温度要滞后 2—3 h（在 14—15 时）。这个时差就是当地下垫面状况对太阳辐射的动力和热力调整的响应时间。当地的日最低气候温度出现在日出前，到日最高气候温度的出现需 8—9 h，而从最高气候温度降到最低气候温度却要经过 16 h 左右，说明某一地的日循环气候温度变化速率不是关于时间对称的。

我们为什么格外关注气候温度的变率呢？因为大气是一部热机，大气运动是热力驱动的。大气热机需要一个热源和一个冷源才能运行，流体才能自发地从热的地方流向冷的地方，是热力差异对流体的运动做了功。我们日常生活中能够感受到的一个大气热机的例子是海陆风。白天，同样的太阳辐射到达陆面和海面上形成的下垫面温度不同，这是由于海水的比容大于陆地，陆地升温幅度要高于海上，陆地气压降低，海上空气流向暖低压的陆地，即形成了海风。夜间的情况相反，没有了太阳辐射，陆面比海水比容小，降温快，气压升高，出现流向海洋的陆风。

海陆风是日循环变化的环流系统，其中包含“热生风”的大尺度水平运动和在合适条件下“风生雨”的局地尺度垂直运动。这个过程中有海陆温度、气压、风向、风速、湿度（水汽）、降水等气象要素的不对称日循环变化。引起其变化的根本驱动因素是太阳辐射，太阳辐射使得不同性质的下垫面形成了不同的温度响应，进而形成温差。这样的温差，即热力对比会形成空气的定向水平流动（风），完成了“热生风”的过程。风的定向运动会把大气中的要素，如水汽、沙尘吹送到确定的地方集中起来，即所谓的要素辐合。在海陆风的气候变化过程中，水汽在低层大气中的水平辐合并上升降温会形成降水，完成了“风生雨”（或冷生雨）的过程。

上述“热—风—雨”的关系具有时间上的方向性，即热力不均匀性将首先引起大气的大尺度水平运动，水平运动产生的局地辐合与辐散又形成了不同的天气现象。于是，这种时间上的方向性提供了一种局地天气预报的思路，即从热力学和动力学的研究或分析入手，预报未来的局地天气。从时间的反方向看，要准确预报降水的位置和时间点，需要先知道海陆风是怎么吹的，更需要先知道海陆温差是如何变化的。因此，我们需要关注瞬变气候。

瞬变气候态是在确定天文时刻地球空间坐标中的参考状态（变量）面。所谓的瞬变状态面就像天文引力引起的海潮，随时间的变化是可以确定的。前面已经提到，瞬变气候是客观存在的，是指太阳辐射与下垫面环境共同作用达到热力与动力平衡时的定常态，它在地球大气的任何一个空间点上都存在，每个空间点也只有一个确定的值，而实际观测值是瞬变气候值与相对扰动或偏差值的和。目前估算一个空间点上瞬变气候值的方法，是对过去几十年如 30 年中该空间格点上相同天文时刻观测的气象资料取平均。

地面极端天气是对流层至平流层大气变量发生了扰动，其扰动能量逐步积累到一定值时的突然释放。在这个意义上，大气中积累的扰动能量越多，或大气扰动变量越偏离瞬变气候态，则对应未来的极端天气会越强。反过来也说明，在越极端的天气爆发之前，大气中的扰动系统越强，扰动信号也会越早出现。所以，发现和追踪这样的大气扰动系统是提前预报极端天气的关键。对特别极端的天气，大气扰动系统即使在有误差的瞬变气候态下也会表现出明显的异常。换言之，“越极端的天气越容易预报”，原因是极端天气发生前的扰动信号很强。

沿用古人建立 24 节气的思路建立现代瞬变气候，参考古代气候钟的建立思路创建现代气候钟，这也是对张载“横渠四句”之人生理想的追求和实践。传承祖先优秀文化，创建真实的自然科学理论体系，服务当代，利在千秋。具体来讲，瞬变气候的定义和认识能使人们更好地利用气候资源，防范灾害，服务人类社会。

3.2 认识瞬变气候的物理含义

瞬变气候是地球大气的一个空间点上接收的太阳辐射强迫与下垫面环境之间达到动力与热力平衡时的定常态。瞬变气候可以用包含年循环、半年循环、准双周振荡和日循环等不同周期特征的大气要素进行描述。这些瞬变气候是需要人们认识的，并不需要预报。通过物理分解演算大气变量之间的关系，我们可以正确地认识瞬变气候的物理含义。

我们把确定时间和地点上，多时空尺度热力与动力达到平衡时的大气状态称为瞬变气候态，可以用足够长的历史观测资料估算瞬变气候态。传统定义的季、月、旬、候和日这些时间段的气候态，应该是相应时段上太阳辐射与下垫面热力与动力达到平衡时的大气平均态。传统上为确定时段计算得到的气候态抹去了气候随时间变化过程中的很多细节。气候态随时间的变化是有内在规律的，同时有相应的物理背景。

由于地球表面海陆分布和物理特性的差异，各个地区对太阳辐射的能量转换效率会不一样。南北半球有差异，海陆之间有差异，山地与平原有差异，草地与沙漠有差异，它们会在太阳辐射下形成不同时空尺度的要素变化特征。不同尺度的气候及其随时间的变化是有规律的，如海陆风和山谷风具有日循环的周期性变化，季风具有年尺度的周期性变化，不同地方的风、气压、湿度（水汽）等基本大气变量会随太阳直射点的南北移动形成半年尺度的周期变化。这些气候变化的周期很清楚，形成原因也很明确。气候变化是周期性外强迫下，大气变量中多个周期性变化分量响应的叠加。所以，我们只有更清楚地认识瞬变气候，才能更好地理解气候变化。

我们怎样认识和理解瞬变气候呢？首先，气候是一个与时间有关的大气物理变量状态。物理变量必须要在时间上统一，才有可比性。31 天、30 天、29 天和 28 天各自所确定的“一个月”就没有时间段的可比性。要很好地描述海陆风这样的气候变化，我们至少需要用小时尺度的时间分辨率，才能清楚地描述气温、风、气压、湿度、降水等多个气候变量之间的演变关系。近地面的这些大气变量，在 24 h 内的变化率远大于半年循环和年循环中的变化率，如一个日温度较差为 20 ℃的气候温度变化，它在上午 8 h 内的变化率是 2.5 ℃ /h。一个年较差为 30 ℃的气候温度变化，它在 1 年内的变化率为 0.003 4 ℃ /h。

日循环的海陆风是一种在海岸线附近最为清楚的大气潮汐。除了垂直剖面上的日循环海陆风大气潮汐外，不同尺度的海陆地形分布也会形成不同尺度的水平气候环流，它们可以在固定的地区随时间变化。大气潮汐可以分解成年循环和半年循环的慢变潮汐，以及准双周振荡和日循环的快变潮汐。此外，还应该存在太阳和月球等其他星体对地球大气的引力潮汐。海洋潮汐就是其他星体，特别是月球，对地球海洋流体的引力潮汐。

对大气运动中的气候潮汐，笔者在 2017 年施普林格（Springer）出版的《瞬变气候和异常天气分析》（*Temporal Climatology and Anomalous Weather Analysis*）一书中已经给出了比较详细的分析。从瞬变气候潮汐中去除准双周振荡和日循环的快变潮汐后，余留的部分又可以分解为年循环和半年循环的慢变潮汐。

对快变潮汐，变量在时空上的变化是有结构的。准双周振荡的快变潮汐变量在时空上的变化结构表现出如图 3.2.1 中的特征分布。位势高度的正负中心出现在对流层的上层。正位势高度中心的下方是正温度气柱，上方是负温度气柱，位势高度负中心对应的温度分布则与之相反。准双周振荡的位势高度与温度分量之间满足静力平衡关系，由此可以用高度场演算出温度场，甚至准双周振荡的风场。这些事实说明，不同时空尺度下的气候分量有着真实的物理背景，气候分量之间的分布结构是客观存在的，需要认识，但并不需要预报。

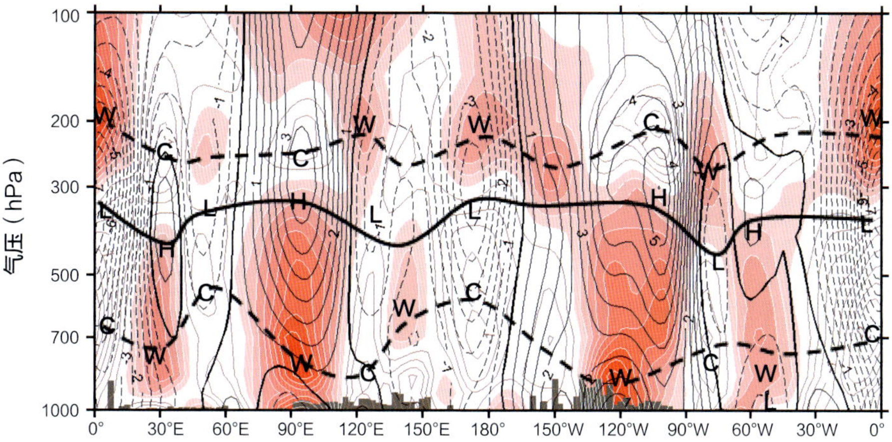

图 3.2.1　对流层中 2 月 7 日准双周振荡位势高度（实线和虚线，10 gpm 间隔）和温度（阴影，0.25 ℃间隔）分量沿 60°N 的空间分布（字母 H/L 和 W/C 分别是位势高度分量和温度分量的正 / 负中心，粗实线和粗虚线分别连接了位势高度中心和温度中心，灰度柱状图是地形；参考 Qian，2017）

准双周振荡的气候系统在一些季节和地区常常表现出准定常的特性。这种气候系统的出现是当地下垫面地形特征造成的。在日常的天气预报中，预报员常常把这样的地方气候看成瞬时天气了，并认为其中存在着某种地方韵律。其实，这样的地方韵律是不可靠的。准双周振荡的位势高度逐日变化，表现为与常规天气图上天气系统相似的移动和变化。图 3.2.2 是准双周振荡位势高度和温度在 300 hPa 上 12 月 31 日、1 月 2 日、1 月 4 日和 1 月 6 日的分布，可以追踪 A 和 B 两个位势高度中心随时间的位置和强度变化，它们也是自西向东移动的。

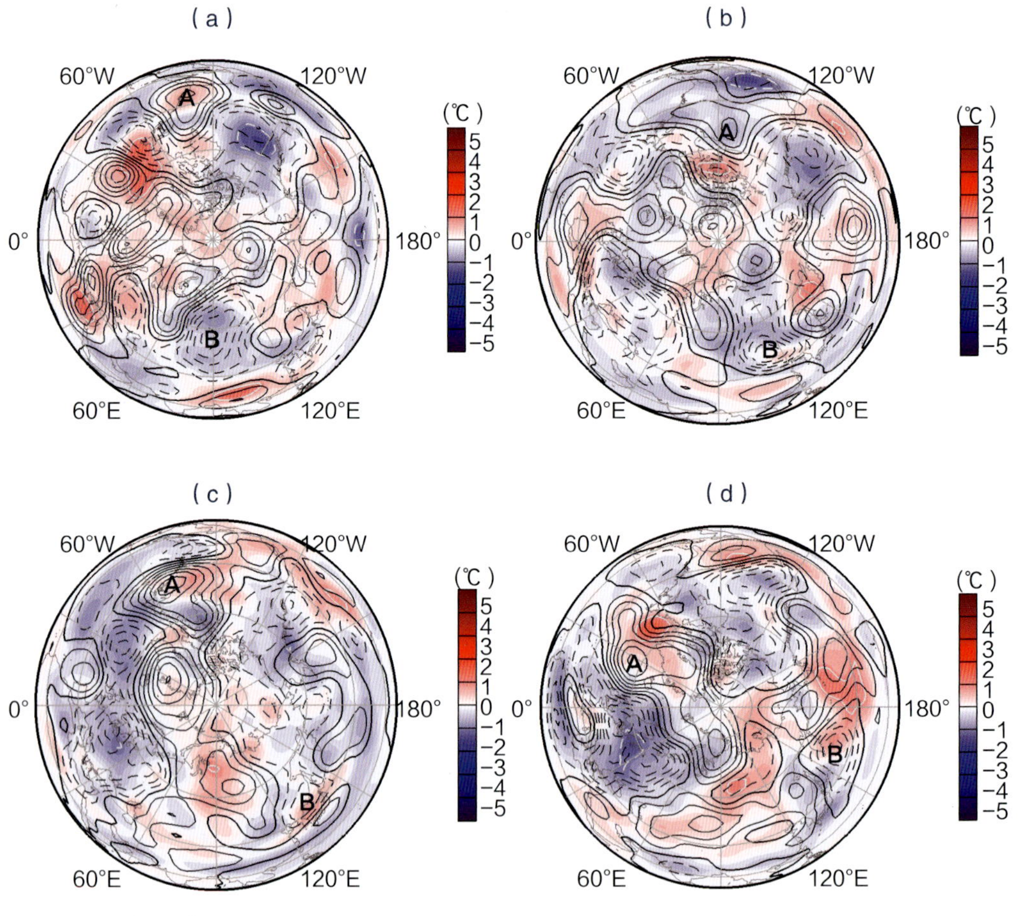

图 3.2.2　准双周振荡位势高度(实线和虚线，10 gpm 间隔)和温度(阴影，1 ℃间隔)在 300 hPa 上 12 月 31 日(a)、1 月 2 日(b)、1 月 4 日(c)和 1 月 6 日(d)的分布(A 和 B 分别是同一个位势高度中心在不同日的位置；参考 Qian，2017)

瞬变气候中的大气运动是有空间结构的。瞬变气候是定量描述极端天气强度和位置变化的参考态。人们对瞬变气候感知最清楚的是每天的最高温度和最低温度，以及夏末的最高温度和隆冬的最低温度。很多地方出现的夜雨，也是瞬变气候的表现。低层气流强度、气压和水汽等大气变量随日循环的变化，使得夜间出现了更有利于降水的条件，如夜间低空急流的增强使得水汽的输送加快，那么降水就更有利于发生在夜间水汽辐合的地方。这些现象随时间出现的规则性就是瞬变气候的表现。

在华南地区的春季，对流层中层的早晚瞬变气候东西风的差异能够达到 2 m/s，午夜与早晨的风差可以达到 3 m/s，风向也会发生变化。在我国东海的秋季，这个高度上的早晚瞬变气候南北风差异也能达到 2 m/s。所以，瞬变气候环流是随日循环变化的。

观测的瞬时全球总的大气变量是混沌的。混沌中包含了变量的年循环、半年循环、准双周振荡、日循环等多时空尺度的周期性循环分量以及扰动分量。半年循环和准双周（季节内）振荡会改变一个空间点（区域）上的年循环，而在那里形成大气环流（变量）的季节突变。对每个时刻的空间观测变量，我们都可以将其分解为瞬变气候分量和瞬时扰动分量。不同周期的气候位势高度和气候温度的垂直空间分布都有类似图 3.2.1 中的对称关系。同样的，位势高度扰动和温度扰动变量之间也有类似的空间分布关系。但是，在总体的实际观测数据中，变量之间常常难以满足这样的空间对称关系。

在短期天气预报中，预报员常用的天气图上绘制的是对流层中层的 500 hPa 位势高度和温度实际观测值。在最早的大气对流层一层数值预报模式中，人们把全球 500 hPa 层的位势高度用数学上的球面正交函数展开，得到多个主分量，而这些分量都是没有物理意义的。在数值天气预报的积分计算过程中，不同分量的数学正交波之间会发生相互作用，形成没有物理意义的虚假波动，正是这些虚假波动导致数值天气预报的长期积分失去了意义，而物理分解大气变量的必要性也体现了出来。物理分解得到的每个气候分量和扰动分量都是有实际物理意义的有机体，它们不需要再分解了。大气中要预报的是扰动系统在瞬变气候气流下的强迫运动和扰动系统之间的相互作用。

瞬变气候变量中的每个分量和扰动分量都满足温压场之间的静力平衡关系和风压场之间的地转平衡关系。这些关系具有对称的空间结构，它们的垂直剖面就像图 3.2.1 中那样，具有美的花样。预报员的天气预报和气候预测，就是把不同物理分量的瞬变气候与未来扰动叠加起来，解读给用户。天气是瞬变气候与较短时间内扰动的叠加，而气候是瞬变气候与较长时间内扰动的叠加。瞬变气候中最大的环流系统是南北半球各自存在的四圈环流，认识它们具有气候动力学意义和实用价值。

QIAN W H. 2017. Temporal Climatology and Anomalous Weather Analysis. Springer ISSN 2194-5225 (electronic), DOI:10.1007/978-981-10-3641-5.

3.3 瞬变气候中的四圈环流

随着气象学的发展，近三个世纪以来人们对大气三维空间运动模型有了更深入的认识。关于大气环流模型里程碑式的科学认识主要有：天文学家哈雷和气象学家哈德莱分别在 1686 年和 1735 年提出的单圈环流模型；海洋学家马修・方丹・莫里在 1855 年提出的两圈环流模型；气象学家费雷尔在 1856 年提出的三圈环流模型；气象学家皮叶克尼斯父子在 1921 年推测出的北半球存在四圈环流，2015 年，北京大学季风与环境研究组证实了北半球四圈环流的存在。

地球大气层外的太阳辐射强度几乎是一个常数，那么，太阳的稳定辐射是怎样维持地球上风系运动的呢？天文学家哈雷认为，地球赤道表面接受了比两极地表更多的太阳辐射，于是，赤道表面的温度高、气压低，暖的空气会在赤道上升，到达高空后，气流向两个极地方向流动，而极地的空气冷却下沉，到达地面形成极地高压，极地高压的空气再沿地面返回赤道。这样，在南北两个半球各自形成了一个南北方向上的环流圈，称为半球内的“单圈环流”。这是单纯由热力驱动的半球内的单圈环流，没有考虑地球自转的影响。高空是否有吹向极地的风，那时还得不到观测的验证。但在地面附近，低纬度地区确实存在吹向赤道的风，北半球是稳定的北风，而南半球是稳定的南风，这种相对稳定的风系被称为信风，也是海上船只跨海航行可利用的贸易风。1735 年，著名气象学家哈德莱提出了信风的“单圈环流”模型，并解释这是直接热力强迫的环流，在这个过程中，赤道上的空气向赤道外的运动带去了赤道处较高的角动量和内能，补偿了赤道外摩擦导致的风速减小。

相对地球静止的表面大气，它们随地球转动的角速度是相同的，但在不同纬度带上的角动量是不同的，赤道上的气块角动量最大，极地的角动量为零。法国物理学家科里奥利，在 1835 年发现了地球自转对地球上运动物体产生的影响。1855 年，莫里提出了半球内的“两圈环流”模型，即一个直接热力强迫的环流在低纬度地区，另外一个相反方向旋转的间接环流在中高纬度地区。两圈环流模型很好地解释了沿赤道暖湿无风的低压带和沿副热带干热无风的高压带的存在。地球自转的作用已经很好地体现在这个两圈环流模型中。热力强迫和地球自转下的两圈环流模型更符合实际观测，这使得莫里的大气环流著作具有相当的可读性与指导性。当时一位学校的教员费雷尔是这个模型的追随者之一，他首先认识到，地球表面的气压是不均匀的，高压在副热带，低压在赤道和两个极地，因此他对前人的环流模型产生了质疑，并提出了半球内的“三圈环流”模型。费雷尔不但把地球自转产生的力引入到了他的三圈环流模型中，还在大气运动中引入了气旋等天气系统。他最为正确地表达了大气运动与地转偏向力之间的关系——提出了地转风的概念。他认为第三个环流位于高纬度的极地地区，是直接热力强迫的环流。在地球自转的影响下，第三个环流下的地面风应该是东北气流。三圈环流模型很好地解释了位于赤道上的辐合带和位于高纬度 60°附近的辐合带，以及位于副热带地区的高压带。但是，费雷尔在 1859 年修改了他的三圈环流模型，将中低纬度的两个南北排列的环流变成了上下叠置的环流。费雷尔的修改是受到了当时汤姆森 (Thomson J) 的影响。汤姆森分别在 1857 年和 1892 年两次给出了大气中上下叠置的两个环流模型。费雷尔修改后的模型并没有得到广泛认可，而先前的三圈环流模型则一直被地学界沿用到现在，成为大气环流和地理教科书中不可缺少的内容。

在天文上，常常用发现者的名字命名行星。气象学上，最大的大气环流系统用哈德莱的名字命名，以纪念 1735 年他提出这一环流对气象学作出的伟大贡献。第二个环流圈是 1855 年莫里提出的，按理来说，三圈环流模型中的中纬度环流应该用莫里的名字命名。从第一圈环流到第二圈环流的发现经历了 120 年的时间，相当于经过了几代科学家的探索。高纬度的第三圈环流是 1856 年由费雷尔提出的，所以应该把高纬度的环流命名为费雷尔环流。可是，不知道为什么，人们把第二圈环流命名成了费雷尔环流，而第三圈环流没有用科学家的名字命名。

在费雷尔年代，大气环流的存在主要是基于理论推测出来的，难以进行全面的高空观测来证实，这也是费雷尔在 1859 年又错误地修改模型的可能原因。大气中，最大尺度的大气运动形态就是传统的三圈环流，所以三圈环流模型是大气运动气候态的表现形式。在北半球推测出的三圈环流模型下，近地面热带地区的东北信风、中纬度地区的西南风和高纬度地区的东北风，都得到了观测的证实。中纬度地区除了西南风外，还时常出现涡旋运动。早在 1837 年，达夫就考虑到了中纬度的涡旋运动，而这样的涡旋运动并没有被考虑在费雷尔的三圈环流模型中。

大气中三圈环流的发现只是让人们知道了气候上的环流背景状态，而对具体的生产和生活来说，特别是高纬度地区的航海和渔业，那些局地的涡旋活动才更有实际意义。1914 年，挪威政府把在德国工作和学习的老皮叶克尼斯请回来，让他负责增建沿海气象观测站，做天气分析和预报。气象台就设在老皮叶克尼斯家阁楼上，气象研究组成员包括他的儿子小皮叶克尼斯，还有后来大名鼎鼎的罗斯贝等[1]。后来，他们的观测站增加到90处之多。基于地面观测资料绘制的天气图，1917—1918年他们发现了不同的冷暖气团和这些气团之间的分界面，称为冷锋、暖锋、静止锋和锢囚锋。冷锋、暖锋、静止锋形象地反映了冷暖两个气团在对峙过程中哪个性质的气团具有主动性。锋面不但是冷暖气团的交界面，也是降水发生的地方。他们还发现，这些锋面位于旋转的气旋中，是气旋生命史的表现形式。形象化的气旋生命过程是：气旋从静止锋上的扰动开始，接着扰动逐渐发展成冷锋和暖锋，并同时位于闭合低压系统中，最后，冷锋在靠近气旋中心的地方追上暖锋，形成离开地面的锋面，称为锢囚锋，暖空气被冷空气抬到了上部，大气就稳定了下来，气旋也就消亡了。

小皮叶克尼斯非常注重天气分析的应用以及行星尺度环流与局地涡旋之间的关系。他发现，一系列的涡旋会先后形成在一个沿纬带分布的深厚冷暖气团的界面上，它就是极锋，位于南、北极的高纬度地区。在北半球，极锋南侧有来自费雷尔环流的近地面暖湿西南气流，而北侧有来自高纬度第三个环流圈在近地面冷的东北气流。冷暖气流在纬度60°附近对峙形成的静止锋，为其上的小扰动发展成气旋创造了有利条件。

后来他又发现，三圈环流中的中纬度和高纬度两个环流是不稳定的。两个环流圈会把角动量和水汽输送到一起，继而形成冷暖热力对比。由此，行星尺度的环流为区域尺度的涡旋的形成与发展提供了条件和环境。涡旋的发展又破坏了行星尺度完整的环流结构。老皮叶克尼斯总结了儿子的上述工作，于1921年提出了北半球对称与非对称的环流模型，这也可以称为挪威气象学派的父子环流模型。在对称的四圈环流模型中，低纬度有一个哈德莱环流，中纬度有一个费雷尔环流，而在高纬度有两个垂直剖面上的环流。在原先的三圈环流模型中，高纬度只有一个环流，并且它的下沉气流出现在极地。但高纬度的两个环流模型中，极地为一个环流的上升支气流，而它的下沉支与极地外的另外一个环流下沉支合并位于纬度80°附近。在他们的非对称的环流模型中，低纬度的哈德莱环流仍然存在，不定常的是中高纬度地区的三个环流，一旦在极锋上形成气旋族（多个先后发展起来的气旋），费雷尔环流和高纬度的两个环流就都难以辨认了。从这个意义上看，来自低纬度哈德莱环流的信风气流信度高，而来自中纬度地区的西南风和来自高纬度地区的东北风的信

[1] 成员还包括当厨师的老皮叶克尼斯的太太，一共七八个人。

度就低得多了。

在老皮叶克尼斯的对称环流模型中，半球内存在三条上升气流带，也是多降水的低压带，分别对应在赤道带、高纬度极锋带和极地，而存在的两条下沉气流带，也是少降水的高压带，对应在副热带和副极地。在极地的低压称为极涡，极涡处气流应该是上升的。我们现在能够理解：老皮叶克尼斯的对称环流模型描述了北半球的气候环流，而非对称环流模型描述的是实际的瞬时天气系统。极地附近的第四个环流圈很少被人们提及，原因是多方面的：一是极地附近缺少风的观测资料，二是那个环流对人们关注的中纬度天气不重要，等等。老皮叶克尼斯曾经提到，要把这个未被证实的环流留给后来的读者去校验。

大气环流部分是本科生天气学课程中必讲的内容。阿伦斯 (Ahrens CD) 的当代天气学 (*Meteorology Today*) 教材 [1] 已经再版了多次。他在书中有一个推测：根据地转偏向力随纬度增加而增大的动力学原理，一个位于纬度 60°的上升气流不可能像赤道上的上升气流那样跨越 30 个纬度后才形成下沉气流。他的意思是，高纬度的第三圈环流不可能到达北极。像阿伦斯那样以科学求实的视角对待编写的天气学教材，而不是完全接受和抄写前人的理论，是难能可贵的。

从气候学的角度来说，北半球到底有几圈环流？这个科学问题要通过对观测资料的气候分析寻找答案。近几十年来，北极圈上空有了探空观测资料，国际上的再分析资料也已经有了多套，包括美国的两套再分析资料、欧洲和日本的再分析资料。此外，国际上很多国家的研究机构和大学的气候研究中心也有了包含极地的全球气候模式模拟资料和没有山脉地形分布的全球水球试验模拟资料等。这些资料的空间分辨率从小于 1 个经纬度到 2.5 个经纬度不等，时间长度都大于 30 年，每天有四个时刻的资料。最简单的求证北半球四圈环流的做法，是画纬圈平均的对流层（十几千米以下）南北垂直剖面上 30 年的气候流线图（图 3.3.1）。图上除了可以画出东西风分量外，还可以画出南北风和垂直运动的分量。南北风与垂直运动画在一起，就可以看到北半球的四圈环流了。这幅图中，北半球的四个环流圈证实了皮叶克尼斯父子的环流模型，至此终于完成了老皮叶克尼斯寄于后人的期待。

近年来，北京大学季风与环境研究组用多套再分析资料已经证明，北半球对流层大气的流线图上存在四圈环流。北半球由赤道向北极排序的四圈环流依次为哈德莱环流、费雷尔环流、极区环流和北极环流。第四圈北极环流的中心位置在 80°N

[1] Ahrens CD. 1982. Meteorology Today: An Introduction to Weather, Climate, and the Environment. West Publishing CO., St. Paul. Minnesota.

上空的 1.5 km 处。在低纬度地区存在深厚的东风，费雷尔环流的地面为盛行的西风，极区环流的地面也有偏东风，北极环流的下方为西南风。

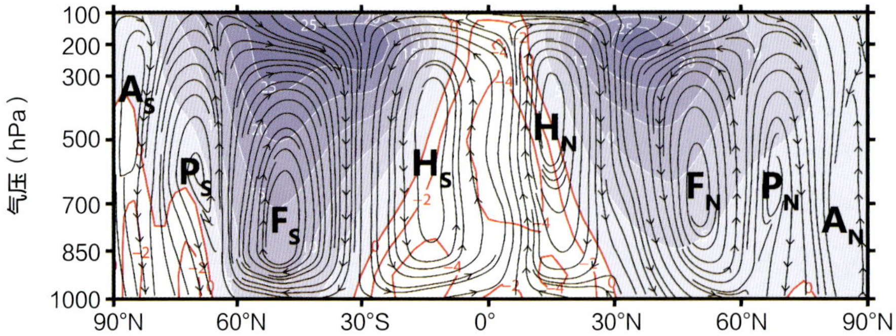

图 3.3.1　全球八圈环流流线图。阴影为西风风速，5 m/s 间隔；红等值线为东风风速，2 m/s 间隔；南、北两极上空的环流分别称为南极环流（A_S，Antarctic cell）和北极环流（A_N，Arctic cell），其他的 H、F 和 P 分别是哈德莱环流（Hadley cell）、费雷尔环流（Ferrel cell）和极区环流（Polar cell）（参考 Qian et al.，2015）

在 2017 年的 Springer 教材中，笔者详细表达了北半球四圈环流的存在。除了理论上的证明和多种再分析的研究外，对真实和虚拟地形下的气候模式结果也都表明了半球中四圈环流的存在。对于包含真实地形的气候模式，在其历史模拟和未来模拟结果中，也都表明存在有北半球的四圈环流。水球试验给出了在没有海陆地形分布下的模拟结果，也反映出了南北半球大气中各有四圈环流的存在，只是第四圈环流中心的高度相对来说，比再分析资料要高。实际上，全球存在八圈环流，即南北半球各自存在着四圈环流，它们是响应地球自转速度和太阳辐射分布的对称大气运动形态。

如果三圈环流模型是正确的，那么北极和南极的对流层中低层就应该是下沉气流下的高压环流，而不是天气图上看到的极涡。从费雷尔 1856 年提出北半球的三圈环流模型，到北大研究组在 2015 年对四圈环流模型的正式论证，经过了 159 年。从老皮叶克尼斯在 1921 年提出对称环流模型，到北大研究组在 2015 年对四圈环流模型的证实，也过去了 94 年。人们只要把三圈环流模型与每天的天气图对照一下，问题就显现出来了，这里明显存在着气象书本知识与实际天气预报业务之间的严重脱节。我们只是接受了书本知识，但却没有在每天使用的天气图上怀疑过书本知识。北半球大气中的四圈环流是一种标准大气中的气候态，而全球海陆地形的不对称分布又叠加上了洋盆尺度东西方向上的气候环流，此外，环流异常又必然与气候异常有密切的联系。

QIAN W H, WU K J, CHEN D L. 2015. The Arctic and Polar cells act on the Arctic sea ice variation. Tellus A 67:27692.

QIAN W H. 2017. Temporal Climatology and Anomalous Weather Analysis. Springer ISSN 2194-5225 (electronic), DOI:10.1007/978-981-10-3641-5.

3.4 海陆分布下的沃克环流

沃克是英国的数学家和气象学家。他在 1903 年离开大学，次年被任命为印度气象局局长，从此由一位数学家变成了气象学家。这份任命是印度气象局前任局长的主意，他认为气象局局长应该由一个有很强数学背景的人担任。沃克在印度工作的 21 年里，极为关注季风预报和全球天气的研究。1924 年沃克离任后回到英国，为表彰他在领导印度气象局工作中的杰出成就，英国国王授予沃克爵士之位。随后他进入伦敦大学，成为帝国理工学院的气象学教授，继续从事世界天气的研究。1969 年，小皮耶克尼斯将热带地区纬向环流圈命名为沃克环流。

假定现在的全球为单一的地表，如全球为水球，那么南北垂直剖面上的八圈环流最为清晰，这时没有沿纬带东西向垂直剖面内的大气环流。一旦在水球上增加跨越赤道的海陆地形分布，大气环流的分布就开始复杂了。从气候学的角度来讲，大气垂直剖面上的环流形态分布可以分为两种：第一种是南北方向垂直剖面上的八圈环流，它们是赤道与极地温差和地球自转引起的环流；第二种是东西垂直剖面上的三圈环流，它们分别在热带太平洋、印度洋和大西洋，是海陆地形分布下不连续的信风和季风气流与洋盆不同区域达到热力与动力平衡态下的环流，又称沃克环流。

在全球为水球的假定下，赤道内外海温的异常振荡和八圈环流强度的异常变化构成了一个海气耦合的异常振荡系统。如果从赤道带上的海温暖异常开始，那么赤道带上的异常上升气流使得哈德莱环流增强，继而使得两个半球的副热带高压增强，又向高纬度影响到每个半球其他环流的增强，形成正反馈机制。它们的负反馈机制是，哈德莱环流的增强引起了赤道带外海面东北信风和东南信风的增强，而沿赤道带上翻流增强、海温下降。沿赤道带的海温冷异常使得沿赤道带的上升气流减弱，哈德莱环流减弱，其他的纬圈平均环流也减弱。减弱的哈德莱环流使得信风减弱，海温恢复到正常态，甚至进入沿赤道带海温的正异常位相。在这个全球海洋与全球大气耦合的系统中，大气中的八圈环流强度与海温纬带变化之间有一个位相差。以上分析中的这种海气耦合振荡是占主导的，而实际观测到的海气耦合则反映了海陆地形分布的复杂性。

如果在假定的水球上增加一条类似南北美洲的大陆带，这时只有一个宽阔的海洋和两条海陆分界线。大陆带的存在导致了赤道辐合带、副热带高压带以及北半球东北信风和南半球东南信风的不连续，即发生了断裂。在哈德莱环流增强导致东风增强的情况下，大洋东部沿岸的东北信风和东南信风产生离岸流，出现沿岸冷海水上翻，东部海洋上气压升高的情况。同时，沿赤道带上出现下部冷海水的上翻流，形成沿赤道带向西伸展的海温冷舌，而大洋西部及其赤道带以外暖海水堆积，气压降低。于是，大洋东部与西部之间出现了西暖与东冷的温度差和西低与东高的气压差。这样的洋盆东西部温差和气压差形成了低层东风气流、西部上升和东部下沉的气流，以及高层的西风气流，即在一个洋盆的东西方向上形成了一个大气纬向垂直剖面上的环流圈——沃克环流。

实际上现在的热带地区不只有一条跨越赤道的南北走向大陆带，而是有三条大陆带，它们分别是非洲大陆带、亚洲和澳洲大陆之间的海洋性大陆带和南北美洲大陆带。三个跨越赤道的大陆带分隔出了三个洋盆。如果热带三大洋上都是信风，则应该形成三个相同方向的大气东西方向的垂直环流圈。

在哈德莱环流增强的情况下，取实际海陆分布而不考虑山脉地形，此时太平洋上的海面为东风异常，简单数值模式模拟出的太平洋海温异常分布类似全球只有一条南北走向大陆带时的情形（图 3.4.1a）。在不对称的南北半球太平洋上，海温异常的冷暖分布也是不对称的，但北太平洋和南太平洋都存在东部赤道附近冷和西部副热带暖的海温异常分布。在哈德莱环流增强的东风异常模拟下，大西洋上的海温异常具有洋盆东西方向上的相反分布结构，又有南北方向上的相反分布特征，表现为两个冷的中心靠近东部洋盆赤道，而两个暖的中心远在西部洋盆副热带地区。同样在哈德莱环流增强的东风异常驱动下，印度洋的东冷与西暖海温异常分布是东西方向上的，不过它们的中心位于赤道以南的印度洋。可见，不同大洋盆中的海温异常相对赤道的不对称分布反映的是海陆地形相对赤道的不对称性，这些不对称性在实际的海温异常观测中都是存在的。

如果低纬度是西风异常，则其驱动的三大洋海温异常分布如图 3.4.1b，完全与图 3.4.1a 相反。它们仍然是理想情况下哈德莱环流异常驱动的全球海温异常分布。

不同洋盆海温变化的基本特征是清楚的，也是可以在实际的海温变化中观测到的。由于大西洋洋盆在东西方向上的宽度小于南北方向，所以形成的海温正负异常分布更具有南北方向上的表现。北大西洋海温南北方向上的异常分布特征与气候学家们常常提到的所谓“三极子”分布是相同的。在上述两图的海陆分布和海温异常分布下，每个洋盆上都会形成东西方向上海温热力驱动的垂直环流。理论上，印度洋上大气东西方向上的垂直环流在赤道以南更清楚，大西洋的大气东西向环流也主要集中在赤道外，太平洋热带地区的东西向环流最强。

（a）

（b）

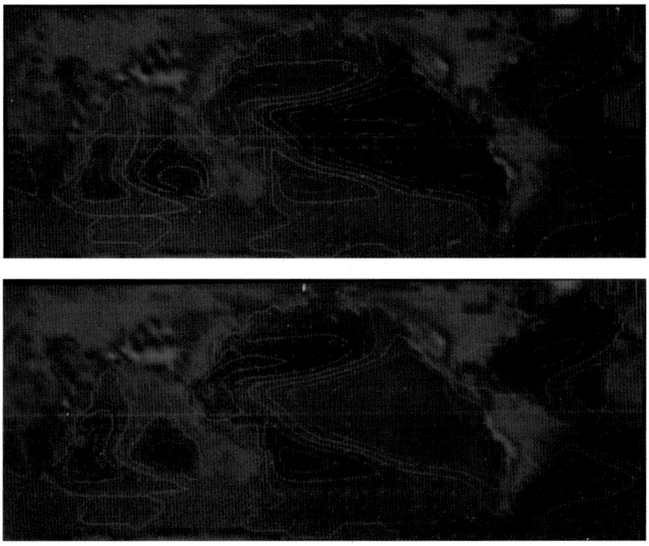

图 3.4.1　低纬度 (a) 东风异常和 (b) 西风异常驱动下模拟的三大洋海温异常分布（红色和蓝色分别为正负海温异常，0.2 ℃间隔）

实际的热带印度洋上不是信风（东风），而是季风（西风）。印度洋的大气环流方向与太平洋和大西洋信风区的环流方向相反。为什么印度洋上的大气东西向环流不能维持自己的方向了呢？原因来自两个方面，一是亚洲大陆和山脉地形的动力和热力作用，二是太平洋上的环流远强于印度洋海盆，它们共同形成的暖湿中心在亚洲 – 澳大利亚大陆之间的海洋性大陆上。印度洋上的大气纬向环流必须出现与太平洋环流啮合的反向环流。这样，亚洲 – 澳大利亚大陆之间的海洋性大陆附近是赤道太平洋和赤道印度洋两个环流之间共同的上升气流区，也是全球降水最强的地区。赤道三大洋上空大气中的三圈环流也是像齿轮那样排列的。实际气候风场的流线分析中，看到的只是在赤道及其以北的 20°内，夏季太平洋大气中才出现的纬向垂直环流，其在冬季不出现。而在大西洋和印度洋，冬季的垂直环流还存在。印度洋上的反向垂直环流与印度洋西海岸的冷水对应。这样的纬向垂直环流称为沃克环流。印度洋上，东西方向上的海温异常，即所谓的海温异常“偶极振荡”最大信号不是出现在赤道上，而是表现在赤道以南的印度洋上。

在图 3.4.2 中，沿赤道夏季第 44 候（8 月初）存在三个大的沃克环流中心，此外在赤道非洲西部还存在一个小的垂直环流。三个大环流和一个小环流的上升支正好是气候日平均降水的四个大值区域。其中，最大的气候降水峰值位于赤道印度洋的反沃克季风环流上升区域；第二个气候降水峰值位于赤道西太平洋沃克环流的上升区域；第三个气候降水峰值在赤道大西洋沃克环流的南美洲上升气流区。三大洋上的沃克环流及其对应的降水分布都是海陆地形分布影响下形成的气候特征，是对应的海洋与大气耦合过程中的气候平衡态。

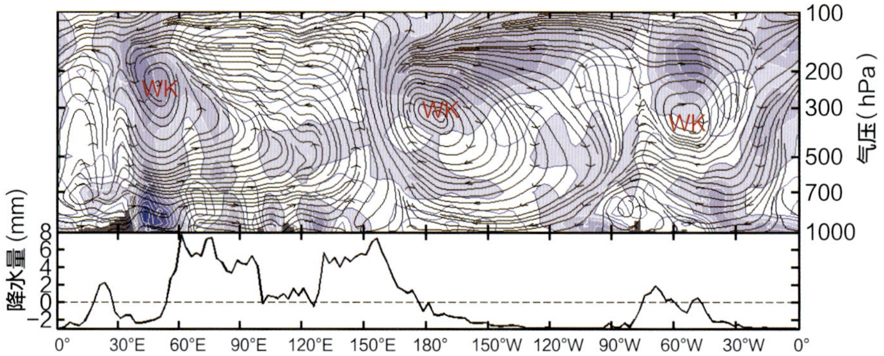

图 3.4.2　沿赤道的夏季第 44 候（8 月初）沃克环流（上）和每日平均降水率（下，单位：mm/d）（其中印度洋、太平洋和大西洋上各有一个沃克环流中心 WK；灰度柱状图为地形；参考 Qian，2017）

在大气中的等压面上，太阳辐射与下垫面动力和热力的特征达到的平衡态，表现为大气中的潮汐，与人们在海面上看到的潮汐形式一样。但大气潮汐和海洋潮汐形成的驱动力有所不同，后者主要与月球和太阳的引潮力有关，大气潮汐就是瞬变气候，图 3.4.3 是 7 月 2 日 0000 世界时 300 hPa 上的瞬变气候风，这个时刻的气候风中，南半球表现为波动式的平直气流，而北半球除了明显的波动外，还有大尺度的水平闭合环流。两个闭合环流分别是青藏高原地形和北美地形影响大气运动的表现。由于地形是固定的，两个闭合环流与气候波动的强度和位置是随地形热力特征而缓慢地季节性地循环变化的。这样的大气潮或瞬变气候是不需要预报的，但需要预先估算出来。

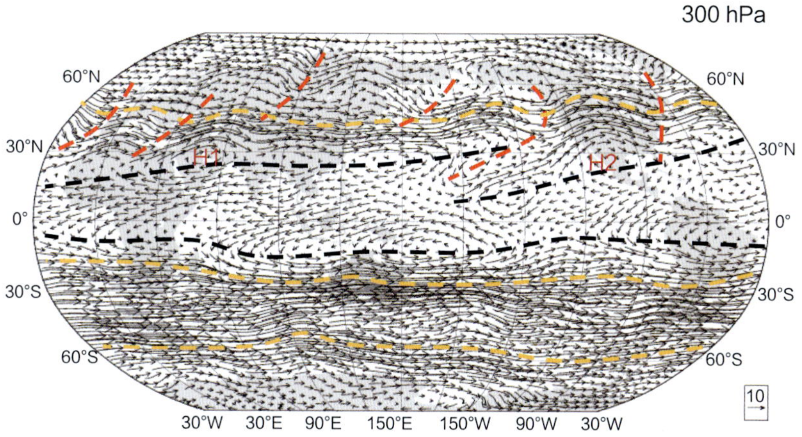

图 3.4.3　7 月 2 日 0000 世界时 300 hPa 气候风（单位：m/s）（黄虚线为流线，红虚线为波槽线，黑虚线为反气旋环流的脊线；参考 Qian，2017）

大气瞬变气候位势高度、气候温度和气候风，它们之间满足静力平衡和地转平衡的关系，这意味着使用其中一个气候变量可以反推出另外的两个气候变量。当画出同时次的低层大气，如 700 hPa 或 850 hPa 层的瞬变气候风和瞬变气候位势高度的时候，其中的定常环流系统会比 300 hPa 上的多，原因是一些小的地形影响会反映到低层大气的瞬变气候场中来。大气中南北垂直剖面上的哈德莱环流和东西垂直剖面上的瓦克环流都包含在了图 3.4.3 的大气潮中。瓦克环流的异常必然与洋盆尺度的海温异常有联系。

QIAN W H. 2017. Temporal Climatology and Anomalous Weather Analysis. Springer ISSN 2194-5225 (electronic), DOI 10.1007/978-981-10-3641-5.

3.5 海洋与大气的耦合关系

厄尔尼诺（西班牙语：El Niño），又称海水增暖的圣婴现象，与另一大气现象——南方涛动（Southern Oscillation）合称为 ENSO 事件，它们是热带大气与海洋耦合的产物。该事件会造成一些地区炎热、干旱而另一些地区低温、降雨量过多的气候异常。

正常情况下，赤道太平洋温跃层西部比东部深，赤道西太平洋暖海温区伴随强的对流活动，而赤道东太平洋冷海温区上的大气则是以下沉为主。但在厄尔尼诺期间，赤道西太平洋上的对流会向东移并导致赤道东太平洋出现暖水，温跃层梯度变小。与厄尔尼诺现象相反的秘鲁沿岸海温降低被称为拉尼娜事件，温跃层在西部比正常情况下更深，深对流在西部表现更强，东风在中太平洋更强，有更多的冷水到表层，形成赤道中东太平洋上的冷舌。

对厄尔尼诺事件的预测和理论研究主要开始于 20 世纪 80 年代。当时，美国的两个气象学家对 7 次厄尔尼诺事件的生命期进行了合成分析，发现正的海温距平首先在赤道东太平洋的南美秘鲁沿岸出现，并沿赤道向西扩展，8 至 10 月份正的海温距平继续沿赤道向西扩展，12 月到次年 2 月事件发展到最强盛时期。次年的 5 至 7 月份是厄尔尼诺事件的消亡阶段，负的海温距平也开始在赤道东太平洋出现。戏剧性的事件发生在科学家们对 1982—1983 年强厄尔尼诺事件的预测上。这次厄尔尼诺事件的发生并不符合气象学家的总结，在 1982 年没有出现信风减弱，也没有观测到南美沿岸的增暖。实际上，增暖最先发生在西太平洋，然后才向东传播的。对这次强厄尔尼诺事件预测的失败，加上世界上不断发生各种极端天气事件，使得科学家和媒体反复地把它们联系在一起，好似世界各地的极端天气事件都是厄尔尼诺惹的祸。

从 1982 到 1995 的十多年间，发生了 1982—1983 年、1986—1987 年和 1991—1992 年的多次厄尔尼诺事件。华裔美国气象学家王斌等在 1995 年总结对比了不同年代的海温特征，提出太平洋海温存在年代际变化，转折开始于 20 世纪 70 年代中期，在此以前，海温异常确实是首先从东部开始，并沿赤道向西发展的。而 20 世纪 80 年代以来的事件，在增温开始时，赤道东太平洋的信风并没有减弱，海温异常是从西太平洋和赤道外向赤道东太平洋发展的。

为了表征不同厄尔尼诺事件的强度，人们定义了多个区域的平均海温距平。2007 年，日本气象学家又提出了中太平洋海温异常偏高，而东西两侧太平洋海表温度偏冷的模态。厄尔尼诺事件和反厄尔尼诺事件的东部型、西部型和中部型，甚至中－西部型，最早的还有赤道东南部型都被提出来了，研究也进入了火热的阶段。

其实，表面海温异常只是一个表层现象，次表层海温的变化要早于表层海温变化 1—3 个月，且信号幅度更大。在赤道中东太平洋，表层海温增暖 2—3 ℃时，100 m 以下的次表层海温能增暖 6—7 ℃。在同期的赤道西太平洋，表层海温只降低了 0.5 ℃，可是 200 m 深的次表层海温能降低 1—2 ℃。

如果把全球海洋从海表到 10 km 深度每个点上的历史观测海温也做成瞬变气

候场，那么每个时刻的观测海温减去对应深度点上的瞬变气候海温就得到了瞬时海温扰动。最大的瞬时海温扰动就出现在温跃层上。如果人们把海洋每个地理位置不同深度上的最大次表层海温扰动（LSTA）值提取出来，就可以绘制出一张全球的 LSTA 分布图。追踪多时刻 LSTA 分布图是 21 世纪初提出来的表征温跃层海温异常变化和扰动信号传播方向的简单描述方法。相同时刻，LSTA 的变化幅度普遍大于海面温度异常的幅度。赤道东部与西部太平洋的表层与次表层海温扰动符号基本相同，但在赤道中太平洋两者之间的符号常常不同。

表层和次表层海温变化同号与反号的关系是可以追踪和解释的。从赤道西太平洋出发的一个正的或负的次表层海温异常中心，是沿赤道下潜到斜温层并向东移动的，关键是要预测这个下潜的中心是在赤道中太平洋还是在赤道东太平洋才露头。一旦这个扰动中心露头了，表层海温增暖事件就从那里开始发生。每次露头的位置和强度不同，形成的表层冷暖事件也不相同。所以，人们很难从历史上找到位置和强度完全相同的两次厄尔尼诺事件或拉尼娜事件，找到的只是相似的事件。一个次表层暖水或者冷水信号传播到赤道中东太平洋露头需要半年甚至 1—2 年的时间，而到下一次暖水或冷水再次东传，需要 2—7 年不等的时间。所以，赤道中东太平洋上的海温异常被认为是年际海温异常事件，不具有时间上的周期性。

一个暖水事件在赤道东太平洋发生后，暖水会沿太平洋的东部沿岸向赤道外移动。在北半球的 7°—8°N 附近，这个信号转向西移动，大约沿赤道辐合带的位置。向西传播的信号速度较快，几个月就可以到西海岸附近。在太平洋赤道以北的热带海洋上可以清楚地看到一个次表层海温扰动信号传播的回路，那里辐合带的位置基本上是平行于赤道的。但赤道以南的海温扰动并没有这样的一个回路，那里向西传播的次表层海温异常信号只能传播到南太平洋赤道辐合带的地方，位于澳大利亚的东北侧，呈西北—东南走向。

在大气中，沃克在 1924 年发现了南方涛动，它是一个东西方向的海平面气压场的跷跷板现象。沃克的南方涛动被贝拉格（1957）用印度尼西亚雅加达站的海平面气压与全球海平面气压的相关图表达出来了。很有意思的是，相关系数的零线分别经过南北美洲大陆西海岸山脉和太平洋中部的日界线附近。这样在全球范围内海平面气压振荡将东太平洋与印度洋 – 西太平洋分开了（图 3.5.1b）。由于气压的模态主体位于南半球，所以称为南方涛动。人们用塔希提（或复活节岛）与达尔文两地的海平面气压差的距平值作为南方涛动指数，反映其强度和位相的变化。小皮叶克尼斯在 1969 年把与南方涛动气压变化有联系的那个大气环流称为沃克环流。沃克环流在赤道西太平洋上升，当地的海平面气压降低，高层的气压升高形成西风，到赤道东太平洋地区高层气压降低，成为下沉气流，对应当地海平面气压升高形成东风。

南方涛动反映了太平洋与印度洋之间存在的一种大尺度的气压振荡。为什么南方涛动位于南半球呢？一个试验是把全球大气模式中的所有高原都去掉，只留下海陆分布，不让海水任意流动，比较有无高原地形时，赤道东太平洋海温异常强迫下的全球海平面气压异常分布。结果发现有高原时的南方涛动位置在赤道以南，而赤道辐合带以北的北太平洋上也出现了东西方向上的气压反向变化，被称为北方涛动。没有高原地形时，南方涛动就不在南方了，而是位于赤道上，北方涛动也没有了。这正好说明，赤道南美高原地形对海温异常强迫下的大气运动和质量分布有阻挡作用，也解释了赤道中东太平洋上赤道辐合带位于赤道以北的原因。

挪威气象学派的小皮叶克尼斯在 1969 年已经认识到厄尔尼诺现象是海洋和大气相互作用的产物，并提出了一个大尺度海气相互作用的正反馈机制，即西太平洋海温正距平引起了沃克环流增强，赤道表面东风增强，西太平洋的海温变得更高。他的这一出色工作当时并没有得到人们的广泛关注。作为一个耦合系统，正、负反馈都应该存在，但当时他并没有阐述是什么原因导致了海温从一个正异常过渡到负异常的。直到 20 世纪 80 年代，科学家们才认识到厄尔尼诺事件和南方涛动是海气耦合模态的两个方面。赤道东、西太平洋的海温正、负年际异常与太平洋 – 印度洋的海平面气压负、正变化之间的关系，是同一个事件在大气和海洋中的表现，即海温距平和呈现跷跷板关系的海平面气压振荡之间的密切联系，但又是非周期性出现的。它们的空间结构正如两幅美丽的图画（图 3.5.1）。

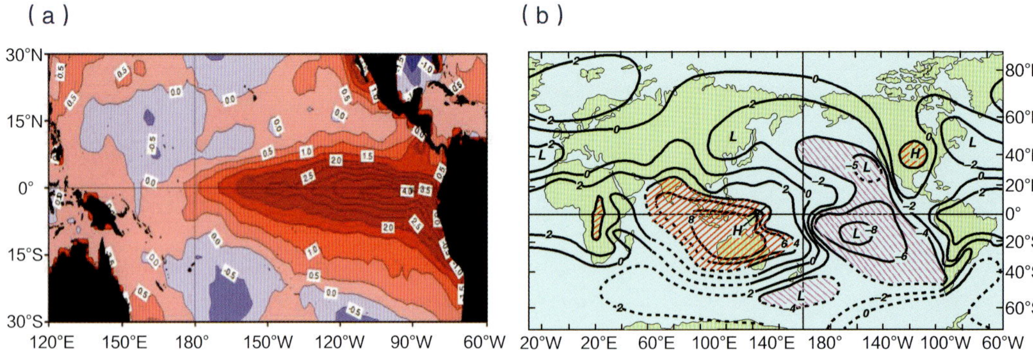

图 3.5.1　(a) 厄尔尼诺事件成熟位相的海温距平（红色和蓝色分别为海温正负距平，2℃间隔）和 (b) 对应的南方涛动气压异常相关系数（等值线，2 × 0.1 间隔）分布（b 中 H 和 L 是正负相关中心；参考钱维宏，2009）

早期，海洋学与气象学的学科研究是独立的。对厄尔尼诺这样的海洋事件：气象学家认为是海洋异常的结果；海洋学家认为是大气异常作用的结果；天文学家认为是地球自转变化影响的结果；也有地质学家认为，赤道中东太平洋的海底火山爆发加热海水，进而对表层海水增暖；甚至还有生物学家认为与海洋生物量或某些生物的活动有关。

实际的海气相互作用包括局地海气相互作用和行星尺度的海气相互作用。在全球海洋与全球大气的行星尺度相互作用系统中，大气中每个半球的四圈环流参与了大尺度上与海洋的耦合过程。如果初始时刻，赤道两侧信风减弱，也即赤道西风增强，则异常西风会产生海水沿赤道带的辐合，赤道带海面升高，海温也升高，而赤道带外的海温会下降，于是形成了赤道内外海温距平相反的变化。赤道带的海温升高会导致哈德莱环流强度的增强，副热带高压带也随之增强。其后，向赤道辐合的东北信风和东南信风增强。信风增强也就是赤道附近的东风增强，增强的东风会使得赤道和东部沿岸冷海水上翻，海面温度下降。接下来，热力驱动的哈德莱环流减弱，副热带高压减弱，信风减弱，相当于赤道西风又增强了。这样完成了赤道西风增强的一个循环，其中赤道内外的海温、哈德莱环流强度、副热带高压强度、信风强度和西风强度，都经历了一次循环过程。这个行星尺度的海气相互作用过程不单单出现在赤道地区，也牵涉到了副热带高压、中高纬度的西风带和高纬度的东风带等，扰动信号向赤道外传播有一个时间上的滞后。这种周期性的或非周期的行星尺度海温异常和大气循环异常把海洋学家和大气学家紧密地联系起来了。

当把问题复杂化，在上述行星尺度的海气耦合系统中增加一条南北走向的大陆带，海洋就有了东西两个边界。这样，当赤道带出现西风异常的时候，赤道上海水辐合、水位升高，海温也升高。与此同时，赤道海洋的东边界出现海水辐合，海温升高，而西边界水位下降，海温降低。海温东高与西低的梯度会形成热力驱动下洋盆尺度的异常沃克环流，赤道东部出现异常的上升气流，西部出现异常的下沉气流，洋盆高层东风异常，海面上西风异常。这个西风增强又促使洋盆东部海温再度升高。所以，异常沃克环流始终起着正反馈作用，真正的负反馈机制仍然是赤道带海温升高引起的哈德莱环流增强后的信风增强，这个负反馈才最终导致了赤道东部海温的下降。随着赤道洋盆东西部的海温异常振荡，对应部分的大气海平面气压也会发生变化，表现为东部海温升高（降低）的时候气压下降（上升）。在赤道洋盆的东西两侧也形成了海平面气压的反向振荡。

上述情况下的海气相互作用与固体地球是没有关系的，如果在大陆带上加上山脉地形，就会出现大气圈、水圈和固体地球三者之间的相互作用了。赤道洋盆东部海温升高、气压降低与西部海温降低、气压升高的时候，山脉两侧出现了与地球自转方向相反的山脉力矩。这个力矩使得地球自转减速，而大气获得西风角动量。由此，地球转速减慢、大气西风角动量增加和洋盆尺度的异常沃克环流也是固体地球、大气圈和水圈三者耦合过程中的正反馈机制，而负反馈机制仍然是哈德莱环流强度变化引起的信风增强。地球自转速度的变化属于天文学的内容，于是赤道洋盆东部的海温升高也与天文学家有关了。

上述的三个圈层之间的动力和热力相互作用是行星尺度的。实际的情况是海洋与大气、大气与地表、地表与海洋之间存在多尺度相互作用。过去人们对大气与海洋之间的局地相互作用，从动力学和热力学等方面研究得很多，也出现了一些复杂的理论。这些复杂的局地海气相互作用是存在的，都应该叠加到行星尺度的三者耦合的过程中去。考虑多圈层和多尺度的相互作用后，海温出现的多时空尺度变化也就是这些多时空尺度耦合过程留在海洋的一些印记，这些印记会出现在不同的洋盆中。每个印记的时空尺度都不同，没有可比性，但偶尔有相似性。然而，海洋中最大的次表层海温异常信号与大气中最大的位势高度扰动信号之间的关系还没有得到很好的揭示。

钱维宏 .2009. 全球气候系统 . 北京，北京大学出版社 .

3.6 大气和海洋中的最大扰动

地球上频繁发生的各种极端天气事件，如 2018 年发生在美国西部加州的森林大火与东部的低温雨雪，2010 年夏季俄罗斯西部莫斯科附近的森林大火与东部西伯利亚的低温降水，以及巴基斯坦的洪涝，这些全球不同区域的极端天气或异常气候之间有什么样的联系呢？过去人们认为，这些极端天气事件是赤道东太平洋海温异常的结果，而现在多认为是全球气候增暖的结果。为什么相邻地区会发生相反的极端天气和异常气候事件呢？

举一个例子，在中国大陆的中部地区出现热浪天气时，同期的西北地区却气温偏低。这种相邻地区发生的相反温度变化在地面天气图上有所反映，但在日常使用的传统高空天气图上，特别是对流层和平流层的垂直剖面上，变化的特征并不明显。图 3.6.1a 中绘制的是沿 110°E，1999 年 9 月 10 日的日平均位势高度扰动和温度扰动的南北垂直剖面。扰动天气图与传统天气图完全不同，整层大气中只在对流层顶附近有多个位势高度扰动中心，地面的冷暖取决于对流层顶位势高度扰动的正负分布特征。在扰动天气图上，预报地面冷暖天气的思路变得非常简单，只要知道对流层顶附近的位势高度扰动强度和位置，就能确定地面冷暖异常的落区了。

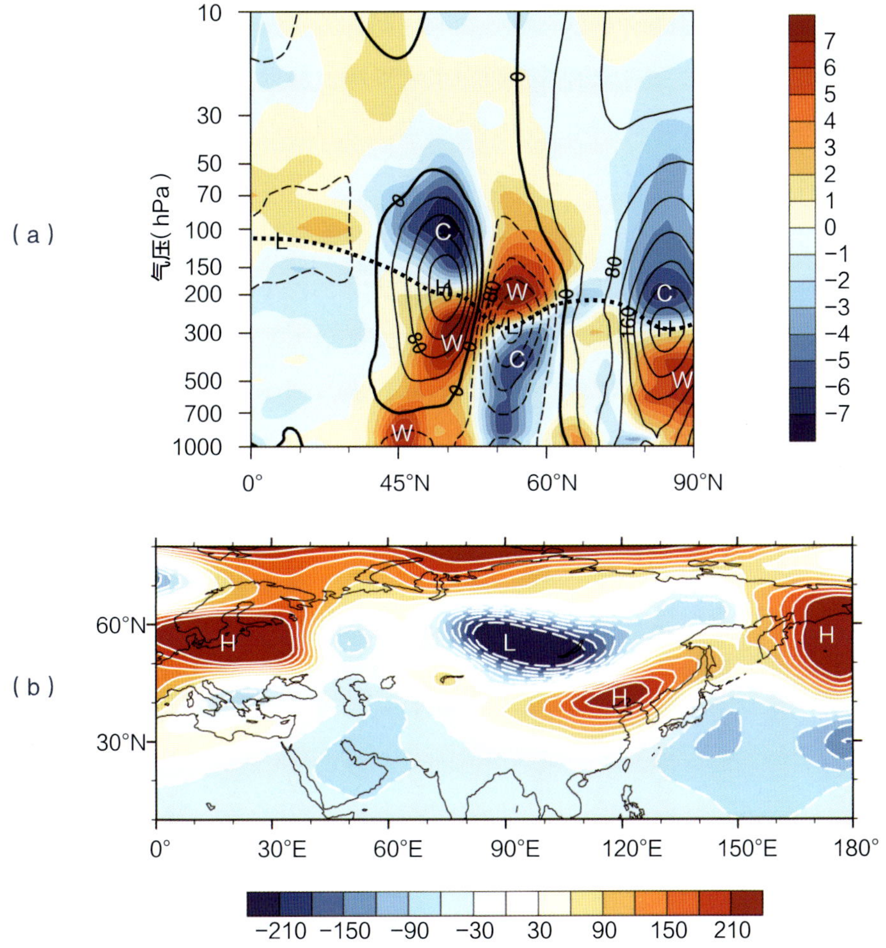

图 3.6.1　1999 年 9 月 10 日 (a) 沿 110° E 的垂直剖面位势高度扰动（等值线，40 gpm 间隔）和温度扰动（色阶，1 ℃间隔），以及 (b) 欧亚 – 西北太平洋地区的最大位势高度扰动分布（色阶，30 gpm 间隔）（a 中粗点线为最大位势高度扰动的取值位置；字母 H/L 和 W/C 分别为位势高度扰动和温度扰动的正 / 负异常中心；参考 Qian et al.，2016）

在全球的每一个地理位置上，每个时刻或日平均的对流层至平流层大气中都会存在一个最大位势高度扰动值。把日平均最大位势高度扰动值投影到一个面上，就得到了图 3.6.1b 的分布。在欧亚 – 西北太平洋地区的最大位势高度扰动分布图中，最大的两个正中心分别在欧洲和西北太平洋上，第三大正中心在华北，一个较大的负扰动中心在西伯利亚。最大位势高度扰动的分布表明，该日欧亚地区有两个正的扰动中心和一个负的扰动中心。其中，西伯利亚至中国有一对相邻的正负扰动中心，对应正中心与负中心的下方都存在暖与冷的扰动气团，它们延伸到地面就形成了极端暖冷天气。

这样的大气位势高度扰动中心与海温扰动之间的关系现在还不十分清楚。海表温度异常变化的最大信号主要出现在赤道中东太平洋，地面空气温度异常对应的热浪和低温事件与海表温度异常一样，它们都属于海气界面上出现的极端温度事件。大气的最强扰动信号主要出现在对流层顶，而海洋中的最大海温扰动信号出现在海洋的温跃层。

图 3.6.2a 是 2009 年 1 月拉尼娜状态下沿赤道太平洋深度剖面上的月平均海温分布。图中赤道西太平洋有一个深达 200 m 的暖水层（暖池），而东太平洋的暖水层比较浅。沿赤道太平洋有一个倾斜延伸的等温线密集层，称为温跃层，与大气对流层顶附近的温度垂直梯度大值带相似。

用该月的平均海温减掉多年对应月海温平均气候态后得到的月平均海温距平垂直分布绘制在图 3.6.2b 中。这样，沿赤道太平洋的最大次表层海温异常就显现出来了。赤道西太平洋有一个暖的异常中心，而赤道东太平洋有一个冷的异常中心。这一对冷暖异常中心的强度和位置是随时间变化的，并且与海表温度变化有联系。大气中最大的位势高度扰动信号并不出现在地表，而是在对流层顶附近，与之类似，海温异常变化的最大扰动信号也不出现在表层，而是在次表层。次表层最大海温变化的强度是表层海温变化强度的 4—5 倍。人们虽然关注表层气温和表层海温，但真正与表层气候异常变化有关的最大信号在更深的大气中和次表层海洋上。

与在大气中找到最大位势高度扰动相似，在图 3.6.2b 的每个格点上，人们也能找到最大次表层海温异常。把最大次表层海温异常投影到一个全球面上（图 3.6.2c），冷暖中心的分布变得简单了。赤道太平洋上出现了一对东冷与西暖的最大次表层海温异常中心；赤道印度洋上则出现了一对东暖与西冷的异常中心；大西洋上的一个异常暖中心出现在了中纬度南大西洋，而一个异常冷中心出现在了中纬度北大西洋上。

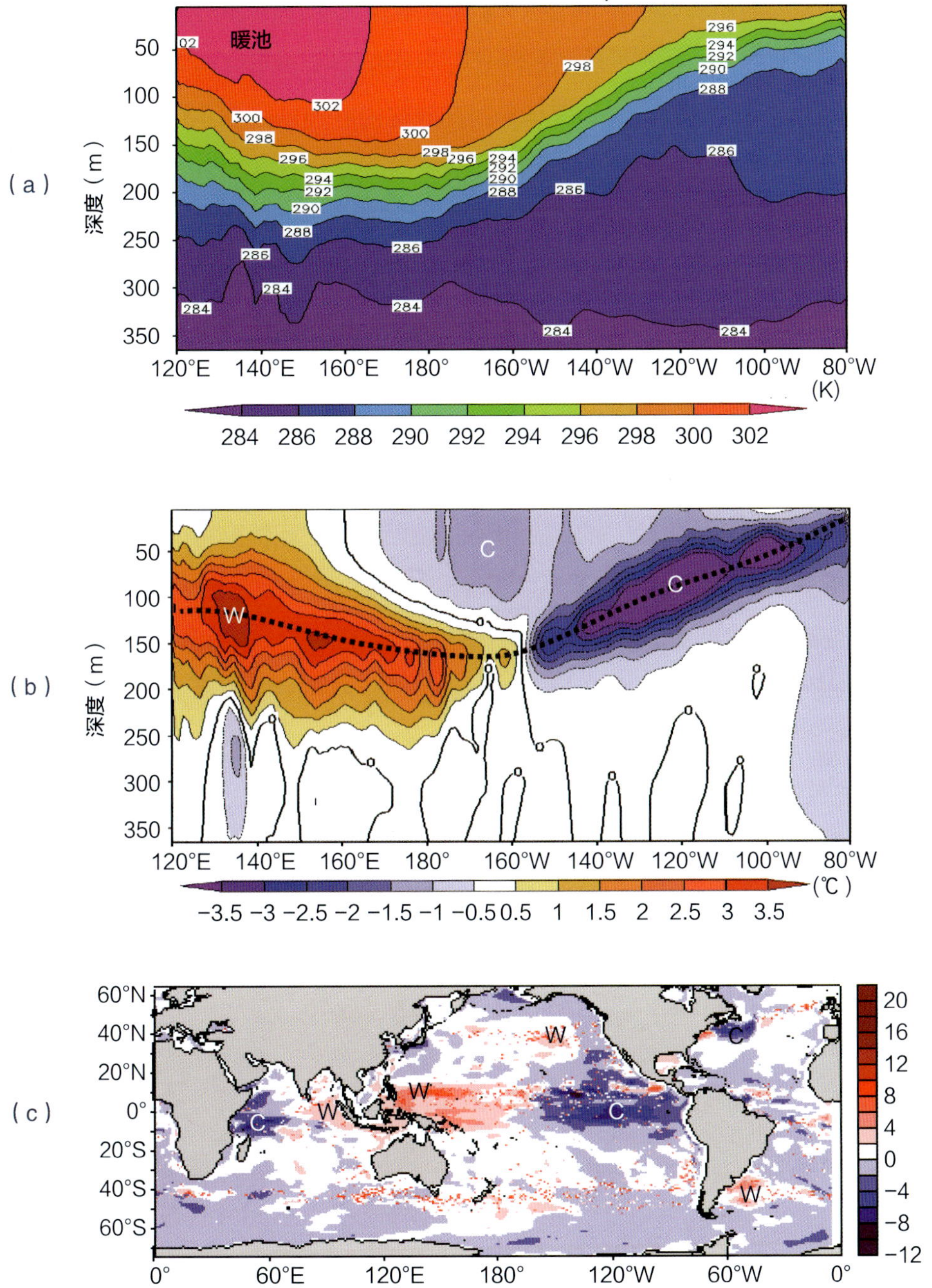

图 3.6.2　2009 年 1 月沿赤道太平洋深度剖面上的（a）海温分布（阴影，2 K 间隔）与（b）海温异常（阴影，0.5 ℃间隔）垂直剖面，以及（c）全球最大次表层海温异常（阴影，2 ℃间隔）分布（b 中粗点线为最大次表层海温异常的取值位置，b、c 中字母 W/C 为海温异常正 / 负中心；参考钱维宏，2011）

21 世纪初，我们已经注意到赤道中东太平洋的表层海温异常变化是最大次表层海温异常露头的结果。用较高时间分辨率的资料分析发现，赤道东太平洋的表层海温异常滞后次表层海温异常的时间在 3—8 候。热带太平洋的表层海温异常变化并不具有传播的特征，只表现为局地增强和减弱，传播的是次表层海温异常信号。通常，正或负的最大次表层海温异常信号以年际时间尺度沿赤道从西向东传播，到达中部太平洋露头时成为表层海温异常的中部型，到达东太平洋露头时形成的表层海温异常为东部型。每次次表层海温异常信号的露头位置不会完全相同，于是历史上出现了多个不相同的表层海温增暖事件。一个正的或负的最大次表层海温异常信号传播到赤道东太平洋后，它会沿东岸向北传播到赤道外，再向西传播。赤道外向西传播的速度较快，不是以年际时间尺度，而是以季节内的时间尺度。于是，在赤道太平洋和赤道外北太平洋之间形成了次表层海温异常传播的一条闭合回路。在赤道和赤道外南太平洋并没有这样的回路。

海洋和大气中的最大扰动分别代表着海洋和大气中的最强异常信号，是动力学和热力学共同作用的结果，它们分别与海洋上的异常气候事件和大气中的极端天气有着紧密的联系。但是，海洋中异常信号的强度、范围、持续时间和传播特征与大气中异常信号的强度、范围、持续时间和传播特征是不同的。海洋上强的扰动信号传播出现在中低纬度，而大气中强的扰动信号传播以在中高纬度为主。

钱维宏 . 2011. 气候变化与中国极端气候事件图集 . 北京，气象出版社 .

QIAN W H, YU T T, DU J .2016. A unified approach to trace surface heat and cold events by using height anomaly. Climate Dyn, 46: 1647–1664.

3.7 全球季风形成的根本原因

季风为中华文明的发展提供了源源不断的水热资源。从相传为 4 000 多年前舜帝所作的《南风歌》，到宋代的“梅雨知时节，农家喜若何”，许多文学作品都记录了国人对自然的认知和适应性相处。随着气象学的发展，全球季风特征已经被人们所认识。全球季风可分为热带季风区、温带季风区和寒带季风区。热带季风区是越赤道气流季节性向外扩展形成的干湿转换区。地球的自转和公转是季风形成的根本原因。

我国是一个季风国家。上古时期的《南风歌》，歌颂的就是中国季风气候。歌词咏唱道："南风之薰兮，可以解吾民之愠兮。南风之时兮，可以阜吾民之财兮。"这首诗歌反映了古人对季风的期盼，呼唤的是适时的温和湿润的季风。"南风歌"反映了两个季风指标：强度上的温和与时间上的恰当。不管季风出现降水强度上的偏差，还是出现爆发时间上的偏差，那都不是先民所期盼的。即使在今天，我国季风降水中的丰梅雨和空梅雨，以及早梅雨和迟梅雨，都会影响到我国季风区内的农业生产。

季风属于气候学的内容。季风的定义从字面上讲是随季节变化的风，特别体现在风向的季节变化。如果在一个海陆交界的地方，半年有太阳辐射，另半年没有太阳辐射，那么风向就会相隔半年才出现交替变化，也就是说这个地方出现了季风现象。在海风的半年，大陆上因空气水平运动遇到辐合形成上升气流，降温冷却，形成降水；而在陆风的半年，海上有降水。这种半年尺度的海陆风会出现在高纬度的极地地区，那里的极昼（太阳终日在地平线上）和极夜（太阳终日在地平线下）可以各自最长持续半年。所以，季风是下垫面海陆特征对太阳季节辐射响应的平衡态，可以用降水或干湿的季节转换来表征，也可以用风向的季节转变来表征。

"季风"这个气候名词的起源并不在高纬度地区，而是来源于阿拉伯语"mausim"，意为季节，这说明人们最早认识季风是在热带印度洋周边的海陆地区。现代气象学意义上的季风概念是17世纪后期由天文学家哈雷首先提出的，即季风是由太阳对海洋和陆地加热的差异形成的。到18世纪上半叶，哈德莱对季风模型进行了补充和修正。他指出，按照哈雷的理论，南亚地区阿拉伯海至印度的季风应该是夏季吹南风，冬季吹北风，但实际观测到的却是夏季吹西南风，冬季吹东北风。他们两位提出的季风概念是与单圈环流的提出联系在一起的。季风是一个近地面的气候现象，而单圈环流是大气在垂直剖面内的气候风场结构。信风是单圈环流中近地面的风，最早用于海上贸易，而季风最早用于热带印度洋沿海的农业和渔业生产活动。

直到1835年，科里奥利发现了地转偏向力，哈德莱对哈雷季风理论修正的原理才清楚了。在北半球的夏季，当气流从南半球跨越赤道进入北半球时，由于地球的自转效应，气流会受到一个向右的惯性力（地转偏向力）。在地转偏向力的作用下，气流在向北的运行过程中发生右偏，形成了夏季阿拉伯海至印度的西南风。在北半球的冬季，向南的气流受到地转偏向力的作用形成了东北风。于是，南亚的风是随季节在西南风与东北风之间交替变化的。同时，吹西南风时雨季开始，吹东北风时干季开始。南亚是世界上主要的稻米生产地，而季风则是与当地收成密切相关的自然现象。研究者们一致认为，南亚季风，或称印度季风，是原始典型的季风。

早在 1971 年，拉梅奇便在总结前人季风研究的基础上，根据风的季节变化给出了地球上的季风影响范围。他给出的范围是以印度半岛为中心的东西长条区域，向西到热带印度洋和赤道非洲，向东到东南亚、东亚和澳大利亚以北的海洋性大陆地区，称为传统季风区。1987 年，韦伯斯特同时考虑了两个季风指标：冬夏风向的季节性反转和干湿期的季节性交替出现。在此季风定义下，他给出了全球的六个季风区，分别在亚洲至西太平洋、赤道非洲、赤道南美至北赤道东太平洋、澳大利亚至热带海洋性大陆区、热带南非和副热带南美。

从前人对季风的认识看，季风是以风表述的气候态在不同季节的行为。从“热 – 风 – 雨”的关系看，季风的背后有随季节变化的大尺度热力因素驱动，季风的结果是与民众生产生活息息相关的气候降水。季风是印度的主要淡水来源。尽管季风可能会带来狂风暴雨、洪涝灾害和生命财产损失，但它更多意味着生机和收成，所以季风来临时，人们心中油然而生的往往是欣喜之情。未来的季风充满了未知的惊奇，承载着收获与灾难的两面，于是人们期盼预知，以趋利避害。

为了解读季风的本质，我们从地球上最大尺度季节变化的热力对比开始分析，因为它是驱动季风的根本原因。如果地球自转轴与地球公转轨道面垂直，在此情况下赤道上接收的太阳辐射最多，随纬度增加接收太阳辐射逐渐减少，到两极最少。又如果地球为一水球，即表面全被水覆盖，则在两个半球上，地面温度随纬度增加而降低。在此热力对比和地转速度下，地球大气中南北半球各自形成四圈环流，即哈德莱环流、费雷尔环流、极区环流和北极环流，全球共八圈环流。在此水球下，全球有赤道辐合带和赤道多降水带，南北纬 60°也各有一辐合带（降水带），南北极地各有一个极涡和多降水中心，而在 30°附近是副热带高压干旱带，80°是副极地高压少降水带。赤道辐合带与副热带高压带之间是北半球的东北信风带和南半球的东南信风带。副热带高压带的高纬度一侧有北半球的西南风带和南半球的西北风带。北半球副极地高压以南为东北气流，南半球副极地高压以北为东南气流。北半球极地为西南风的辐合，南半球极地为西北风的辐合。此时全球的八圈环流最完整，但没有季风，没有跨越赤道的气流，因为没有地面风向随季节变化的区域，也没有降水量随季节变化的区域（图 3.7.1a）。

实际上，地球自转轴与地球公转轨道面有一个 66° 34′ 的倾角，这样太阳光可年循环直射南北半球 23° 26′ 之间，南 / 北半球 23° 26′ 的纬线称为南 / 北回归线（图 3.7.1b 和 3.7.1c）。太阳辐射跨纬度带随时间变化是地球上春夏秋冬四季形成的根本原因。在北半球，春分（3 月 20 日或 21 日）之后，太阳光直射点从赤道向北移动，于夏至（6 月 21 日或 22 日）到达北回归线。9 月 23 日前后，太阳直射点又从北半球回到赤道。受到太阳辐射强迫，赤道辐合带是滞后北移的，要到 8 月份才到达最北位置。其他的气候系统，如副热带高压的位置也是 8 月份到达最北的位置。中国北方气候的最大降水也是出现在七八月份。

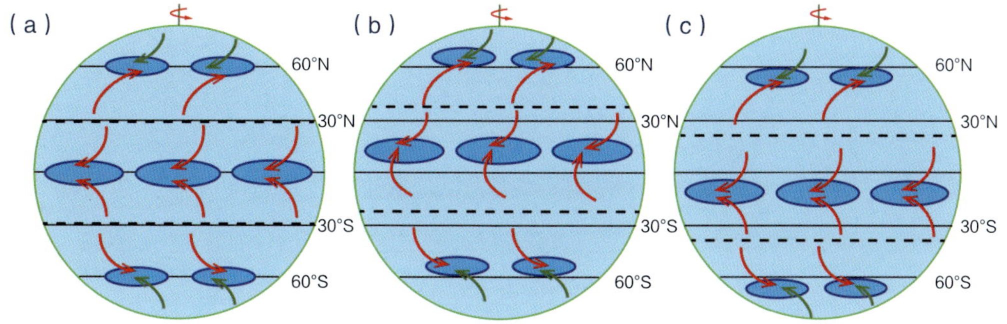

图 3.7.1 (a) 终年无干湿转换和风向反转，(b) 和 (c) 干湿和风向都发生了季节变化并有了越赤道气流（参考 Qian，2017）

在一年的循环中，赤道辐合带和其上的降水追随太阳直射点跨越赤道南北移动，但是有所滞后。当赤道辐合带到达北半球最北位置的时候，低层越赤道气流到了北半球，受地转偏向力的作用，形成了西南气流，而赤道以南形成东南气流。当赤道辐合带到达南半球最南位置的时候，低层越赤道气流到了南半球，受地转偏向力的作用，形成了西北气流，而赤道以北形成东北气流。这样，赤道以北夏季的西南暖湿气流与冬季的东北干冷气流，构成了两个半年之间风向近似相反的转变和干湿的转换。南半球也出现了相似的风向反转和干湿季节变化的条带。如果用风的反向变化和干湿转换作为季风的标准，那么赤道辐合带扫过的热带区域经历了越赤道气流的方向性反转和干湿期转换，可称为标准的热带季风区。全球最典型的印度（南亚）季风就满足这样的标准。在没有海陆地形分布的情况下，如果把越赤道气流作为季风判断的条件，热带区域便是全球最大的季风区。北半球和南半球极锋的位置也是地面气流的辐合带，它们的纬度也随太阳高度角的季节变化而变化。所以，那里也会出现风向反转带和干湿转换带，可以称为温带季风区，但那里不受越赤道气流的作用。副极地地区也会出现风向随季节的反转带，可以称为寒带季风区，但范围小，对人类活动的影响也小。

实际的地球表面有不均匀的海陆和山脉地形分布，它们的存在大大改变了全球大气中的三条风向变化带和干湿转换带，即海陆地形的交错会改变热带季风带、温带季风带和寒带季风带的分布。我们来做一系列“板块添加”试验，考察热带季风带的改变。

第一个试验是，在北半球的夏季增加东半球的陆地板块，相当于亚洲大陆，其他地区仍然是海水表面。在太阳辐射下，亚洲大陆增暖快于东部的海洋，使得大陆上的气压降低幅度大于东部海洋，向北的越赤道气流在大陆东岸和近海会提早增强，形成较强的西南季风和较大的降水。这种情形与实际情况下的亚洲季风和降水比东部太平洋强是对应的。另外在亚洲大陆与东部海洋之间又有附加的温差，会出现由东部海洋指向西部大陆的地面气流和水汽辐合，导致大陆和近海降水比东部海洋上的多。这又与我国古文献记载的来自东部海上的“舶越风”相吻合。

第二个试验是在第一个试验的基础上，在亚洲大陆的中南部地区加上一个高原地形，这相当于又加了一层加热台阶。大陆与周边海洋之间形成了初级台阶，大陆则与高原之间形成了高级台阶。每有一级台阶，就有一个热力对比和地形引起的气流爬升效应，结果是越赤道季风气流和季风降水出现了更加复杂的分布。且在第二个试验中，高原地形的存在还让西风带气流形成了南北分支和绕流。北支气流绕过高原后成为干冷气流，南支流则成为暖湿气流。两支气流在高原东侧汇合形成了副热带锋区和副热带降水，其高度低于西部的高原，它们就是中国东部江淮地区的梅雨锋和梅雨带。如果没有海陆分布和青藏高原，江淮地区本应是副热带沙漠干旱带。

第三个试验是在以上第二个试验的基础上，在亚洲板块的南侧再增加两个伸向赤道的半岛板块。于是这里又出现了半岛尺度的海陆热力对比。越赤道季风气流必然受到半岛海陆地形的影响，形成了与实际情况类似的孟加拉湾季风槽和南海季风槽。

如果在温带季风带和寒带季风带上改变海陆地形分布，这两条季风带上的风系和降水分布也会改变。季风气候学家的一个工作便是从现实的季风风系和降水分布中辨识出没有受到海陆分布影响的原始特征。上述搭积木的方式能够帮助我们很好地理解季风的形成与复杂化的过程，也有助于回答季风现象中的一系列复杂问题。

我们知道，关于全球气候有很多提法，如全球增暖、全球降温、全球气温变化。在几十年的时间尺度上，增暖或者降温更具有不同的区域差异甚至相反的趋势变化，当然，总体加起来会呈现全球增暖或全球降温的趋势。同样，全球季风也不是全球都被季风覆盖了，而应该是认识季风在全球的覆盖范围和区域差异。

早期的季风认识只围绕热带印度洋及其周边的大陆区域。在水球的情况下，全球风向季节反转和干湿季节转换的覆盖区域是重合的。这也是季风在全球分布范围最大，和在南北半球分布最对称的情况。与越赤道气流有关的热带季风区，是风向反转与干湿转换对应的最大区域。当增加了大陆板块和高原地形后，季风气流反转的区域和干湿转换的区域会发生较大的调整。在大陆和高原的不同方位和区域上，季风气流和干湿转换的南北宽度会发生很大的变化。在北半球热带地区的大陆和高原东侧，由于在同样的太阳辐射下，南北温差和东西温差的叠加，季风气流和降水会向北扩展到副热带甚至更高的纬度地区；而在其西侧，季风宽度会减小，甚至消失。青藏高原东侧的东亚－西北太平洋季风与高原西侧的干旱沙漠地区的对比，就是这样的道理。

由于复杂的海陆地形分布，季风的风向反转区与干湿转换区也会变得不一致。在一些地区会只出现风向反转随季节的变化，而没有干湿转换；另一些地区则会只出现干湿转换，而没有风向变化。在有些季风区的内部，会出现最大降水时间并不与越赤道气流对应的情况。在中国南方，最大的气候年降水出现在春季，虽然是低层西南风下的降水，但这里的西南风不是来自越赤道气流，而是绕过青藏高原南侧的西风带的气流，即降水是绕青藏高原南侧的暖湿气流与北侧的干冷气流在华南的辐合锋面降水。

热带季风区可以用越赤道气流随季节到达的位置来确定，也可以用干湿转换确定，还有一种方法是，用越赤道气流对源自赤道的水汽中心向赤道外的季节扩展作用来确定。在美洲大陆、非洲大陆和亚洲－海洋性大陆－澳大利亚等近赤道海陆分布的影响下，原先沿赤道的最大水汽带，变成了三个水汽中心。最大的大气水汽中心活动在中国南海至澳大利亚之间的海洋性大陆上，另外的两个水汽中心在中美洲和赤道非洲。随着太阳高度角的季节变化，三个大的水汽中心会在越赤道气流的作用下向赤道外扩展，形成了观测到的热带季风范围。由于海陆分布形成了复杂的地形，热带季风降水的时空分布相对赤道变得不对称了。

QIAN W H. 2017. Temporal Climatology and Anomalous Weather Analysis. Springer ISSN 2194-5225 (electronic), DOI:10.1007/978-981-10-3641-5.

3.8 季风降水的时空不对称

地球上的气候本应该是随太阳辐射的季节循环在空间上均匀分布的。但是，复杂地形和海陆分布，使得气候随季节的变化不再对称了，在空间上的分布也不再均匀了。时间不对称和空间不均匀的气候是否存在内在的时空联系呢？

国际研究者通常会用夏半年或夏季三个月的空间格点气候降水率，与冬半年的或冬季三个月的气候降水率之间的差，来反映全球气候降水季节差异的空间分布。从定义上来看，全球季风区应该包含在气候降水率差异的空间分布中，然而，东亚典型季风区中的华南却不在其中，这一原因就难以解释了。

如果用中国古代气候学家的节气和候来度量，那么华南就在全球季风区中了。另一方面，不同地区和国家的气候学家，为了某种需要，常常针对性地选择一个区域，给定一个地域季风名称，然后从它的热力、动力、指标、模式、预报等方面做大量的研究。但以上在空间上分散的研究和在时间上粗犷的研究往往都回答不了全球性的季风问题。

在有了大陆漂移和造山运动后的复杂海陆与山脉地形分布以来，全球季风降水在时间上的不对称性和空间分布上的不均匀性，就已经成为认识全球气候需要考虑的问题了。图 3.8.1a 给出了全球最大候降水率与最小候降水率的差大于 2 mm/d 的范围。最大的候降水率差值并不在赤道上，而是在赤道外的热带地区。这说明，赤道上的降水季节变化特征不突出，在赤道外才有明显的干湿季节转换。最大的季节候降水率差异发生在亚洲东南部和热带西北太平洋上。除了季风区外，在北太平洋中纬带上也有大的候降水率差值区。所以，我们尚难以用候降水率的最大季节差异来表征全球哪些地区属于季风区。

最典型的季风区应该同时满足风向的季节变化和干湿的季节转换两个条件。图 3.8.1b 中，绿色线内为不同季节候降水率差大于 4 mm/d 的区域，也多数对应有两候的较大风矢量差。不同地区两个候之间的风矢量差的转角是不同的。在判断一个地区是否属于季风区时，对风矢量差有一定的要求。当候最大和候最小降水率差值超过 4 mm/d 的区域同时满足风向角的改变大于 80°及风速差超过 5 m/s 时，我们称之为传统季风区。季风学家拉梅奇给出的传统季风区范围：从热带非洲向东到南亚、东亚、东南亚和澳大利亚北部。而在热带南北美洲，那里满足干湿转换条件，但不满足越赤道气流风向转变条件，为了与传统季风区进行区别，我们称之为非传统季风区。北太平洋中纬度满足干湿转换标准，但与北半球冬季这里最大降水对应的风与越赤道气流无关，所以那里不是季风区。

(a)

(b)

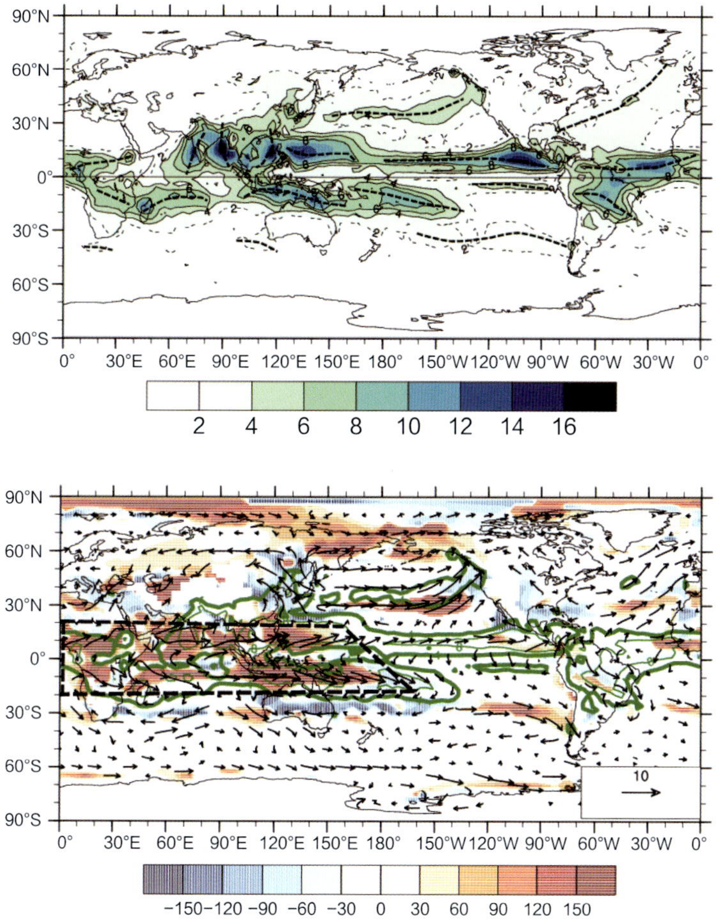

图 3.8.1 (a) 全球最大候降水率与最小候降水率的差（阴影，2 mm/d 间隔），(b) 全球最大候降水率与最小候降水率的差大于 4 mm/d 覆盖的区域（绿色粗线）和对应的两候 850 hPa 风矢量差（m/s）（a 中虚线指示两候降水率差的大值轴；b 中阴影为两候风变化角，30°间隔，正和负值指示风的变化是气旋式的和反气旋式的；参考 Qian et al.，2015）

降水空间分类要考虑降水发生在时间和空间上的同步性。我们可以把干湿转换粗略地分成两个类型，即把全球不同位置上降水峰值出现的时间集中期分成两类。图 3.8.2a 中红色区域为降水峰值集中出现在北半球夏季的热带和副热带地区，蓝色区域为降水峰值集中出现在南半球夏季的热带和副热带地区，以及北半球冬季中纬度北太平洋和北大西洋上，但只有中低纬度的大部分干湿转换区受到了越赤道气流的影响。所以，东亚至西北太平洋的季风范围南北最宽，中东和东南太平洋因受海陆分布的影响而没有干湿转换。

分为两个类型时，红色（CA）区域最大降水和最小降水出现的时间分别在第 44 候和第 7 候，而蓝色（CB）区域最大降水和最小降水出现的时间分别在第 11 候和第 46 候，这表明气候降水极值出现的时间是季节不对称的。北太平洋中部和北大西洋中部降水最大与最小发生的时间，与南半球热带季风降水极差发生的时间几乎同期，所以那里不是季风区。

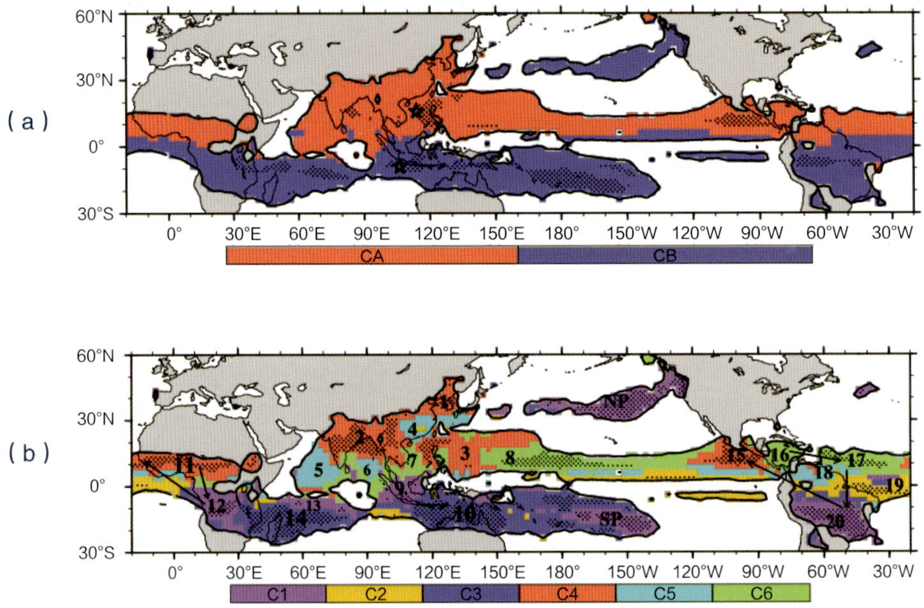

图 3.8.2　(a) 干湿转换的两类（CA 和 CB）分型相似的区域，(b) 干湿转换分成了 6 类共 22 个干湿转换区（SP 和 NP 分别为南、北太平洋区域）

根据聚类分型，全球干湿转换集中的时间最好分成 6 类，在图 3.8.2b 中用 6 个不同的颜色表示。相同色块表示气候峰值降水出现的季节时间相同，但它们的空间相距可以很远。图 3.8.2b 的色块中，北半球比南半球复杂，特别是亚洲和拉丁美洲最为复杂。在热带北印度洋上，那里分了 3 个不同的区。在中国南方，第 4 区的降水峰值是在第 33 候，正是我国长江中下游至日本的梅雨季节，但在 4 区中还包含一个降水峰值在第 21 候的小黄色区域。这个小区域就是华南的春雨，它与越赤道气流无关，而与西风气流绕过青藏高原南侧形成的西南气流有关。

在 6 类分区下，图 3.8.2b 中有 22 个大的干湿转换区，其中有 16 个受越赤道气流影响的主要季风区。相同颜色的区域，气候峰值降水出现的时间相同；不同颜色的区域，气候峰值降水出现的时间有先后。北太平洋中部（NP）和南太平洋中部（SP）

的两个显著干湿转换区都不受越赤道气流的影响。

气候上，相邻季风区的季风爆发时间是有先后顺序的。在有些地区，季风爆发是随着季风气流的推进而产生降水的。在另外一些地方，季风的风向变化与降水变化几乎是同时发生的。阿拉伯海和孟加拉湾南部的季风降水就比印度和中南半岛发生的早。中国南海中东部的季风爆发就是与区域风雨变化同时发生的，其气候爆发时间在 5 月中旬，表现为降水从 2—3 mm/d 突然增加到 5—6 mm/d，甚至更高，东风突然转变成西风，对流云也突然增加。南海季风的典型特征为干期和湿期大约各占半年。阿拉伯海和孟加拉湾南部的冬夏季风就不是各占半年，那里的夏季风开始于第 21 候，结束于第 46 候，维持了大约 25 候。

南海夏季风的爆发标志着全球最强和最长的一支越赤道气流的形成。它来自赤道以南的印度洋，从索马里那里越过赤道，称为索马里越赤道气流，高度在近地面 1—2 km 内。该气流越过赤道后，在地转偏向力的作用下成为西南气流，经过近赤道阿拉伯海、孟加拉湾、中南半岛、南海，到达东亚和西北太平洋。在中国东部海上，西北太平洋环绕副热带高压中心西南侧的东南气流与西南季风气流汇合，随着副热带高压位置的向北推进和西风气流减弱，中国东部及海上的季风降水从 5 月下旬的华南逐步向北移进到 6 月份的长江以南、7 月份的江淮和 8 月初的华北和东北。在中国东部地区，季风降水存在向北推进的四个阶段：第一个阶段的雨带位置到达长江，第二个阶段的雨带位置到达淮河，第三个阶段的雨带位置到达黄河下游，第四个阶段的雨带位置到达黄河河套的西北地区。

中国东部季风区的降水是随季节阶段性地向北推进的。这种气候降水的阶段性是要认识的一种正常气候行为，是区域气候钟的表现。中国东部的气候雨带多呈东西方向，与地势共同作用，形成了多条东西方向的主要河流。最后的季节雨带位置也就形成了中国季风降水的最北边缘带，那里也是农牧交错带和生态脆弱带的位置。

按季风在大陆上的区域划分，全球季风区可以划分为亚洲季风区、澳大利亚季风区、赤道以南非洲季风区、赤道以北非洲季风区、北美季风区和南美季风区等六大季风区。如果同时考虑区域季风爆发的同期性并与越赤道气流相联系，那么全球季风区可以划分成 16 个甚至更多的区域。季风降水的区域特征是由季风系统——如季风槽决定的，而季风槽是地形影响的结果。

QIAN W H, JIANG N. 2015. The global monsoon definition using the difference of local minimum and maximum pentad precipitation rates associated with cross-equatorial flow reversal. Theor Appl Climatol 124(3): 883–901. doi:10.1007/s00704-015-1448-4.

3.9 季风槽与地形气候槽

人们常常把青藏高原称为“第三极”，这只是从冰冻的角度考虑的。南极和北极是终年有冰雪存在的地区，是地球表面的相对冷源，而赤道是相对热源。冷热源之间的热力对比才形成了大气中的“热机”，即大气垂直环流。如果地球不旋转，那么赤道与极地的热力对比只形成热力驱动的赤道上升到极地下沉的单圈环流。但是，在现代旋转速度的地球上，地转偏向力的作用会形成北半球的四圈环流。青藏高原在北半球的冬季是一个最靠近赤道的冷源，而冬季欧亚大陆最冷的地方是在西伯利亚，于是，冬季的地面冷高压中心在西伯利亚，覆盖到青藏高原。夏季，青藏高原的地表取代了同高度大气赤道上的热源，形成了高原地面上比赤道印度洋气压更低的超大热低压环流系统（图 3.9.1）。在盛夏季节，青藏高原周边半岛尺度的海陆地形热力和动力影响，使得高原地面热低压系统的周边形成了六条半岛尺度的气候低压槽。

北半球夏季时，青藏高原周边出现多条因地形影响而形成的低压气候槽。青藏高原西侧有伸向地中海的海陆地形低压槽，由于不受越赤道气流的影响，我们称它为地形气候槽。高原南侧有分布在阿拉伯海、孟加拉湾和南海附近的半岛尺度地形低压槽，由于受到越赤道气流的影响，我们称它们为半岛尺度的季风槽。高原东南侧有热带西北太平洋上的低压槽，其受越赤道气流影响，所以称为季风槽。在高原的东侧有随季节南北移动的低压槽，其也受越赤道气流和高原北侧西风气流的共同影响，称为副热带季风槽。赤道以北的东太平洋和墨西哥也存在受越赤道气流影响的季风槽。所以，我们把受到了越赤道气流影响的低压槽成为季风槽，而没有受到越赤道气流影响的低压槽称为气候槽。

季风槽出现在大气的低层，是水汽和能量辐合聚集的地带。阿拉伯海季风槽、印缅季风槽和南海季风槽表现为季风气流的弯曲，其形成与半岛尺度的海陆地形有关。这几个半岛尺度季风槽上常有热带扰动系统形成，其中印缅季风槽和南海季风槽上的热带风暴活动尤其多。南海季风槽上形成的热带风暴称为台风，而印缅季风槽上形成的称为热带风暴。

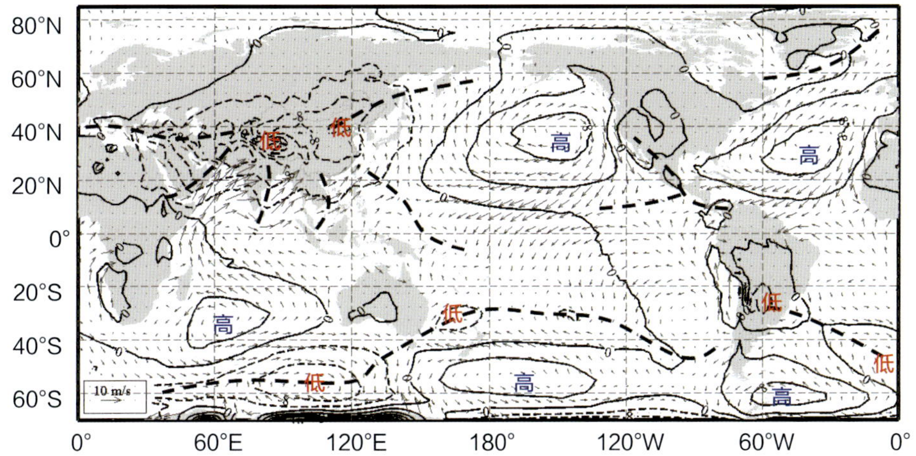

图 3.9.1　气候夏季第 44 候（8 月 4—8 日平均）全球海平面气压场（图中实线，相对 1 000 hPa 的偏差）和风场（m/s）（“高”和“低”分别代表了高压和低压中心的位置，虚线为季风槽或气候槽；参考 Qian，2017）

东亚季风槽是西南暖湿季风气流与来自高原北侧干冷西风的辐合线。东亚季风槽的深度低于青藏高原，主体在 5 km 以下，表现为冷暖气团的对比和干湿气团的对比，所以也称为东亚梅雨锋。5 月中旬南海季风爆发后，雨带随季节向北移动，到 8 月份位于华北，那里称为季风边缘活动带。梅雨锋上，常常形成西南涡旋和江淮气旋，它们形成后沿东亚季风槽向东移动，伴随锋面天气。西北太平洋季风槽是长度最长和常年存在的季风槽，它两侧的气流是对吹的，成为气候静风带。影响东亚的台风多数形成在西北太平洋季风槽上。

南半球夏季，受越赤道气流影响的季风槽在南半球的副热带印度洋、副热带西南太平洋和赤道南美洲的两侧的赤道太平洋、赤道大西洋上。图 3.9.1 中，北大西洋的北部和南半球三大洋的南部，那些地方是地形气候槽。冬季北半球的东亚大槽和北大西洋槽也是地形气候槽（图略）。所有的季风槽和地形气候槽上都有较频繁的天气尺度低压系统活动，或者出现低压系统在此位置上的发展。

季风槽属于气候系统，是太阳辐射与下垫面动力和热力达到平衡态时的瞬变大气状态，并受到越赤道气流的影响。利用多年的观测资料，每个时刻的季风槽都是能够预先计算得到的。在北半球的夏季，围绕青藏高原的周边有五条季风槽和一条地形气候槽，但到冬季时这六条槽，有的变化了位置，有的季节性地消失了。在过渡季节，这些槽的强度和位置是随节气发生变化的。

季风槽是天气系统的组织者和支持者。如果把 1980—2011 年发生在西北太平洋的台风的生成、最强和消亡三点连线分节气绘制起来，人们就会发现台风形成后向西北方向移动达到最强点后，要么继续前行消亡，要么转向东北后消亡。它们最强点的拟合线（图 3.9.2 灰色虚线）是一条具有统计色彩的连线，是随节气向南移动的。

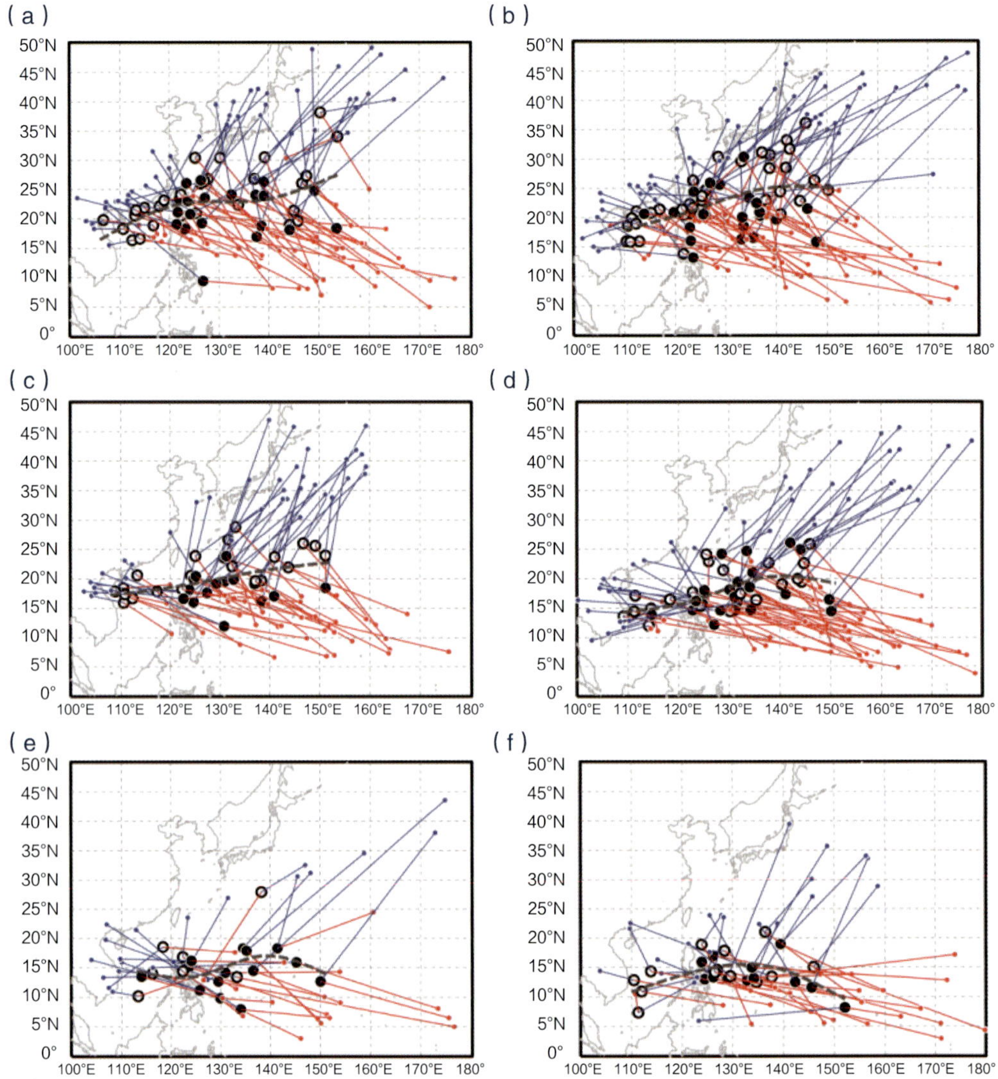

图 3.9.2　1980—2011 年发生在西北太平洋的强台风（实心圆）和一般台风（空心圆）生成、最强和消亡三点连线分节气的分布（a 至 f 分别是 9 月上半月至 11 月下半月的分布；参考 Qian，2014）

有意思的是，当我们把台风最强点和它们的拟合线与节气平均的季风槽画在一起时，拟合线就在季风槽的附近，季风槽和拟合线都是随节气从 9 月到 11 月向南移动的，它们之间的吻合程度在南海到菲律宾东部海上最高。9 月份，季风槽位于华南近海，台风也是到达华南近海时最强。到 10 月后半月，季风槽到达南海中部，台风最强位置也到达南海中部。11 月份，季风槽远离华南近海，也难有台风在华南近海达到最强了，这时台风主要在菲律宾东西两侧海上达到最强。

随着季风槽的季节性南移，台风最强位置也逐渐南移了。可是，为什么台风最强只是在季风槽的附近，而不是正好在季风槽上呢？原因是，台风作为一个扰动天气系统，它的强度和位置还受到周边其他扰动天气系统的影响。例如，台风周边的另外一个低压扰动会在一定距离内与该台风发生旋转相互作用（打转），改变台风的位置，甚至发生合并使台风增强，这样台风登陆时也会增强。

长期以来，气象学家总想解答，为什么有的台风在登陆前或临近登陆时没有减弱，反而增强了？近 30 多年的统计结果发现，台风登陆前或临近登陆时增强是有时间窗口和环境影响因素的。在秋季的 9 月份，当季风槽位于南海北部的时候，到达华南沿海的台风才有可能增强，然后登陆。如果一个台风在这个时节里在赤道西太平洋上生成，并沿巴士海峡向西移动进入南海，那么该台风会沿季风槽不断增强，到两广登陆时会给当地造成更严重的灾难。季风槽到达和影响到的热带外最远位置构成了季风边缘活动带。

QIAN W H. 2017. Temporal Climatology and Anomalous Weather Analysis. Springer ISSN 2194-5225 (electronic), DOI:10.1007/978-981-10-3641-5.

QIAN W H, SHAN X L, JIANG H Y. 2014. Typhoon Turning Atlas. World Scientific.

3.10 热带季风的边缘活动带

根据“越赤道气流反转形成的非固定季节性干湿转换”的全球热带季风定义，我们可以确定全球热带季风的气候范围。全球热带季风在北半球的北边缘和在南半球的南边缘具有年际和年代际变化。这个南北边缘扫过的地带称为全球热带季风边缘活动带。热带季风边缘活动带的变化反映了季风主体强度和范围的变化，而变化的根本原因是越赤道气流的强度和到达位置发生了年际和年代际的变化。

图 3.10.1 是根据 1901—2008 年 0.5° × 0.5°经纬度格点降水资料计算得到的全球热带季风边缘活动带在大陆上的变化范围，即年际变化大于 4 mm 的季风降水能否推进到达的地区。总体看，在南半球大陆上的季风边缘活动带变化范围比北半球大陆上的变化范围宽，表明越赤道气流伸展到南半球副热带地区的年际和年代际变率范围更大，生态脆弱性范围更宽。在澳大利亚和南美洲大陆上，热带季风南边缘能够到达 30°S 以南的地区。亚洲大陆上，季风北边缘活动于印度半岛的最北部至中国北方地区，其宽度带比较狭窄。北美大陆上，夏季风北边缘活动带的范围也较窄，位于墨西哥的山脉地形东侧。

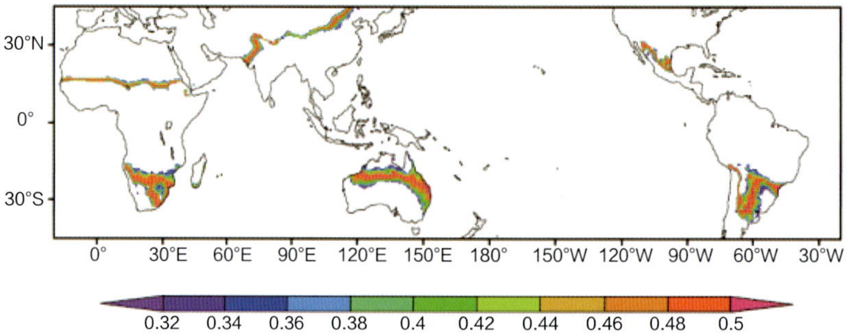

图 3.10.1　根据全球陆地上 1901—2008 年 0.5° × 0.5°经纬度格点降水资料计算得到的全球热带季风边缘活动带（阴影区为季风降水能够到达的方差比大于 0.3 的区域；参考 Qian，2017）

在全球没有海陆分布和山脉地形的情况下，副热带高压带和其影响下的干旱带位于南北纬 30°附近，热带季风边缘活动带大致沿南北纬 20°左右。受海陆分布和山脉地形的影响，热带季风边缘活动带的走向、宽度、纬度位置都发生了巨大的调整。热带季风边缘活动带外的地区是全球干旱区，那里常年降水偏少。在水球分布下，干旱带与八圈环流的下沉气流对应。一个干旱带位于哈德莱环流与费雷尔环流之间的下沉气流区域，是在两个半球的副热带地区，图 3.10.1 中可以看到热带季风边缘活动带外的干旱地区。另一个降水偏少带位于极区环流与北极（南极）环流之间的下沉气流区域，在两个半球的副极地（南北纬 70°—80°地区），那里的人类生产活动很少，环流强度和范围都较小，只需知道它的存在即可。

在海洋上，与环流联系在一起的干旱带，那里降水的偏少并没有特殊的下垫面表征，只是气候干热，蒸发量大，盐度高。30°N 的大陆带上，青藏高原以西的中东地区以及北美和非洲，因为干旱形成了沙漠地貌。如果没有中国西部的青藏高原地形，我国长江和淮河流域也会是干旱气候下的沙漠地貌。海陆和高原的存在改变了全球季风在水球情景下的分布格局，打破了全球干旱带的构架，使得青藏高原西侧的干旱和沙漠化更为严重，也拓展了高原北侧的干旱沙漠环境。由于受三个海洋与三个大陆的地形分布影响，30°S 的大陆带上表现为西南部为西风气流作用下的干旱区，而东北部为越赤道气流作用下的热带季风边缘活动区。

由于青藏高原的存在，中国东部的夏季风越赤道气流自南海季风爆发后随季节向北可伸展到华北和东北地区。表现形式不但有越赤道气流随季节的向北推进，也有雨带和水汽随季节的向北推进。但由此形成的降水与热带季风降水有所不同，原因是，青藏高原的存在使北半球的西风气流绕高原分流，形成了南侧暖湿气流与北侧干冷气流在中国东部的汇合，进而引起了锋面式的副热带季风降水。在我国东北地区，越赤道而来的季风气流降水与高纬度的极锋降水已经连接到一起了，由于降水发生在锋面上，所以形式上很像温带季风区或极锋上的降水，可是它又与越赤道气流有联系。受大地形的作用，在中国东部甚至直到高纬度的俄罗斯远东地区都没有了干旱地带。

与青藏高原的东部不同，高原西侧和北侧是扩展的干旱沙漠地区。所以，中国的东南部是季风区，而西北部是干旱沙漠区。无论是全球干旱气候区、全球季风湿润区，还是它们之间的季风边缘活动区，都在部分地区保留有地球地质演化初期大陆发生漂移前的气候分布特征。即使是在现在的海陆地形分布下，人们仍然能够从复杂的干旱与湿润的地理分布中识别出复杂化的过程。

气候上，中国东部地区（110°E 以东）的气候降水存在四次季节内的北跳过程，但是西部地区的气候降水是阶段性向西推进的（图 3.10.2）。中国东部地区的降水向北推进的时间线有四个阶段：第一阶段降水推进线稳定在长江中下游；第二阶段降水推进线的稳定时间较短，在淮河流域；第三阶段降水推进线稳定在黄河中下游；第四阶段降水线稳定在夏季风北边缘上。早在唐朝，王之涣的《凉州词》中就有“春风不度玉门关”的诗句，描述了玉门关内外气候景色的巨大差异。他所谓的“春风”也就是现代的季风，说明了热带季风到达的西北最远位置。但是，每年的夏季风并不一定都能够到达西北的玉门关。中国南方的降水日期线是随季节向西推进的。向西推进的降水日期线形成的是南北向雨带，分别对应华南的珠江降水以及西南地区沿澜沧江和长江上游的降水。

研究者们渴望解释中国降水的季节进程。图 3.10.2 中，为什么气候降水日期推进密集线与江河走向一致？是先有季风降水，还是先有这些河流？是什么控制了降水日期推进的跳跃式分布？这是很有意思的研究课题。气候降水日期线向北的不连续推进，反映了气候上副热带高压（大气环流）的四次不连续北跳。在驱动关系上，气候降水日期线的集中是副热带高压阶段性北跳的结果，在地理区域上是江河发育的驱动因素。

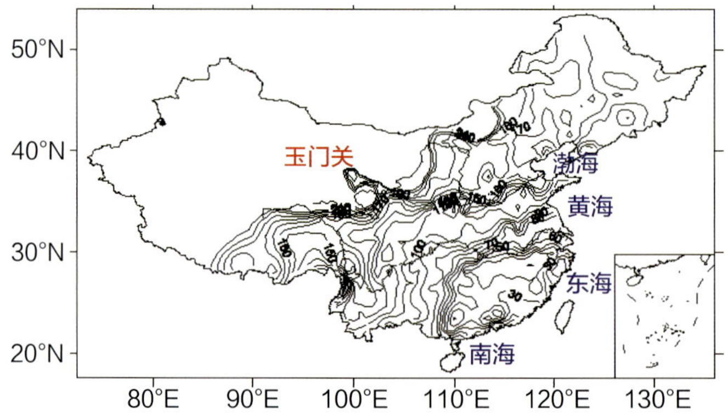

图 3.10.2　中国气候降水 4 mm/d 等日期（相对 1 月 1 日）线由东南向北和向西的季节性推进过程（参考 Qian et al.，2009）

在中国东部，华南和长江中下游地区是每年夏季风必经之地。但是，东亚夏季风不一定每年都能到达华北或者华北北部，那里是夏季风的北边缘。中国夏季降水大致有 6 个分布型，它们分别是全国偏干旱、南涝北旱、长江涝、全国涝、北涝南旱和长江旱南北涝。当有较多的水汽输送到我国东部北方地区时，会出现北方降水偏多或全国偏湿的分布型。

到达我国东部地区的水汽输送量和位置不但有年际变化，还有年代际变化。当来自热带印度洋并经过索马里的越赤道气流到达我国北方的夏季风边缘区域时，到达长江下游和东南沿海的水汽相对较少。对应的，华北和季风北边缘相对为湿，降水偏多；而长江中下游和华南地区相对为干，降水偏少。

中国北方季风边缘活动带多年平均降水量偏少，特别在季风降水不能到达的年份，降水偏少严重地制约了当地的经济发展，甚至导致了生存环境的恶化。既然中国北方季风边缘活动带上的降水多少直接与越赤道季风气流强弱有关，那么人们能否让季风气流年年偏强，使得有更多的水汽输送到北方地区呢？这个问题的回答是：人类恐怕永远做不到。

在学术研究上，中低纬度大气环流的相互作用是一个很吸引人的课题。低纬度位于两个半球的副热带高压之间，属于信风区和季风区。中纬度位于副热带高压脊线的外测，那里是西风带区域。在中东太平洋上，副热带高压带内侧的信风气流与高压带外侧的西风气流不存在相互作用。但在副热带季风区，与越赤道气流相联系的季风气流与西风带气流存在着位于季风边缘活动区的相互作用。由于全球范围最大、海拔高度最高的中国西部高原就在西风带上，高原对西风气流的分支产生了低纬度的南支暖湿气流和中纬度的北支冷干气流。南支气流和热带季风气流与北支气流在中国东部发生相互作用，而到达中国东部的热带季风气流起源于热带太平洋和热带印度洋。所以，全球中低纬度大气环流相互作用的核心地区就是在中国的副热带季风边缘活动带上，位于华北和东北地区。

QIAN W H, DING T, HU H R, et al. 2009. An overview of dry-wet climate variability among monsoon-westerly regions and the monsoon northernmost marginal active zone in China. Adv Atmos Sci 26:630–641.

QIAN W H. 2017. Temporal Climatology and Anomalous Weather Analysis. Springer ISSN 2194-5225 (electronic), DOI 10.1007/978-981-10-3641-5.

3.11 两极海冰的反对称变化

北极海冰减少及其近地面温度升高已成为人们十分关切的环境和科学问题。这样的变化是否与人类活动排放到大气中的二氧化碳增加有关？同时我们注意到，与北半球的海冰减少趋势不同，南半球大陆边缘海上的海冰总体是增加的。南半球海冰总体增加是环南极洲大陆边缘不同海域海冰增加与减少趋势的累加结果。目前的气候模式虽然能在大气中二氧化碳浓度增加的前景下模拟出全球增暖与北半球海冰减少，但并不能模拟出南半球的海冰增加，特别是难以模拟出不同区域海冰的长期趋势。

南北两个半球海冰的年平均趋势可以从图 3.11.1d 与图 3.11.1a 中看出：北半球海冰显著减少的区域位于环北冰洋的边缘海中；在南半球，环南极洲边缘海的海冰浓度总体是增加的，海冰减少区域主要集中在西半球的小部分地区和东半球的零散地区。在北半球秋季（图 3.11.1b），海冰减少主要位于大西洋一侧和北冰洋边缘海的区域；而在夏季（图 3.11.1c），海冰减少的强度和范围超过了春季。北半球秋季的海冰减少与夏季的相似，在几乎所有的边缘海地区都出现了显著的减少。

南半球秋季海冰趋势具有明显的区域分布特征（图 3.11.1e），海冰增加的区域集中在罗斯海和威德尔海，东半球分布着零散的海冰增加区域，海冰显著减少的区域在 60°—150°W。南半球的夏季（图 3.11.1f），60°—70°S 的海冰存在长期增加的趋势。

海冰浓度趋势只是高纬度海洋上气候长期变化的一种反映。海冰浓度变化趋势的原因可能是海冰下部海水温度变化、上部大气温度变化，也可能是直接吸收了太阳辐射后的变化。目前，科学界主要考虑二氧化碳浓度增加通过温室效应导致的下垫面温度变化，计算机的气候模式模拟结果支持了这一观念。不过，现有气候模式难以全面模拟出南北半球及其不同区域海冰不同的变化趋势。海冰变化与地表气候变化都离不开大气的作用，对于大气对流层中温压场趋势结构对气候变化的作用是一个需要深入研究的课题。

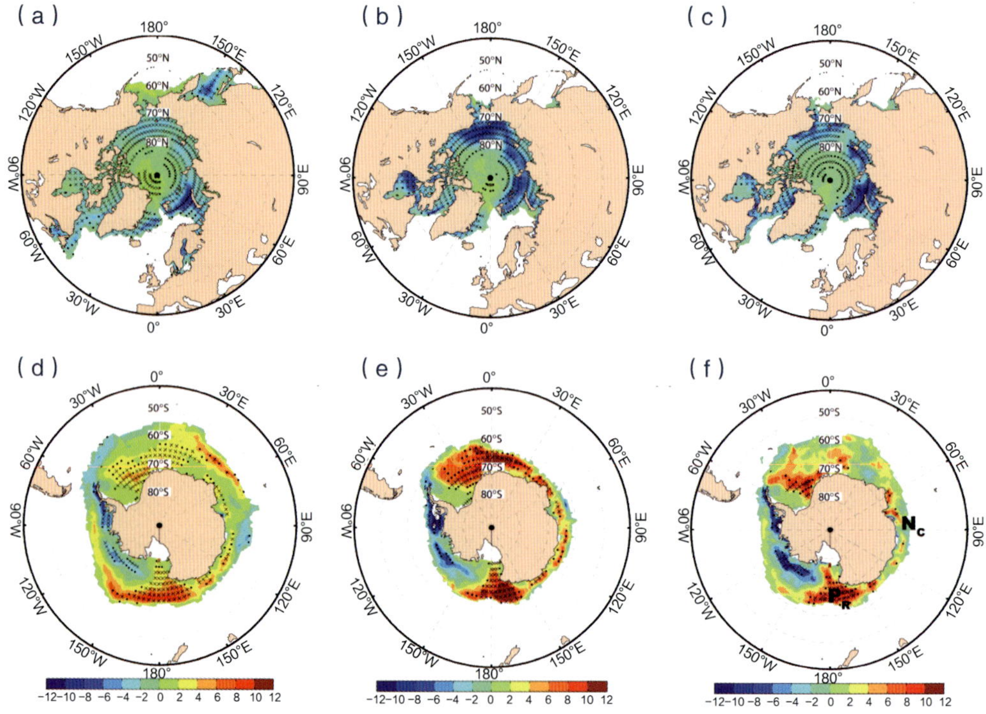

图 3.11.1　1989—2015 年全球海冰浓度趋势（阴影，%/10 a）（上排是北半球 a 年平均、b 秋季平均和 c 夏季平均，下排是南半球 d 年平均和 e 秋季平均及 f 夏季平均，f 中字母 P/N 为两个地方的正 / 负趋势中心）

在解读下垫面海冰浓度趋势与对流层温度趋势的关系之前，我们先认识一下南北半球对流层大气中的温压场趋势。在年平均和纬圈平均的不同气压层的位势高度和温度趋势分布上（图 3.11.2a），它们之间满足静力平衡关系，即由位势高度趋势可以计算出温度趋势。在北极的高纬度对流层大气中，对流层上部增加的位势高度趋势中心最为强大。根据静力平衡关系，这样强大的位势高度趋势正中心下方的温度是升高的。在北半球年平均和春夏的温度趋势和位势高度趋势垂直剖面中，北极对流层顶和低层大气中各有一个增温中心，都与位势高度趋势梯度增大有关。值得注意的是，60°N 以北的低层大气增温趋势最大的高度不是在地面上，而是在 925 hPa 附近。海冰减少使得下垫面吸收较多的太阳辐射，近地面温度升高，进而影响高层的两个增温中心，这种解释难以说明北极和北半球高纬度垂直剖面上增温的趋势分布。合理的解释是，北极上空的两个增温中心与北半球高纬度的环流强度趋势有关。

与北极的情况完全不同，60°S 以南的南极上空对流层顶有一个位势高度趋势负中心，其下方对流层中低层温度显著下降。同样，南半球高纬对流层的最大降温趋势也不在地面上，而是在对流层的低层。二氧化碳引起气候变化的推论，需要考虑大气对流层温度变化空间结构与地面温度变化分布的关系问题，南极附近对流层大气中的温压场趋势一定是与南半球的垂直环流强度变化联系在一起的。

已有研究揭示，北半球的哈德莱环流强度在过去几十年中是增强的，这必然导致北半球副热带高压的增强。图 3.11.2a 中，30°N 对流层中上层就对应了副热带高压的显著增强，高压趋势中心下的增暖也很显著，于是对应地面上北半球副热带增暖。同样，北极的极区环流趋势也在增强，对应着下沉气流增暖，最大的增暖位置和海冰减少位置并不在北极，而是在北极外的北冰洋边缘海地区。南半球的副热带高压增强也能够用南半球的哈德莱环流增强给以解释，它们的增强位置南移到了 45°S 附近。南极极区环流强度的减弱可以解释那里的位势高度长期减弱和中低层大气的降温。

在两个季节的比较上，北半球春季的两半球位势高度和温度变化趋势都比北半球夏季的弱。南半球冬季极地对流层顶的低压发展强烈，对应对流层中低层的降温也更显著，最大的降温中心在 70°S 上空的 600—700 hPa 上，其中的一个降温剖面向下延伸到 60°—70°S 纬带内，那里正好对应了环南极洲边缘海上海冰的增多。

全球增暖应该是地球表面所有格点上温度趋势总和的体现。目前几乎所有的气候模式都难以模拟出不同纬度带上的，或者同一纬度带上不同地区地面温度趋势以及对流层大气中的不同高度层上的温度趋势。在同一纬度带上，不同地区温度趋势也可能是完全相反的。南半球的秋季，南极洲外围的西半球有一块海冰减少的区域，但在其他的大部分海区海冰是增多的。有人推测这块边缘海的海冰减少与当地海底火山喷发有联系，而真实原因是需要考证的。

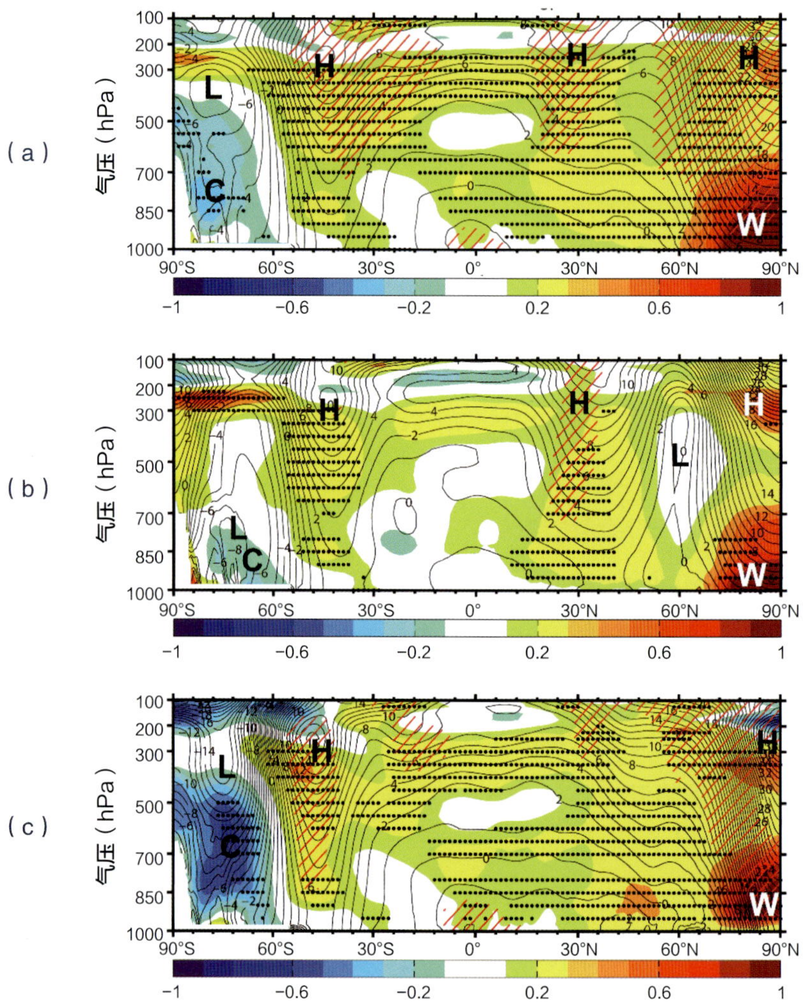

图 3.11.2　1989—2015 年纬带平均的位势高度趋势（等值线，1 gpm/10a）和温度趋势（阴影，0.1 ℃/10a）（a 北半球年平均趋势，b 北半球春季趋势，c 北半球夏季趋势，字母“H/L”为位势高度趋势的正/负中心，字母“W/C”为温度趋势的正/负中心）

图 3.11.3a 是 60°—70°S 对流层位势高度和温度的趋势分布。该纬圈上对流层顶有三个位势高度趋势正中心和三个位势高度趋势负中心，只有一个正的高度趋势中心到达了地面，并且有延伸到地面的正温度趋势。到达地面的下伸正温度趋势正好可以解释西半球的那块海冰减少区，而最大的增暖中心在 700 hPa，并不在海面上。于是，南半球的区域海冰浓度减少并不能用来解释深厚对流层中较大的增暖趋势。南极洲边缘海上大部分区域上的海冰浓度增多，完全可以用对应对流层顶的三个位

势高度趋势负中心和它们下部的降温中心给以解释。三个位于位势高度趋势负中心下方的降温中心都不在地面或海面上，但它们的降温范围都到达了地面。对流层大气中的温压场与海冰之间的趋势关系说明，上部大气温压场或大气环流的长期趋势影响到了下垫面上的海冰浓度变化，而反之则难以解读。

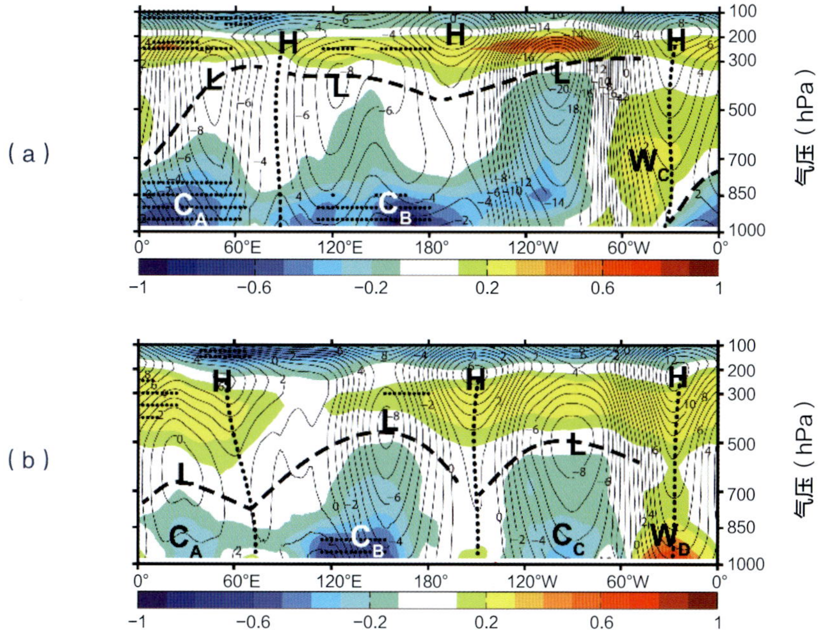

图 3.11.3　1989–2015 年 60°—70°S 上空的垂直 – 经度位势高度趋势（等值线，1 gpm/10 a）和温度趋势（阴影，0.1 ℃ /10 a）剖面（a 南半球秋季，b 南半球冬季；参考 Qian et al.，2019）

南半球冬季，环南极洲边缘海上对流层大气中也有三个位势高度趋势正中心和三个负中心。南半球冬季的三个位势高度趋势负中心下方的降温中心比秋季的弱，所以对应到达地面的降温和海冰浓度增加趋势也相对弱一些（图 3.11.3b）。

上述南北半球的海冰趋势与对流层大气中温压场趋势的三维空间结构趋势关系是有内在的动力学和热力学联系的。南北半球海冰长期趋势不能简单地用人类活动导致的二氧化碳增加引起的温室效应来解释，局部海冰趋势也难以用海底火山喷发来解释。海冰除了存在沿纬带和不同区域的长期增加和减少的趋势外，海冰在区域上还存在年际异常事件，这些都与对流层的大气环流变化有紧密的联系。

QIAN W H, WU K J, LEUNG J C H. 2019. Antarctic sea-ice variation associated with vertical geopotential height and temperature anomalies. Int J Climatol., 1–16, DOI: 10.1002/joc.6161.

3.12 探寻北极海冰年际事件

地球上有几处季节气候异常的敏感区域。一个是南亚或印度夏季风敏感区，反映在印度季风爆发的早晚和强弱上，它直接关系到相关季风区域的农业生产。另一个是赤道东太平洋上的海面温度异常敏感区，表现在海温异常强度和发展时间上，它能引起当地甚至全球确定区域上的气候异常。再一个是近年来被广泛关注的北半球海冰长期减少趋势和海冰年际事件，海冰年际事件类似赤道东太平洋上的海温年际异常事件，它对中高纬度相关区域上的生态环境和气候异常都有影响。人们对前两种年际气候异常事件在大气环流异常上的表现已经有了很多的研究。北半球海冰异常极小事件形成的原因是近年来地学领域研究的热点。

较全面的卫星观测海冰资料是从 1979 年开始的。北半球海冰范围以 272 000 m^2/10a 的速率减少，而海冰浓度以 1.327 %/10a 的速率减少。在这个减少的趋势中又可以分辨出三个相对稳定的时段，它们依次出现在 1979—1989 年、1990—2004 年和 2005—2013 年，但三个时段的海冰浓度变化标准差从 1.66 和 1.38 增加到了 3.19。海冰范围异常序列与海冰浓度异常序列之间的相关系数是 0.76，说明两者都能够表述极地的气候变化。海冰范围和海冰浓度的变化中存在年际偏多和偏少的事件，特别是近 10 年来，北半球海冰和中高纬度的大气扰动系统都经历了有记录以来的剧烈变化。与北半球中高纬度极区环流和北极环流的异常活跃对应，海冰的剧烈波动刚好是从 2008 年开始的。一方面，冷空气不断从北极南下，如在 2008 年东亚的强寒潮冷空气波及了我国华南和西南地区，导致了我国南方持续的雨雪冰冻天气事件。另一方面，暖气团北上到高纬度，甚至到达极地附近，形成了欧洲高纬度和俄罗斯西部地区的热浪和森林大火，也加快了北极地区的海冰融化。

对 60°N 以北的海冰浓度去趋势后作 15 个月的滑动平均，识别出北极地区 2007 年和 2012 年各出现了一次较大的海冰极小事件，而 1985 年、1990 年和 1995 年每年各有一次较弱的海冰极小事件。1979—2013 年期间，60°N 以北的海冰浓度共出现了 5 次极小事件。相反地，北半球也发生了 3 次海冰极大事件。

在研究北半球中高纬度气候异常时，人们用得较多的是北极涛动指数和北大西洋涛动指数。前者反映的是北极内外对流层位势高度场的空间振荡，后者反映了以北大西洋为中心的对流层区域位势高度场的空间振荡。这两个涛动指数不能完全反映不同纬度带之间的位势高度振荡，仅部分反映了传统极区环流与费雷尔环流强度之间的对比，因此这两个涛动指数都不能完整地反映北半球四圈环流的强度变化。

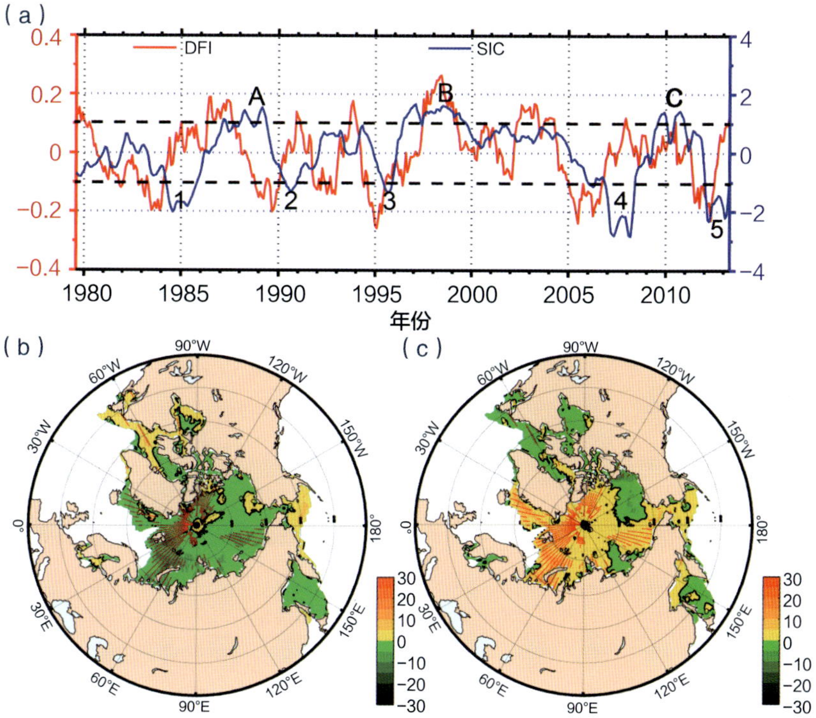

图 3.12.1　(a) 极区环流与北极环流之间下沉气流强度指数异常序列（红线 DFI，单位：10^{-2} Pa/s）和 60°N 以北海冰浓度（蓝线 SIC，单位：%）异常序列，(b) 合成的 5 个负海冰事件浓度分布（%），(c) 合成的 3 个正海冰事件浓度分布（%）（a 中 A、B、C 和 1、2、3、4、5 是海冰异常为正的和为负的事件；参考 Qian et al.，2015）

传统的极区环流被认为下沉支气流在北极点，而上升支气流在 60°N 极锋的位置。实际上，一个在 60°N 位置上的上升气流不可能到达北极点下沉，原因是在高纬度较大的地转偏向力下，气流不可能像在低纬度那样跨越 30 个纬度才下沉。如果极区环流的下沉支在北极，那么北极就应该是一个高压，而不是每天在等压面天气图上看到的极涡了。极涡也称为绕极涡旋，是绕北极高空的大型气旋性环流，受海陆地形影响才经常偏离北极。利用多种再分析大气资料计算发现，60°N 以北的对流层垂直剖面大气中存在两个环流，分别是极区环流（Polar cell）和北极环流（Arctic cell）。北半球高纬度的这两个环流强度具有长期变化的趋势，在它们共同下沉气流的区域去趋势后建立一个下沉气流强度指数（DFI）。1979 年以来，下沉气流强度指数具有年际变化（图 3.12.1a 中红线），其中可以反映出多次下沉气流偏强的事件和多次下沉气流偏弱的事件。

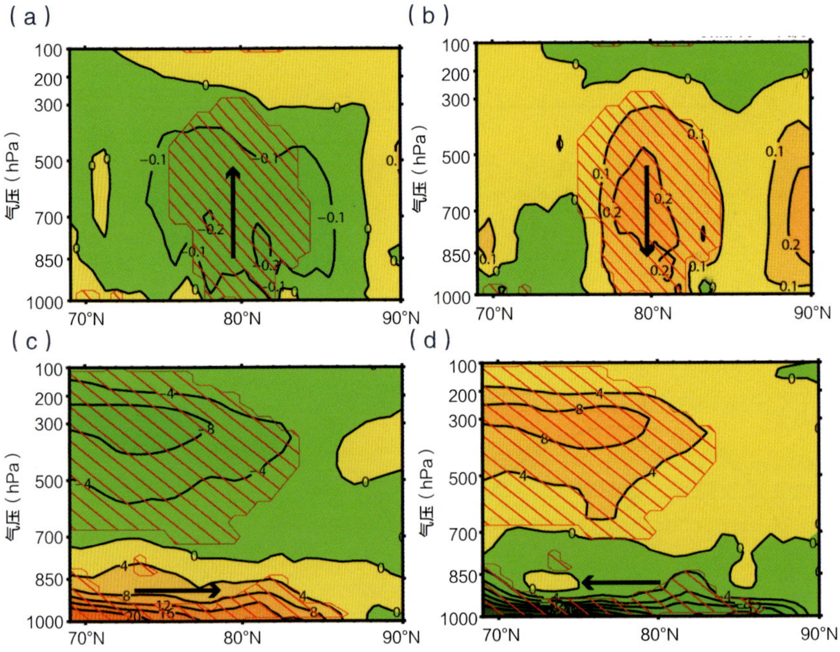

图 3.12.2　图 3.12.1 中 5 个下沉气流强度指数（DFI）合成的负值（10^{-2} Pa/s）对应为异常上升速度(a，箭头）和南风异常暖平流 (c，箭头）；图 3.12.1 中 3 个下沉气流强度指数（DFI）合成的正值（10^{-2} Pa/s）对应为异常下沉速度 (b，箭头）和北风异常冷平流 (d，箭头）（黄色和绿色阴影分别为暖平流和冷平流，4 ℃ m/s 间隔；参考 Qian et al.，2015）

60°N 以北的海冰浓度存在长期减少的趋势。当去掉该趋势，得到的序列如图 3.12.1a 中的蓝色线，其中包含了 5 次海冰偏少的事件和 3 次海冰偏多的事件。从图 3.12.1a 下沉气流强度和海冰浓度增减的序列中看出，海冰减少的年际事件发生前，先有上升气流的异常，而海冰增多的年际事件发生前，先有下沉气流的异常。它们之间的关系说明，北半球海冰的年际变化事件与高纬度地区两个环流之间的下沉气流强弱变化有直接的联系。

分别把 5 个负海冰异常事件和 3 个正海冰异常事件下的多月份北半球海冰浓度做合成，图 3.12.1b 给出了负海冰事件的合成分布，北冰洋几乎完全处于海冰减少的区域中，只在 60°N 附近有增多的海冰。而在正海冰事件的合成下（图 3.12.1c），北冰洋上为增多的海冰覆盖，只在北美大陆的边缘海和日本附近有海冰的减少。在北冰洋的边缘海地区，海冰的年际变化达到了 95% 显著性水平。

对图 3.12.1a 中 5 个下沉气流强度指数（DFI）序列中的负值多个月份做合成，图 3.12.2a 中最大的上升气流在 80°N 的对流层中部，对应的对流层低层大气为南风暖平流（图 3.12.2c）。在这样的极地外大气上升气流和对流层低层南风暖平流下，北半球海冰形成减少事件（图 3.12.1b）。反之，极地外大气下沉气流（图 3.12.2b）和对流层低层北风冷平流下（图 3.12.2d），北半球海冰形成增多事件（图 3.12.1c）。

图 3.12.2 反映出，北半球海冰事件的出现，与高纬度地区的极区环流和北极环流强度直接相关。在极区环流增强的季节和年份，两个环流之间的下沉气流增强，极地外对流层中部的冷空气下沉到对流层底部，并形成极地外的北风冷平流，使得大片地区降温，海冰增多。反之，在极区环流减弱的季节和年份，两个环流之间出现异常的上升气流，极区环流的低层南风暖平流使得高纬度增暖，导致海冰融化、浓度减小。

这里，我们把北半球高纬度大气中存在的极区环流和北极环流强度的年际变化，与北极地区海冰范围或海冰浓度的年际变化之间建立了联系。高纬度地区大气中的两个环流强度变化可以用它们之间的下沉气流表示。海冰浓度异常相对下沉气流强度指数异常的滞后关系表明：当极区环流年际增强时，极地有向南的近地面北风冷平流，导致海冰增多；反之，极区环流年际减弱时，中高纬度近地面有向北的南风暖平流，使得海冰减少。北极内外冬季暖冷趋势已成为全球气候变化的核心话题，而它们的成因也成为有待解决的科学问题。

QIAN W H, WU K J, CHEN D L. 2015. The Arctic and Polar cells act on the Arctic sea ice variation. Tellus A 67:27692.

3.13 北极内外冬季暖冷趋势

近期的研究发现，北极地区平均增暖速率是全球的 2—4 倍。由此，北极地区地面温度升高和北半球海冰减少已经成为全球气候研究中被广泛关注的问题。在北半球 1989—2011 年的年平均地面温度趋势图上，北极地区的增暖达到 1.6—2 ℃，但在 60°N 附近的中高纬度地区和东部太平洋上却有降温趋势。在北太平洋中部的扇形地区，地面温度变化存在着极地增暖、中纬度降温、副热带增暖和热带降温的不同趋势。北太平洋中部的扇形地区受欧亚大陆和北美大陆地形的影响小，能够较好地反映大气与海洋的耦合作用（图 3.13.1）。

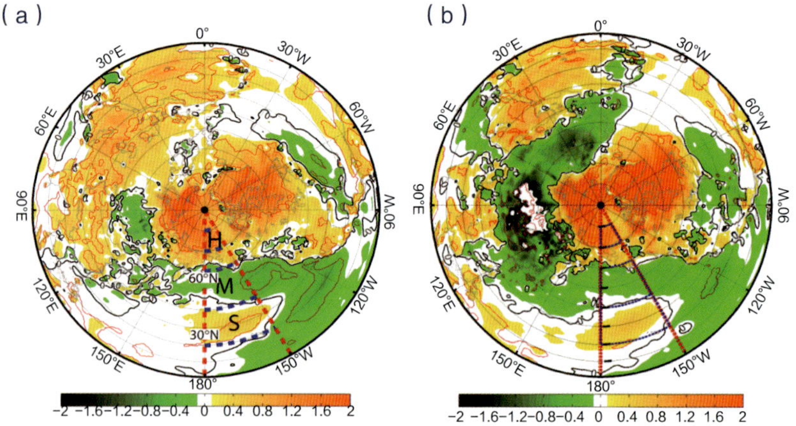

图 3.13.1 (a) 北半球年平均地面温度和 (b) 北半球冬季平均地面温度在 1989—2011 年的长期趋势（阴影，0.1 ℃ /10a 间隔）（粗红色点线区间为北太平洋中部的扇形区；参考 Qian，2017）

图 3.13.2 是沿着北太平洋中部的扇形区域计算得到的对流层大气垂直剖面上的位势高度趋势和温度趋势。60°N 以北的极地区域，整个对流层位势高度是增加的，对应对流层大气分别在上、中、下部出现了三个增温中心。这些增温中心与位势高度之间满足静力平衡的动力学关系。其中，图 3.13.2 中最靠近地面的增温中心可以解释北极地区的地面温度升高（图 3.13.1 中 H 区）和海冰减少趋势。60°N 以南的中纬度对流层上部有一个位势高度趋势的负中心（图 3.13.2 中 L），其下的降温中心延伸到海面（图 3.13.1 中 M 区）。在北太平洋副热带地区的对流层上部，有一个位势高度趋势的正中心，其下的两个增温中心同样满足静力平衡关系，图 3.13.2 中近地面的增温中心能够解释地面上图 3.13.1 中对应的 S 增暖区。热带地区的对流层下部有一个位势高度趋势的负中心，其下部有一个温度趋势的负中心并延伸到地面，反映了图 3.13.1 中的热带降温。

无论是北太平洋中部的扇形区域，还是纬带平均的经向垂直剖面上的北半球对流层位势高度趋势与温度趋势，它们之间都是满足静力平衡关系的。在位势高度趋势正中心的下方至少有一个温度趋势的正中心并可能延伸到地面，但最大的增温中心一般不在地面，而位势高度趋势正中心的上方存在温度趋势的负中心。相反，在一个位势高度趋势负中心的下方存在温度趋势的负中心并可能延伸到地面，而在其上方有温度趋势的正中心。垂直剖面上的一个基本特征是，对流层温度趋势振幅大于地面温度趋势振幅，而温度趋势又紧密地与垂直剖面上的位势高度趋势联系在一起。

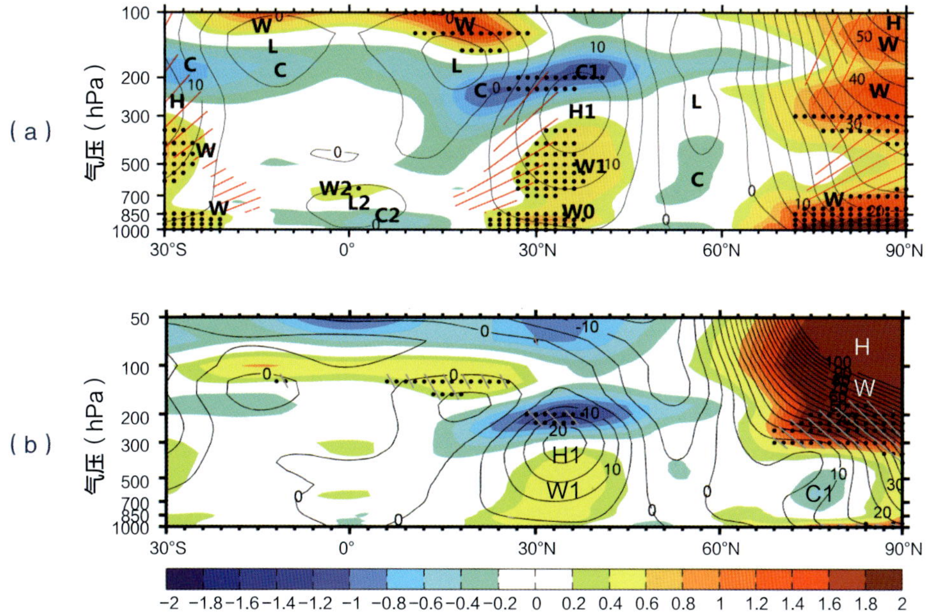

图 3.13.2　1989—2011 年北平洋扇形区上空 (a) 年平均和 (b) 冬季平均对流层至平流层位势高度趋势（实线，5 gpm/10a 间隔）和温度趋势（阴影，1 ℃ /10a 间隔）（字母“H/L”为位势高度趋势的正 / 负中心，字母“W/C”为温度趋势的正 / 负中心；参考 Qian，2017）

近 30 年来，北半球冬季的极地增暖，与欧亚和北美大陆之间不断出现的寒潮极端天气之间，形成了明显的反向趋势对比。图 3.13.1b 中，欧亚大陆和北极地区出现很强的冷暖趋势对比。欧亚地区的降温趋势反映的是频繁发生的冬季寒潮降温和暴风雪天气过程。从图中我们还可以看到：在北半球冬季，地面温度趋势明显表现出 4 个不同纬度带的差异，60°N 以北的强烈增暖趋势、外围中纬度带的地面降温趋势、副热带增温趋势和热带地区的弱降温趋势；最强的冬季降温趋势在欧亚大陆上；最宽的冬季降温趋势范围在东亚地区，其中中国的降温向南扩展到了中国南方，反映了近 30 年来我国南方冬季雨雪冰冻天气过程的强度和频率变化；美国冬季降温趋势的区域也波及了中南部地区，与高纬度的增暖趋势形成了强烈对比。

怎么解读北半球冬季极地与中高纬度大陆地面温度之间的强烈对比呢？从太阳辐射量的角度看，北极地区冬季没有太阳光的直接辐射，对流层温度是北半球最低的，北极大气成为北半球的冷源。如果中高纬度对流层大气长期维持纬向气流，就像一堵沿纬圈的“墙”，那么墙以北的北极地区大气会越来越冷，墙以南地区对流层大气温度会越来越暖。这堵墙就是高纬度大气中的一条锋区，称为极锋，锋区两侧的温差会逐渐增大。这样的行星尺度锋区是不稳定的，必然会自发地形成天气尺度的波动，甚至形成类似阻塞高压和切断低压那样较长时间尺度的稳定环流系统，这样的波动能够持续长达十几天，从而把极地的冷空气分股带到中纬度地区，同时中纬度的暖空气也分股北上，甚至到达北极地区。大气就是在这样的平衡与不平衡的不断变化中运动的，锋区孕育了斜压大气扰动能量。扰动气团的跨锋区运动，导致了极端天气和异常气候事件的发生。

中高纬度与北极地区相反的地面温度趋势表明，近三十年来高纬度锋区变得更不稳定了。一旦锋区发生不稳定，暖空气就会进入高纬度，甚至北极地区，形成干暖极端天气；而北极地区的冷空气也会大举向南侵入欧亚大陆和北美大陆的中高纬度地区，形成强烈的寒潮暴风雪天气过程。

冬季北半球对流层的温压场趋势变化比较复杂。图 3.13.2b 中，高纬度平流层位势高度正趋势对应的温度正趋势比对流层低层的增温更强烈，但在 70°—80°N 的对流层中部有一个与位势高度趋势对应的降温中心。60°N 以北存在两个方向相反的对流层环流，60°—80°N 内的是极区环流，而 80°N 至北极点的是北极环流。这两个环流最高处可达 200—300 hPa。由于极区环流的强度是北极环流强度的几倍，因此 60°N 以北的气候趋势主要受到极区环流强度变化的控制。极区环流的增强导致了极地上部对流层的暖空气在靠近北极点的位置下沉并向极地外扩展，结果使得近地面层 60°N 以北温度升高（图 3.13.1b）。同时，对流层高纬度的冷空气（C1）也被极区环流锢囚在了副极地的对流层中部并向南推送到了 60°N 以南的中纬度地区，使得那里不断地出现寒潮暴风雪天气过程。

在北半球的副热带对流层中，对流层上部有一个位势高度趋势正中心（H1），其下有温度趋势的正中心（W1 使副热带地面增暖），而其上的对流层顶有一个温度趋势的负中心。热带对流层有位势高度的负趋势，对应地面上有弱的降温趋势。北太平洋表面温度变化趋势的 4 个不同条带，都在对流层大气中找到了位势高度和温度变化趋势的对应关系。地面的温度变化与对流层大气的环流强度和位置变化有直接的关联。

近几十年来，全球增暖是一个观测事实。全球温度趋势是不同地区相同或相反温度变化叠加的总体结果。要解读当前全球增暖的根本原因，就必须认识不同纬度带和同一纬度带上不同地区温度变化的成因，以及全球 20 世纪早期和中期年代际降温的成因。在全球增暖趋势中，北半球增暖的强度大于南半球，北半球冬季的增暖大于其他季节，北极冬季增暖的强度是最大的，同时北极外的中高纬度冬季降温也是最大的。因此，研究气候异常首先要解读冬季北极内外区域上的温度变化趋势，其次也要解读不同地区相反的温度异常趋势。

QIAN W H. 2017. Temporal Climatology and Anomalous Weather Analysis. Springer ISSN 2194-5225 (electronic), DOI 10.1007/978-981-10-3641-5.

3.14 欧亚与格陵兰的冬温异常

北半球纬度带平均的经向四圈环流存在着强度和位置的变化。每个环流强度异常的持续时间具有较宽的范围，从几天到几个月。那些环流强度年际异常往往反映的是短期内同号异常的统计结果。常常出现前半月是正的持续性异常，而后半个月是负的持续性异常，结果月平均环流强度是正常的。同样，对应的地面持续性气候异常事件也难以超过几个月，往往也是 10 天或半月的旱与涝、冷与暖的交替出现。因此，用逐日平均的环流和大气变量异常代替月距平和季节距平，能够更具体地体现地面极端天气分布的时空结构和影响机制。

用美国两套、日本和欧洲及 20 世纪各一套，共 5 套大气再分析资料计算可得，1979—2012 年期间北半球四圈环流强度年际变化基本上是一致的，反映出这些再分析资料都有监测持续性环流异常的能力。图 3.14.1a 是 5 个强北极环流（Arctic Cell）下的冬季平均地面风异常和温度异常在 50°N 以北的合成空间分布。由于北半球中高纬度海陆分布的不对称性，北极环流异常指数下的地面风和温度出现的扰动并不是极地与极地外的对称振荡分布了。此时，东半球的欧亚地区出现了来自南方的暖异常平流，5 个冬季的暖中心（红点）都在欧亚中部的 90°E 附近，而 4 个冷中心（蓝点）位于北美一侧。在欧亚大陆中部的 90°E 附近，60°N 以北是正的温度扰动，而 60°N 以南有负的温度扰动。

在 5 个冬季弱北极环流下合成的地面风和温度扰动的分布中，东半球的欧亚地区受来自高纬度冷平流的影响，5 个冬季的冷中心（蓝点）位于欧亚中部，而 5 个暖中心（红点）位于北美（图 3.14.1b）。除个别的冷暖中心外，大多数冷暖中心出现在 70°N 附近。

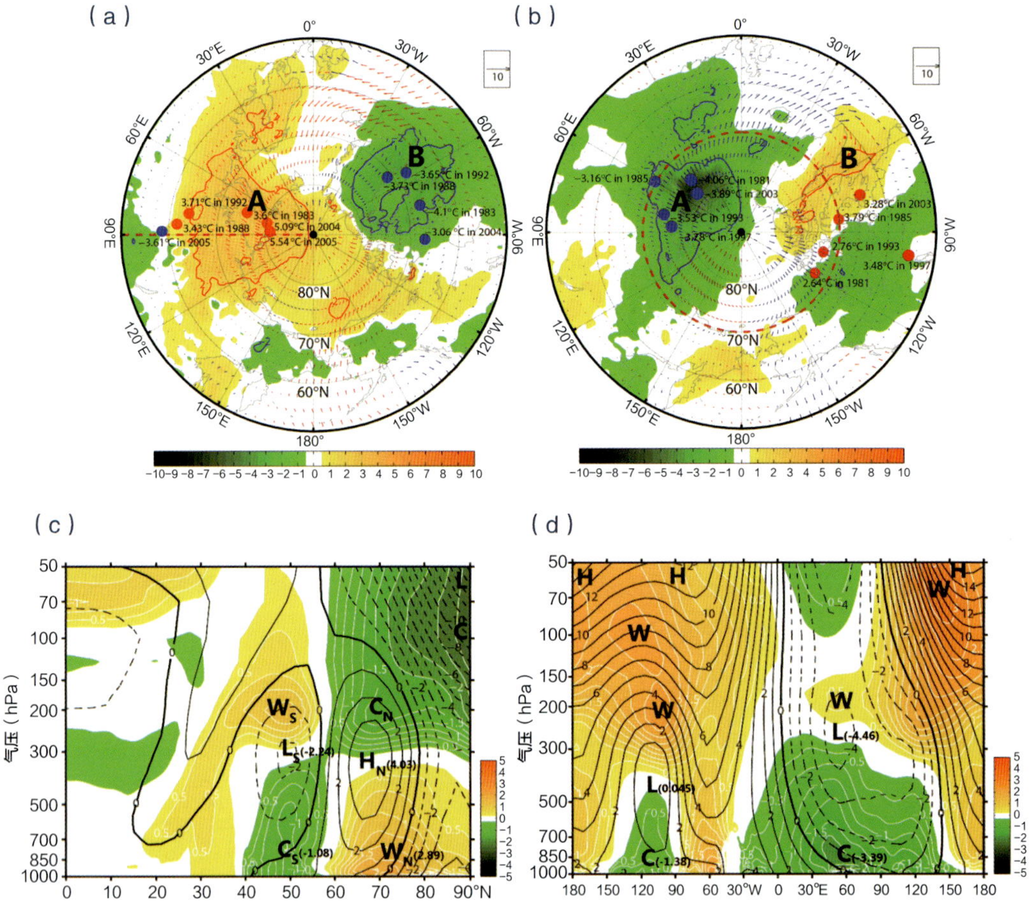

图 3.14.1　合成的冬季 (a) 5 个强北极环流和 (b) 5 个弱北极环流下的北半球高纬度地区地面风异常 (m/s) 和温度异常（阴影，1 ℃间隔）分布，(c) 合成的 5 个强冬季北极环流下沿 90°E 的位势高度扰动（等值线，10 gpm 间隔）和温度扰动（阴影，1 ℃间隔）垂直剖面，(d) 合成的 5 个弱冬季北极环流下沿 70°N 的位势高度扰动和温度扰动垂直剖面（a、b 中红点 / 蓝点为每个冬季对应的地面最高 / 最低温度异常中心位置，c、d 中字母“H/L”为位势高度扰动的正 / 负异常中心，字母“W/C”为温度扰动的正 / 负异常中心；参考 Qian et al.，2016）

图 3.14.1c 是沿欧亚大陆中部 90°E 合成的 5 个冬季强北极环流的垂直位势高度和温度扰动垂直剖面。与地面上的温度扰动分布对比可以看出，60°N 内外的地面冷暖差异不仅仅反映了近地面的气候异常，也是大气对流层和平流层位势高度异常和冷暖气柱空间分布的反映。欧亚高纬度地面偏暖的本质原因在于对流层顶大气中有一个位势高度扰动的正异常中心（H_N），其下为暖的气团（W_N）。在 60°N 以南的

中纬度地区，对流层顶附近有一个位势高度扰动的负异常中心（L_S），其下的冷气柱（C_S）延伸到达地面，形成了地面温度负异常。

在合成后沿 70°N 的纬圈上，地面温度扰动在欧亚中部和北美中部各有一个偏冷区，而在太平洋的中部和北美东部分别有弱的暖区（图 3.14.1d）。在这个垂直剖面图上，欧亚上空的对流层顶有一个位势高度扰动的负异常中心，其下方的冷气柱覆盖了欧亚大陆高纬度地区。北美对流层中部的一个位势高度扰动负异常中心下方，有一个冷气柱到达地面，对应那里的地面温度负异常。在上述的两个对流层冷气柱之间有两个从平流层下伸到对流层的位势高度正扰动和暖气柱，对应当地的地面温度偏高。

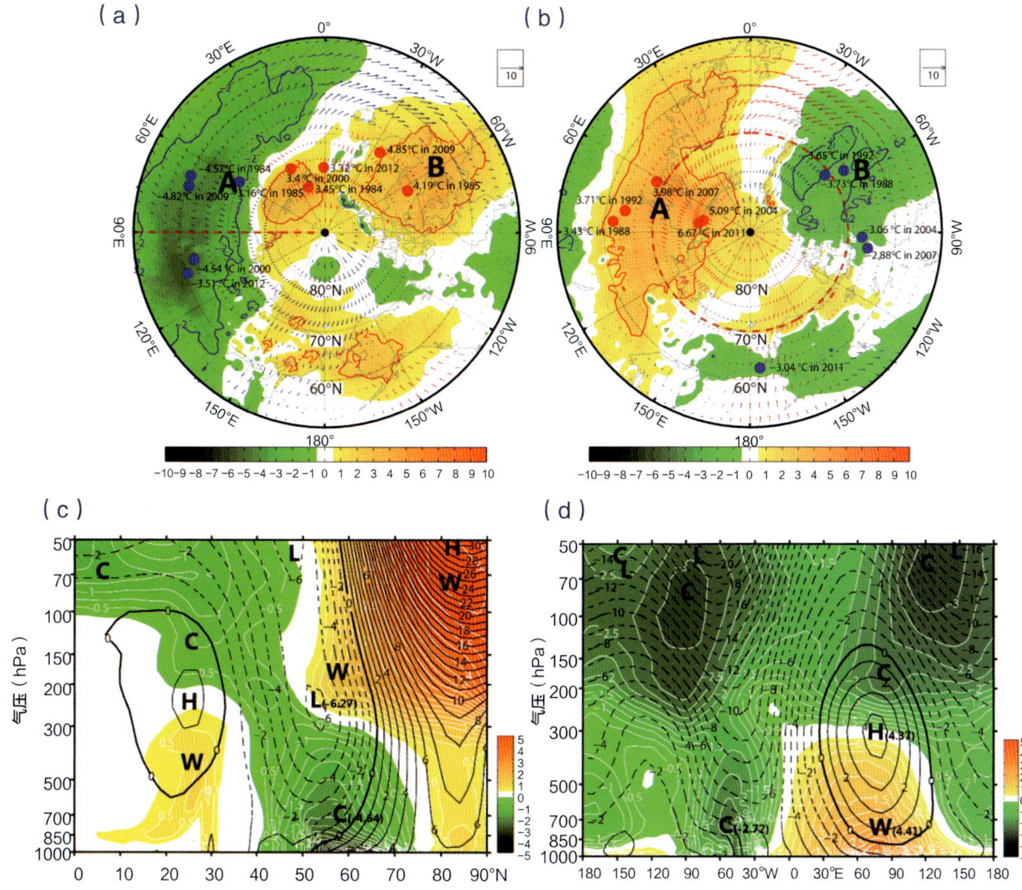

图 3.14.2　同图 3.14.1，但为合成的冬季 5 个强极区环流和 5 个弱极区环流（参考 Qian et al., 2016）

对 5 个强极区环流和 5 个弱极区环流（Polar Cell）下的地面风场扰动和地面温度扰动做合成，在 50°N 以北的合成分布上，欧亚与格陵兰之间形成了相反的分布型。强极区环流的冬季，偏北风冷平流和地面冷空气集中在欧亚地区，而暖异常分布在极地和格陵兰附近（图 3.14.2a）。在弱极区环流的冬季，5 个地面暖中心集中出现在欧亚大陆的中部，欧亚大陆的高纬度地区偏暖，而降温集中在格陵兰附近（图 3.14.2b）。

在沿 90°E 合成的 5 个冬季强极区环流垂直剖面图上，中纬度地区对流层顶有一个位势高度扰动的负异常中心，其下的冷气柱可以解释 75°N 以南的欧亚地面低温区，而 75°N 以北的极地地区地面高温与其上空的位势高度扰动正异常及其深厚暖气柱相对应（图 3.14.2c）。

在合成的 5 个弱极区环流沿 70°N 的垂直剖面上，欧亚大陆中部对流层顶有一个位势高度扰动的正值中心，其下的暖气柱覆盖了欧亚大陆，对应地面上的温度偏高，其他地区的地面温度偏低与对流层内的深厚冷气柱有关（图 3.14.2d）。这些深厚的冷气柱与平流层的高度扰动负异常中心有关。

这里，我们揭示了冬季北半球高纬度大气中的极区环流（Polar Cell）和北极环流（Arctic Cell）强度变化与地面冷暖事件之间的内在联系。两个环流的强度变化也通过地形改变了对流层和平流层中的位势高度扰动下的冷暖气柱，及冷暖气柱直接对地面冷暖事件的影响。在对流层顶位势高度扰动正异常中心的下方有暖气柱，形成地面上的温度正异常，而高层位势高度扰动负异常中心的下方有冷气柱，冷气柱到达地面可形成地面上的温度负异常。高纬度地区不断出现的持续性冷暖事件到底是什么原因？当人们透过瞬变气候去看天气、气候扰动，真相也就清楚了。在北极外的其他地区，持续性的温压场异常系统也是地面冷热和旱涝持续性气候异常的根本原因。

QIAN W H, WU K J, LEUNG J C H. 2016. Climatic anomalous patterns associated with the Arctic and Polar cell strength variations. Clim Dyn doi: 10.1007/s00382-016-3067-x.

3.15 俄罗斯大火与巴基斯坦大水

近年来北半球中高纬度地区不断有气候异常事件的报道，其中 2010 年 7 月至 8 月间发生的俄罗斯西部热浪和森林大火，以及巴基斯坦发生的大水，属于水火同期发生的重大气候异常事件。俄罗斯西部的热浪和森林大火夺走了 15 000 多人的生命，而巴基斯坦百年不遇的大水也让 1 700 多人遇难。但难以理解的是，同期俄罗斯中部的西伯利亚经历了冷夏的低温天气。这些同期在欧亚大陆上相邻地区发生的水火、冷热和旱涝等不同气候事件，它们真的是全球增暖的结果吗？下面的分析有助于揭开它们的面纱，看看它们的真实面目。

2010 年 5 月中旬，俄罗斯西部超过日平均气候温度 5 ℃的高温范围已经达到 400 万平方千米，5 月 11 日的区域平均温度超过日平均气候温度 9—10 ℃，高温中心在位置上基本不移动。此后，超过日平均气候温度 5 ℃以上的百万平方千米级的高温区持续多日。7 月底至 8 月初，高温面积再次稳定超过 400 万平方千米，距平温度高达 7—8 ℃，加上夏季较高的日平均气候温度，形成了 2010 年最高的热浪时段，莫斯科附近的森林大火也因为如此高温而经历了最猛烈的燃烧时期。

巴基斯坦位于南亚季风北边缘地带，气候降水峰值应该出现在 7 月底至 8 月初。然而，自 2010 年 5 月开始，那里就不断发生达 1 万平方千米范围且超过 25 mm 日降水量的区域。6 月 21 日至 8 月底大降水最为频繁，其中 7 月中旬的日降水量达到 80 mm，面积超过 200 万平方千米，7 月底至 8 月中下旬暴雨不断。

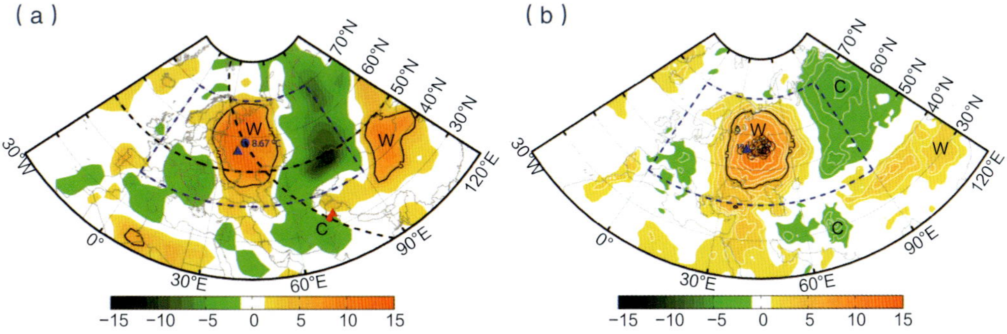

图 3.15.1 (a)2010 年 7 月 28 日地面温度扰动的空间分布（阴影，1.25 ℃间隔），(b)2010 年 7 月 27 日至 8 月 14 日合成平均的地面温度扰动（a 中蓝色和红色三角形指莫斯科和伊斯兰堡，一条虚线经过了蓝点热浪中心和红点降水中心，另一条虚线沿 50°N，b 中莫斯科附近圆点是逐日高温中心位置；参考 Qian et al.，2016)

2010 年 7 月 28 日是俄罗斯热浪过程中 7 月份温度达到最高的一天。当天，欧亚地面温度正距平的中心位置在莫斯科的东北侧，中心距平值高达 8.67 ℃。图 3.15.1a 中，莫斯科和东欧的大部分地区被 5 ℃以上的高温异常区覆盖，而位于俄罗斯中部的西伯利亚和欧洲西南部，以及巴基斯坦等地区是低温区，从中国北方至俄罗斯的远东地区又是高温区。沿 50°N，区域性高温与低温异常呈现出波列分布的形态，西伯利亚的低温异常也达到了负的 8 ℃。

2010 年 7 月 27 日至 8 月 14 日是俄罗斯热浪最为强烈的时段。在这段时期，每天最高温度的中心基本上就在莫斯科附近，因此，持续的高温热浪天气使得空气异常的干燥，森林大火发生了。图 3.15.1b 是合成的连续 19 天地面温度扰动分布。合成图中，俄罗斯西部与中部的地面温度扰动呈现出相反的异常分布格局。此外，巴基斯坦降水区也是低温区。

在连接莫斯科附近最高温度中心和巴基斯坦最大降水中心的垂直对流层至平流层大气剖面图上 (图 3.15.2a)，观测高度 – 观测温度与气候高度 – 气候温度之间难以分辨出差异。这样的垂直剖面天气图以及等压面天气图，我们称为传统天气图，是近百年来预报员一直在使用的天气图。要让预报员从传统天气图中识别出各种极端天气的大气温压场特征是困难的。

对热浪、低温、干旱和雨涝等极端天气事件，或持续时间较长的气候异常事件，预报的要求是定时、定位和定强，但预报员根据传统天气图难以做到这三个确定。如果从观测的天气图变量中减去瞬变气候变量，得到扰动天气图，异常天气事件就可以定时、定位和定强了。图 3.15.2b 中分别给出了连接莫斯科附近最高温度中心与巴基斯坦最大降水中心垂直剖面上的高度扰动和温度扰动分布。图 3.15.2b 中，有一个位势高度扰动强正异常中心位于对流层顶，它的下方有一个暖的扰动气柱延伸到地面，直指莫斯科附近的热浪中心，而在它的上方平流层中有一个冷的扰动气团。地面热浪区上空，最大的温度扰动正异常中心层次是在对流层的低层，说明对流层低层的大气温度扰动对地面温度扰动有直接的影响。在巴基斯坦的暴雨区附近，对流层顶有一个高度扰动负异常中心，位势高度扰动的低压槽伸展到降水区的地面，同时低压中心的下方对应了冷异常。

在沿 50°N 的垂直大气剖面扰动天气图上，热浪区的对流层顶有一个位势高度扰动的正异常中心，其下方为暖气柱，最大的暖中心出现在对流层低层，而平流层上层有一个冷气柱。在热浪区的西侧，对流层上部有一个位势高度扰动负异常中心，其下方的冷气柱直指地面上的低温中心。在热浪区的东侧，对流层中层有一个位势高度扰动负异常中心，其下方有一个较强的冷气柱，低温中心在对流层低层，对应西伯利亚的地面冷区。在中国北方和俄罗斯的远东地区，对流层顶有一个位势高度扰动正异常中心，其下方的暖气柱延伸到达地面，可以定位那里的地面高温天气，而在平流层有一个冷气柱。

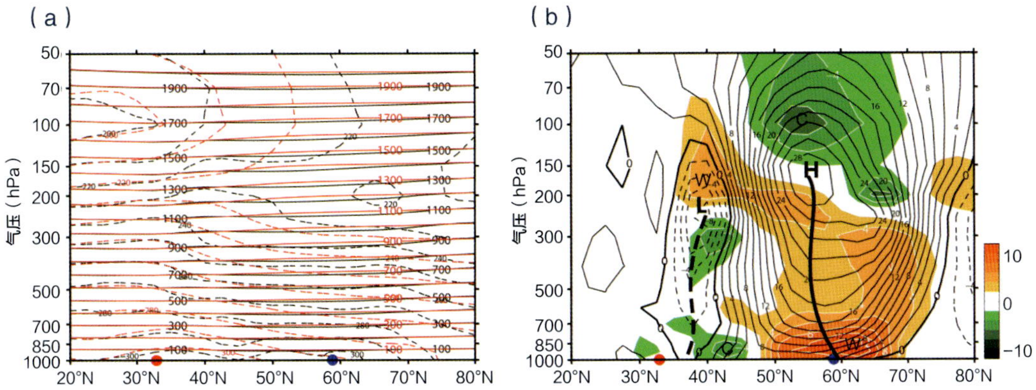

图 3.15.2　2010 年 7 月 28 日 (a) 连接莫斯科附近最高温度中心（红点）与巴基斯坦最大降水中心（蓝点）垂直剖面上的原始位势高度（黑实线，1 000 gpm 间隔）和气候位势高度（红实线，1 000 gpm 间隔），以及原始温度（黑虚线，10 K 间隔）和气候温度（红虚线，10 K 间隔）分布，(b) 连接莫斯科附近最高温度中心与巴基斯坦最大降水中心垂直剖面上的位势高度扰动（实线和虚线，20 gpm 间隔）和温度扰动（阴影，2 ℃间隔）（图中字母“H/L”为位势高度扰动的正 / 负异常中心，"W/C”为温度扰动的暖 / 冷中心）

从大气的垂直剖面扰动天气图可见，大气中的扰动天气系统是深厚的，是不分对流层与平流层的。扰动天气系统在整层大气中满足位势高度扰动和温度扰动之间的静力平衡关系，也就是可以用位势高度扰动计算出温度扰动的垂直分布，从而可以定位地面上发生的冷暖极端天气或异常气候事件。对流层中上部的位势高度扰动中心及其对应的下方温压场扰动结构决定了地面极端天气和异常气候的种类、位置和强度。在日常天气预报中，对流层中低层等压面天气图上的位势高度和温度分布是预报员用来判断地面天气的主要工具。从图 3.15.2b 看，850 hPa、500 hPa 等层次上的扰动信息是不全面的，难以据此从整体上确定极端天气的种类、位置和强度。利用位势高度扰动和温度扰动天气图可以确定地面上的冷暖事件，再加上湿度扰动天气图，巴基斯坦上空的比湿扰动正的异常区为降水的发生提供了水汽条件。

从垂直剖面图上的扰动系统看，最大的位势高度扰动出现在 300—150 hPa 之间，而近地面的最大温度扰动出现在 925 hPa。这种扰动天气图的指示意义是，925 hPa 上的温度扰动可以指示地面上的冷暖异常的空间分布，而对流层低层和地面上的温度扰动是对流层上层位势高度扰动之下的冷暖气团延伸。从以上例子中同期发生的相邻地区的高低温度异常和旱涝异常事件的空间分布可以看出，极端天气和异常气候事件的直接成因是大气中扰动天气系统的持续性和空间分布。如果我们不把同期不同地区发生的各种极端天气和异常气候事件的大气扰动环流系统认识清楚，就难以知道地面上各种极端天气气候事件发生的根本原因，而把其归因都说成是全球增暖的结果。发生在欧亚地区的区域气候异常往往与北半球大气中最大的环流系统——南亚高压的强度异常及位置偏移有关。

QIAN W H, WU K J, LEUNG J C H. 2016. Three-dimensional structure and long-term trend of heat wave events in western Eurasia revealed with an anomaly-based approach. Inter J Climatol doi: 10.1002/joc.4634.

3.16 南亚高压的异常活动

地球表面最显著的地形特征是范围广大的青藏高原。它的高度可达大气对流层的中部，它会对北半球对流层的西风气流产生水平分流作用，又形成了冬夏相反的冷热源中心。它在夏季类似赤道，可获得较多的太阳辐射，成为一个热源；而在冬季它相当于极地，成为一个巨大的冷源。作为一个巨大的夏季热源，近地面气流向高原辐合形成上升气流，导致高层大气形成辐散的反气旋环流。因此，它对大气运动具有巨大的动力和热力影响。

夏季，全球一个最大的反气旋环流位于青藏高原上空，另一弱的反气旋环流在北美副热带上空，而南半球为平直的西风气流。青藏高原上的反气旋环流也称为南亚高压。南亚高压的中心位置和强度除了随季节发生规律性的迁移和变化外，还具有随季节的异常变化。在 100 hPa 的对流层顶附近，北半球亚洲和北美的两个副热带高压是相互独立的。南亚高压随季节的不规则变化主要是它与北部西风带上的扰动系统之间有相互作用，其结果是南亚高压发生纬向或经向的移动。

研究发现，南亚高压强度变化最大的层次大约在 150 hPa 层和 27.5 °N 附近。位势高度变化主要集中在东部区域（100°—120°E，25°—30°N）和西部区域（45°—65°E，25°—30°N），可以把这两个区域分别称为南亚高压变化的东部型和西部型。近 30 多年来，南亚高压在夏季的逐日高度异常（标准化序列）中的正异常或负异常符号的持续时间一般不会超过一个月。常常在一个月内会表现出几个同号异常的时段，说明是多个扰动系统相互作用的结果。

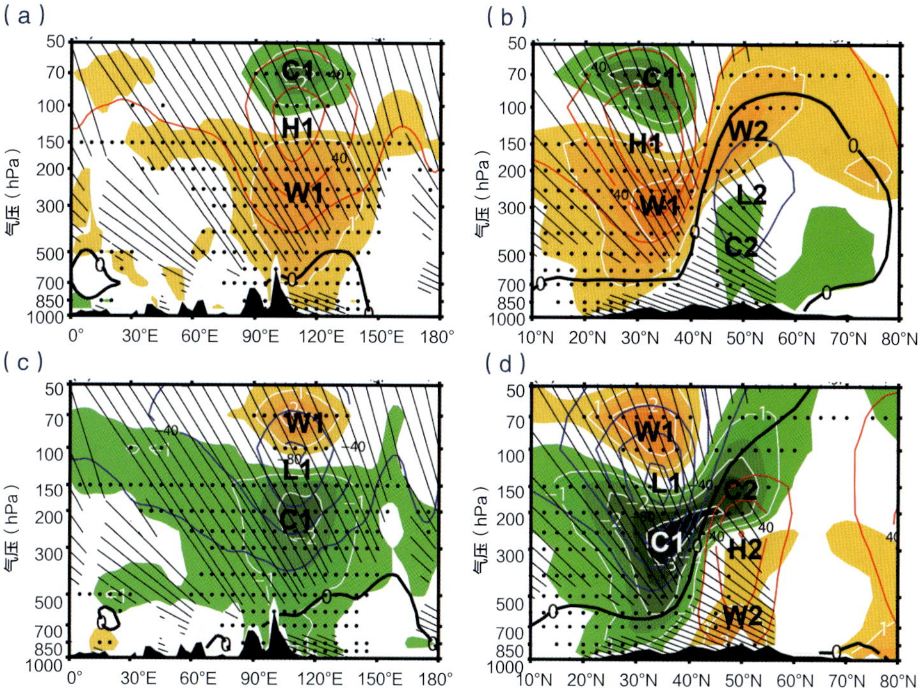

图 3.16.1　南亚高压东部型正异常 (a) 沿 27.5°N 和 (b) 沿 110°E 的位势高度扰动（红线和蓝线，20 gpm 间隔）和温度扰动（阴影，1 ℃间隔）合成的垂直剖面，(c) 和 (d) 是对应的南亚高压东部型负异常的东西方向和南北方向剖面（图中字母“H/L”为位势高度扰动的正 / 负异常中心，字母“W/C”为温度扰动的正 / 负异常中心；参考 Shi et al.，2016）

我们可以通过合成分析的方法来研究南亚高压发生异常时的空间结构特征。图 3.16.1a 和 3.16.1b 给出了南亚高压东部型正异常事件沿 27.5°N 和 110°E 的位势高度和温度扰动的合成垂直结构。位势高度扰动的一个正异常中心在青藏高原东侧华中地区的对流层顶。在沿 110°E 的南北垂直剖面上，位势高度扰动的一个正异常中心在华中地区的对流层顶 150 hPa，上、下方各有一个冷暖气团；而华北的对流层上部 250 hPa 有一个位势高度扰动的负异常中心，在其上方和下方分别对应着暖和冷的气团。南北剖面上的温压场系统表明，当南亚高压处于东部型的时候，华中和华南对流层大气对应暖高压（位势高度扰动的正异常中心），地面气温偏高，华北对流层易出现冷低压系统（位势高度扰动的负异常中心和其下的冷气团）。

与东部型正异常相反，东部型负异常对应的是华中对流层顶的一个位势高度扰动负异常中心，其下是一个冷气柱（图 3.16.1c）。在东部型位势高度扰动负异常的分布下，华北处于对流层上部位势高度扰动正异常和其下方暖气团的控制之下，地面温度偏高，而华中和华南气温偏低（图 3.16.1d）。

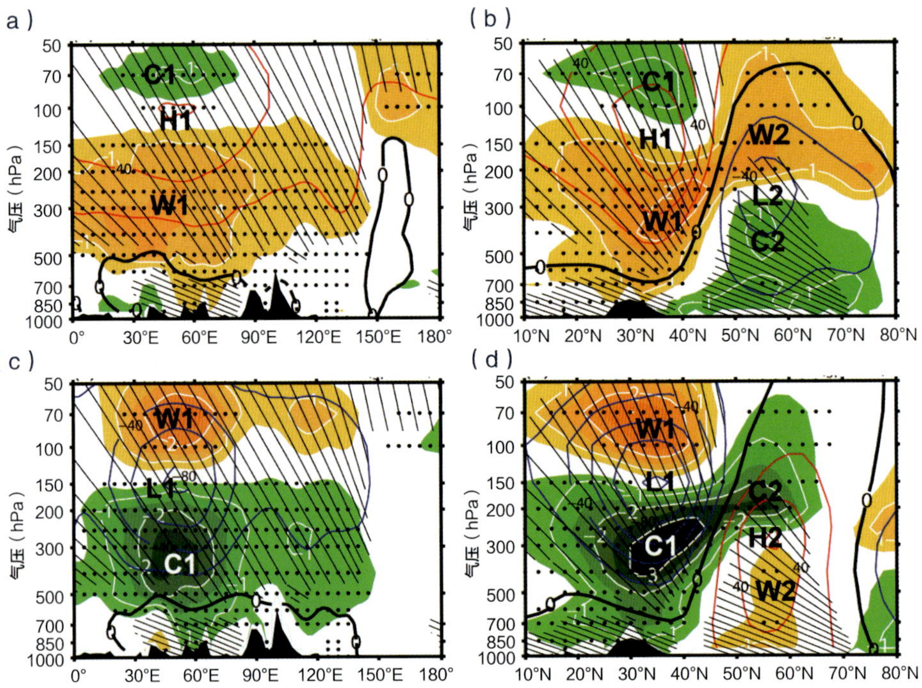

图 3.16.2　同图 3.16.1 但为南亚高压西部型正异常 (a) 沿 27.5°N 和 (b) 沿 55°E 的位势高度扰动和温度扰动合成的垂直剖面，(c) 和 (d) 是对应的西部型负异常的东西方向和南北方向剖面（参考 Shi et al.，2016）

对南亚高压的西部型正异常，一个位势高度扰动的正异常中心在伊朗高原上空的对流层顶，其下方是巨大的暖气团，而上方是一个冷气团（图 3.16.2a）。这相当于南亚高压偏强且偏西，相对应的，其东欧北部对流层上部会出现一个位势高度扰动负异常中心，该中心下方是冷气团（图 3.16.2b）。于是，东欧与伊朗之间南北方向上形成了北冷 – 南暖的温度异常对比。在南亚高压西部型负异常下，伊朗高原上空对流层顶是一个位势高度扰动的负异常中心，其下是一个巨大的冷气团，而其上是一个暖气团（图 3.16.2c）。与伊朗上空的位势高度扰动负异常中心形成对比的是东欧对流层上部的一个位势高度扰动正异常中心（图 3.16.2d）。

气象学家们早已对南亚高压的位置、形态及其对区域天气气候影响等方面做了很多的研究。关于南亚高压在东西方向上的位置移动的研究较多，其中有研究表明，南亚高压中心与西北太平洋副热带高压中心存在着位置间的“相向而行和相背而驰”的现象。在图 3.16.1a 中，南亚高压的东部型正异常对应的西北太平洋副热带高压处也是位势高度正异常，表明有“相向而行”的现象。在图 3.16.2a 中，南亚高压的西部型正异常对应的西北太平洋副热带高压处有位势高度负异常，表明有“相背而驰”

的现象。在扰动天气图的分析中，类似这样的现象，前人总结出的两个相邻环流系统之间的位置变化关系就更清楚了。我们看到了当南亚高压出现位置和强度异常的时候，在它的扰动中心周围会出现伴随的扰动系统。这些扰动系统之间存在着一种空间上的位置分布并直接与亚欧大陆的地面气候异常相关。

仅仅考虑南亚高压异常的东部型和西部型，对南亚高压的形态描述是不全面的。图 3.16.3 中给出了南亚高压异常活动的四种形态，它们依次被称作：强伊朗型、强青藏型、弱青藏型和弱伊朗型，依次是：西部型正异常、东部型正异常、东部型负异常和西部型负异常。这些位置上发生的高低压异常都是相对南亚高压的气候中心位置（图 3.16.3 中红色 H）而言的。对扰动高压的西部型和东部型（图 3.16.3a 和 3.16.3b），高度扰动的正异常中心（白色 H）与观测高压中心（黑色 H）的位置并不一致。对扰动低压的西部型和东部型（图 3.16.3c 和 3.16.3d），高度扰动的负异常中心位置（白色 L）相对观测高压中心位置（黑色 H）较远，而观测高压中心和气候高度中心的位置较近。南亚高压温压场中的三维扰动结构特征有助于预报员定量地指示地面上极端天气和异常气候事件发生的位置和强度。同时，南亚高压的位置和强度异常也与周围扰动系统存在相互作用，如对西北太平洋副热带高压异常系统的影响。

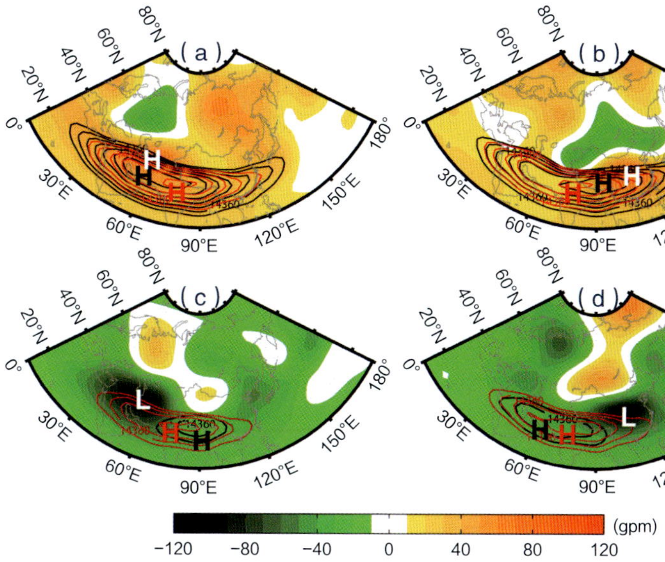

图 3.16.3　合成的 150 hPa 位势高度异常（阴影，白色 H 和 L 为正和负异常中心位置，单位：gpm），观测位势高度（黑线，黑色 H 为高压中心位置，20 gpm 间隔），气候位势高度（红线，红色 H 为气候高压中心位置，20 gpm 间隔）。其中，(a) 和 (c) 分别为南亚高压西部型位势高度正异常和负异常事件的合成，而 (b) 和 (d) 分别为南亚高压东部型位势高度正异常和负异常事件的合成（参考 Shi et al.，2016）

SHI J, QIAN W H. 2016. Connection between Anomalous Zonal Activities of the South Asian High and Eurasian Summer Climate Anomalies. Journal of Climate. 29(22): 8249-67.

3.17 西北太平洋的高压扰动

如果地球是一个水球，那么在现在的地球自转速度下，赤道两侧会各形成一个哈德莱环流。靠近赤道的哈德莱环流强度和范围最大。它的上升支在赤道，下沉支在两个副热带，于是形成了南半球和北半球副热带地区各有一个纬度带上的暖高压，通常认为副热带高压在对流层中部的 500 hPa 上最典型。由于地球上的海陆地形分布，副热带高压带被分割成了大洋上的副热带高压单体。北太平洋上的副热带高压是全球对流层中层最大的反气旋环流系统。

西北太平洋副热带高压的季节性强度和位置变化对东亚地区的天气和气候具有重大的影响。人们关注副热带高压向西伸展的位置（西伸脊点）、北移纬度和强度的变化。在副热带高压总体的变化中，包含了瞬变气候的规律变化，这种规律变化可以根据长期的观测数据统计得到，是不需要预报的，只有对受异常分量影响的极端天气和短期气候异常，预报才有意义。对近地面 925 hPa 至对流层中层 400 hPa 各层相对涡度扰动量计算标准差发现，西北太平洋副热带高压在 112.5°—142.5°E、10°—30°N 和 925—500 hPa 的区域内最为活跃。

西北太平洋副热带高压影响中国大陆东南部和近海的最大位势高度扰动主要在低层 925—600 hPa 层上，只在南海中南部出现在 500 hPa 层上。影响这个核心区域的位势高度扰动可能来自 850 hPa 上西南季风槽和中纬度西风带上的槽。因此，这个区域上的逐日相对涡度或位势高度异常序列可用来描述副热带高压西边缘的活动。

在这个副热带高压异常活动的关键区域中，确定 1981—2014 年每年夏季（6—8 月）相对涡度扰动大于 1 个同号标准差并持续 10 天以上的例子，对其做合成剖面分析。图 3.17.1a 和 3.17.1b 是最强的 10 个正涡度事件合成的沿 20°N 和 127.5°E 的位势高度和温度扰动。在沿 20°N 的垂直剖面上，最大的位势高度扰动的负异常（低压扰动）中心并不在 500 hPa 层，而是在低层 850—700 hPa，另外最大的位势高度扰动的正异常（高压扰动）中心在对流层顶的 100—150 hPa。在低层低压扰动的下方是一个冷气团，而在低层低压扰动和上层高压扰动之间有一个深厚的暖气柱。这样的垂直温度扰动与位势高度扰动之间满足静力平衡关系。在沿 127.5°E 的垂直剖面上，低层低压扰动的下方是冷气团，而上方是暖气团，对流层顶高压扰动的下方是暖气团，而上方是冷气团。这样的分布说明，一旦副热带高压强度发生异常，在西北太平洋地区从对流层到平流层的大气中便会形成有规则的温压场扰动结构。

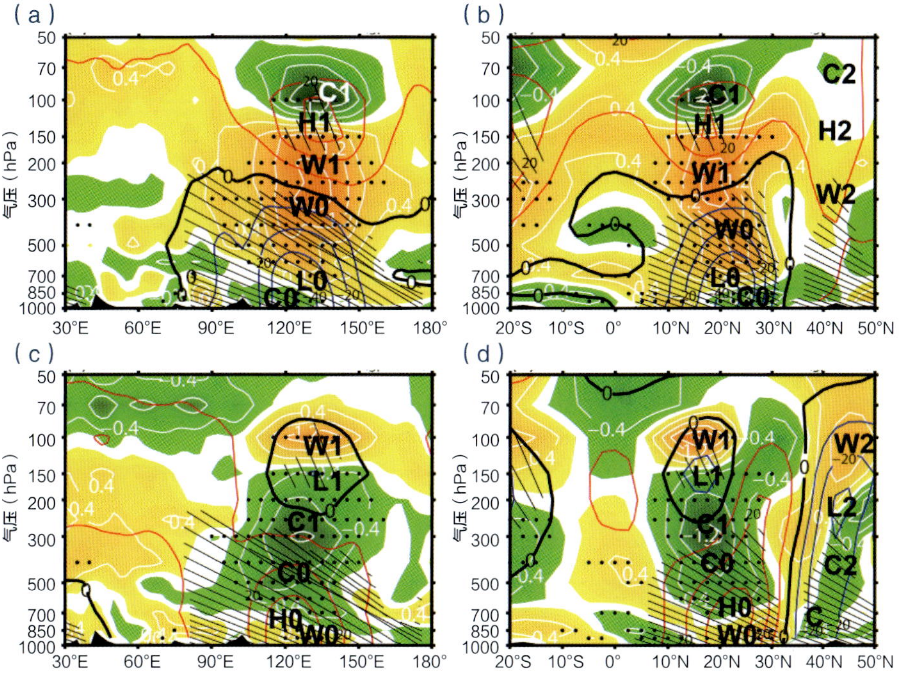

图 3.17.1 合成的位势高度扰动（红线和蓝线，10 gpm 间隔）和温度扰动（阴影，0.4 ℃间隔），(a) 和 (b) 分别是沿 20°N 和 127.5°E 正涡度事件的合成，(c) 和 (d) 分别是沿 20°N 和 127.5°E 负涡度事件的合成（黑斜直线和黑点分别指示位势高度扰动和温度扰动达到了 95% 的置信水平，字母“H/L”和“W/C”指示位势高度异常的正负中心和温度异常的暖冷中心；参考 Qian et al.，2017）

图 3.17.1c 和 3.17.1d 是最强的 6 个负涡度事件沿 20°N 和 127.5°E 合成的位势高度和温度扰动。在沿 20°N 的垂直剖面上，一个位势高度扰动的正异常中心出现在对流层低层，其下方是暖气团，上方是冷气团。另外，一个位势高度扰动的负异常中心出现在对流层顶的 150 hPa 附近，其上方是暖气团，下方是冷气团。于是，在对流层的中上部出现了深厚的低温气团。

在沿 127.5°E 的垂直剖面中，除了副热带高压异常所在地的上述垂直温压场结构外，在其北侧的中纬度垂直剖面上，有一个较深厚的低压扰动位于对流层中层，低压扰动的下方是深厚的冷气团到达地面，而上方有一个暖气团位于平流层（图 3.17.1d）。比较副热带和北侧中纬度的扰动系统可以看出，副热带存在一对垂直方向上相反的高低压扰动环流系统，而在这对副热带垂直扰动系统的北侧中纬度地区有一个较深厚的低压扰动系统，形成了南北方向上的下垫面温度异常对比。

从上述垂直剖面上的位势高度扰动看，副热带高压异常活动的最大信号主要表现在对流层的低层，而对流层上层有相反的异常变化。西北太平洋副热带高压异常活动对应的波列特征已经被前人揭示过了。从逐日连续变化的异常活动出发，再次考察与副热带高压异常活动相关联的波动分布，图 3.17.2 左列是合成的副热带高压扰动位势高度和同时的观测高度在 150、500 和 850 hPa 层的分布。在对流层低层 850 hPa 上，存在向东北方向传播的扰动波列：位势高度扰动的负异常中心在副热带西北太平洋，在其北侧的一个位势高度扰动正异常中心位于中国东北至日本地区，东北侧的千岛群岛有一个位势高度扰动负异常中心。此时，850 hPa 上的观测副热带高压位置是偏东的，这与西北太平洋的位势高度扰动负异常中心对应。低层大气中的上述扰动波列在对流层中部的 500 hPa 上也是清楚的，但强度和范围已经有所减弱和缩小。在对流层顶的 150 hPa 上，西北太平洋低层位势高度扰动的负异常已成为了位势高度扰动的正异常中心，并且上述波列也消失了。

在对负涡度事件的合成中（图 3.17.2 右列），850 和 500 hPa 上的观测副热带高压位置偏西，扰动波列显著。在 100 hPa 上，虽然上述波列并不存在，但南亚高压明显增强，位置偏东，反映了低层西北太平洋副热带高压异常与南亚高压异常活动之间的所谓“相向而行”关系。

西北太平洋副热带高压异常活动的上述特征对揭示亚洲和西太平洋地区的对流活动有实用意义。当西北太平洋副热带高压减弱偏东时，南海中北部及向东到副热带太平洋上的卫星观测向外长波辐射（OLR）负异常（对流偏强），与其南侧的南海赤道附近、其北侧的中国东部至日本，以及其西侧的印度半岛至热带印度洋上的对流偏弱形成了明显的对比。副热带高压偏强西伸时合成的 OLR 分布完全相反，南海中北部及其向东副热带太平洋的对流偏弱与南北两侧对流偏强构成相反的分布。

上述西北太平洋副热带高压强度和位置的合成分析表明，对流层至平流层大气中的位势高度扰动存在上下两层完全相反的结构分布，为斜压的温压场扰动结构，由此扰动形成的水平波动主要位于对流层的中低层。西北太平洋副热带高压异常的扰动环流系统与周围扰动系统之间有着内在的联系，能够清楚地指示对流发生的区域特征。这样的扰动法不但可以应用在极地和副热带地区的异常气候分析，也可以应用于赤道上扰动系统与异常气候的分析。

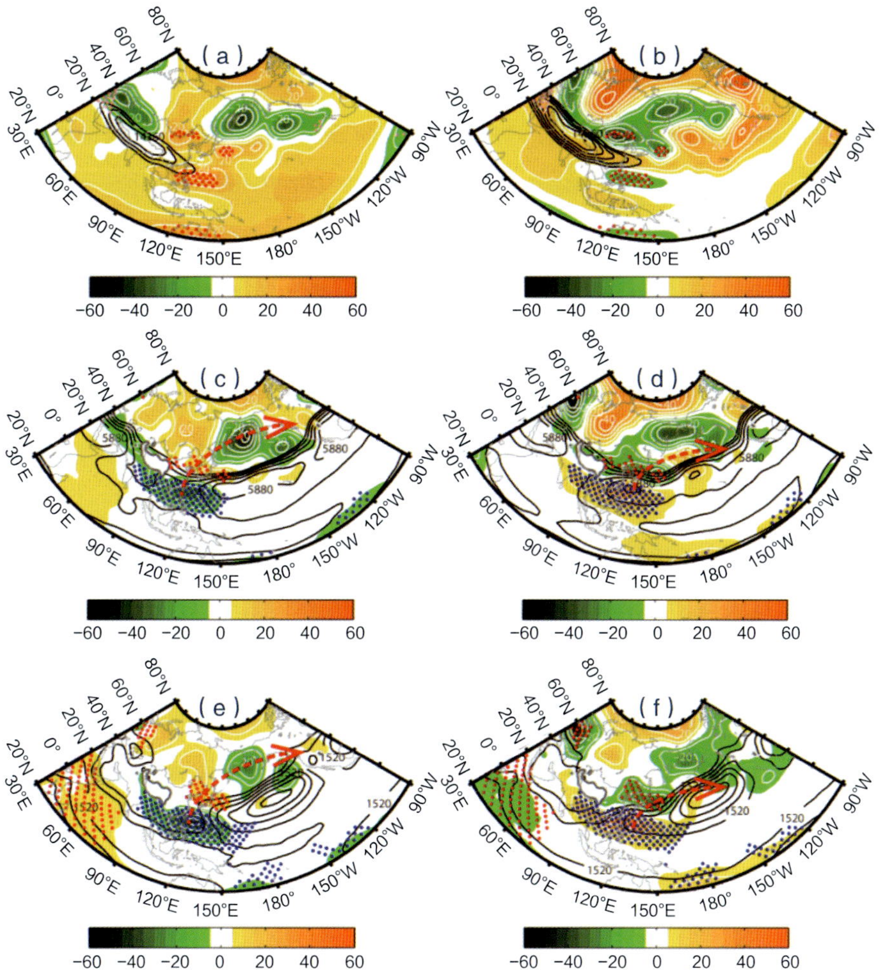

图 3.17.2　合成的位势高度扰动 (阴影和白线，10 gpm 间隔) 和观测高度 (黑线，20 gpm 间隔)，其中 (a)、(c)、(e) 分别是合成的位势高度扰动负异常事件在 150、500 和 850 hPa 层的分布，(b)、(d)、(f) 分别是合成的正异常事件在 150、500 和 850 hPa 层的分布 (红色和蓝色点指示了合成的统计差异达到 95% 置信水平，箭头指示扰动波列方向；参考 Qian et al.，2017)

QIAN W H, SHI J. 2017. Tripole precipitation pattern and SST variations linked with extreme zonal activities of the western Pacific subtropical high. International Journal of Climatology. 37(6): 3018-35.

3.18 赤道大气中的季节内振荡

自20世纪70年代末有气象卫星以来，人们不断地观测到在赤道西印度洋上空有大范围的对流云系向东移动。对流云系的东移特征是以卫星观测的向外长波辐射(OLR)为基准的，用OLR的低值区可以判断对流性降水，因此对该特征的研究具有实用意义。早在20世纪70年代初，两位气候学家马登（Madden）和朱利安（Julian）就已经开展了对这一现象的研究，他们发现行星尺度对流系统向东传播的平均速度为5 m/s，这种现象最初被他们称为“40—50天振荡”，后人用他们的名字首字母命名为“MJO”，也就是季节内振荡。由于这种振荡的时间尺度跨度较大，也有研究者把30—60天的振荡称为季节内振荡。由此在时间尺度上会带来一个问题，60天振荡的时间尺度是30天振荡的双倍。在预报实践中，如果60天的振荡预报成30天的振荡，那么第15天后振荡的位相就开始反了。

对赤道大气季节内低频振荡的早期描述是从降水、纬向风和环流形态等角度来说明的；也有从大气的基本变量（如位势高度分布或环流结构）来描述季节内振荡的；或构造一些综合指数，如速度势与高低对流层纬向风的结合等来描述。理论上的研究，人们更关注MJO的大尺度上下层结构和传播的动力学。

人们研究得较多的是始于赤道印度洋向东传播到西太平洋的季节内振荡。实际上这只是一个主要的振荡信号。在这个范围内，有沿赤道向东传播的信号，也有向西传播的信号。不同的东传OLR异常，会分别在东印度洋、海洋性大陆和日界线附近加强，或在东传的过程中突然减弱，减弱是因为受到了向西传播OLR信号的干扰。

经过OLR异常信号的滤波和分离处理，只有向东传播的负异常OLR信号才与MJO有关。这些向东传播的OLR事件在强度和传播速度上每次都不一样，向西传播的OLR特征也不尽相同。MJO事件传播的时间长度可以从半月到数月，跨越的区域可以从半个洋盆到两个洋盆。由统计结果可知，向东与向西传播的事件数也不分上下。沿赤道的季节内低频振荡不仅活动于印度洋至西太平洋，赤道东太平洋和赤道大西洋也都存在东传和西传的季节内振荡。

基于1979—2013年共35年秋冬季中5个月（11—3月）的OLR异常分布的分析，一个完整的MJO会从西印度洋WIO（0°—10°S，65°—75°E）传播到东印度洋EIO（0°—10°S，90°—100°E）、海洋性大陆MC（5°—15°S，115°—125°E）和西太平洋WP（5°—15°S，160°—170°E），即可以跨越4个赤道区域传播，或者从一个西边的区域东传到其他的区域。35 年秋冬季 5 个月中得到的各区域 MJO 事件数分别为：109，104，90 和 95 个。

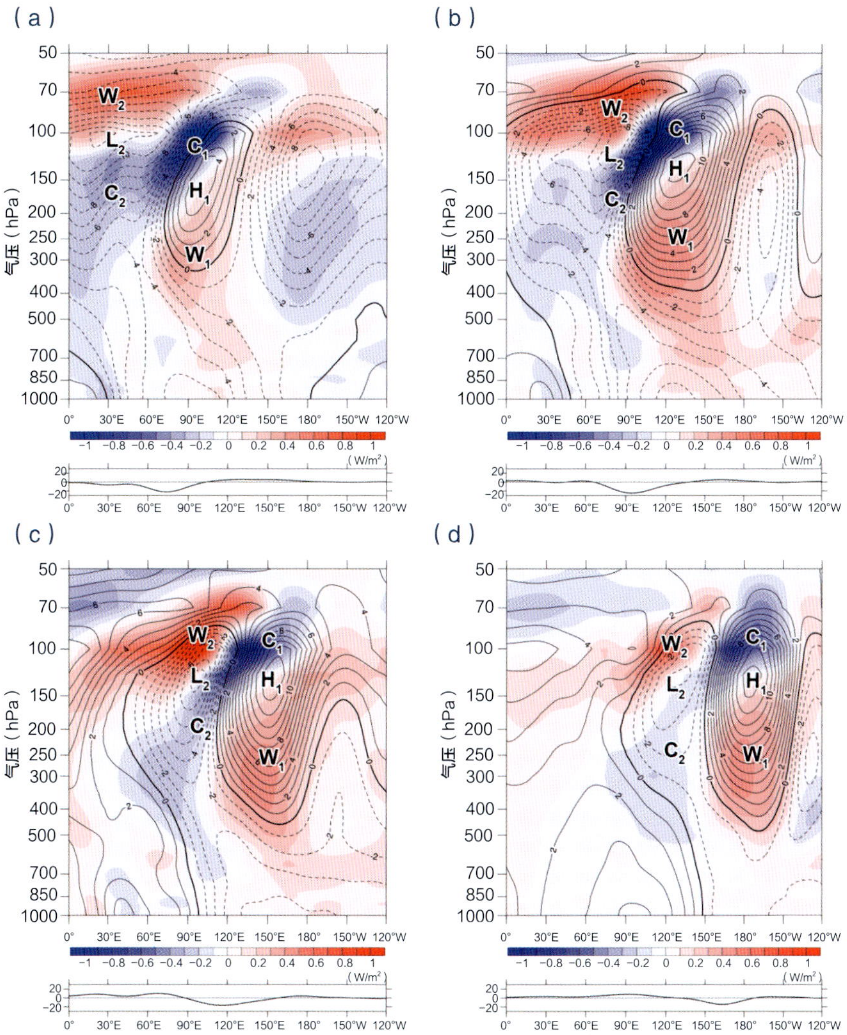

图 3.18.1　沿赤道 (10°S—10°N) 四个位置 (a) 西印度洋，(b) 东印度洋，(c) 海洋性大陆和 (d) 西太平洋上合成的对流层至平流层季节内振荡位势高度扰动（等值线，1 gpm 间隔）和温度扰动（阴影，0.1 ℃间隔）；底部曲线是季节内振荡的向外长波辐射 (OLR) 异常 (W/m^2) 沿赤道 (10°S—10°N) 的分布（参考 Leung et al.，2017）

通过大量的例子合成，我们考察每个扰动变量在每个区域上的空间分布与 OLR 异常的关系。对出现在赤道西印度洋的 109 个 MJO 事件，合成的位势高度扰动和温度扰动垂直分布如图 3.18.1a。OLR 的负异常集中在赤道西印度洋时，最大的位势高度扰动和温度扰动信号出现在对流层顶的 100—150 hPa 上。那里位势高度扰动存在很大的水平纬向梯度，温度扰动的最大负异常处于位势高度扰动的最大负异常与正异常之间，位势高度扰动正异常中心的下方是暖气柱，而上方为冷气柱。反之，位势高度扰动负异常中心的下方是冷气柱，而上方为暖气柱。两个大气扰动变量与 OLR 负异常中心的位置关系在赤道东印度洋、海洋性大陆和赤道西太平洋也都相同。4 个区域上 OLR 异常与位势高度扰动和温度扰动之间的关系表明，指示 MJO 传播的基本大气变量扰动信号在对流层顶。位势高度扰动和温度扰动的结构特征主要集中在对流层的上部和平流层，热带对流层至平流层的扰动大气也具有斜压性。

在沿赤道的垂直剖面上，纬向风扰动分量相对 OLR 负异常区域有下列空间分布：300—400 hPa 以下对流层中，OLR 负异常区域的西侧是西风异常，东侧为东风异常；对流层中下层存在扰动气流相对 OLR 负异常区域的辐合；对流层上部和平流层存在扰动气流相对 OLR 负异常区域的辐散，即西侧是东风异常，东侧为西风异常。OLR 负异常区域的上空，从对流层至平流层都是上升扰动气流，只是上层随高度是向东倾斜的。对流层低层的扰动辐合位置偏于 OLR 负异常的东侧，那里有利于低层扰动水汽的辐合抬升，促使 MJO 往东移动。MJO 是一个穿过对流层至平流层的斜压扰动系统。它的无辐散层在 400 hPa 附近，最大的辐散层和最大的负涡度层在 150 hPa，而扰动辐合层在 700 hPa 附近。

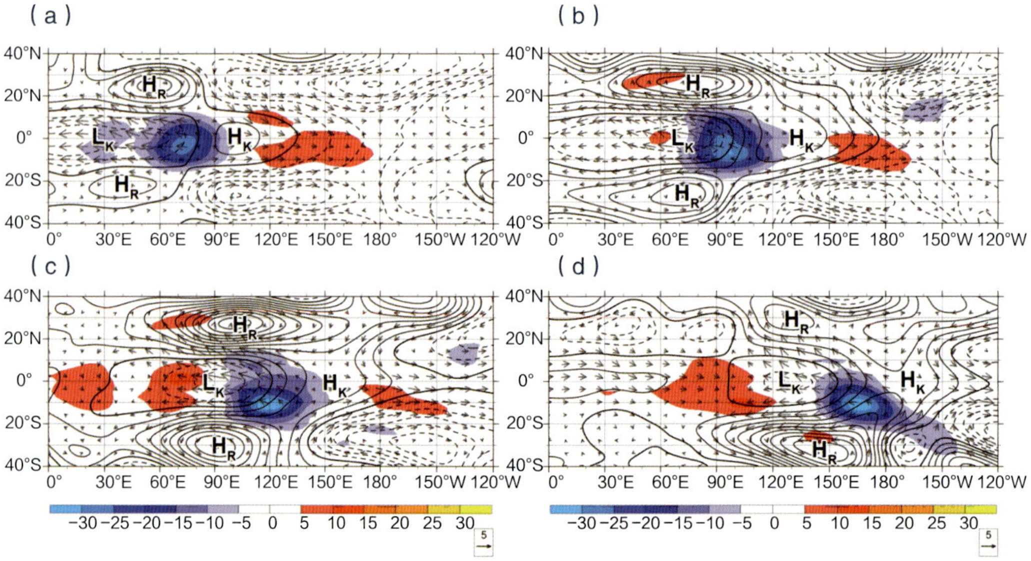

图 3.18.2　150 hPa 层 4 个位置 (a) 西印度洋，(b) 东印度洋，(c) 海洋性大陆和 (d) 西太平洋上合成的季节内低频振荡位势高度扰动（等值线，4 gpm 间隔）和风扰动（矢量，m/s）与 OLR 异常（阴影，5 W/m^2 间隔）的空间分布（参考 Leung et al.，2017）

根据图 3.18.1 中的扰动变量分布，150 hPa 能够反映这些扰动变量的主要信息和特征。图 3.18.2 绘制的是 150 hPa 层 4 个位置上合成的位势高度扰动、风矢量扰动与 OLR 异常的空间分布。OLR 异常在 4 个位置的空间分布相当于 MJO 向东传播的 4 个位相，当然也可以推广到传统的 8 个位相。当 OLR 负异常位于赤道西印度洋的时候，它的西侧是扰动东风，东侧是扰动西风，其上空为扰动风的辐散中心。在 OLR 负异常区的西侧是一个位势高度扰动的负异常区，东侧是一个位势高度扰动的正异常中心，北侧和南侧的副热带地区上空各有一个扰动高压环流。此外，在两侧扰动高压环流的东侧又各有一个扰动低压环流。150 hPa 层上的位势高度扰动和风扰动展示出 MJO 所具有的沿赤道开尔文波与赤道外罗斯贝波的水平分布结构。所以，OLR 的负异常中心是随着对流层顶罗斯贝 – 开尔文波动的结构向东移动的，这就是 MJO 的波动特征。

对 MJO 这样的斜压垂直结构，它与 OLR 异常具有紧密联系的层次在 150 hPa。大气变量的扰动，如位势高度扰动、温度扰动和风扰动的涡度与散度等指标都在该层具有最大的扰动信号。结果发现，150 hPa 上位势高度扰动的纬向梯度也是一个能够定位 OLR 异常强度的指标量。图 3.18.3 是沿赤道四个位置上位势高度扰动水平纬向梯度和西风异常垂直分布超前和滞后的逐日变化。400 hPa 以下，OLR 最低值出现前是东风异常，而后是西风异常，400 hPa 以上正好相反。位势高度扰动梯度的分布有所不同，400 hPa 以下，OLR 最低值出现前是正梯度，而后是负梯度，400 hPa 以上对应最大的位势高度扰动梯度正值。

在每个位置上，最大的高度扰动梯度和西风异常大致在 150 hPa 上。图 3.18.3 下方序列曲线描绘的是四个位置上 OLR 异常、150 hPa 的位势高度扰动梯度和 150 hPa 的西风扰动的超前 – 滞后分布。150 hPa 位势高度扰动梯度与 OLR 异常序列随时间变化的位相是相反的，即可以用 150 hPa 上的位势高度扰动梯度指标表达 OLR 异常随时间的变化。

利用大气变量的扰动量对 MJO 空间结构和时间演变的分析反映出：MJO 的水平罗斯贝 – 开尔文波结构在对流层高层比低层明显；对没有卫星观测 OLR 之前的大气资料和模式预报产品，150 hPa 层的位势高度扰动的纬向梯度指标量可以反映 MJO 对流活动；在赤道外的热带地区，也像中高纬度大气那样，可以根据静力平衡关系和地转风关系，用位势高度扰动演算出温度扰动和风扰动，特别是用静止卫星观测到的位势高度和温度扰动反演出风扰动，从而填补卫星难以观测到垂直风廓线的局限。

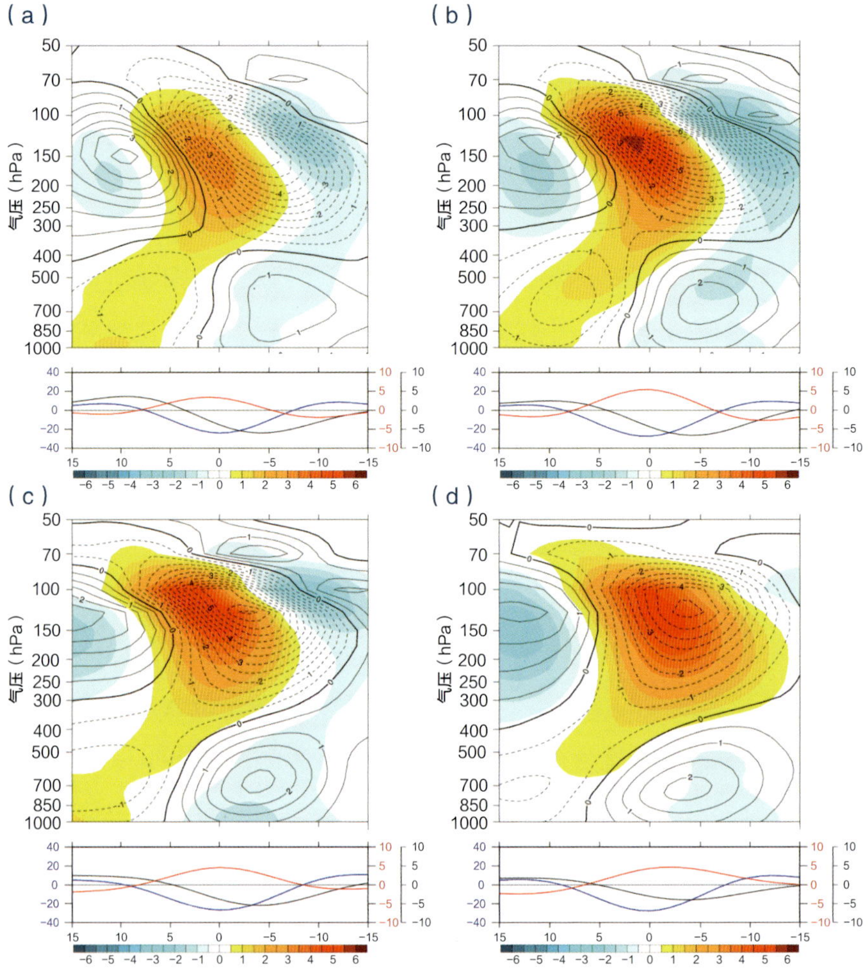

图 3.18.3　赤道 (10°S—10°N)(a) 西印度洋，(b) 东印度洋，(c) 海洋性大陆和 (d) 西太平洋 4 个位置上位势高度扰动水平纬向梯度（阴影，0.5×10^{-6} gpm 间隔）和西风异常（等值线，0.5 m/s 间隔）垂直分布超前 (15 天) 和滞后 (15 天) 的逐日变化；下方曲线分别是 OLR 异常序列（蓝线，W/m^2)、150 hPa 位势高度扰动梯度（红线，gpm) 和 150 hPa 西风扰动（黑线，m/s) 序列，前两小图中的 OLR 异常序列取值在 0°—10°S，后两小图序列取值在 5°—15°S 区域（参考 Leung et al.，2017）

类似 MJO 季节内振荡的滤波分析，滤波后的图像比较美观，能够反映不同变量之间的空间结构和对应关系，但在预报应用中对事件的强度、范围和持续时间的描述都会与真实情况发生改变。无论在极地还是中纬度和赤道大气中，相同扰动信号的持续时间都难以超过一个月。季度预报是延续了历史的不得已统计做法。

LEUNG J C H, QIAN W H. Monitoring the Madden-Julian oscillation with geopotential height. Climate Dynamics. 2017; 49(5-6): 1981-2006.

3.19 季度气候预测的难题

夏季 6、7、8 三个月是北半球植物生长需要光热资源最多的季节。在亚洲季风区，夏季也是降水最集中的季节。南亚季风区中，夏季降水多，稻谷产量才高；否则降水偏少，粮食就会歉收。在东亚夏季风区，由于季风降水的时段短，水稻更需要适时的光和水。但高强度的集中降水往往会造成严重的洪涝灾害，给人民的生命财产造成重大的损失。

我国东部季风区的夏季洪涝还有一个特征，当一个流域发生洪涝的时候，其南北两侧会发生干旱，所以我国各地都有防汛抗旱指挥部门。那么，要防汛又要抗旱，提前对不同地区的夏季旱涝进行预报就成为迫切的需要。早期，由于抗洪物资运输和储备能力有限，需要尽早对一个地方的旱涝做出预测并做好应对准备。所以，中华人民共和国成立后，国家的气象与防汛部门就会在每年的春季举行夏季汛期全国旱涝分布的预测会。这样的预测有成功的例子，如 1998 年春季对长江流域夏季降水偏多的成功预测；但是也有预测不准的时候，如 1999 年春季对夏季的预测是北方黄河流域夏季降水会多，可是实际情况是长江流域的降水偏多。

对我国区域旱涝的预报，社会需求是越早越好，位置越准越好。所以，汛期会商的时间也从 4—5 月份提前到了 3 月份，甚至提前在冬季预测未来夏季全国旱涝分布。全国旱涝分布预测应该是每个流域或地区预测的全国拼图。业务预报人员非常明白，预报尽量早和位置尽量准之间，存在很现实的困难，甚至矛盾。这样的预测形式和需求在科学上是否合理呢?

为了回答这个问题，我们给出相邻的 2015 年和 2016 年夏季的旱涝分布例子。图 3.19.1 是 2015 年和 2016 年夏季 6 月 1 日至 8 月 31 日的全国降水量距平百分率分布。2015 年的夏季降水分布是：华北地区降水偏少，江淮及江南降水偏多，华南沿海降水偏少。2016 年的夏季降水分布是：江淮和沿黄河的华北地区降水偏多，而黄淮之间和东北降水偏少。两年中，夏季降水异常分布完全相反的地区集中在华北。

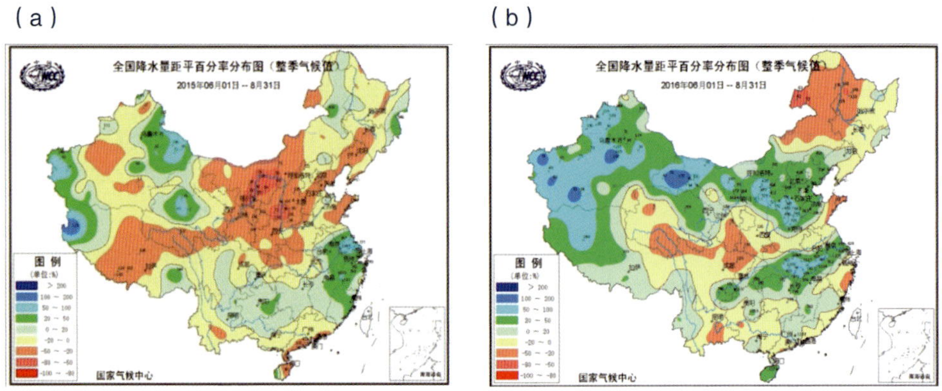

图 3.19.1　(a) 2015 年和 (b)2016 年夏季（6 月 1 日至 8 月 31 日）全国降水量距平百分率（%）分布（参考国家气候中心）

那么，2016 年夏季华北降水偏多是怎么形成的呢？华北属于东亚夏季风的北边缘地区，夏季的平均气候总降水在 200 mm 和 400 mm 之间。可是，仅 2016 年 7 月 19—21 日的一次气旋降水过程，很多地方的累积降水量就超过了 100 mm（图 3.19.2a），其中河南林州市和河北井陉县降水量分别达到 676.1 mm 和 689.4 mm。可见，一些站的一次降水过程雨量已经达到，甚至超过了夏季或全年气候降水量。这次降水过程是一个气旋沿黄河中游东移后又沿太行山东侧北上的结果（图 3.19.2b）。

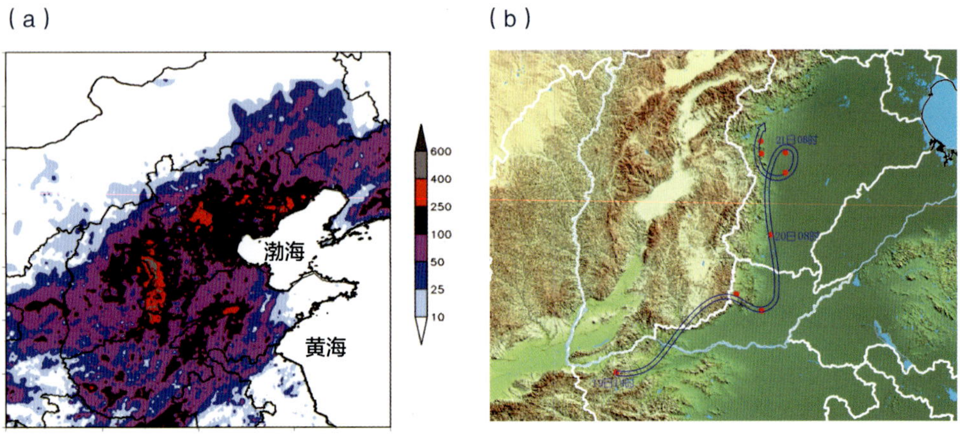

图 3.19.2.　2016 年 7 月 19—21 日 (a) 华北降水过程累计雨量分布（阴影，mm）和（b）3 天气旋路径（参考国家气象中心）

2016 年 7 月 19 日早上，这个气旋到达陕西、山西与河南三省交界的地方。河南省的林州站 19 日 04 时开始出现降水，09 时出现大于 20 mm/h 的强降水，3 h 后，降水强度提升到 50 mm/h，甚至在中午达到了 92.1 mm/h，19 时后降水突然停止，后来两天的降水较少，整个三天的过程降水量为 676.1 mm。河北省井陉县的降水开始时间相对晚几个小时，20 mm/h 的降水开始于 19 日中午，并很快进入 58 mm/h 降水强度峰值，之后降水强度逐渐下降，傍晚降水结束，三天的过程雨量为 689.4 mm。北京门头沟东山村的降水于 19 日 10 点开始，20 日中午小时降水量达到峰值，21 日 08 时降水结束，过程降水量为 453.7 mm。从三个站的降水逐小时序列看，南部降水更为集中，早于北部，也强于北部。

这样大范围的异常降水源自一个罕见的异常气旋。图 3.19.3a 是这个气旋在 2016 年 7 月 20 日 08 时的海平面气压场和雷达拼图组合反射率。此时气旋中心位于河北省的南部，太行山的东侧，中心气压为 992 hPa。20 日 08 时的雷达强回波集中在低压中心的东北侧，覆盖了河北省的中部，天津已在强回波区中，北京南部也开始受到强回波的影响。20—21 日，气旋中心在河北省境内缓慢徘徊着沿太行山的东侧北上。到 2016 年 7 月 20 日 20 时，850 hPa 上向低压辐合的扰动气流主要来自东部海上和南部低纬度地区。图 3.19.3b 上，湿涡度扰动是一个能够指示强降水的动力学指标量，它综合了比湿扰动与涡度扰动，其大值区与强雷达回波和强降水分布一致。

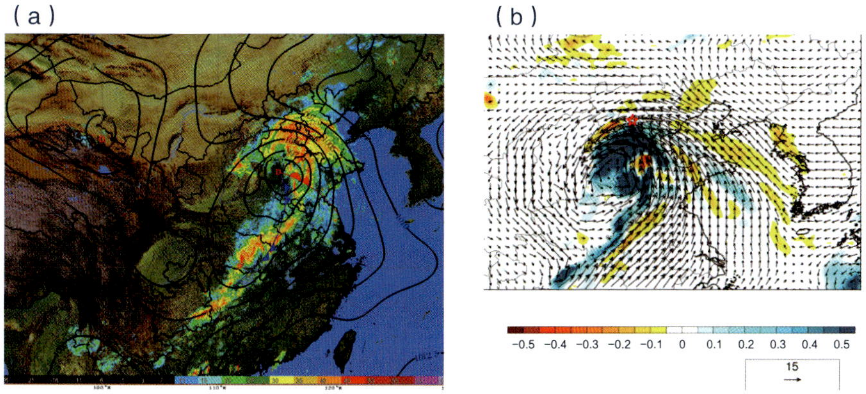

图 3.19.3 (a) 2016 年 7 月 20 日 08 时的海平面气压场（等值线，2.5 hPa 间隔）和雷达拼图组合反射率（阴影，据国家气象中心），(b) 2016 年 7 月 20 日 20 时 850 hPa 扰动风（矢量，m/s）和湿涡度扰动（阴影，比湿扰动和涡度扰动的乘积，$10^{-6}\ s^{-1}$）

2016 年 7 月 20 日 08 时，气旋中心位于北京的西南方，大暴雨即将在北京地区发生。在经过北京南北垂直剖面上，这个低压的位势高度扰动负异常中心就在北京以南的地面上，深度达到对流层上部 300 hPa，其上方有暖气柱；北京以北的对流层上部有位势高度扰动正异常中心，其下方对应暖气柱。北京处于南侧低层低压扰动和北侧高层高压扰动之间，在北京的对流层上部形成了一个温度扰动高达 7 ℃的暖中心。显然，北京正处于一个北高南低和高层暖心的斜压不稳定扰动环流形势下。在这样持续性不稳定的对流环境下，华北地区发生了特大暴雨并引发了山洪，造成了严重的人员伤亡和财产损失。

长期以来，对一个流域和一个地区的夏季季度旱涝预报使用的是一些前期影响因子的统计相关法。这些可能的影响因子包括赤道东太平洋海温异常、青藏高原雪盖面积异常、北极海冰异常和大气环流（如西北太平洋副热带高压）异常等。每 10 年中，江淮地区的夏季平均降水偏多的年份有 2—3 年，而华北夏季平均降水偏多的有 1—2 年。如果我们每年都预报江淮地区夏季平均降水偏多，那么 100 年的预报得分会在 25 分左右。预报超过 25 分才是有技巧的。但是，人们常常用的单因子或组会的多因子统计预报，多年预报的平均得分很难超过 25 分。

通过上述分析，我们有必要从科学上认识一个问题：季度气候距平预测的提法是否科学？到目前为止，没有一个持续性的降水事件及其与扰动天气系统的结合是可以达到一个季度的。千百年来，我们祖先使用的气候时间分辨率都是候（5 天）和节气（15 天），哪怕到了现代，气候异常描述想要超过候和节气的时间分辨率，也是很不现实的。因此，季度气候事件预测的提法，从目前看并不科学。

目前，欧洲中期模式对我国夏季降水扰动系统的提前预报有用信息平均能够达到 6—7 天，而对这次华北罕见扰动气旋的提前预报有用信息只有 2—3 天。要提前 10 天预报出这样的罕见扰动气旋及其移动路径，还有很长的路要走。在现代发达的交通运输能力下，对防御极端气象灾害更具实用价值的预报方式，不是提前一个月甚至一个季度的异常预报，而应是提前几天的极端天气准确预报。长期以来，各国中期数值天气预报使用的是原始方程组模式，其中包含不需要预报的瞬变气候，而用扰动方程组模式可以减小其中的气候漂移和虚假扰动，从而延长预报时效。

3.20 扰动方程组模式

天气和气候预报走向定量化的思想火花随着自然科学大家的出现而不断涌现。英国大科学家牛顿（1642—1727）的力学理论是建立在确定论上的思想体系。拉普

拉斯 (1749—1827) 是一位法国的机械决定论者，他把牛顿的有限质点运动确定论扩展到了无穷质点系统的确定论。大气或地球流体、甚至宇宙天体正是由无穷的质点组成的。他在《概率论的哲学试验》著作中写道：“如果有一种智慧，它能在某一瞬间知道支配着自然的一切力，知道大自然所有组成部分的相对位置，并能伟大到足以分析所有这些事物；它能用一个单独的公式，从最大的天体到最小的原子，都毫无例外悉数概括出宇宙万物的运动，而且对未来就像对于过去那样，都能一目了然；那么目前的宇宙整体，可以看作是它以前的状态的结果，以及以后发展的原因。”

拉普拉斯希望找到一个独立的公式，把宇宙的万物运动描述清楚。他提到，公式中要包含力、组成位置和原子状态等的描述。这样，宇宙的状态就可以确定了，也能追溯过去和预测未来，但事实上包括宇宙万物运动的系统是难以定量描述的。如果依照亚里士多德的宇宙模型划分，人们可以把包括月球以外的空间划归为外宇宙，而其内的为内宇宙。内宇宙就形成了一个独立系统。系统内部有地球、海洋、冰雪和大气，它们之间存在相互作用。内外宇宙的边界上可以发生质量和能量的交换，以及外宇宙对内宇宙引力的作用等强迫。乐观的态度是，外宇宙的强迫是可以定量描述的，内宇宙中的每个原子的当前状态值可以精确测量，这些原子之间的关系动力学和外强迫动力学也都有了描述的方法，那么这个内宇宙的前因后果就都可以知道了。于是，地球的历史知道了，未来的天气和气候也都可以知道了。天气气候预报和地震预报交给这个智者就可以了，预报员们也就失业了。这只是科学的乐天派的愿望。二百年前的乐观主义者把希望寄托给了这个智者，如今风起云涌的机器学习，又成为新时期的乐天派，成为挑战预报员职业的手段。

按照拉普拉斯的系统动力学描述，这个系统的动力学关系可以写成（3.20.1）式

$$\frac{\partial S(t)}{\partial t}+\left(N+L+D\right)S(t)=F(t) \qquad (3.20.1)$$

其中，$S(t)$ 是这个系统随时间 t 变化的当前所有原子的状态，这个状态受到来自外宇宙的强迫作用 $F(t)$，包括辐射和引力等，同时系统内部原子之间存在非线性 N、线性 L 和耗散 D 等的动力学作用（在数学上称为算子）。如果内系统的初值 S_0 能够精确地测量到，且所有内部动力学和外部强迫都可以写出来，那么这个系统的过去状态 -S 和未来状态 +S，都能够向反时间和正时间方向计算出来。

事实上，人们对系统内当前的初值根本难以定量观测，既无法确定每个粒子的动能、势能和状态，也不知道原子之间的关系，而关于外部强迫，也不知道太阳活动的发生时间。1927 年，德国科学家海森伯提出测不准原理，又称为不确定性原理，

告诉我们系统的初值是难以测量的。人们由此意识到，测不准原理是对确定论乐观主义者的挑战。为了预言一个粒子未来的位置和速度，人们必须能够准确地测量它现在的位置和速度。办法是将光照到这粒子上，一部分光波被此粒子散射开来，由此指明它的位置。然而，人们不可能将粒子的位置确定到比光的两个波峰之间距离更小的程度。所以，为了精确测量粒子的位置，必须用短波长的光。可是，根据普朗克的量子假设，人们不能用任意小量的光，人们至少要用一个光量子。这光量子会扰动这粒子，并以一种不能预见的方式改变粒子的速度。此外，位置测量得越准确，所需的波长就越短，单个光量子的能量就越大，这样粒子的速度就被扰动得越厉害。海森伯指出，粒子位置的不确定性乘以粒子质量再乘以速度的不确定性不能小于一个确定量，称为普朗克常量。海森伯的不确定性原理提出了人类认识自然过程中难以回避的问题。

科学并没有因遇到这样的问题而停止。20 世纪 20 年代，在不确定性原理的基础上，海森伯、薛定谔和狄拉克等将力学重新表述为量子力学的新理论。在此理论中，对粒子不再要求具体的观测位置和速度。取而代之的是，粒子具有位置和速度的一个结合物，即量子态。量子力学并不对一次观测预言一个单独的确定结果，而是预言一组可能发生的不同结果，即每个结果出现的概率。

量子力学把非预见性或随机性的不可避免因素引进了科学。人们可以预言结果出现的次数的近似值或统计值，但不能给个别测量的特定结果做出预言。就像平底锅中液体加热冒泡的实验，对其中的一次实验，并不能预先知道是在哪个位置上哪个水分子最先开始对流运动。但是，在所有水分子群体上，水温在垂直方向上的梯度达到一个临界值会发生对流是预先可以知道的。

如果我们对这个平底锅做一点改造，让平底锅上出现一个小凹坑，代表有别于锅底其他地方的不同特征，那么多次实验的结果都会是在这个小凹坑的地方首先发生对流。这个小凹坑与水分子无关，但为水分子的运动创造了一个有利的环境。在这样的环境条件下，对流变得可预报了。对流发生在水温梯度达到临界值时的小凹坑的地方，这把对流发生的时间和地点都给预报出来了。地球表面有哪些小凹坑呢？这可能要预报员在探测了大气的垂直温度廓线后，还需要从地面高时空分辨率自动站观测中知道扰动信息。

不确定性原理的提出，给从事微观物理研究的确定论者泼了冷水，但它好像没有给天气和气候预报研究者带来大的影响。确定论的理论体系，一直在天气、气候预报理论和数值天气预报模式上得到应用。1821 年建立的纳维叶 – 斯托克斯方程

（N-S 方程），其形式就与（3.20.1）式一样。在天气和气候预报方程上，人们还在不断完善这个公式的算子表达，发展探测工具，获取高时空分辨率的观测资料，努力实现拉普拉斯的理想目标。但有一点很明确，所有人的努力都不是在探测每个分子的位置和速度。

人们不断提到气候。什么是气候呢？气候应该是系统随时间变化的平均状态。我们已经在现代气候钟的描述中给出了瞬变气候的定义。瞬变气候应该是系统响应规则外强迫的结果。外强迫中包括了周期性 $\sum_{i=1}^{I}\tilde{F}_i(t)$ 和非周期性 $\sum_{j=1}^{J}F_j'(t)$ 的强迫，即（3.20.2）式。

$$F(t)=\sum_{i=1}^{I}\tilde{F}_i(t)+\sum_{j=1}^{J}F_j'(t) \qquad (3.20.2)$$

系统的状态也可以分解为瞬变气候和瞬时扰动两个部分，如（3.20.3）式。

$$S(t)=\tilde{S}(t)+S'(t) \qquad (3.20.3)$$

于是，瞬变气候动力学描述的气候状态如（3.20.4）式，从过去到现在和未来是随时间变化的。

$$\frac{\partial\tilde{S}(t)}{\partial t}=\sum_{i=1}^{I}\tilde{F}_i(t)-(L+D)\tilde{S}(t) \qquad (3.20.4)$$

瞬变气候态随时间的变化只与周期性的外强迫，如太阳相对一个地球大气位置点上的高度角日循环变化 $\tilde{F}(t)_{\text{diurnal}}$ 和年循环变化 $\tilde{F}(t)_{\text{annual}}$ 的辐射有关，以及与下垫面的特征 $-(L+D)\tilde{S}(t)$ 有关。下垫面特征包括不同空间尺度的海陆和地形分布以及物理属性的分布，它的作用是使瞬变气候态滞后太阳辐射变化的。瞬变气候动力学方程综合了多种尺度的已知外强迫与下垫面达到动力和热力平衡时的环流和要素分布，包括行星尺度的季风环流、大陆尺度环流、半岛尺度环流、日循环的海陆风环流等。

瞬时扰动系统动力学方程为（3.20.5）式，

$$\frac{\partial S'(t)}{\partial t}=-N\tilde{S}(t)-NS'(t)-(L+D)S'(t)+\sum_{k=1}^{K}F_k'(t) \qquad (3.20.5)$$

把方程（3.20.4）和（3.20.5）加起来就得到了拉普拉斯的动力系统（3.20.1）。

瞬时扰动 $S'(t)$ 的变化是由（3.20.5）中右端 4 项组成的。第 1 项对扰动变化的贡献是对瞬变气候做非线性运算引起的，如（3.20.6）式的表达。

$$\frac{\partial S_1'(t)}{\partial t} = -N\tilde{S}(t) \tag{3.20.6}$$

现在国内外所有运行的格点的和谐波的天气和气候模式都是原始方程组模式。所有这些模式都在计算 $-N\tilde{S}(t)$，是在对瞬变气候做计算和预报。瞬变气候是一个已知的、不可分割的、有物理含义的整体，但是原始方程组模式要把瞬变气候分解成若干的数学正交波动，并让计算机运算这些波动之间的非线性相互作用，因而产生出虚假的波动。这就是所有的原始方程组模式都会出现气候漂移和虚假扰动的原因了。

图 3.20.1a 是用 7 月 16 日 0000 世界时瞬变气候作为初始值代入全球原始方程组模式计算第 6 天的北半球 700 hPa 位势高度及其相对该时刻的气候偏差。按理，一个时刻的瞬变气候代入原始方程组模式计算若干天后（第 N 天）的输出结果应该是对应时刻的瞬变气候，即模式计算到第 N 天的结果与对应时刻的瞬变气候的差为 0。可是，模式计算到第 6 天的结果中，模式计算出的高度与瞬变气候高度之间，以及模式计算出的温度与瞬变气候温度之间都出现了偏差。图 3.20.1b 中，那些达到 5 ℃的温度扰动都是虚假的，是对瞬变气候做非线性计算产生的虚假扰动。目前，中期模式可利用的预报产品也就大致为 6—7 天，不对瞬变气候做分解计算是一个延长和提高预报技巧的途径。

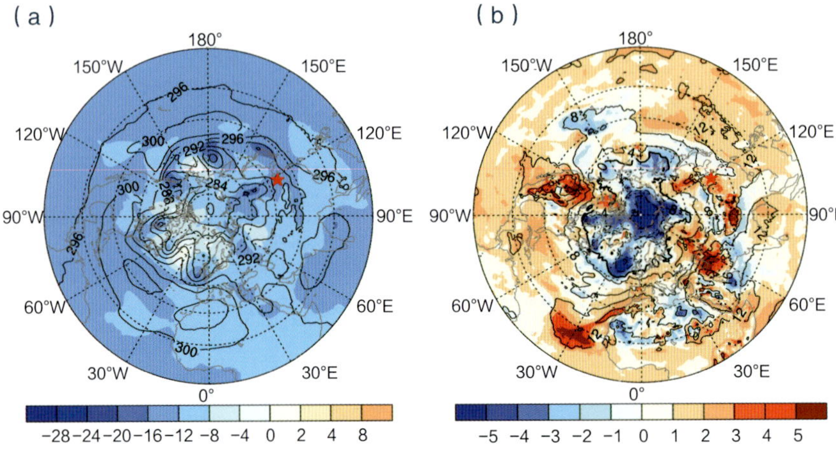

图 3.20.1　7 月 16 日 0000 世界时瞬变气候作为初值代入全球原始方程组模式计算到第 6 天北半球 700 hPa(a) 位势高度（等值线，10 gpm 间隔）及其与瞬变气候的偏差（阴影，2 gpm 间隔）和 (b) 温度（等值线，4 ℃间隔）及其与瞬变气候的偏差（阴影，1 ℃间隔）

瞬时扰动系统方程中有一个非线性项，它对扰动变化的贡献是（3.20.7）式。

$$\frac{\partial S_2'(t)}{\partial t}=-NS'(t) \tag{3.20.7}$$

初始时刻大气中有较多的扰动，这些扰动会发生非线性相互作用，如两个台风之间的相互打转与合并等。

一切非规则的扰动强迫，如太阳活动、火山活动、海温异常、人类活动等强迫，都归于（3.20.8）式对扰动变化的贡献。

$$\frac{\partial S_3'(t)}{\partial t}=\sum_{k=1}^{K}F_k'(t) \tag{3.20.8}$$

最后，还有一个瞬时扰动的线性项引起的对扰动变化的贡献（3.20.9）式。

$$\frac{\partial S_4'(t)}{\partial t}=-(L+D)S'(t) \tag{3.20.9}$$

一个扰动涡旋在瞬变气候气流中运动，如台风受到的瞬变气候气流的引导作用以及台风的耗散作用都属于该项。在未来的有限时间内，一个天气扰动，如中高纬度的扰动气旋和反气旋，在瞬变西风引导气流下，可以利用扰动天气图外推，做出定性的预报。

从上述的各项分析中，我们可以得到天气预报的确定性部分（3.20.10）式，即右端都是线性项

$$\frac{\partial S_{\mathrm{Ce}}(t)}{\partial t}=\sum_{i=1}^{I}\tilde{F}_i(t)-(L+D)\tilde{S}(t)-(L+D)S'(t) \tag{3.20.10}$$

和随机部分（3.20.11）式，包含不定性外强迫和非线性项。

$$\frac{\partial S_{\mathrm{Ra}}(t)}{\partial t}=\sum_{k=1}^{K}F_k'(t)-NS'(t) \tag{3.20.11}$$

于是，天气预报等于确定性部分与随机部分之和。

$$\frac{\partial S(t)}{\partial t}=\frac{\partial S_{\mathrm{Ce}}(t)}{\partial t}+\frac{\partial S_{\mathrm{Ra}}(t)}{\partial t} \tag{3.20.12}$$

在不考虑扰动强迫和扰动系统之间的非线性相互作用项的情况下，我们可以直接用（3.20.10）式近似地预估未来时刻的天气和气候。

在认识了瞬变气候不需要预报后，当前科学界提高预报精度和延长预报时效的努力是研发全球和区域的扰动方程组模式（3.20.13）。它包含随机强迫和扰动系统线性－非线性项的贡献。

$$\frac{\partial S'(t)}{\partial t}=-NS'(t)-(L+D)S'(t)+\sum_{k=1}^{K}F_k'(t) \tag{3.20.13}$$

当前预报天气和气候的原始方程模式存在的缺陷是，它对瞬变气候进行数值积分，既浪费了计算资源，又产生了气候漂移和虚假扰动。如（3.20.13）式的扰动方程组模式避开了对瞬变气候的数学分解和数值预报。

第四篇

真实天气

真实天气是人们实际感知到的室外大气瞬时状态，它可以是平缓变化的，也可以是剧烈变化的。如何衡量大气状态变化的剧烈程度呢？这主要看它偏离瞬变气候态的程度。第三篇中已经介绍了瞬变气候，本篇将介绍去除瞬变气候后得到的瞬时变量正负扰动与极端天气之间的关系。

只要观察数据足够，瞬变气候的时间分辨率可以进一步提高，甚至达到分钟的量级。从小的积云对流到龙卷，甚至大尺度的极端天气，都是大气中扰动能量积累到一个临界值时的快速释放，而扰动能量的大小以及释放的快慢与大气三维空间中的温度、湿度、气压、风等扰动变量的结构配置有直接的联系。在传统的等压面天气图上，大气环流是由波和涡组成的。但在瞬变气候天气图上只有行星尺度随季节变化的涡和瞬变波。

去掉瞬变气候态后的瞬时扰动天气图上只有扰动形式的涡，对应的是全球同时刻分布的极端天气。地面极端天气事件大致可以分为冷、暖干和湿 3 种不同的类型。冷的事件包括地面低温寒潮和雨雪冰冻，它们是位于大气中上层低压扰动下的中低层冷气柱延伸到地面的结果。而暖干的事件包括地面高温热浪和山火环境，它们是位于大气中上层高压扰动下的中低层暖干气柱延伸到地面的结果；湿的事件包括暴雨和冰雹、水龙卷等强对流性极端天气，导致它们形成的大气环境扰动系统，是大气高层高压扰动与低层低压湿扰动的配置。此外，雾霾天气形成的环境条件与低层水汽扰动及扰动逆温相联系。它们的低层扰动逆温都是上层大气高压扰动发展与低层大气低压扰动发展共同作用的结果。大气中扰动变量空间结构的不同配置可以帮助预报员识别不同种类的地面极端天气。

4.1 扰动天气图上的涡

近代天气预报开始于现代气象仪器的发明和现代科学思想体系的建立。西方国家 15 世纪发明了压板风速仪，首次可以对大气运动的速度（能量）进行定量测量。17 至 18 世纪，科学家相继发明了各种定量测量天气现象的仪器，标志着气象科学研究的探测手段进入了一个新的发展时期。最初的气象仪器如湿度计、温度计、气压计和雨量器等，主要用于地面要素的测量。18 世纪中叶，人们开始进行高空探测的尝试。1748 年，英国的威尔逊等人开始用风筝等携带温度表，观测高空温度。1752 年，美国科学家富兰克林利用风筝等工具探测和研究雷暴云中的电荷性质。1783 年，法国的查理第一次用氢气球携带温度、气压等自记气象仪器测量各个高度的温度和气压等要素。这些早期进行的高空探测，为以后研究大气的三维结构开辟了道路。

气象仪器的发明和观测网的建立，以及流体动力学的发展，为天气预报理论体系的建立提供了可能。1820 年，德国的布兰德斯利用《巴拉丁气象学会杂志》刊载的过去的气象观测资料，将 1783 年 39 个地方同一时刻的气压和风的记录填在地图上，在莱比锡绘成了世界上第一张天气图。这一开创性工作为后来分析气压、风与天气的关系，以及建立天气系统的概念模型，迈出了坚实的一步。天气图的诞生，是天气预报实践的标志。19 世纪 30 年代电报的发明，为各地气象观测资料的迅速传递和信息集中提供了条件，使绘制实时的天气图成为可能。

然而，驱动实际天气预报业务的建立恰恰起因于一次与军事有关的天气事件：1853—1856 年，英国、法国同俄国发生了“克里米亚战争”，英法联军包围了塞瓦斯托波尔，舰队准备在黑海的巴拉克拉瓦港登陆。然而在 1854 年 11 月 14 日，黑海突然出现风暴，狂风大作，巨浪滔天，法舰亨利四号沉没，英法联军大败。事后，法国政府命巴黎天文台台长勒威耶收集了该年 11 月 12—16 日的气象资料，查明此风暴 11 月 12—13 日还在西班牙和法国西部，到 14 日才东移到了黑海地区。如能及时发现风暴并预告风暴的移动，损失本是可以避免的。于是勒威耶提出，要组织气象台站网，开展天气图分析和天气预报。法国政府采纳了这一建议，在 1856 年组织了气象观测网。从此，观测气象要素和绘制天气图便成为一项日常业务，并陆续推广到其他国家。天气图是现代天气预报的开端，它使天气预报由点扩展到面，使人们从“坐井观天”飞跃到“放眼世界”。

观测手段和通信条件的改进有力地推动了气象科学的发展。19 世纪，许多学者都做出了贡献，他们的成果包括气象基础理论、风暴旋转特性和不同气旋模式的建立。1857 年，荷兰的白贝罗发现了风与气压的关系：在北半球背风而立，低压在左、高压在右；南半球反之。同时期，费雷尔在研究大气运动时，在中纬度地区引入了地球自转引起的地转偏向力，首次认识到了地转风的物理含义。为了纪念他，人们把中纬度经向垂直剖面上的环流称为费雷尔环流。1888 年，亥姆霍兹提出了流体切变动力不稳定的概念，它反映了天气图上低空急流、风切变线与强降水的气流形态关系。

从 19 世纪后半期到 20 世纪初，科学家们先后提出了多种气旋发展的模型，如 1863 年英国菲茨罗伊的极地气流和赤道气流的气旋模式，1878 年英国人利（C. ley）的冷锋气旋模式，1882 年德国柯本的冷锋结构模式，1906 年英国人肖和伦普弗特的地面气流切变和降水分布的气旋模式，等。

通常，气象业务部门用观测到的基本大气变量——风、温度、湿度、气压等绘制的天气图称为常规天气图。不同的锋面和气旋模式就表现在常规天气图中。一百多年来，全球各国的气象部门就是按照这些天气形势，如锋面和环流模型做出天气预报的。实际上，常规天气图上的环流模型是由观测的总场绘制的，其中包含了量值较大的瞬变气候量的空间分布，所以形成的很多环流模型是随高度倾斜的，气流切变与降水的关系在空间上往往不完全对应。

如果我们从 1998 年 7 月 2 日 0000 世界时的瞬时全球观测流场中减去对应时刻的全球大气潮汐（瞬变气候风场），以对流层高层的 300 hPa 层风场为例，看看它们之间的差别。在实况流场上，我们能够看到两个半球的中高纬度带上有波（图 4.1.1a 中的黄虚线上叠加的红色波动槽线），也有涡，其中波动气流是环纬带的，而涡旋是闭合的环流，分为气旋式涡旋（c）、热带气旋（t）和反气旋式涡旋（a）。在对流层中层的全球观测大气风场中也有类似的波和涡。中高纬度的这些波和涡是自西向东移动的，而热带的波和涡是自东向西移动的。天气学认为，中高纬度向东移动的波和涡受到了西风气流的引导作用，而热带地区向西移动的波和涡受到了东风气流的引导作用。

瞬变气候气流中主要是波，但也存在少数大尺度随季节发生强度和位置变化的涡，如位于极地的气旋式极涡和位于副热带地区的反气旋式涡旋（图 4.1.1b 中的 A1—A5）。图 4.1.1b 中的波和涡也存在于实况图 4.1.1a 的流场中。瞬变气候气流可以分解为年循环、半年循环和准双周振荡三个时空尺度的分量，每个分量中会存在随季节东传和西传的气候波动和气候涡旋。

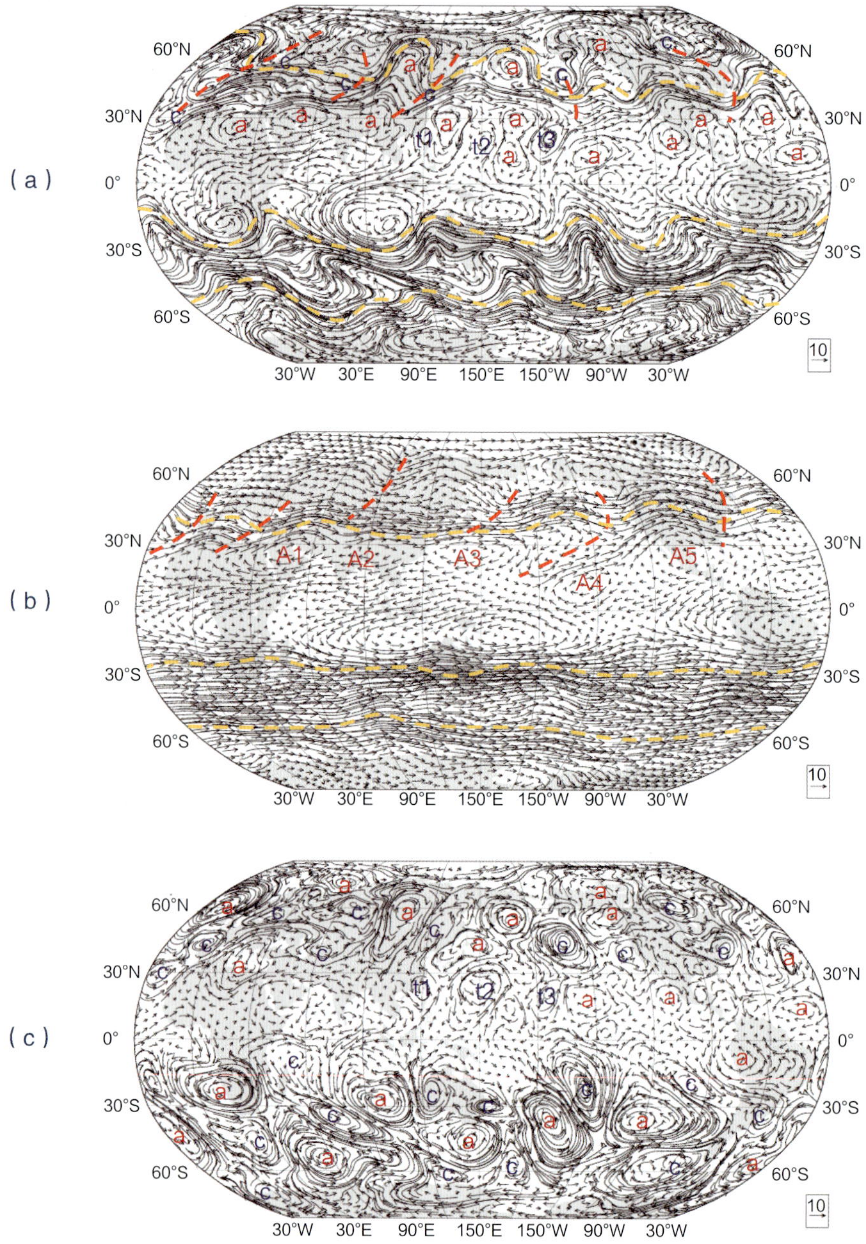

图 4.1.1 1998 年 7 月 2 日 0000 世界时全球 300 hPa 层的 (a) 实况大气风场（矢量，m/s），(b) 瞬变气候风场（矢量，m/s）和 (c) 扰动风场（矢量，m/s）（字母 A 和 a 处为反气旋式的涡，字母 c 为气旋式的涡，字母 t 为热带扰动，黄虚线为波，红虚线为波上的槽线；参考 Qian，2017）

我们用 300 hPa 层的观测风减去同时刻的瞬变气候风，也就是减去对应时刻的大气潮汐后，图 4.1.1c 中只留下了该日该时刻的天气尺度涡，而环纬圈的波不见了。

波和涡是地球大气运动的基本形式，也是太阳系中其他行星上大气运动的基本形式。如果我们把大气中的涡看作粒子，那么大气运动便是由“波粒叠加形态”组成的。

如果大气中只有波，那地球大气的运动就太单调了，但在大多数的日子里，大气运动表现出的确实是单调的正常运动形态，那就是瞬变气候。而大气运动的多样性，则来自大气运动中包含的那些快变的涡或“粒子”。地球上发生的所有极端天气都与这些快变的涡有关，也就是在瞬时扰动天气图中，每一个涡相对瞬变气候都是异常的。一个大气中的涡，可以存在于大气的上层、中层或下层。大气中的这些涡才是预报员务必关注的对象。

常规天气图上有 4 个大气基本变量，它们是风、位势高度、温度和比湿。图 4.1.2a 是 1998 年 7 月 2 日 0000 世界时全球 300 hPa 层的实况位势高度和温度。位势高度和温度场中涡的特征就不如风场中明显了，但波（图 4.1.2a 中红虚线）的位置仍然看得到。南亚和墨西哥地区上空各有一个明显的高压系统 A 和对应的高的温度中心 W。图 4.1.1a 和 4.1.2a 称为总场天气图或传统天气图，要从中识别出极端天气的位置和强度是困难的。

如果从图 4.1.2a 中减去对应时刻的瞬变气候位势高度和瞬变气候温度，图 4.1.2b 中显示了 300 hPa 位势高度扰动和温度扰动。位势高度扰动和温度扰动中都呈现出涡的分布，位势高度的低值中心与低温中心对应，而位势高度的高值中心与高温中心对应。这些涡的中心都是在这个气压层上的异常环流中心，延伸到地面上就可能发生极端天气。这些扰动系统在图 4.1.1a 和 4.1.2a 的传统天气图中都存在，只是让预报员难以分辨。

空间立体的扰动天气图可以帮助预报员知道有无对应地点附近的扰动涡旋，利用中期数值预报产品也可以分离出未来的扰动涡旋。对于跨洋民航飞行，飞行员希望选择飞行航线上没有扰动涡旋的最佳飞行航线；对于航海，航海员希望预先知道航路上存在哪些可触地的扰动涡旋，并做出绕开涡旋的决断；对于高速公路或高铁上的行驶，驾驶员也需要知道在前后左右存在的近地面层扰动涡旋，以便尽早安排行速和做出其他的决断。

在大气科学的天气预报发展进程中，著名的罗斯贝波（大气长波）反映的是传统天气图上“槽来脊去”的大气运动形态。1928 至 1939 年，罗斯贝在美国麻省理工学院工作期间推导出了大气长波的波速公式。他在推导这一长波公式时考虑了两个基本的假定。假定一，中纬度的大气运动可以分解成平直的西风基本气流和其上叠加的小波动。所以，平直西风与小波动的叠加仍然是波。假定二，大气是正压无强迫源的。

罗斯贝的大气长波公式表述有两个主要的特点：一是当前波速与西风气流的强弱有关，西风气流越大，波向东传播的速度越快，这就是西风气流对波的引导作用；二是在相同的西风气流下，短波比长波向东传播得快，当波长足够大，还会出现波的静止，甚至波出现向西的倒退。在中纬度的西风带大气中，这些情形都是常见的。但在这个理论中没有包含大气中普遍存在的各种尺度的涡旋。

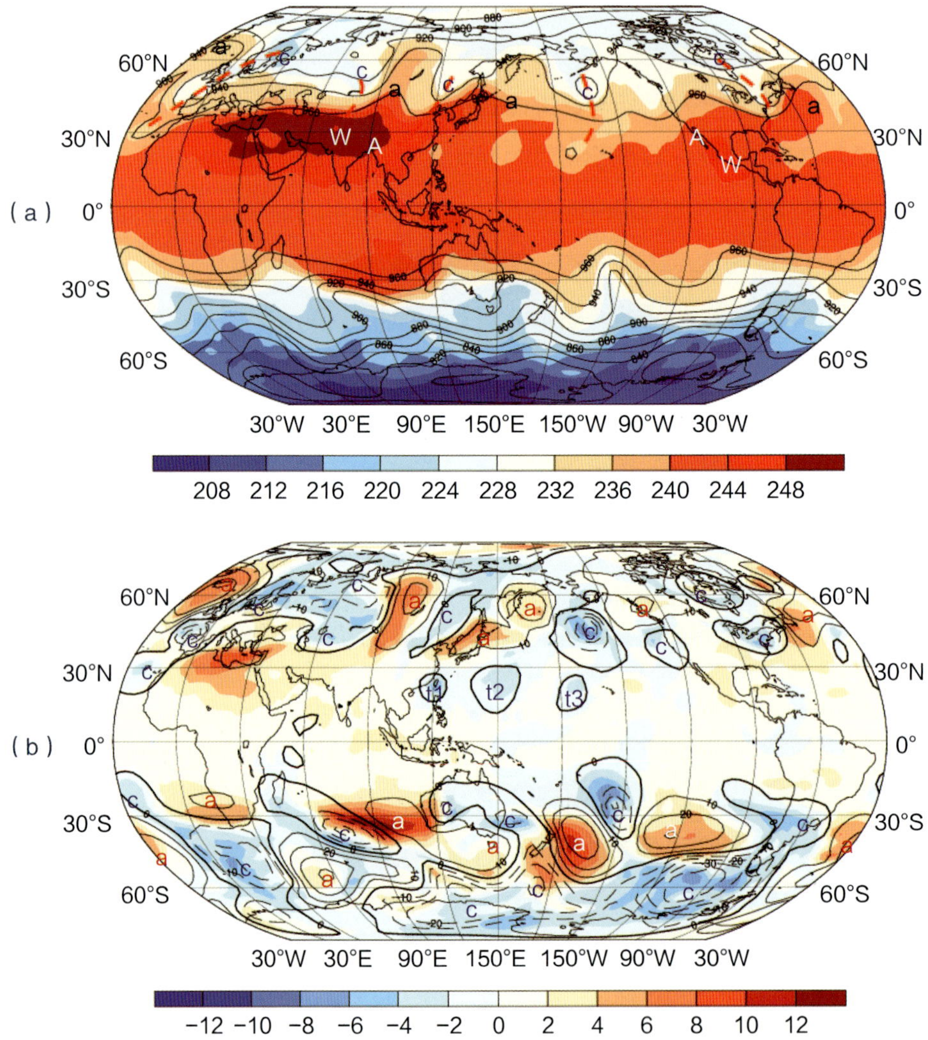

图 4.1.2 1998 年 7 月 2 日 0000 世界时全球 300 hPa 层的 (a) 实况位势高度（实线，20 × 10 gpm 间隔）和温度（阴影，4 K 间隔），(b) 位势高度扰动（等值线，10 gpm 间隔）和温度扰动（阴影，2 ℃间隔）（字母 A 和 a 处为位势高度脊或高压中心，字母 c 处为位势高度槽或低压中心，a 中红虚线为槽线，b 中 t 为热带扰动；参考 Qian，2017）

在罗斯贝的理论中，西风基本气流是一个人为给定的假定，可以取某个时刻一个纬带上的平均西风、一个区域上的平均西风，或者一个时间段上几天平均的西风。所以，基本西风气流是一个不确定的变数。由于基本西风气流是不确定的，那么得到的长波移动速度也是不确定的。西风气流与波之间存在的相互作用，简称为波流相互作用，会使波的未来变化更复杂和不确定。从业务应用的角度看，西风气流是要预报的，波也是要预报的。

在由大气总量分解的瞬变气候和瞬时扰动中，瞬变气候分量是不需要预报的，是已知的具有坚实物理含义的波和随季节缓慢变化的大尺度涡。瞬变气候又可以分解为年循环、半年循环和准双周振荡三个部分，任何时空点的气候分量都是确定的。要预报的是那些相对瞬变气候的扰动部分，特别是扰动涡旋。在没有扰动外强迫的情况下，那些扰动涡旋是随瞬变气候气流的引导而移动的。在大气的垂直结构上，确定扰动变量配置的扰动系统决定了特定种类的极端天气，如暴雨和强雷暴天气。

QIAN W H. 2017. Temporal Climatology and Anomalous Weather Analysis. Springer ISSN 2194-5225 (electronic), DOI:10.1007/978-981-10-3641-5.

4.2 扰动系统定位暴雨

暴雨、大暴雨和特大暴雨分别指一天（24 h）内降水量达到 50—100 mm、100—250 mm 和大于 250 mm 的强降水。暴雨灾害的严重程度与降水强度（Intensity)、范围（Coverage) 和持续时间（Duration）有关。降水越强，范围越大，持续时间越长的连续性暴雨形成的灾害越严重。

发生在中国东部地区的暴雨主要出现在夏季。暴雨在中国东部地区的空间分布上表现为三个基本特点：区域性、流域性和南北分散。华北发生的区域性特大暴雨常常会导致严重的灾害。1975 年 8 月 4—8 日，河南省南部发生了著名的“75・8”特大暴雨，中心测站雨量达 1 631 mm，3 天（5—7 日）最大降水量为 1 605 mm，1 天最大降水量为 1 005 mm，6 h 最大降水量 830 mm，3 h 最大降水量 495 mm，1 h 最大降水量 189.5 mm。如此强烈的降水在 20 多个小时内造成了驻马店地区 26 座大中型水库相继垮坝，灾害极其惨重。这次降水过程是 1975 年第 3 号台风与中纬度天气系统相互作用，再加上地形共同影响下的结果。而 1954 年夏季和 1998 年夏季发生在沿长江的暴雨属于流域性的强降水，在上千千米的梅雨锋上连续多日的降水是由多个天气系统同时或先后影响所致。

夏季，在中国东部的南北方向上，有时会同时出现三地（南北分散）暴雨：南部的暴雨与南海和西北太平洋的热带气旋（台风）活动有关，这些热带气旋常常形成在赤道辐合带上，又称为赤道风锋，因为赤道辐合带两侧的风向不同；中部的暴雨多呈东西带状形成在江淮流域，与西风气流绕过青藏高原在背风一侧形成的冷暖（干湿）梅雨锋区相联系，其上有江淮气旋活动，深度多低于青藏高原；北部的暴雨多发生在华北和东北地区，与中高纬度的锋面相联系，表现为深厚的气旋活动。

图 4.2.1a 是 1991 年 7 月 1 日 0000 世界时的 925 hPa 层的常规天气分析。图中有三个区域性大降水，最大的降水带位于长江中下游，另外两个暴雨带分别位于东北和华南沿海。沿长江中下游的暴雨带位于低层位势高度槽线的右侧，东北暴雨带位于气旋向东延伸槽线的北侧，华南沿海的降水位于远离南海横槽的北侧。显然，仅凭这些槽线是难以定位暴雨落区的。

由于暴雨属于极端天气，我们可以考察扰动天气图上的扰动系统对暴雨落区的指示意义。在相同时刻和相同等压面上的位势高度扰动和温度扰动分布图 4.2.1b 上，沿长江的是一条位势高度扰动槽，它连接着分别位于长江中游和韩国南侧的两个闭合低压扰动系统，暴雨就发生在扰动槽线上，也发生在冷暖扰动气团的交界线上。此时的东北暴雨也发生在扰动槽线附近，而华南的大降水发生在由中南半岛低压扰动伸向东北方向的倒槽上。

区域暴雨的形成直接与三维空间中的天气系统有关。图 4.2.1c 和 4.2.1d 分别是常规天气图与扰动天气图上的变量在垂直剖面上的分布。这个剖面垂直于长江暴雨带。在图 4.2.1c 的常规天气图上，等位势高度线基本上是水平分布的，等温度线在水平分布上有一些波动。这样的位势高度空间分布和温度空间分布对暴雨预报并没有明确的指示意义。因此在日常的天气分析中，预报员并不使用这样的垂直剖面图。

传统天气学原理告诉我们，暴雨带位于低空急流的左侧，但位于左侧多远处并不明确。图 4.2.2a 表达了它们之间的关系：在暴雨带的右侧存在西南低空急流，暴雨带的左侧风速很小。在去掉了瞬变气候风的扰动天气图 4.2.2b 上，扰动风与暴雨带的位置关系就不一样了，长江暴雨带就在东北风扰动气流与西南风扰动气流的辐合线上，表明暴雨带是两侧扰动气流对峙的结果。

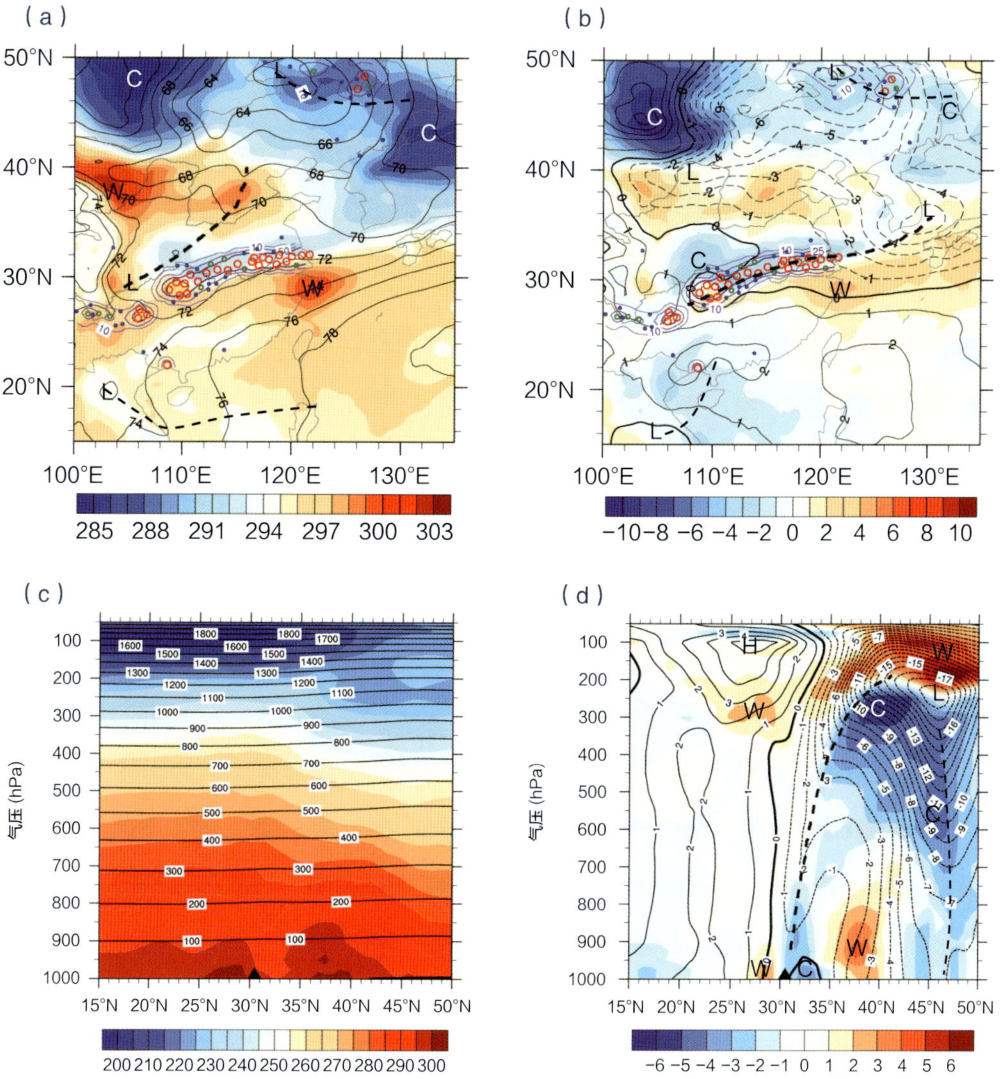

图 4.2.1　1991 年 7 月 1 日 0000 世界时的 925 hPa 层 (a) 常规天气图上的位势高度 (等值线，2 × 10 gpm 间隔) 和温度 (阴影，1 K 间隔)，(b) 扰动天气图上的位势高度扰动 (1 × 10 gpm 间隔) 和温度扰动 (阴影，1℃间隔)，沿 114.75° E 南北垂直剖面 (c) 常规天气图上的位势高度 (等值线，100 × 10 gpm 间隔) 和温度 (阴影，5 K 间隔)，(d) 扰动天气图上的位势高度扰动 (等值线，1 × 10 gpm 间隔) 和温度扰动 (阴影，1 ℃间隔) (字母 H/L 是高 / 低压中心，W/C 是冷 / 暖中心，a、b 中红圈、蓝点和绿点分别代表发生了大于 50 mm、25—49 mm 和 10—24 mm 的降水量站，黑粗虚线为位势高度场上的槽线；参考 Qian et al.，2016)

从水平扰动天气图 4.2.2b 中看出，我国东北有一个扰动涡旋（c3），暴雨区位于向东延伸的扰动切变线上。华南沿海的暴雨位于热带扰动涡旋（c4）向北的倒槽辐合线上。韩国南侧有一个扰动涡旋（c2），长江中游有一个扰动涡旋（c1），长江上游和长江下游各有一条扰动切变线，它们都对应着暴雨带。因此，要做好这些区域暴雨的预报，关键的是要认识地面暴雨落区与大气扰动系统之间的关系。在传统天气图与扰动天气图上，系统的定位及其与暴雨区的关系有所不同。

暴雨的发生不但与扰动气流辐合线、扰动气团的冷暖对比线和位势高度扰动槽的位置有关，还与水汽分布有关。在我国西北地区，扰动气流辐合和温度扰动的冷暖对比条件常常存在，但水汽条件不够，难以形成暴雨。西北地区虽然没有水汽条件，但有沙源条件，很容易形成沙尘暴天气，不过这是另外的一种极端天气事件了。在图 4.2.2c 的常规天气图水汽分布中，观测到长江以南水汽含量较高，这主要是瞬变气候水汽的贡献。当从观测比湿场中减掉瞬变气候比湿场后，图 4.2.2d 中有三个正的比湿扰动区域。一个最深，也最强的正值比湿扰动区位于长江上空，另外两个正值比湿扰动的区域分别位于北方和华南沿海。这三个正值比湿扰动区域正好对应三个暴雨区，其中长江大暴雨带的上空对应最大的和最深的比湿扰动。

以上发生在长江中下游的暴雨分析表明，扰动天气图上的所有扰动变量都可以用于指示或定位暴雨的落区。这些能够指示暴雨落区的信号都存在于实况大气的常规天气图中，只是被瞬变气候掩盖、减弱或偏移了。区域性暴雨是发生在我国的主要极端天气事件。低空急流左侧和位势高度槽右侧的常规天气图分析规则难以确定暴雨的准确落区。而在扰动天气图上，暴雨带位于低层大气的扰动气流辐合线上、低压扰动槽上、冷暖扰动气团的交界处，也位于低层扰动比湿最大的轴线上，也就是说，所有基本大气扰动量的分布特征都可以用于定位暴雨落区。当然，扰动变量的信号越强，暴雨量也会越大，因为扰动信号越强表示可释放的扰动能量越多。随着城市化的发展，发生在大城市的极端暴雨定强和定时预报成为更引人关注的课题。

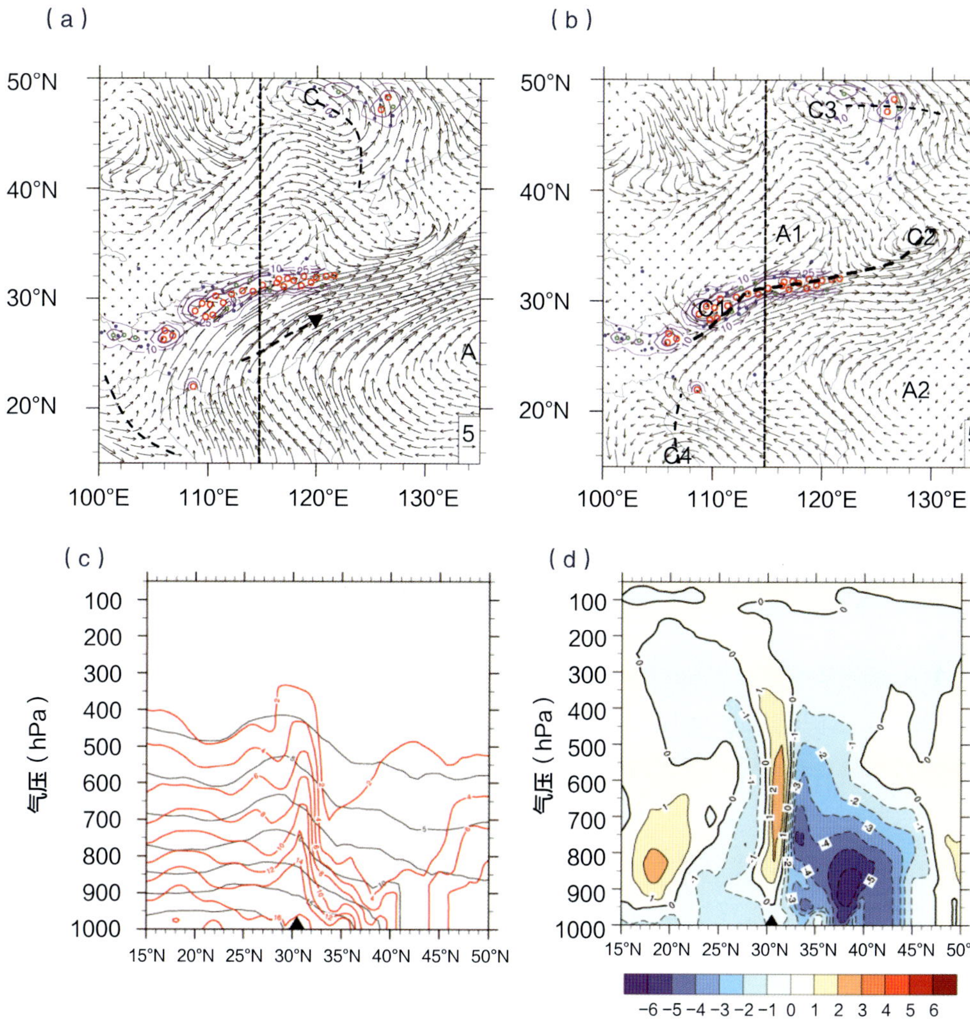

图 4.2.2　1991 年 7 月 1 日 0000 世界时 850 hPa(a) 常规天气图上的风（矢量，m/s）和（b）扰动天气图上的风（矢量，m/s），以及沿 114.75°E (c) 常规天气图上的总比湿（红线，2 g/kg 间隔）和气候比湿（黑线，2.5 g/kg 间隔）和 (d) 扰动天气图上的比湿扰动（阴影，1 g/kg 间隔）（a、b 中粗虚线为气流辐合线或槽线，虚线箭头为低空急流，直的粗黑虚线指示沿 114.75°E，字母 A 和 C 分别为反气旋和气旋环流的中心，c、d 中三角处为长江暴雨带；参考 Qian et al.，2016）

QIAN W H, JIANG N, Du J. 2016. Anomaly-based weather analysis versus traditional total-field-based weather analysis for depicting regional heavy rain events. Wea Forcast 31:71–93.

4.3 北京特大暴雨扰动

暴雨的落区和发生时间的准确预报可以预防城市内涝灾害并减少生命财产损失。水平和垂直剖面的扰动天气图可用于暴雨发生的时空定位。基于中期模式预报产品的扰动分解也可以延长预报时效，判断先后可能发生的不同极端天气。

随着城市化的发展，人口高度集中，如何预防极端降水形成的城市灾害和损失日益受到政府和公众的重视。2012 年 7 月 21 日，北京地区遭遇了 61 年来最强的一场特大暴雨，北京市日平均降水量达 170 mm，北京城区日平均降水量高达 215 mm，房山区日平均降水量达到 281.1 mm。这场“7・21”极端降水造成了城区交通瘫痪、道路中断和人员伤亡等严重后果，其中，主城区的主要低洼道路（低槽）积水造成的行车入水淹没，是导致人员伤亡的重要原因，房山区成为受灾最严重的地区。

这次降水过程是从西向东移动并增强而来的。7 月 21 日早上，降水位于北京以西，中心并不很强。中午时北京开始下雨，并出现强降水中心。21 日晚上 20 时前后，出现了更强的降水中心，强降水位于近地面 10 m 处风辐合中心的东北方向（图 4.3.1a）。如果按照近地面风向把流场分成不同的区域，最大暴雨区位于辐合中心附近的东南气流中，造成降水的气流来自东南部的海上，另外的大降水位于西南侧的西南气流中。半夜时，强降水范围扩大，位置缓慢东移。从图 4.3.1a 中去掉瞬变气候风，扰动风的辐合更有利于指示降水的位置。

北京的这次特强降水与地形有关，雷达回波上也看到了与地形有关的对流性回波线，称为“列车效应”。在雷达回波分布图上（图略），那些像牛眼的多个回波连成的线是怎么组织起来的呢？有没有指示这个列车效应的抓手信号？在常规的对流层低层 850 hPa 天气图中，北京暴雨与一个低压中心有关，四川那里的西南涡较深，另外南海还有一个台风活动。当去掉瞬变气候变量分布后，850 hPa 层的位势高度扰动和温度扰动系统对暴雨就有了明确的指示意义（图 4.3.1b）。这时，西南地区的扰动涡旋比北京的扰动涡旋弱。北京暴雨发生在这个扰动涡旋的东北侧扰动气流辐合线上，同时也在温度扰动的冷暖气团交界线上。北京西南侧的扰动气流辐合线和冷暖气团交界线也很好地指示了降水和雷达回波上的所谓“列车效应”。

从图 4.3.1b 中看，扰动暖气团位于北京的东南侧，而冷气团位于西北侧。经过北京绘制东西方向或南北方向上的垂直剖面图，可以让我们对引起暴雨发生的对流层大气扰动系统有进一步的认识。图 4.3.1c 是经过北京所做的东西垂直剖面上的温度扰动和位势高度扰动分布，暴雨位于对流层低层西侧强冷气团与东侧暖气团的交界线上，西侧冷气团的深度可到达 600 hPa。在暴雨区的上空，对流层顶有一个正的高度扰动中心，它的下方是正的温度扰动，而上方平流层为负的温度扰动。

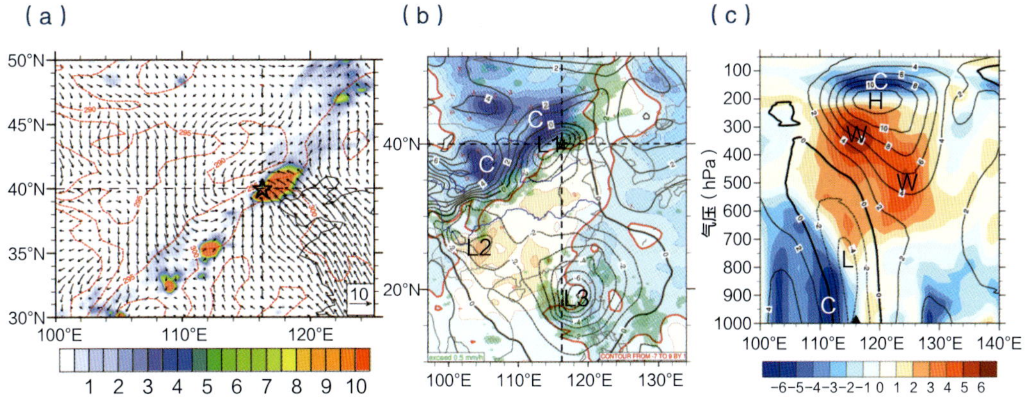

图 4.3.1 (a)2012 年 7 月 21 日 20 时近地面 10 m 处风（矢量，m/s），2 m 处温度（红点等值线，5 K 间隔）和降水量（阴影，0.5 mm/h），(b) 21 日 20 时 850 hPa 位势高度扰动（等值线，1 × 10 gpm 间隔）和温度扰动（阴影，1 ℃间隔），(c)21 日 20 时沿 39.75°N 东西方向垂直剖面上的位势高度扰动（等值线，2 × 10 gpm 间隔）和温度扰动（阴影，1 ℃间隔）(a 中五角星处为北京位置；b 和 c 中字母 H/L 指示位势高度异常的正 / 负中心，W/C 指示温度异常的暖 / 冷中心；b 中绿色指示降水；参考 Jiang et al.，2016)

我们再来考察北京发生暴雨前后几天中当地对流层大气中的温压场发生了怎样的变化。北京上空的总高度和总温度随时间的变化，以及高度扰动和温度扰动随时间的变化，分别给出在图 4.3.2a 和 4.3.2b。在常规天气图 4.3.2a 上，位势高度在暴雨发生前后难以看到有什么指示暴雨发生的信号，温度在暴雨出现前后有波动，但难以判断哪次波动可以指示暴雨的发生。与此不同，扰动天气图 4.3.2b 上，7 月 16—19 日位势高度扰动和温度扰动只有弱信号的变化，北京也没有发生能给人留下印象的天气变化。但从 20 日开始，高层高度扰动正异常中心发展，21 日凌晨开始，中下对流层中的低压扰动中心发展，这导致了对流层上部的猛烈增温和对流层低层的降温。这是一种斜压扰动系统的发展。斜压扰动能量的释放过程中强烈的上升气流把辐合到低压扰动中心的水汽抬升，形成了强烈降水和城市内涝。北京的灾害就是在这个对流层上下配套的扰动系统中发生的。

7 月 24—25 日，高层虽然有第二次高压扰动的发展，但低层没有出现低压扰动，所以没有再次出现暴雨的扰动天气形势。第二次高层位势高度扰动中心的下方暖气柱伸展到了地面，使得地面温度比瞬变气候的温度高。有时，夏季出现冷湿暴雨后，会紧跟着来一次干热天气，它们先后成为夏粮植物生长的杀手，例如北京 2012 年 7 月 21—22 日的低温暴雨和继后 24—25 日的干热天气。

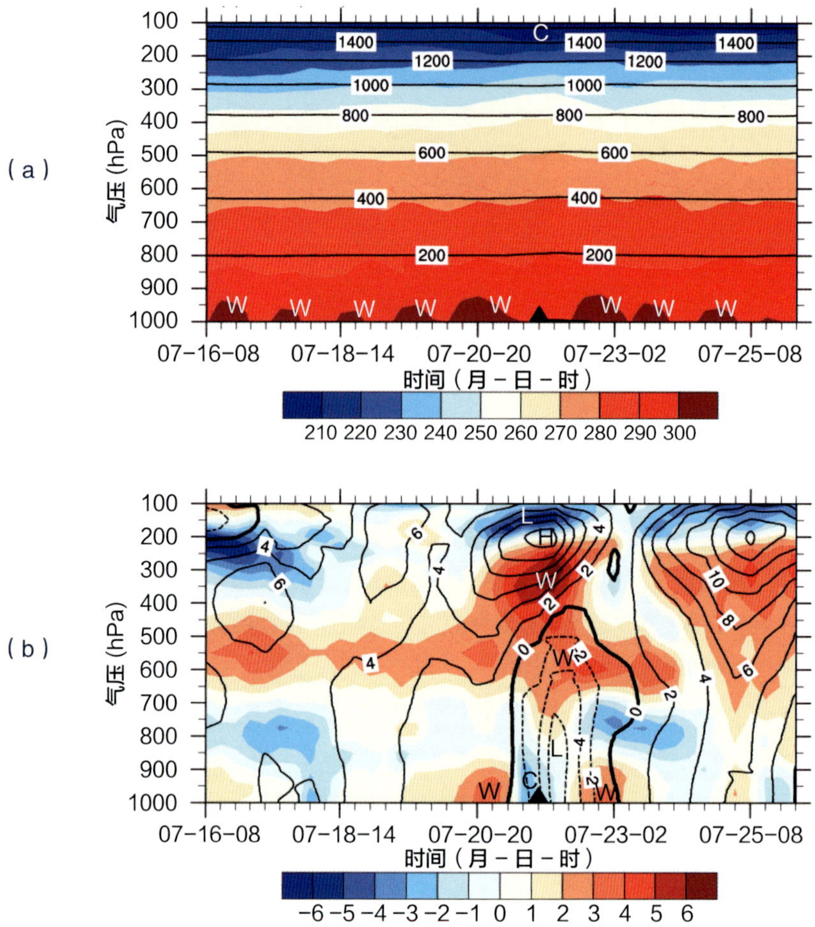

图 4.3.2　2012 年 7 月 16 日 08 时至 26 日 02 时北京上空 1 000—100 hPa 垂直剖面，(a) 总高度（等值线，200 × 10 gpm 间隔）和总温度（阴影，10 K 间隔），(b) 位势高度扰动（等值线，2 × 10 gpm 间隔）和温度扰动（阴影，1 ℃间隔）(a 中 W/C 指示暖 / 冷波动，b 中 H/L 指示位势高度扰动的正 / 负中心，W/C 指示温度扰动的暖 / 冷中心；参考 Jiang et al.，2016)

欧洲中期数值天气预报中心的模式提前 1—3 天对北京暴雨做出了预报，但提前 4 天的降水预报，位置和强度相对实况都出现了很大的偏差。统计发现，这个模式对夏季中国东部地区环流形势预报的可用时效平均可达 6—7 天。对 2012 年 7 月 21 日北京上空出现的斜压扰动系统，这个模式提前 6 天就已经预报出了。但在提前 7 天和 8 天时，该模式预报的扰动系统位置出现了偏差。这种偏差就是原始方程组模式中普遍存在的“气候漂移”，是这类模式对瞬变气候也做了数值计算的结果。这例分析表明，模式预报的未来 6 天内对流层和平流层大气变量可以用扰动法分解出扰动分量，绘制的扰动天气图可以用于极端天气的识别。以上给出的扰动天气图又称为相对扰动天气图，为了比较不同地区气候背景对极端天气的影响，我们还可以用绝对扰动天气图。

4.4 相对扰动与绝对扰动

随着中国城市化的发展，城市暴雨引发的灾害受到社会的广泛关注，也给天气预报人员带来了新的挑战。预报员面临的最大困难是如何对暴雨落区定时（确定时间）、定量（确定强度）和定位（确定位置）。我们是否能够得到强降水出现的某种可信信号呢？这里仍以发生在北京地区的“7・21”极端降水为例，介绍如何从大气变量中得到相对扰动和绝对扰动的极端天气信号。绝对扰动也称为异常度，可以用于不同地区气候态下的极端天气比较。

我们先对北京暴雨发生日的 2012 年 7 月 21 日 20 时对流层大气原始位势高度和温度做垂直空间剖面。图 4.4.1a 是经过北京上空的东西向对流层大气原始位势高度和气候位势高度剖面。总场位势高度与气候位势高度之间并没有肉眼可辨的差异，当然也就没有可以指示北京（三角处）暴雨的定量和定位信号了。图 4.4.1b 中的总温度和气候温度之间有差异，但难以分辨出指示北京暴雨发生的任何有特征的信号。由于垂直剖面的传统天气图上难以找到有指示极端天气的信号，所以日常业务中预报员并不使用这样的垂直剖面天气图。

北京位于中纬度西风带大气影响的地区，常常会出现天气尺度的波动。一个从气候上定量评估扰动振幅的方法是做大气变量的标准差。标准差大的位置上，会时常出现大振幅的波动。图 4.4.1c 是经过北京东西方向上对流层大气位势高度和温度的标准差分布。标准差也被称为标准偏差，是一组数据相对平均值分散程度的一种度量。一个较大的标准差，代表大部分数据值和其平均值之间差异较大；一个较小的标准差，代表这些数据值较接近平均值。在对流层的中下部，气候上北京以东地区的位势高度波动经常出现的振幅较大，以西地区较小，对流层上部位势高度扰动经常出现的振幅 M_H 大于中低层。温度标准差分布上有三个大的中心 M_T，分别在北京以西的对流层低层和对流层的上部。

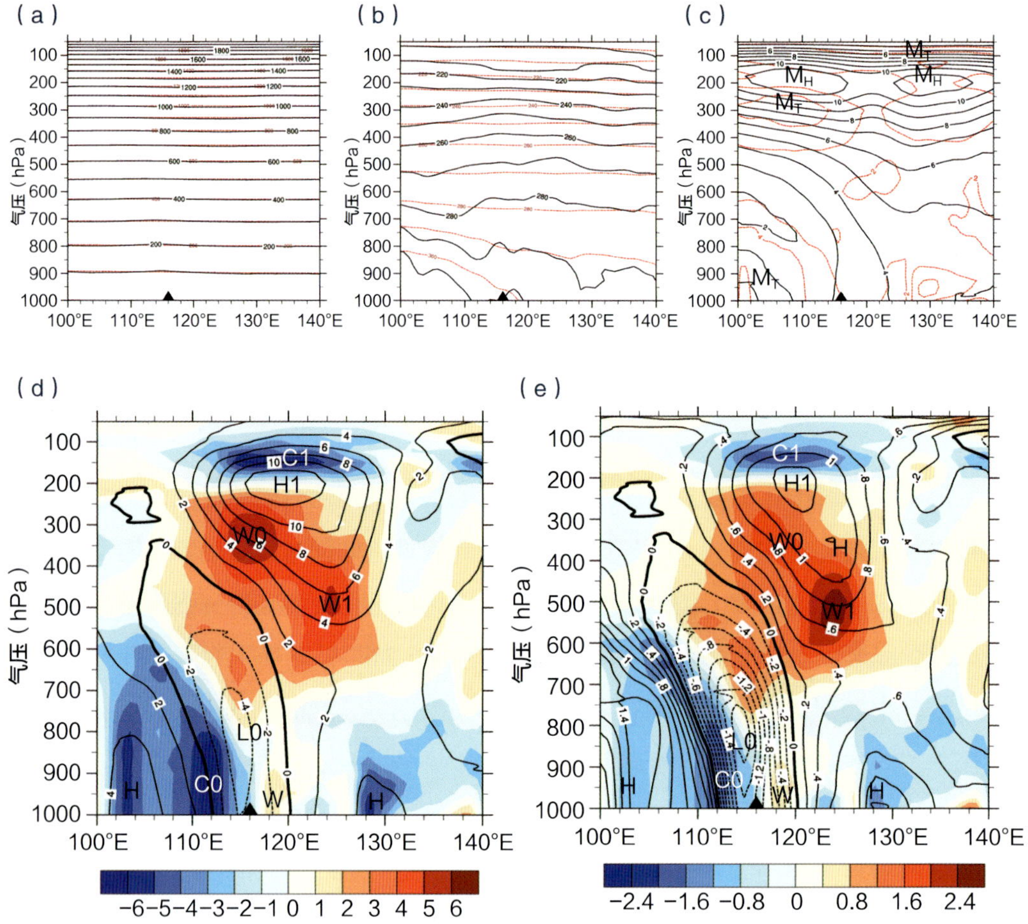

图 4.4.1　沿 39.75°N2012 年 7 月 21 日 20 时的位势高度和温度垂直剖面，(a) 总场位势高度和气候场位势高度（等值线，100×10 gpm 间隔），(b) 总场温度和气候场温度（阴影，10 K 间隔），(c) 位势高度和温度标准差（黑等值线 10 gpm 间隔，红虚线 1 K 间隔），(d) 位势高度相对扰动（等值线，2×10 gpm 间隔）和温度相对扰动（阴影，1 ℃间隔），(e) 位势高度绝对扰动（等值线，0.2 异常度间隔）和温度绝对扰动（阴影，0.4 异常度间隔）（c 中 M_H 和 M_T 分别为位势高度和温度的标准化大值中心；d 和 e 中字母 H/L 指示位势高度异常的正 / 负中心，W/C 指示温度异常的暖 / 冷中心；参考 Jiang et al.，2016）

当用图 4.4.1a 中的原始位势高度减去气候位势高度并用图 4.4.1b 中的原始温度减去气候温度后，得到的图 4.4.1d 暴雨上空的对流层低层有一个位势高度扰动的负值中心，而在对流层上部有一个位势高度扰动的正值中心。它们都可以用于指示北京暴雨发生的位置，即定位。这样的位势高度扰动系统垂直配置有利于水汽等物质向低层的异常低值中心辐合，而高层有辐散。在温度相对扰动垂直分布中，暴雨的西侧对流层下部是一个异常的冷气团，而东侧及其对流层上方是异常的暖气团。扰动气团在空间上的如此分布，表明大气是斜压的，其中的斜压扰动内能释放可转换成扰动动能，触发对流性天气。强对流（暴雨）天气就与扰动能量的释放有关。暴雨可定位在近地面异常冷暖气团对比的交界处。

如果用相对扰动天气图中的位势高度扰动和温度扰动（图 4.4.1d）分别比上位势高度和温度的气候标准差（图 4.4.1c），那么绘制的异常度分布称为绝对扰动天气图，如图 4.4.1e。从扰动信号的分布上看，相对扰动天气图 4.4.1d 和绝对扰动天气图 4.4.1e 之间没有太大的差异，差异之处在于异常度的空间分布。在北京上空的 800 hPa 处，低压扰动的异常度是 1.6。北京上空对流层低层的低压扰动是引发这次暴雨的一个异常系统。高层的位势高度扰动中心的异常度只有 1.2。比较 4.4.1d 和 1e 两个图中的温度扰动中心 W0 和 W1，它们的强弱和位置发生了变化。位势高度和温度异常度越大的地方，那里扰动系统越强，扰动内能越大，对应的极端天气会越强烈。

在总风场上，暴雨发生地的中低层大气中，南侧的西南风远大于北侧的东南风，高层有很强的西南风。其实，中低层大气的实况西南风中包含有瞬变气候上的南风，高层大气中有瞬变气候上的西风。把瞬变气候风减掉，那么相对扰动天气图 4.4.2a 上和绝对扰动天气图 4.4.2b 上的风场分布显示出，暴雨发生地上空的两侧，中低层大气扰动风的对比和高层大气扰动风的对比都清楚了很多。暴雨就发生在风的扰动符号发生变化的位置上，它在暴雨发生地附近具有明显的特征。所以，在图 4.4.2a 和 4.4.2b 中低层大气中的东南扰动气流是北京这次暴雨发生最明显的异常信号。

就图中这次北京发生极端降水对应的比湿分布来看，最大的相对扰动比湿高值异常中心在华北，也包括北京，其次的一个中心在南海，那里有一个台风活动（图 4.4.2c）。北京上空的比湿正异常向上延伸到 350 hPa，中心位于 750 hPa。与相对扰动天气图上的比湿在分布形态上有所区别，绝对扰动天气图上的比湿异常分布表现为：北京上空的比湿异常特别明显，深度到达 150 hPa，强度达到 2.5 个异常度（图 4.4.2d）。在华南和南海地区上空，比湿扰动中心也分别达到了 2.5 个异常度。比湿扰动的强度分布具有三维的空间结构，可以反映在垂直分布的和水平分布的扰动天气图上。

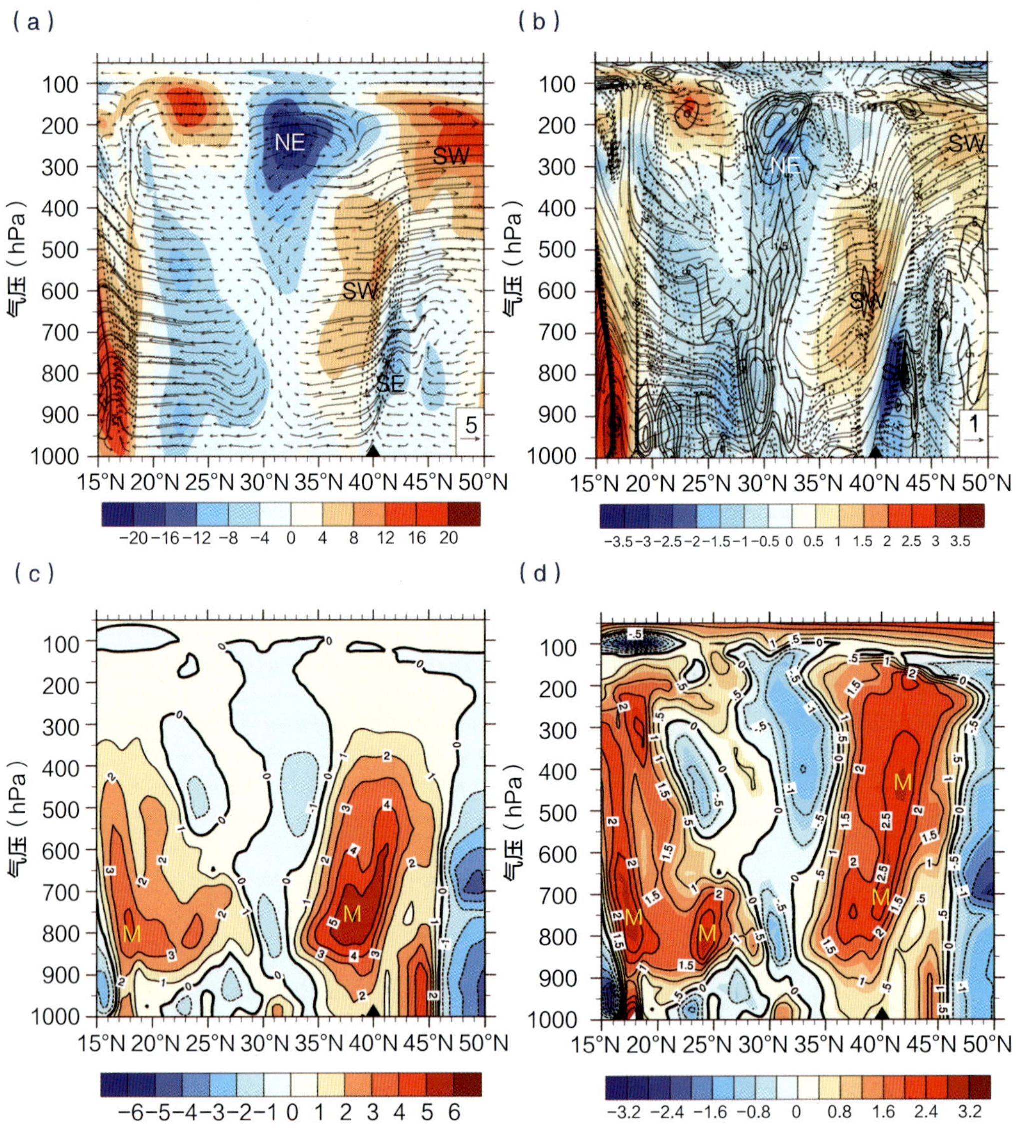

图 4.4.2　2012 年 7 月 21 日 20 时沿 116.25°E 的风场垂直剖面：（a）风的相对扰动（阴影为东西风分量，箭头为南北风分量，4 m/s 间隔），（b）风的绝对扰动（阴影为东西风分量，箭头为南北风分量，0.5 异常度间隔），（c）比湿相对扰动（阴影和等值线，1 g/kg 间隔），（d）比湿绝对扰动（阴影和等值线，0.4 异常度间隔）（a、b 中字母 SW、NW、SE 和 NE 指示西南风、西北风、东南风和东北风，细点线指示上升气流速度，0.5 Pa/s 间隔；c、d 中字母 M 指示比湿异常中心；参考 Jiang et al.，2016）

北京强降水的发生与低层大气中的低压扰动有关。暴雨发生在低层大气中的低压扰动的东北侧，也就是发生在低压扰动到达北京之前。越极端的地面事件，对应在大气对流层中的扰动会越强。强降水或暴雨属于极端天气现象，是大气中异常的环境条件，包括异常的动力学条件、异常的热力学条件和异常的水汽条件，是它们综合作用的产物。扰动变量是从大气变量总场中剥离出的异常分量，且扰动变量的空间结构配置可以反映不同类型的极端天气。最大扰动信号出现的时间可以为预报极端天气发生提供参考；最大扰动信号的强度，如绝对扰动信号的异常度可以为预报极端天气的异常程度提供依据；最大扰动信号发生的地点可以视为极端天气发生的位置。绝对扰动优于相对扰动之处，是可用于低纬度扰动系统与中高纬度扰动系统的比较，即不同地区的一个扰动相对于历史上扰动程度的比较。美国研究者对异常度有较早的使用。对图 4.4.1d、4.4.1e 和 4.4.2 中的扰动变量分布特征，欧洲中期数值天气预报中心的模式提前 1—6 天就预报出来了。扰动天气图揭示的是对应地面极端天气发生的大气三维空间中的扰动形势或环境条件。所有的地面极端降水天气，比如美国的爆发性龙卷，都需要这样的环境条件。

JIANG N, QIAN W H, DU J, et al. 2016. A comprehensive approach from the raw and normalized anomalies to the analysis and prediction of the Beijing extreme rainfall on July 21, 2012. Natural Hazards. 84（3）: 1551-67.

4.5 美国龙卷扰动系统

龙卷是对流天气中破坏力最强的一种。世界上龙卷发生最多的国家是美国，平均每年发生一千多个龙卷，大多数是强度较弱的 EF–0（改进型藤田级数 Enhanced Fujita scale，缩写为 EF）级别的龙卷。龙卷的尺度小、生命史短，预报难度极大。美国龙卷常常是多个同时发生，路径长达几千米到十几千米，少数可达几百千米。美国气象学相关词典中描述的龙卷爆发（tornado outbreak），是指多个龙卷同时群发在一个天气尺度的气旋系统中。目前在美国只能提前 15 min 做出定时、定点的龙卷预警。美国龙卷的发生多与中尺度对流系统中的超级单体相联系。这些超级单体有组织地发生在天气尺度或近地面次天气（几百千米）尺度的低压系统中。可以把这样的天气（次天气）尺度系统称为龙卷和中涡旋发生的环境条件。如果对孕育龙卷产生的天气系统做扰动分解，那么我们能够清楚地看到位势高度扰动和温度扰动的垂直结构。

以美国 2011 年 4 月 27—28 日的一个扰动系统和其中发生的多龙卷为例，美国东南部地区先后有 199 个龙卷生成，伤亡 316 人。27 日 1200 世界时的降水分布如图 4.5.1a 所示，龙卷强度在 EF–2 级以内，与降水集中产生的位置相同。27 日 1800 世界时的降水中心位置东移并增强，与降水伴随的龙卷发生地也东移，龙卷数量增多，强度达到了 EF–4 和 EF–5 级。28 日 0000 世界时的降水中心位置继续东移并增强，范围向东北方向延伸，与降水伴随的龙卷发生地进一步东移，龙卷数量增多，更多的龙卷强度达到 EF–4 和 EF–5 级，如图 4.5.1b 中分布。28 日 0600 世界时的降水在向东移动的过程中强度有所减弱，但范围进一步向东北方向延伸了，与降水伴随的龙卷强度减弱到 EF–3 级。

这次多龙卷事件暴发之后，很多研究者进行了分析讨论。对应实况降水和龙卷发生（图 4.5.1a 和 4.5.1b）的垂直大气传统天气图给出在图 4.5.1c 和 4.5.1d 中。三角形处分别是 4 月 27 日 1200 世界时和 28 日 0000 世界时龙卷和暴雨发生的集中位置。前后时刻的中心位置分别在 90°W 以西和以东。从传统天气图的位势高度和温度垂直剖面上很难判断哪里会发生龙卷和暴雨。

在这一天的四个时次中，雨带大致是东北—西南走向的，图 4.5.1e 和 4.5.1f 给出了经过暴雨中心，沿东西垂直方向上的对流层至平流层的大气位势高度扰动和温度扰动分布。相对三角形处的龙卷和暴雨发生位置，东西方向上整层大气中有四个温度扰动气团——两个冷气团和两个暖气团。在龙卷和暴雨的东侧下部是暖气团，上部是冷气团。这样的扰动气团垂直分布是不稳定的，可以用上下层气团的总温度差构造一个潜势稳定度指数。在 300 hPa 以下的对流层大气中，围绕龙卷和暴雨位置的西侧是一个深厚的冷气团，而东侧是一个深厚的暖气团。于是，在龙卷和暴雨的东西两侧形成了暖冷对比的一对不稳定气团，这样的扰动内能会随时释放，转换成扰动动能，形成暖气团一侧的强烈上升气流和冷气团一侧的下沉气流。

冷暖气团交界处也是水平气压梯度最大的地方，会形成扰动风的强烈切变，最大切变中心会出现在对流层顶的 300 hPa 层附近。如此强烈的扰动内能释放和强气压梯度下形成的扰动风切变会导致多个龙卷出现。显然，2011 年 4 月 28 日 0000 世界时的扰动能量释放和位势高度扰动梯度下的扰动风切变都比 27 日 1200 世界时的强，所以对应后一时刻的龙卷强、数目多；暴雨强、范围大。

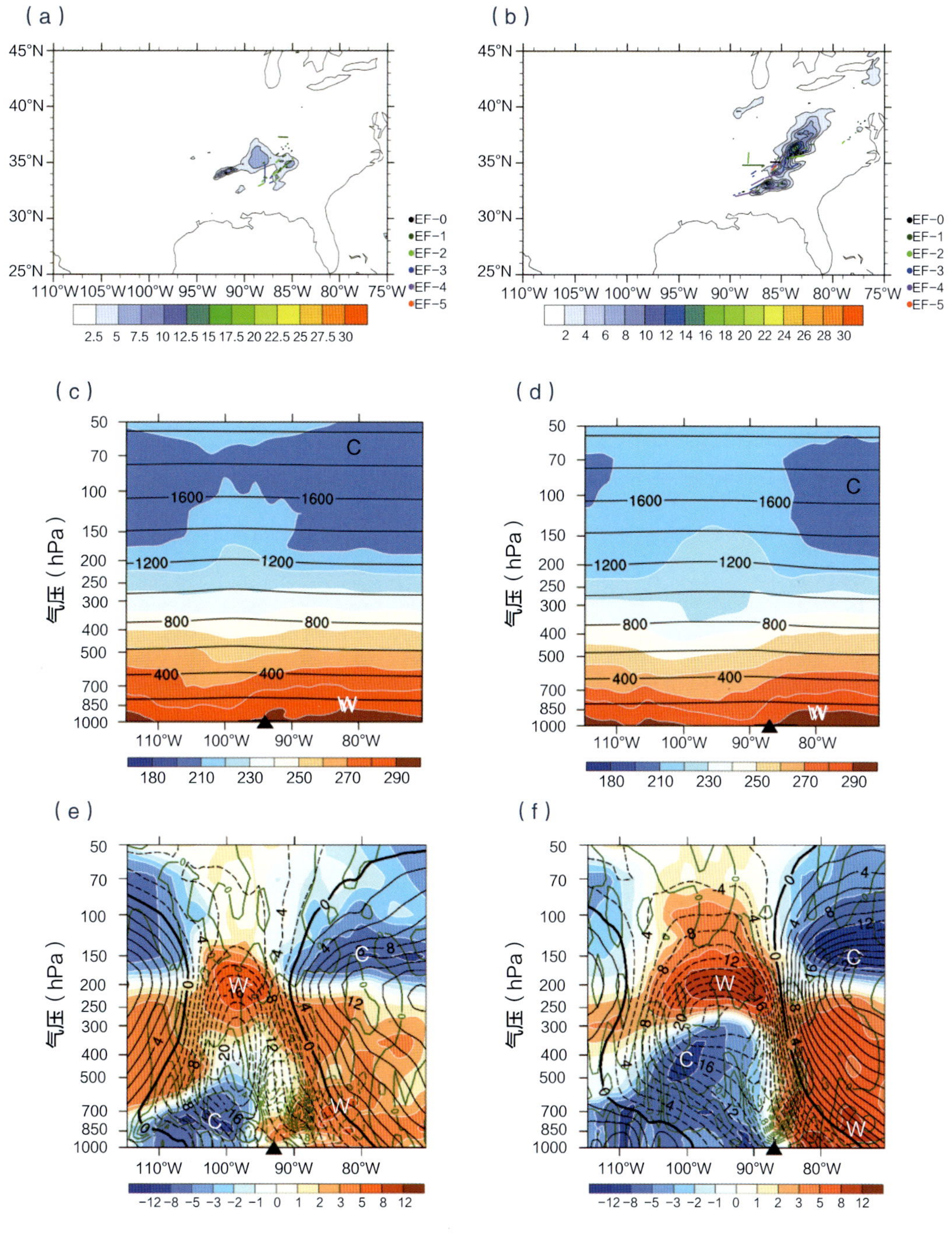

图 4.5.1　美国 2011 年 4 月 27 日 (a)1200 世界时和 (b)28 日 0000 世界时前后 3 h 内的降水（阴影，mm）和龙卷的路径（彩色线）与强度（EF-0 至 EF-5 共 6 个等级）；4 月 27 日 (c)1200 世界时和 (d)28 日 0000 世界时经过龙卷和暴雨中心位置的东西方向对流层和平流层垂直大气原始位势高度（等值线，200 × 10 gpm 间隔）和原始温度（阴影，10 K 间隔）；4 月 27 日 (e)1200 世界时和 (f)28 日 0000 世界时的位势高度扰动（等值线，2 × 10 gpm 间隔）、温度扰动（阴影，1—3 ℃间隔）和垂直速度（绿色虚线和实线分别为上升和下沉速度，0.2 Pa/s 间隔）（三角形▲处为龙卷和暴雨的集中发生地；e 和 d 中字母 W/C 指示温度扰动的暖 / 冷中心；参考 Qian et al.，2019）

传统天气学中有很多诊断大气是否存在对流稳定性的指数，基本上是用对流层大气中 600 hPa（或 500 hPa）的温度和风减去 850 hPa 的温度和风建立的，反映的是对流层中下部大气中的热成风强度。这些对流稳定性指数多是在 20 世纪中期建立的。在扰动天气图上，整层大气（对流层加平流层）中的扰动气团对比是潜在的扰动能量，需要构造扰动指标量反映扰动能量的可能释放，以达到预报和预警强对流天气发生的目的。

1983 年，江苏省气象局王式中总工程师在第二届亚洲流体力学会议上提出了“上拽力”的思想，也许这个思想他在西南联大的时候就有了。经过三十多年的探索，我们才明白上拽力就是低层大气扰动暖气团潜在的上举力，同时在低层大气扰动冷气团的一侧会出现潜在的“下拽力”。所以，要定量地描述图 4.5.1 中四个扰动气团的热力对比，最好的做法是建立不同扰动气团之间的整体对比。从两个时刻的扰动气团对比看出，后一个时刻的四个扰动气团对比更强烈，形成的龙卷和暴雨也更强。在下部冷暖气团的偏暖一侧，是上升气流区，龙卷就发生在那里，而偏冷的一侧是下沉气流区。可以推测，偏暖的一侧是龙卷容易发生的地方，偏冷的一侧是下击暴流容易发生的地方。

对照地面龙卷和暴雨与对流层至平流层中扰动变量的分布可以看出，地面极端天气反映的本质是前期大气扰动能量缓慢积累达到一个临界值时的快速释放。这个扰动能量从缓慢积累到快速释放的过程为极端天气的预报提供了可能的提前时间。于是，发现和监测大气中扰动能量积累的位置就显得非常的重要了。这种监测必须使用扰动天气图，其中的冷暖气团对比越明显、扰动位势等高线越密集，或扰动气流越强、扰动风切变越大，就表明大气中存在的需要释放的能量越大，就会有更极端的天气发生。随着扰动天气图上这些扰动信号的减弱，与对流相关的扰动天气也会平息下来。一个地方的龙卷发生之前，人和动物都会对大气变量中的扰动有感觉，如闷热难受的感觉。图 4.5.2a 是经过龙卷发生地上空的实况位势高度扰动和温度扰动随时间从 2011 年 4 月 24—29 日的变化。在龙卷发生之前，当地对流层上层位势高度扰动正中心的强度和位置逐渐抬高（从 H1 到 H2），高压下的暖气柱也从 W1 加强和增厚到 W2。从 26 日开始，地面发展的低压扰动也加强了低压中心 L1 以上的暖气柱 W2。于是，龙卷发生前的高层高压 H2 发展和低层低压 L1 发展共同增强了它们之间的暖气柱 W2，这就是扰动内能积累的过程。

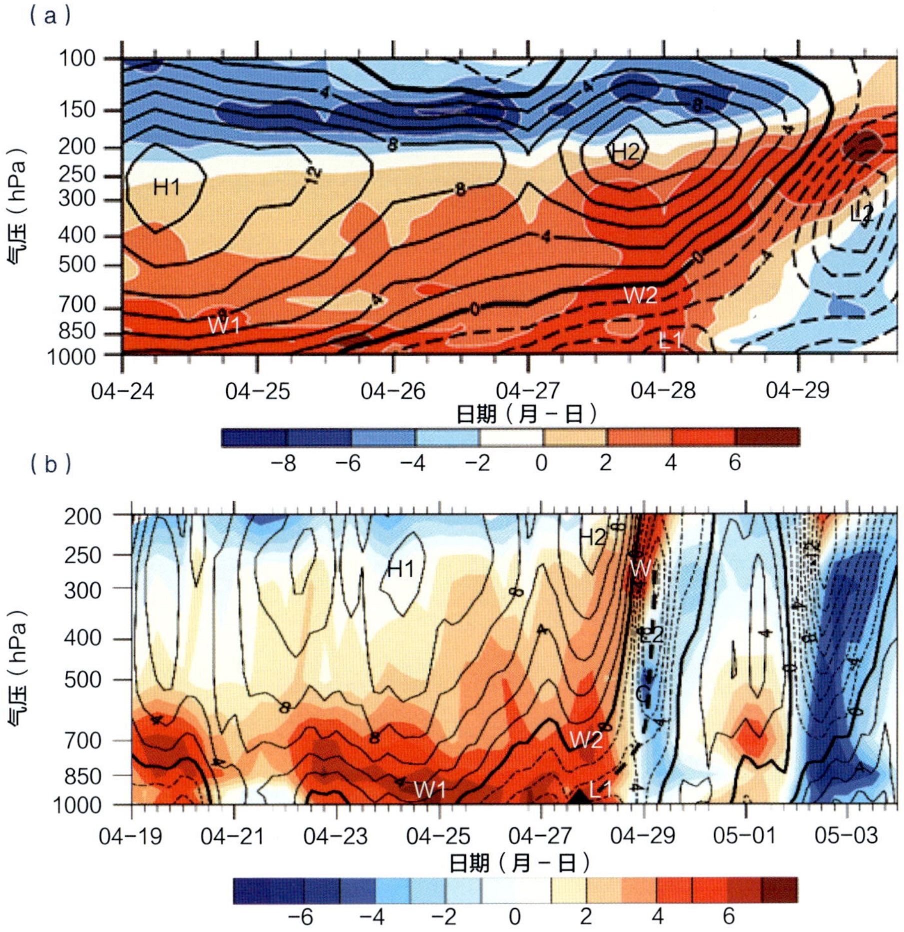

图 4.5.2　经过龙卷发生地上空的 (a) 实况位势高度扰动（等值线，2 × 10 gpm 间隔）和温度扰动（阴影，1 ℃间隔）随时间从 2011 年 4 月 24—29 日的变化与 (b) 欧洲中期数值天气预报中心模式预报的位势高度扰动和温度扰动随时间从 2011 年 4 月 19 日—5 月 3 日的变化（三角形▲处为龙卷和暴雨发生时刻，字母 H/L 指示位势高度异常的正 / 负中心，W/C 指示温度异常的暖 / 冷中心）

对一个点上的对流层大气异常变化，欧洲中期数值天气预报中心的模式预报能力是怎样的呢？图 4.5.2b 是这个中期模式提前从 2011 年 4 月 19 日起报的情况。它提前 9 天预报出了 28 日凌晨的地面低压 L1、高层高压 H2 和它们之间的暖气柱 W2，也预报出了即将来临的冷空气 C。该模式提前 1 天至 9 天，除了提前的第 7 天外，每天都预报出了这一系列的扰动特征。所以，这个中期模式总体上对天气尺度环流形势预报的结果是可用的，但要关注它在少数时刻的预报偏差。中期模式提前这么多天预报出了能够孕育龙卷和暴雨的扰动天气系统及其结构特征，但是预报员难以从该模式产品的传统天气图上直接看到有利于龙卷发生的信息。可见，扰动天气图在数值天气预报产品中的解释应用，可以帮助预报员识别龙卷和暴雨发生的扰动天气形势。

需要明确的是，扰动天气图能够揭示出何时何地对流层和平流层大气中会出现怎样的扰动天气系统。位势高度扰动与温度扰动的不同结构配置是产生龙卷和暴雨的必要条件，即龙卷可能会出现在扰动系统中，没有扰动是不可能出现龙卷的，但有扰动系统不一定出现龙卷，原因是产生龙卷（暴雨）还需要水汽条件。扰动系统只是框定了龙卷可能发生的范围，但并未限定具体的龙卷强度和路径。无论如何，扰动天气图给追龙卷的爱好者带来了可利用的信息。扰动系统越强烈，则可能发生的龙卷强度也越强，数目也会越多，发生在中国的龙卷环境可以说明这样的差别。

QIAN W H, LEUNG J C H, LUO W M, et al. 2019. An index of anomalous convective instability to detect tornadic and hail storms. Meteorology and Atmospheric Physics. 131(3): 351-73.

4.6 中国龙卷扰动系统

中国龙卷主要发生在东部平原地区，尤其以苏北的江淮地区为多。苏北下垫面有三个不同的特征：东部是黄海，南部为河湖水网区，北部为黄河故道区。所以，在南部里下河水网区与废黄河区之间有一条东西走向的气流辐合线，那里是历史上龙卷容易发生的地带。东部来自海上的偏东风与里下河地区的偏南风之间形成了另一条气流辐合线，也是历史上的龙卷易发地带。受局地环境影响，苏北江淮地区在近 50 年中发生的大于 10 人死亡的龙卷风事件有 11 次，其中 6 次发生于 1979 年以来。

2016 年 6 月 23 日下午 14 时 30 分左右，江苏省盐城市的阜宁县多个乡镇刮起了狂风，龙卷和冰雹随之来袭，许多房屋倒塌，树木拦腰折断，庄稼大棚被掀，供电、道路等基础设施严重损坏，造成多人死亡。这次龙卷风强度确定为 EF–4 级，成为当地有气象记录以来最为严重的龙卷灾害。阜宁县地处江淮冲积平原中部，县域介于 33° 26′—33° 59′ N、119° 27′—119° 58′ E 之间，南北长 52.5 km，东西宽 48 km。这次的重灾区位于阜宁县城以南的新沟镇，距离东部黄海大约 60 km，距离西部洪泽湖大约 100 km。

综合分析表明，“6·23”阜宁龙卷与次天气尺度系统的形成及其强度变化有直接关系。图 4.6.1a 给出了盐城雷达在 6 月 23 日 14 时 37 分的回波。在盐城正北的 70—80 km 处，那里雷达指示的是晴空区。盐城雷达站西北方向的 100 km 以外是强降水回波，而在 100 km 以内的回波表明有一个直径达 60 km 的中尺度扰动系统。钩状回波很好地表达了龙卷位置。雷达指示的降水回波区和钩状回波都是向东移动的。根据回波强度，扰动系统发展到最深的时刻是 14 时 37 分，回波 40—50 dBZ 顶部高度达 8—9 km，回波底部距地面不到 1 km。

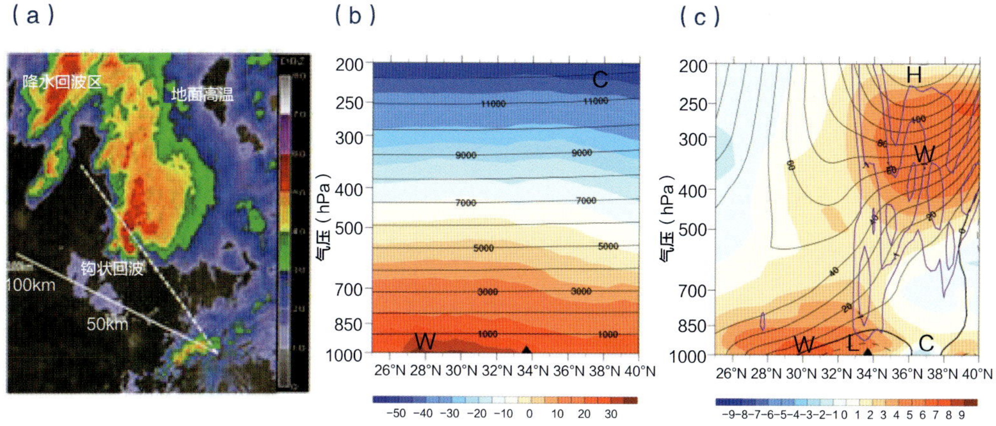

图 4.6.1 （a）盐城雷达在 2016 年 6 月 23 日 14 时 37 分的 0.5°仰角回波（阴影，10 dBZ 间隔），（b）23 日 14 时经过龙卷发生位置的垂直剖面，总位势高度（等值线，1 000 gpm 间隔）和总温度（阴影，5 ℃间隔），（c）位势高度扰动（等值线，10 gpm 间隔）和温度扰动（阴影，1 ℃间隔）以及上升速度（紫实线，Pa/s）（三角形▲处是龙卷发生地；b 中字母 W/C 指示暖 / 冷位置；c 中字母 H/L 指示位势高度异常的正 / 负中心，W/C 指示温度异常的暖 / 冷中心；参考钱维宏等，2017）

2016 年 6 月 23 日 14 时 30 分是这次龙卷灾害最为严重的时刻。龙卷在 14 时 19 分之前就已经形成，沿着经过淮安的辐合线向东移动，只是没有接地；14 时 19 分至 14 时 37 分接地位置主要在阜宁县境内；进入射阳县后龙卷抬升离开地面。龙卷在射阳境内不再接地的原因可能是受到了来自海上偏东气流的作用。夏季有利于龙卷在苏北发生的气候条件是存在的，就是本节开头提到的气流辐合线。

能够产生龙卷的具体环境条件在总位势高度和总温度垂直剖面上是看不到的。在传统的总场天气图 4.6.1b 上，龙卷发生地以南的地面高温中心远在江南，位势高度分布基本上是平直的，都难以从中分辨出可以指示龙卷发生的信号。用总场减去瞬变气候得到的位势高度扰动和温度扰动垂直剖面中出现了不同的花样，即出现了一些独立的温度扰动中心和位势高度扰动中心（图 4.6.1c）。龙卷发生在近地面低压扰动的中心处，也在南部扰动高温和北侧扰动低温的交界附近，而对流层上部是暖高压扰动。扰动温压场之间满足静力平衡关系，地面低压扰动的上方增暖和高层大气高压扰动的下方增暖有助于它们之间逆温层的形成，当有冷空气从低层侵入时，强对流就会发生。类似的其他多个“龙卷发生日”的位势高度扰动和温度扰动垂直剖面上也有类似的空间结构。这样的特征和印象会成为预报员的经验，也会训练计算机学习预报员的经验。所以，扰动天气图上的计算机图像识别是未来机器智能天气预报的一个发展方向。

上述扰动温压场图像只是三维空间中多扰动变量在一个垂直剖面上的反映，其中的位势高度扰动和温度扰动是三维空间的立体分布。扰动变量之间的空间结构对应了不同的极端天气，又是随时间变化的。图 4.6.2a 是经过龙卷发生地上空的总位势高度和总温度随时间的变化：各个气压层上的位势高度线都是平直的，看不出随时间变化的特征；温度随时间是有波动的，但也看不出会在什么样的波动下有龙卷出现。

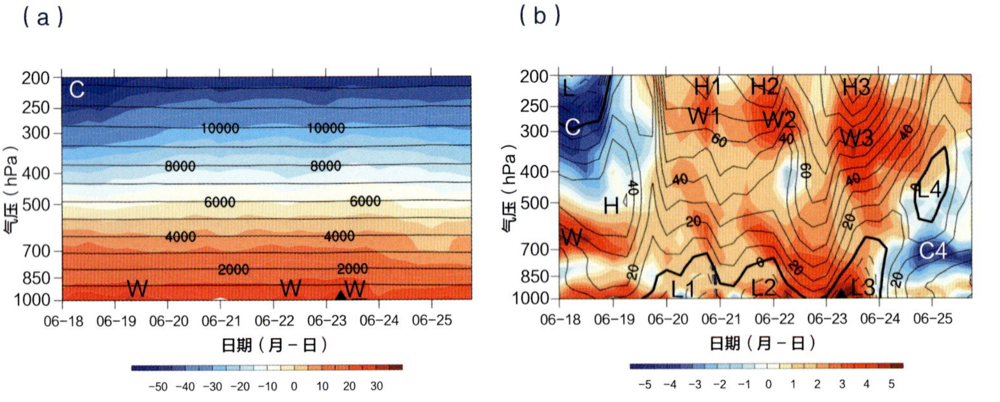

图 4.6.2 (a) 经过龙卷发生地的总位势高度（等值线，1 000 gpm 间隔）和总温度（阴影，5 ℃间隔）随时间从 2016 年 6 月 18—25 日的变化；（b）经过龙卷发生地的位势高度扰动（等值线，10 gpm 间隔）和温度扰动（阴影，0.5 ℃间隔）（三角处为龙卷发生时间，字母的指示意义同图 4.6.1b 和 4.6.1c；参考钱维宏等，2017）

如果分析它们的扰动变量，则龙卷发生的前四天开始，近地面就出现了第一个低压扰动 L1，前一天又出现了第二个低压扰动 L2，第三个低压扰动 L3 在龙卷发生的当天形成了，紧接着来了扰动冷空气 C4（图 4.6.2b）。龙卷发生的当天，不但有近地面低压扰动，近地面的温度扰动也达到了异常高的程度，对流层上层大气的位势高度扰动（H1—H3）和温度扰动（W1—W3）也都达到了四天中三次波动的最大值。可见，龙卷发生时的大气异常信号会体现在多个扰动变量上。这样的强对流天气发生后，人们总会想起事前是有一些异常征兆的，如天气闷热和动物活动反常等，这些征兆就是相对瞬变气候态上叠加的异常扰动。

对连续三次反映在位势高度扰动和温度扰动上的波动，欧洲中期数值天气预报中心的模式在 2016 年 6 月 20 日已经提前 3 天半预报出来了，只是对冷空气的预报偏迟了。在该模式 6 月 22 日提前 1 天半的预报中，近地面低压扰动和后面冷空气的预报得到了改进。无论如何，原始方程组模式的短期环流预报，甚至在有些情况下的中期环流预报，是有技巧的，但要从中发现极端天气的指示信号，还需要对其产品做扰动变量分析。

苏北初夏的 6—7 月份，两条交叉的气流辐合线是发生强对流天气的下垫面气候环境或背景，垂直大气中出现的温压场扰动是对流发生的必要条件。这个扰动条件是需要预报员随时监测和预报的。显然，预报员要从传统天气图中发现龙卷可能出现的信号比较困难，而从扰动天气图上就比较容易识别出可疑的特征。龙卷属于极强的雷暴系统，会给地面上的生命财产造成巨大的损失。区域性的雷暴天气也会导致航班延误，甚至对航空安全构成威胁。

钱维宏，梁卓轩，金荣花，等 . 2017. 扰动变量在强对流天气分析和模式评估中的应用—以苏北里下河引发龙卷的扰动系统为例 . 气象，43（2）：166-180.

4.7 影响航空的雷暴天气

雷暴或雷电天气与大气中的强烈对流运动有关，属于危及航空安全的极端天气。对雷暴提前几个小时至二十几个小时进行定时和定位预报，有助于合理调整航空飞行安排，进而减少经济损失和保障飞行安全。2019 年 7 月 29 日北京地区持续十多个小时的雷电天气过程，给华北地区的民航运输，特别给当天首都机场的飞机起降造成了很大影响，也给多家航空公司造成了经济损失。其中，从上海出发，目的地为北京的东方航空 MU5331 及其补班航班 MU533Y 两架飞机，都在华北雷电区遇阻，不得不返航上海。对这样的雷暴天气，目前有可探测和预报的方法吗？下面我们从天气过程分析的角度出发，复盘并分析两架东航飞机飞行途中和飞行之前遇到了什么天气。

根据光明网 2019 年 7 月 30 日的综合信息，7 月 29 日，旅客乘坐东航航班经历了两次从上海起飞又两次返航遭遇。MU5331 原计划是 28 日 21 时从虹桥机场飞往北京首都机场。因为北京的天气原因，该飞机延迟到 29 日 02 时 11 分才起飞，在 03 时 30 分左右到达天津上空，因飞行前方的北京上空有强雷暴活动而被迫返航，于 04 时 59 分备降到上海浦东机场。

旅客在浦东机场被安置休息后，东航安排了补飞航班。29 日 11 时 13 分，MU533Y 补班航班起飞。从航线图上看，中午 13 时前飞机到达山东与河北两省交界处时又遇到前方的雷暴天气而被迫返航。在山东北部的 20 多分钟返航飞行中，弯曲的航线反映了来路中出现的新雷暴。14 时 26 分，这班乘客又回到了 12 h 前出发的虹桥机场。

2019 年 7 月 29 日 02 时，北京被一块较大的对流云覆盖。正常情况下，对流云会随瞬变气候气流移动，1—2 h 后离开北京。但是，如果大尺度扰动系统移动缓慢，其中会有其他的对流系统同时或先后发展起来，那么这些对流系统对一个地方的影响时间就会很长。利用传统的天气图预报方法，人们难以在飞机 02 时 11 分起飞前确切地知道有哪些对流性系统会相继出现。到中午前的 11 时，对流云仍然在北京。可能是考虑到上海飞北京的时间需要 1 个多小时，也许 1 h 后的北京雷暴就移走了，于是，东航 MU533Y 飞机在 11 时 13 分起飞了。可是，到午后 13 时，从哈尔滨向西南经过北京、太原、西安、成都，出现了一条很长的云系。此外，山东半岛到黄海中部又新生了一条云带。13 时的北京对流云比 02 时的范围更大，只是有向东南移动的趋势。由于云图上看到的是顶层云系，中低层的云系特征难以辨识。从北京伸向西南和东南的两条交叉云带中包含有强对流雷暴天气，影响了所有试图跨越云带的飞机飞行。北京首都机场是中国东部地区最繁忙的机场，先后受多个对流性系统对北京的影响，至 29 日 16 时，国航取消了进出港航班 127 次，东航取消了航班 69 次。民航部门经受了一次持续性强对流天气过程的考验。

7 月 28 日 21 时是东航 MU5331 的原计划起飞时间。雷达回波能够为空管提供当前航路上及其周边地区是否有强对流天气的重要信息。28 日 21 时，上海至北京的航路上有两处对流性回波，分别在淮河流域和目的地北京附近，淮河流域的回波主体在东边海上，但华北地区有多条平行的回波正在发展；22 时，淮河地区的回波分散并减弱，但北京及其以西的三条回波变得更清楚了；从 23 时到 24 时，三条平行的回波一直在发展，大于 45 dBZ 的回波就在北京的西南方。一般情况下，这些回波会随着西风气流向东移动。

29 日 MU5331 航班起飞前的 41 min，01 时 30 分的雷达回波如图 4.7.1a 所示。三条回波中，最靠近北京的回波最强。看上去首都机场尚没有被强回波覆盖，但强回波很快到达首都机场是不可避免的。MU5331 航班 02 时 11 分从虹桥机场起飞了。但起飞后不到 20 min，02 时 30 分的雷达回波显示出最强的回波中心已经接近首都机场 (图 4.7.1b)。是否有可能在未来的 1 h 后，这个最强回波东移出北京，而后面的回波还没有到达呢？可以肯定的是，第一个强回波即使东移了，它也会在此航路上，因为华北的上空有一条稳定稍动的大尺度扰动天气系统存在。所以，MU5331 航班是必会返航的。

29 日上午华北的雷达回波有所减弱，表现为分散回波。11 时（图 4.7.1c），北京以西仍然有三条回波，另外在航路的山东半岛上有对流回波发展。MU533Y 航班在 11 时 13 分带着这班乘客从浦东机场起飞了。当时，上海至北京的航路上没有对流回波。图 4.7.1d 是 13 时 30 分的雷达回波，大致是该航班返航途中的回波，航路上的天津和河北段正在对流回波中。雷达回波很好地表达了两架次东航飞机返航的天气原因。

雷达回波图上的“dBZ”数值反映了对流性天气的强度。当它的值大于 40 dBZ 时，出现雷雨天气的可能性较大，当它的值在 45 dBZ 或以上时，出现暴雨、冰雹、大风等强对流天气的可能性较大。图 4.7.1 中 dBZ 值大于 40 以上的深黄色和红色的区域对应为雷雨大风天气，北京一直处于 4 个时刻的强对流天气中。雷达回波的强度和持续时间可以被预报员用来估算短时降水量。在对流云发展的时候，强对流引起的冰粒子运动会在云内不同的部位分离出不同的电荷，于是会在一个云团的不同部位、不同云团之间和云与地面之间形成电位差和放电现象，称之为闪电。大气中的异常热力对比形成了强烈的扰动气流，扰动气流（垂直对流运动）形成了云中不同部分的电荷分离，相当于储存了大气的扰动能量。闪电反映的是扰动能量在极短时间内快速猛烈的释放。

雷暴是扰动能量集中释放时的天气现象。28 日 21 时前，最多的闪电发生在陕西的东南部，与雷达强回波分布一致。北方的三条回波带，只有东边的最强回波带与闪电一致。除了大粒子（如冰雹）和龙卷小尺度涡旋外，闪电是时间最短、通道位置最难确定的极端天气。在接下来的 2 h 中，陕西东南部的闪电次数减少了，但回波强度恰是增强的。北京西南方向上的回波和闪电都在增强。29 日午夜时分，三条平行的雷达回波，特别是东边的两条雷达回波越来越清楚，也对应有闪电活动。西边的两条雷达回波会随着基本气流向东移动和增强，所以北京伴随闪电的雷暴是难以很快结束的。

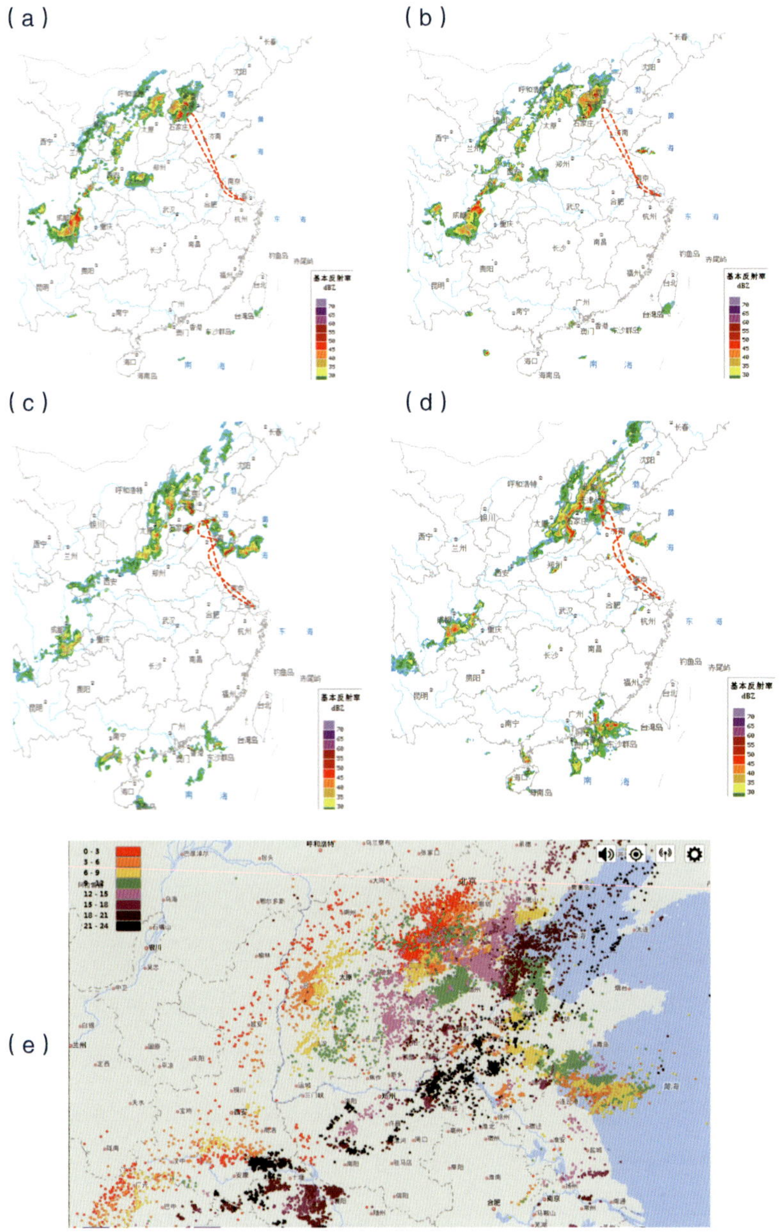

图 4.7.1　2019 年 7 月 29 日 MU5331 航班起飞前 (a) 01 时 30 分和返航前 (b) 02 时 30 分的雷达回波；29 日 MU533Y 航班起飞前 (c)11 时和返航 (d)13 时 30 分的雷达回波；(e)29 日 24 h 内每 3 h 间隔的闪电分布（阴影）（a—d 中红虚线是两次飞行路线）

图 4.7.1e 是 2019 年 9 月 29 日 24 h 内每 3 h 间隔的闪电分布。第 0—3 h 内，闪电高密度中心就在北京以西。第 3—6 h 内，闪电位置向北京靠近。这种情况下，MU5331 航班接近北京是危险的，只得返航。第 6—9 h 内，闪电轴线呈东北—西南走向经过北京上空，此外西部远方又有一条东北—西南走向的闪电带。第 9—12 h 内，东侧的闪电带范围扩大，到达天津至山东与河北两省交界处，而西侧的闪电比较零散。正是到达山东与河北交界处的闪电使得东航 MU533Y 在 13 时前后返航了。第 12—15 h 内，一个更大范围的闪电区覆盖河北中北部，包括北京和天津。第 15—18 h 内，这个大范围的闪电区向东南移动，中心位置到达渤海中西部。至 19 日夜间，闪电轴线在东北—西南方向上拉长，位置到达黄河下游至淮河上游。此外，第 9—15 h 内，苏北东北海上的闪电是向北移动到山东南部的。29 日的 24 h 中，闪电是由北京以西缓慢向东南方向移动的。如此缓慢移动的强对流系统实属罕见，用常规的传统方法是难以提前几个小时做出预报的。

雷达回波和高频闪电能在北京地区长时间不断更替，说明大气中一定存在一个移动缓慢的扰动天气系统。雷雨回波是扰动天气系统中扰动能量释放的表现。实况天气图中包含了瞬变气候和瞬时扰动两个部分，后者更能反映出与雷达强回波和闪电对应的极端天气过程。

由扰动风场可以计算出扰动涡度，由比湿也可以计算出扰动比湿，扰动涡度与扰动比湿的乘积称为扰动湿涡度（moist vorticity，MV），反映了两个扰动量对于对流和降水的瞬时共同作用。图 4.7.2a 是 2019 年 7 月 29 日 08 时 700 hPa 层上的扰动风和扰动湿涡度分布。这个扰动风是用模式初始时刻的分析风减去瞬变气候风得到的。图 4.7.2b 和 4.7.2c 分别是欧洲中期数值天气预报中心的模式提前 6 h 预报的 29 日 14 时和提前 12 h 预报的 29 日 20 时扰动风和扰动 MV 分布。图 4.7.2d 是该模式在 28 日 20 时提前 18 h 起报的 29 日 14 时 700 hPa 扰动风和扰动 MV。历经 24 h，扰动气流辐合线和扰动 MV 大值线才从北京西部移动到了北京东部。扰动风和扰动 MV 与雷达回波和闪电记录都有明确的对应位置关系。图 4.7.2 中的蒙古扰动气旋和东海扰动反气旋位置的缓慢变化，直接控制了华北扰动辐合线的缓慢移动。

以上从东航 MU5331 和 MU533Y 的飞行遭遇出发，探讨了 2019 年 7 月 28 日晚至 29 日晚的华北对流性天气过程和扰动天气系统。北京首都机场作为全国的最大机场，飞机起降的频次很高。28—29 日的 20 多小时内，北京及其周边地区不断发生的雷电和强对流天气极大地影响了正常的飞行安全。卫星云图、雷达回波和闪电定位三种探测，特别是后两者，都能够反映出当前对流天气的位置、强度及移动速度。

对这次影响较大的雷暴天气过程，欧洲中期数值天气预报中心的模式提前几个小时至 20 多个小时已经预报出了移动缓慢的扰动辐合线和扰动湿对流指标量，对未来的雷暴强度和位置预报是有指示意义的。华北地区的雷暴之所以移动缓慢，直接与蒙古地区的扰动气旋和东海的扰动反气旋有关。这些扰动天气形势的分析和预报有助于提高航空安全度和降低飞行经济损失。这些雷暴的发生和移动与扰动辐合线有着密切的关系，而后者又受到大气中高压扰动和低压扰动系统的制约。台风中的强对流往往更有组织性，它的预报难度在于台风的路径和强度。

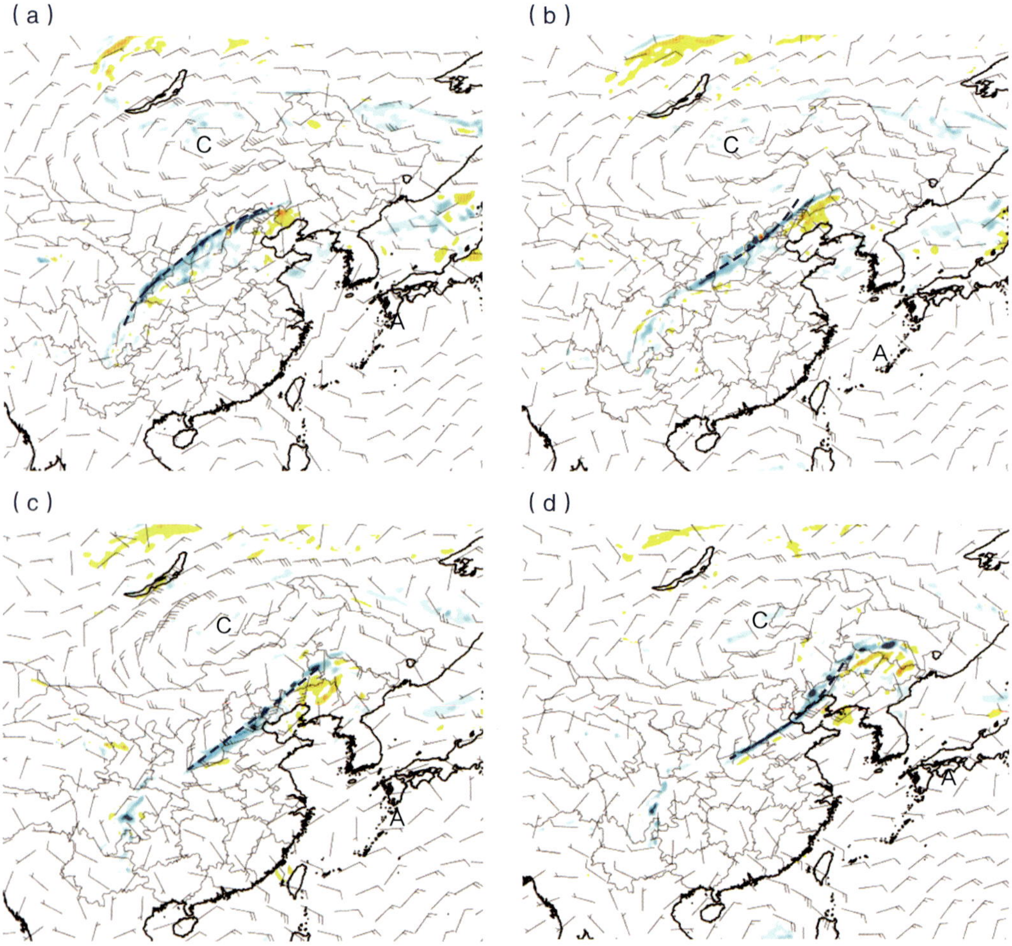

图 4.7.2　2019 年 7 月 29 日 (a) 08 时实况，欧洲中期数值天气预报中心的模式，(b) 提前 6 h 预报的 29 日 14 时，(c) 提前 12 h 预报的 29 日 20 时，以及 (d) 28 日 20 时模式起报的 29 日 14 时（提前 18 h 预报）700 hPa 扰动风（风羽，蓝虚线为扰动辐合线）和扰动 MV（蓝阴影和黄阴影分别指示正负值，-1×10^{-5}—$+1\times10^{-5}s^{-1}$ 范围）（字母 C 和 A 指示扰动气旋和扰动反气旋）

4.8 南海台风的异常右转

台风或热带气旋属于大气中的异常天气系统，它们的移动受到瞬变气候气流的引导作用，以及台风自身与其周围扰动涡旋之间的相互作用。2010 年的“鲇鱼”台风在南海的突然右转表明，扰动天气图中台风与其周边扰动系统的相互作用是导致台风路径异常的根本原因。所以，台风的走向和路径是由瞬变气候引导气流和其周围扰动系统共同决定的。

在地球表面的大气中，暴雨和大风等极端天气多发生在天气尺度的气旋中。在中高纬度地区生成的气旋称为温带气旋，而在热带海洋上生成的气旋称为热带气旋。发生在西北太平洋和南海，中心附近最大风力达 12 级或以上的热带气旋称为台风。夏秋季节的台风对我国近海和沿海，甚至东部内陆地区都会产生风雨影响并引发灾害。台风的未来位置和强度预报已成为气象台的关键业务内容之一。长期以来，预报员把观测到的气流作为引导气流，用来预报台风的未来路径，但是用哪个气压层的气流作为引导气流难以确定：有的把大气分成了高中低三个层次做出不同的引导气流；有的用整层大气的平均风作为引导气流；在日常的天气预报业务中，预报员更关注对流层中部 500 和 700 hPa 层上的观测风，常将其作为引导气流。研究表明，以上的这些引导气流对异常路径台风的预报效果都不好。

在近 20 年来，长期引发国内外研究者关注的是关于 2010 年 10 月形成的台风“鲇鱼”的路径预报，因为它经历了一条十分异常的路径（图 4.8.1）。最初的热带低压 10 月 11 日形成后向西偏南移动，两天后转向西北移动，并逐渐增强。10 月 17 日 0000 世界时，“鲇鱼”台风在菲律宾岛以东洋面上转向西南移动，在登陆前的 17 日 1200 世界时达到业务监测的最强。18 日登陆菲律宾岛前的业务路径预报是，台风过菲律宾岛后会向海南岛移动。19 日 0000 世界时，台风进入南海，此后并没有按照业务预报的路径去海南岛，而是开始转向西北。12 h 后的 19 日 1200 世界时业务预报做出了调整，未来台风继续向西北方向移动，会在两天后到达广东西部的阳江附近登陆。可是在 20 日 0000 世界时后的 12 h 内，台风已经完全违背了业务部门的预期，转向了偏北，向台湾海峡和福建方向移动。

这是一次业务上台风路径预报失败的例子。事后，国内外的气象学家们发表了几十篇研究论文，阐述了不同的原因。尽管这些论文的结论各不相同，但所有论文使用的资料都是直接的观测资料或者再分析产品。台风登陆菲律宾岛之前多个气象中心估测的最大强度在 17 日 1200 世界时。台风成熟时，它的低层扰动气流应该是辐合的，而高层大气应该存在扰动气流的辐射。在扰动涡度场上，台风的中间层应该具有最大的扰动涡度。台风在 19—20 日转向的前后几天内，它的最大扰动涡度和最小扰动散度层大致在 300—400 hPa 气压层。用这层上的引导气流判断台风未来的移动最为合理。

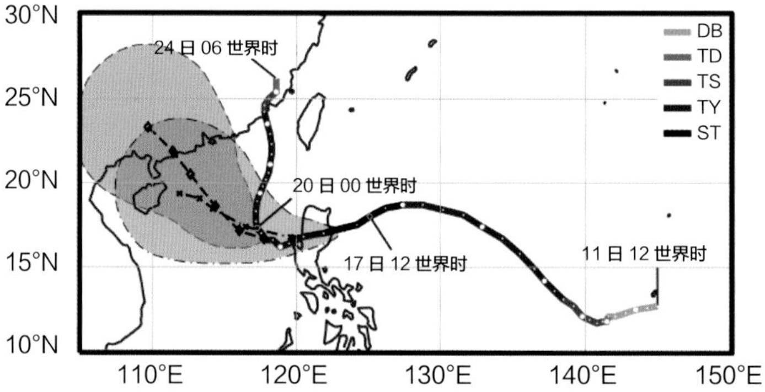

图 4.8.1　2010 年 10 月 11 日 1200 世界时至 24 日 0600 世界时“鲇鱼”台风路径（粗线）和台风登陆菲律宾岛前与进入南海后的业务路径预报（包含阴影的虚线）（强度分级为：热带扰动 DB，热带低压 TD，热带风暴 TS，台风 TY，超级台风 ST；参考 Qian et al.，2014a）

预报这次台风的关键是在 19 日前后对台风周围环流形势的认识。根据最大扰动涡度和最小扰动散度把引导气流的气压层确定在对流层上部，图 4.8.2 给出了 300 hPa 层的瞬变气候风和位势高度。图 4.8.2a 中，2010 年 10 月 19 日 1200 时台风就在转向点的位置上。可是，在台风的东北侧和西北侧各有一个反气旋性环流，它们分别是两个副热带高压。台风正处在两个副热带高压连成的脊线以南，并受到西北侧高压的阻挡，台风难以像 18 日 0000 世界时预报的那样向海南岛移动了，所以业务预估的台风向西北移动到广东西部沿海登陆并没有发生。在图 4.8.2a 中，我们能看到中纬度西风带中有两条槽线，但看不到任何闭合的环流系统。即使到了 21 日 1200 世界时，台风已经转向北了，图 4.8.2b 上也看不到中纬度西风带中有什么可以影响台风异常移动的闭合环流系统，只有短波槽的移动。这些短波槽是传统天气图上波和涡的叠加，包含了瞬变气候天气图上的气候波。从 19 日之前 300 hPa 层上观测风的引导气流看，台风应该是向西或西北方向，趋近海南岛移动的。

从总场中去掉同时刻的瞬变气候气流，得到的扰动气流给出在图 4.8.2c 和 4.8.2d 中。在扰动气流和位势高度扰动场中，位于台风东西两侧的两个副高扰动环流与台风比较起来并不强大，可以与台风同等比较的近距离扰动系统是位于中国大陆上的低压扰动 D1。图 4.8.2a 中的两条短波槽中隐含了两个闭合的低压扰动 D1 和 D2，它们是沿中纬度气候西风气流由西向东移动的。北边的一个低压扰动 D2 继续向东移动了，而南边的一个低压扰动 D1 在中国西部上空向南移动。正是来自中国西北上空的低压扰动 D1 与台风发生了相互作用，使得台风转向偏北，而低压扰动 D1 本身继续向南移动。在 21 日 1200 世界时（图 4.8.2d），大陆低压扰动 D1 的中心已经南移到华南，而台风已经移到了台湾海峡以南的海域。此后，低压扰动 D1 与台风合并了，使得台风在登陆福建前的强度比登陆菲律宾岛前还强。台风登陆前的增强往往和台风与西风带过来的低压扰动合并有关。

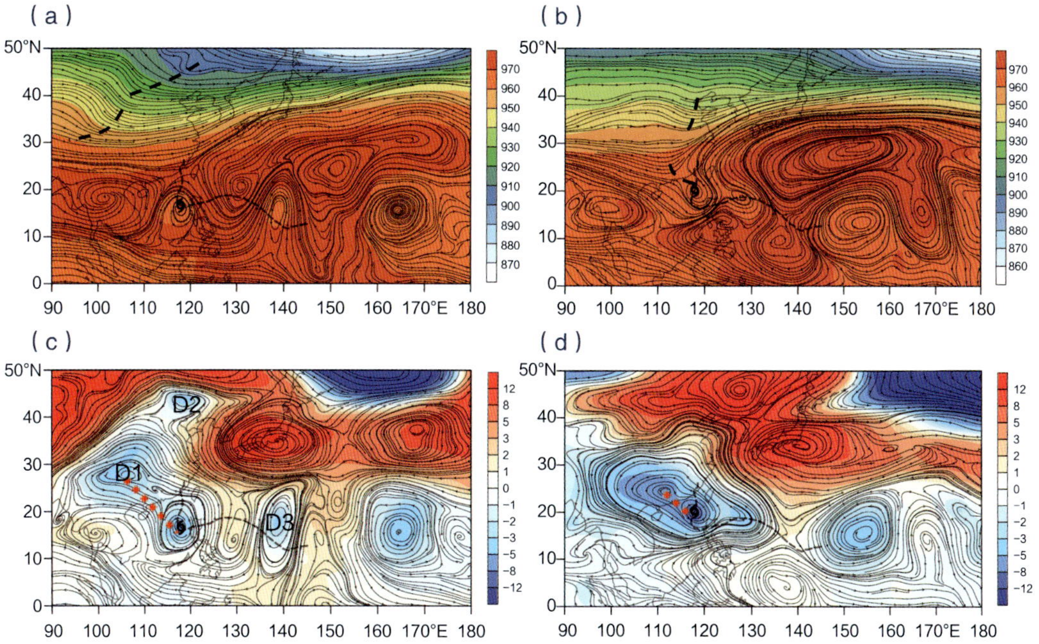

图 4.8.2　2010 年 10 月 (a) 19 日 1200 世界时和 (b) 21 日 1200 世界时 300 hPa 气流和总位势高度（阴影，10×10 gpm 间隔），以及 (c) 19 日 1200 世界时和 (d) 21 日 1200 世界时 300 hPa 扰动气流和位势高度扰动（阴影，gpm）（a 和 b 中粗虚线是西风带上的短波槽；c 和 d 中红点线是低压扰动 D1 与台风涡旋的连线，虚线是台风路径；参考 Qian et al.，2014a 与 2014b）

这些扰动系统存在于传统天气图中，但只有扰动天气图才能让我们看清楚高低压扰动系统的强弱并进一步判断未来的变化。怎么解读中国大陆上低压扰动与台风的相互作用呢？早在 20 世纪二三十年代，日本气象学家藤原就做过实验室水槽中两个涡旋相互作用的试验，而热带地区活动的两个台风相互作用也与之类似。在北半球，当两个达到一定强度的台风靠近的时候，它们会发生逆时针旋转，而当它们之间的距离小于一个临界值时便会发生合并。后人把两个台风之间的相互作用和合并的过程称为“藤原效应”。在传统天气图上人们只承认两个台风之间相互作用的藤原效应，并没有看到过一个台风与一个来自西风带中低压扰动之间的相互作用。这种情况只有在扰动天气图上才能看到，那些在传统天气图上的槽成了闭合的低压扰动，而那些在传统天气图上的高压脊成了闭合的高压扰动。当去掉瞬变气候部分的温压场后，热带大气中的台风涡旋与西风带上的低压扰动涡旋，除了热力特征不同外，便没有其他差异。逆时针旋转和合并的过程也发生在“鲇鱼”台风与西风带中低压扰动涡旋的相互作用过程中。因此，在扰动天气图中，藤原效应不但适用于热带地区的两个台风之间的相互作用，也适用于中高纬度地区两个低压扰动涡旋，甚至一个低压扰动涡旋与一个台风涡旋之间的相互作用过程。此外，台风与高压扰动之间也会发生相互作用，影响台风的路径和强度。

北半球实况大气分解后，低纬度的瞬变气候气流是指向西的，而中高纬度的瞬变气候气流是指向东的。低纬度分离出的低压扰动涡旋受到向西的瞬变气候气流的引导作用，同时又存在不同涡旋之间的相互作用。类似地，中高纬度分离出来的低压扰动涡旋受到向东的瞬变气候气流的引导作用，同时又存在不同低压扰动涡旋之间的相互作用。更复杂的情况是在中低纬度交界的区域，来自低纬度的热带气旋在与来自中纬度的低压扰动涡旋发生相互作用后，可能会进入中纬度西风带，此后就不再受到东风气候引导气流的作用了，而受到西风气候气流的作用，转向东北移动。

利用扰动分解的方法可以证明，热带地区的台风和中高纬度地区的低压扰动涡旋，它们在未来时刻的移动是可以预估的。未来台风或低压扰动涡旋的运动仅仅受到两种作用：一是确定层上的瞬变气候引导气流，二是与高低压扰动涡旋之间的相互作用。从预报的角度看，台风的预报时效会受到下列因素的影响：一是未来台风的最大扰动涡度层和最小扰动散度层会随时间变化，二是台风与相邻的高低压扰动涡旋不在一个气压层上，它们之间的相互作用也就不能够用一个层上的扰动形势进行描述。

登陆中国大陆并造成严重灾害的台风多数形成在西北太平洋的赤道辐合带上，就怕在南海西行的台风路径突然右转后登陆华南。这些突然转向的台风路径，在传统天气图上看非常复杂，但在扰动天气图上，它们的突然转向只有一种可能，那就是受到了另外一个或几个扰动系统（包括低压扰动和高压扰动系统）的影响。

2010 年 10 月的“鲇鱼”台风路径，一路上不断受到瞬变气候气流的引导作用和周边高低压扰动系统的相互作用。在早期形成的时候，最大扰动涡度中心在低层，

11—13 日“鲇鱼”低压的向西偏南移动是受到北侧一个高压扰动环流的影响。14—16 日可以看到在台风涡旋的西南侧有一个低压扰动，低压扰动涡旋与“鲇鱼”涡旋之间发生了相互作用，台风经历了一个相对那个低压扰动的逆时针旋转。因此，台风的强度变化和位置移动除了会受到下垫面的地形和海温影响外，瞬变气候引导气流和台风与周边高低压扰动涡旋的相互作用是两个根本的因素。中国东部海上北行突然左转登陆的台风也是遭遇到其他扰动系统并产生了相互作用。

QIAN W H, SHAN X L, LIANG H Y. 2014a. Typhoon Turning Atlas. World Scientific Publishing Co. Pte. Ltd., Singapore.

QIAN W H, SHAN X L, LIANG H Y, et al. 2014b. A generalized beta advection model to improve unusual typhoon track prediction by decomposing total flow into climatic and anomalous flows. J Geophys Res Atmos 119(3):1097–1117.

4.9 东海台风的异常左转

生成在西北太平洋的台风移动路径可分为正常和异常两类。正常路径是指台风只受到西北太平洋副热带高压气候环流、季风环流和西风带环流引导下的移动，基本上是环绕在副高南侧、西侧和北侧边缘。异常路径是台风除了受到上述气候引导气流作用外，台风在移动中还与周围的其他扰动系统发生了相互作用，这些扰动系统包括异常高压和异常低压。在异常路径中，有极少数的台风到达中国东部海上（东海和黄海）后没有转向东北，而是突然左转后登陆了，这类路径称为左转异常路径，其风雨对我国影响很大，也是难以预报的路径。2014 年以前的近 40 年中，在东部海上突然左转登陆中国的台风有 4 次。图 4.9.1a 中的 2004 年 Aere（艾利）台风在近赤道西北太平洋上生成后向西北移动，到达台湾岛的东北方时突然左转进入台湾海峡并在福建登陆，然后继续向西南移动到广东东部消失。“艾利”台风的国际编号是 0417（2004 年第 17 号），中国气象局的编号是 2004 年第 18 号，美国联合台风警报中心（JTWC）的编号是 20W（2004 年西太平洋第 20 号）。1994 年 JTWC 编号的第 17 号台风（英文名 Walt）在西北太平洋上生成后向西移动，到了菲律宾东部海上后向北移动进入我国东海并向朝鲜半岛南端前行。可是，它并没有登陆朝鲜半岛，而是在黄海南部发生了 180°的后转，从苏北的南通登陆了。

在图 4.9.1b 中，JTWC 编号的 1996 年第 10 号台风（英文名 Herb）在西北太平洋上生成后先是向东北方向转了一个圈，然后沿 20°N 向西移动，在菲律宾以东转向西北移动。它没有继续转向东北移动，而是在台湾岛以东转向偏西方向移动，先后登陆了台湾岛的北部和福建，最终到达长江中游才消亡。1998 年 JTWC 编号的第 10 号台风（英文名 Todd）在菲律宾东北部海上 20°N 生成后移向东北，可是在日本以南的海上经历了两次左转，到达 30°N 后向西移动，最后登陆浙江北部沿海。2018 年 7 月底形成的云雀台风路径（图略）也是类似的连续左转，先后登陆日本和上海，甚至影响到了苏皖内陆。

上述 5 个台风都在中国东部海上发生了左转，但每个台风左转的位置和角度并不一样。在台湾岛附近左转的台风转向角相对小些，以 30°—40°不等，而最大的转向角达到了 150°—180°，这样的转向是太奇异了。有的台风经历了几次转向，实际上是在连续打转。所有这些台风的路径异常变化都可以用扰动系统的相互作用来解释。

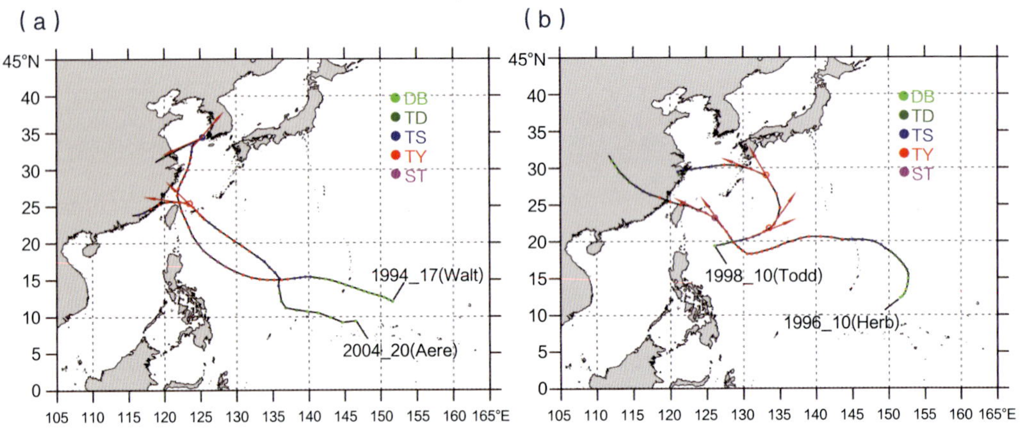

图 4.9.1　东部海上左转登陆中国的台风路径：(a) 2004 年 20 号台风 Aere 和 1994 年 17 号台风 Walt 路径，(b) 1996 年 10 号台风 Herb 和 1998 年 10 号台风 Todd 路径（热带气旋的强度分级 DB、TD、TS、TY、ST 同图 4.8.1；5 个红或蓝圈处箭头指示台风路径发生了明显的左转；参考 Huang et al.，2015）

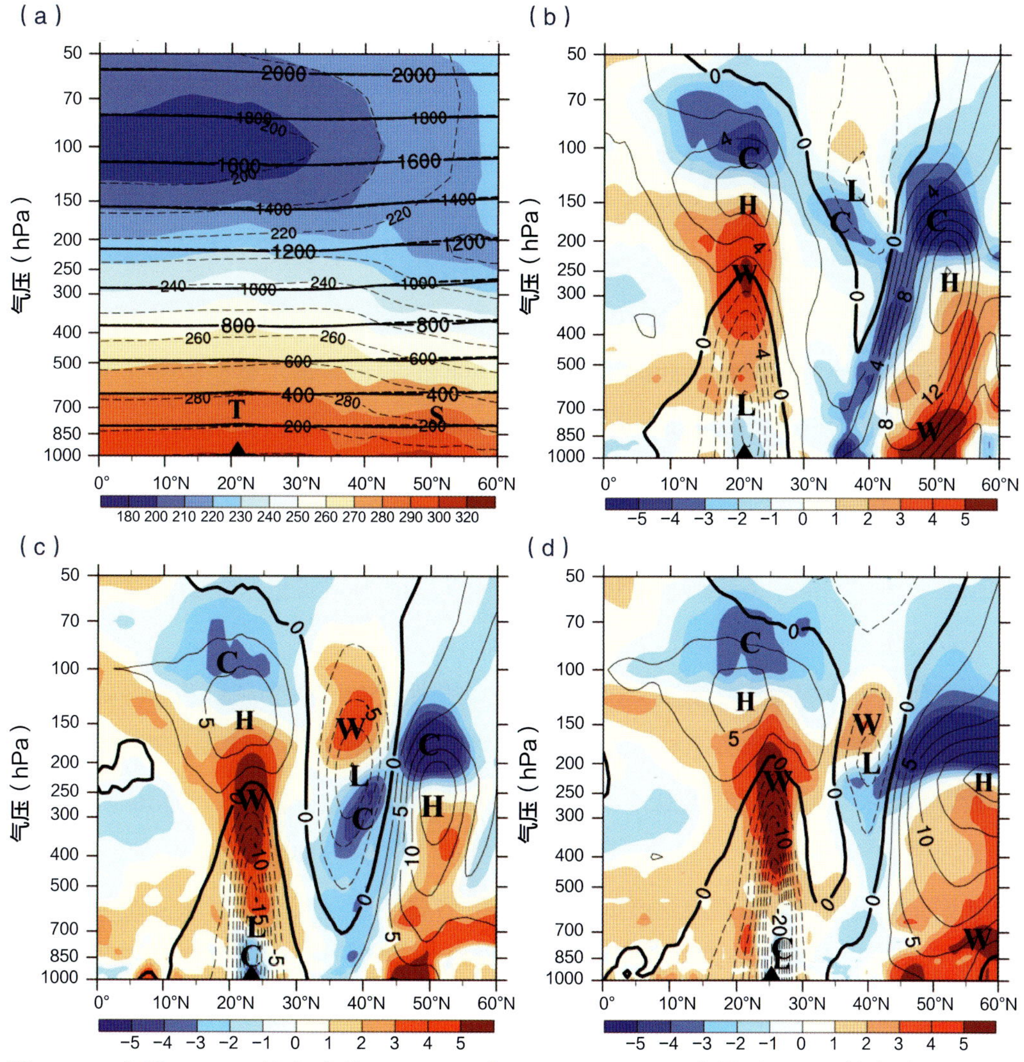

图 4.9.2 台风 Aere(a) 转向点前 48 h(2004 年 8 月 22 日 0600 世界时）总位势高度（实线，2 000 gpm 间隔）和气候位势高度（粗虚线），以及总温度（阴影，10 K 间隔）和气候温度（细虚线）；(b) 转向点前 48 h 位势高度扰动（等值线，2 × 10 gpm 间隔）和温度扰动（阴影，1 ℃间隔），(c) 转向点前 24 h(8 月 23 日 0600 世界时）位势高度扰动和温度扰动，(d) 转向点时 (8 月 24 日 0600 世界时）位势高度扰动和温度扰动（a 中字母 T 和 S 分别指示热带系统和副热带系统到达的位置；字母 H/L 和 W/C 指示位势高度扰动和温度扰动的正负中心；三角形▲指示台风位置；参考 Huang et al.，2015）

2004 年第 20 号台风在左转之前是向西北方向移动的，图 4.9.2a 给出了经过台风中心南北方向上的对流层至平流层大气的总位势高度和总温度垂直剖面。总位势高度与气候位势高度几乎是重合的，分辨不出指示台风的信息；总温度与气候温度之间有差异，但也难以得到台风的特殊结构。当画出位势高度扰动和温度扰动分布时，台风扰动系统和其周围的扰动系统就都显现出来了。台风在转向点前 48 h，扰动天气图上的台风中心在 700 hPa，之下是冷气团，之上有一个暖气团。这个暖气团与高层 150 hPa 上的位势高度扰动正中心下方的暖气团重叠了。台风低压之上和高层高压之下叠置的暖心气团有助于台风的加强。平流层的冷气团与对流层暖气团之间形成了一个扰动不稳定区间，但这个暖气团难以抬升，原因是暖气团的上部是一个位势高度扰动正中心，扰动气流是水平辐散的，于是有向南的暖平流。台风垂直方向上的上下层冷气团与中间层暖气团，和位势高度扰动的下负上正结构，是满足静力平衡关系的。这种扰动结构是台风成熟时的典型特征，是在传统天气图上看不到的。在台风以北的对流层顶附近，那里有低压扰动和高压扰动的活动。

当台风继续向转向点靠近的时候，台风上空的位势高度扰动和温度扰动的结构并不变化，变化的是它们的强度：台风低层的低压是增强的，中间层的暖气柱也在增强。台风周围扰动系统的强度和位置都在随时间变化。这些扰动系统之间的位置和强度变化反映了它们之间的相互作用。

台风是一个涡旋扰动系统，它的涡度扰动垂直分布反映了台风基本的动力学特征。2004 年第 20 号台风在 8 月 23 日 0600 世界时的最大涡度扰动出现在 350 hPa 附近。台风扰动环流在低层是辐合的，在高层是辐散的，它们之间的无辐散层随着台风强度的变化而变化。从涡度扰动和散度扰动的分布上确定了台风的中心层次后，图 4.9.3a 给出了台风转向前 350 hPa 层的总位势高度和总气流。台风正处于中国大陆高压环流和西北太平洋副高环流之间，继续向西北移动会受到大陆高压的阻挡。在两个高压环流之间的低槽附近，台风很有可能转向东北，但是实况台风路径没有转向东北。在瞬变气候图 4.9.3b 上，台风正位于副高脊线南侧的东风气候引导气流中，台风应该向西移动。

真正决定台风移向变化的是图 4.9.3c 和 4.9.3d 中的扰动系统。台风东西两侧的位势高度扰动和台风周边的低压扰动决定了台风未来的移动方向。中国大陆上的位势高度扰动 A1 对台风前行的阻挡作用，和日本以南的位势高度扰动 A2 对台风的限制作用，都是明显的。这些高低压扰动系统对台风移动的作用也得到了一个全球一层扰动涡度方程模式试验的证明。

单一的全球一层瞬变气候引导气流模式和全球一层扰动气流模式都模拟不出台风发生的实际异常路径。只有把瞬变气候引导气流对台风的作用和扰动气流对台风的作用同时考虑在一个综合叠加的全球一层扰动模式中后，实况的异常台风路径才能被模拟出来。图 4.9.1 中的四个异常左转的台风路径可以通过扰动天气图得到解释，也可以用全球一层扰动涡度方程模式进行试验性预报。2018 年 8 月初的“云雀”台风能够沿 30°N 长时间西行登陆上海，与台风北侧空间尺度更大的高压扰动伴随西行有关。这样的高压扰动对“云雀”台风的作用，欧洲中期天气预报中心（ECMWF）的模式早在 5 天前就预报出了。瞬变气候引导气流与瞬时扰动气流的分解方法不但可以应用于台风，也可以应用于大西洋飓风路径和强度的分析。

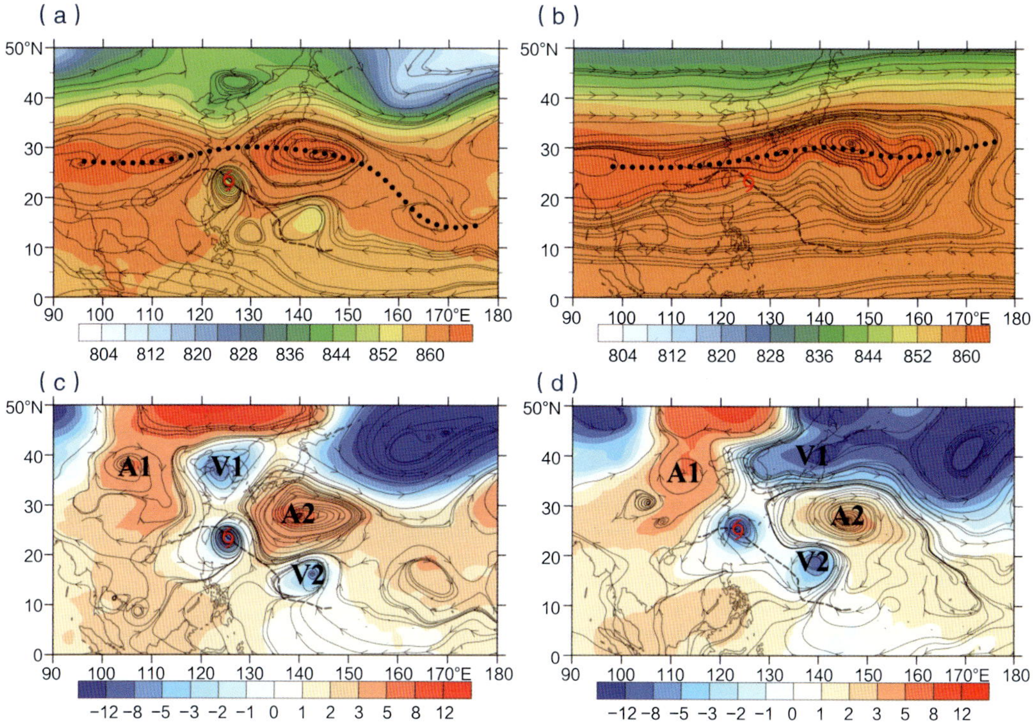

图 4.9.3　台风 Aere(a) 转向点前 24 h(2004 年 8 月 23 日 0600 世界时)350 hPa(a) 总位势高度 (阴影，4 × 10 gpm 间隔) 和总流线，(b) 气候位势高度 (阴影，4 × 10 gpm 间隔) 和气候流线，(c) 位势高度扰动 (阴影，1 × 10，2 × 10，4 × 10 gpm 间隔) 和扰动气流，(d) 转向点 (2004 年 8 月 24 日 0600 世界时) 位势高度扰动和扰动气流 (粗点线指示副高脊线，细虚线指示台风路径，字母 A 和 V 指示反气旋和气旋中心，6 是台风位置；参考 Huang et al.，2015)

HUANG J, DU J, QIAN W H. 2015. A comparison between a generalized beta-advection model and a classical beta-advection model in predicting and understanding unusual typhoon tracks in Eastern China seas. Weather and Forecasting. 30(3): 771-92.

4.10 桑迪飓风的扰动遭遇

类似登陆中国东部和南部的异常路径台风，登陆美国东部和南部的异常路径飓风也有两类：一类是从大西洋西移进入墨西哥湾，而后突然右转登陆美国南部的飓风，另一类是沿大西洋西部北上，突然左转登陆美国东部的飓风。“桑迪”飓风2012年10月21日在加勒比海生成，22日向北移动，25日左转，26日再右转，如图4.10.1中经过飓风中心的细虚线。按照引导气流的作用，它应该在右转后向东北移动，进入北大西洋。可是，它在29日0000世界时突然左转，并且迅速增强，29日1200世界时再次达到一个强度峰值。飓风在30日0000世界时登陆新泽西海岸，之后变性为异常强的温带气旋。强风暴引发了特大风暴潮，造成多人死亡，纽约市地铁进了海水，自由女神像的底座也受到了损坏。飓风登陆时，美国东北部沿海温度偏高并有暴风雨，而飓风中心的西南部温度陡降，形成了暴风雪天气。

“桑迪”飓风路径的多次左右振荡是热带气旋研究专家们十分关注的问题，美国飓风专家也用传统天气图进行过分析。图4.10.1中给出了飓风业务监测确定的最强时刻2012年10月25日0600世界时300 hPa上的传统天气图和扰动天气图。传统天气图4.10.1a上，#1是飓风的暖心位置，在其西侧有一个副热带槽#2，北侧有一个西风带上的脊#3，而在脊#3的西侧和东侧各有一个西风带上的槽#4和槽#5。依照传统的预报思路，飓风很快就要进入西风带引导气流区，然后加快向东北方向移动，进入西北大西洋，对美国东海岸不会有影响了。

从扰动天气图4.10.1b上看，飓风的西侧有一个副热带扰动冷涡。这个冷涡会与飓风发生“藤原效应”，相互作用的结果是飓风左转、移速减慢，并有可能发生两者的合并，出现飓风的一次增强。在这个与副热带冷涡发生旋转和合并的过程结束后，飓风进入了瞬变气候西风气流中，会向东北方向加快移动。与此同时，中纬度地区的暖高压扰动（H3和W3）、冷低压扰动（L4和C4），以及冷低压扰动（L5和C5）都会随瞬变气候西风引导气流东移。后来，暖高压扰动（H3和W3）挡住了飓风的去向，且正好位于飓风向东北移动的方向上，由此形成了飓风的左转。飓风的左转又迎来了从西边而来的冷的低压扰动（L4和C4），它们之间会发生打转，甚至合并再次增强，所以飓风登陆时导致了美国东部沿岸严重的灾害天气。这固然是一个“事后诸葛亮”的故事，但这个故事也只有依照扰动天气图来讲才能圆满。

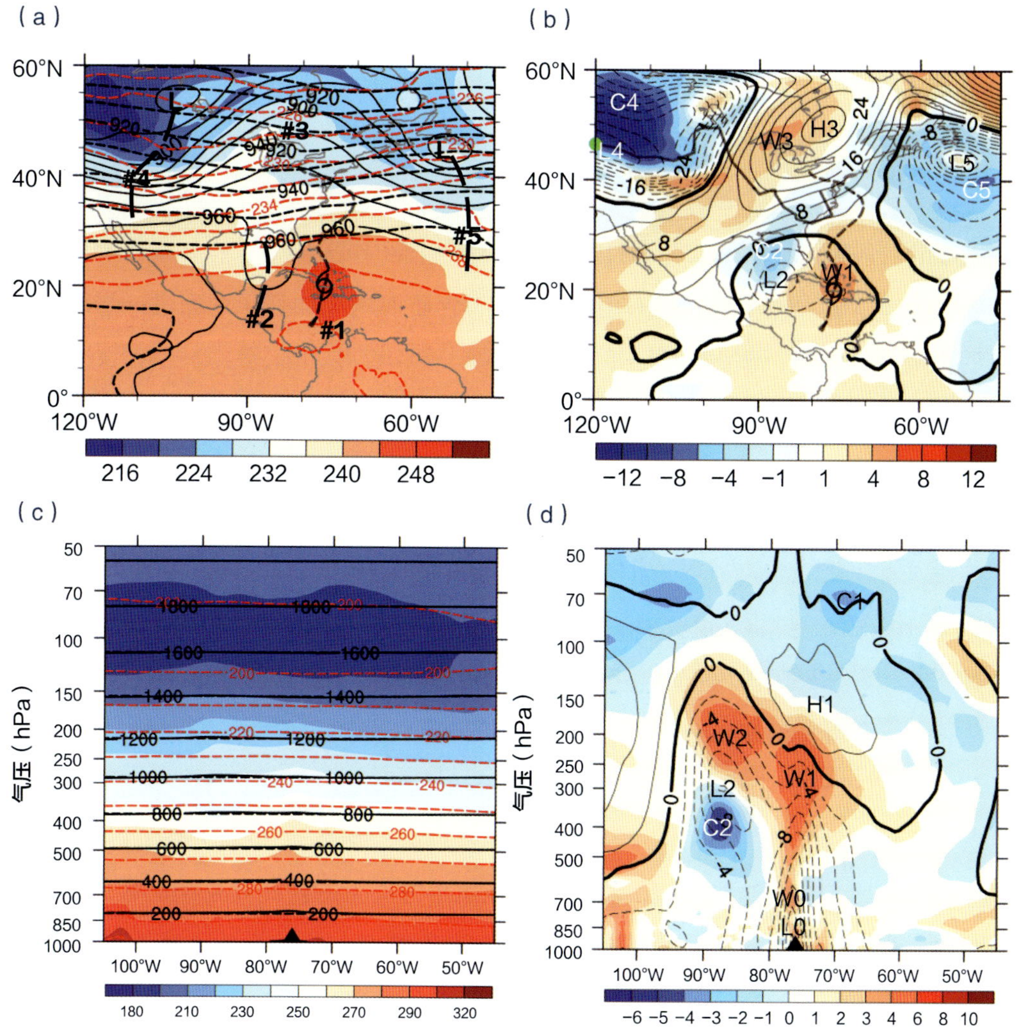

图 4.10.1　2012 年 10 月 25 日 0600 世界时 300 hPa（a）总位势高度（黑细线，100 gpm 间隔）和总温度（阴影，4 K 间隔），气候位势高度（细黑虚线，100 gpm 间隔）和气候温度（红虚线，2 K 间隔），其中符号 # 指示传统天气图上的槽脊系统；（b）位势高度扰动（等值线，40 gpm 间隔）和温度扰动（阴影，2 ℃间隔），其中经过飓风位置的粗灰虚线是它的路径，粗灰实线是扰动涡旋 L4 的路径，H/L 和 W/C 指示扰动天气图上的高低压中心和暖冷中心；（c）沿 20.25°N 垂直剖面的总位势高度（黑实线，2 000 gpm 间隔）和气候位势高度（黑虚线，2 000 gpm 间隔），总温度（阴影，10 K 间隔）和气候温度（红虚线，10 K 间隔）；（d）位势高度扰动（等值线，20 gpm 间隔）和温度扰动（阴影，1 ℃和 2 ℃间隔）（参考 Qian et al.，2016）

不但从水平分布的扰动天气图上可以看出上述故事，从垂直剖面的扰动天气图上也能理解出它们之间的动力学和热力学关系。图 4.10.1c 和 4.10.1d 给出了业务监测的飓风最强时刻沿 20.25°N 的垂直剖面，包括传统天气图与扰动天气图的比较。在传统剖面图 4.10.1c 上，位势高度等值线与气候等值线之间看不出指示飓风的信号，观测温度与气候温度之间有多个波动，也难以分辨出指示飓风的特征。在扰动垂直剖面图 4.10.1d 上，三个气压扰动系统可以分辨了，飓风低压（L0）的中心在海平面 1 000 hPa 上，其上有一个暖中心（W0）。飓风的西侧 300 hPa 上有一个低压中心（L2），其下有一个冷中心（C2），其上有一个暖中心（W2）。在飓风的偏北侧 150 hPa 上有一个高压扰动（H1），其下有一个暖中心（W1），其上部有一个冷中心（C1）。暖中心（W1）出现在飓风上部会使得飓风加强，地面进一步减压，有助于飓风的发展；同时低压（L2）与飓风打转和合并，与暖中心（W2）一起，会导致飓风增强。这些内在的结构特征已经存在于传统剖面图 4.10.1c 中，只是难以直观地描述。

桑迪飓风是在 2012 年 10 月 30 日 0000 世界时登陆美国东部新泽西海岸的。在登陆前的 6 h，桑迪飓风西南侧有一个冷低压扰动系统。图 4.10.2a 和 4.10.2b 为 2012 年 10 月 29 日 1800 世界时沿 73.5°W 和沿 38.25°N 的垂直分布的扰动天气图。立体上看，飓风登陆点附近的整层大气中有三个对峙的扰动天气系统，它们分别是中心位于近地面的飓风（L0），中心位于东北部 150 hPa 上的高压（H3），和中心位于西南侧的低压（L4）。三个扰动系统的交界处形成了很强的冷暖气团对比锋区。锋区的两侧冷暖气团伸展的深度从对流层至平流层，强扰动气压梯度的深度也伸展到了整个的大气层。这种深厚的冷暖气团在水平方向上的对比就是整层大气中存在的扰动能量，是要释放的，在释放的过程中，不同的区域上会发生不同的极端天气。

飓风登陆时导致的灾害并不仅仅是飓风能量的释放和风雨影响，也包含了中纬度地区上空一个高压扰动和一个低压扰动能量的共同作用。不同的扰动系统中心所在的气压层次不同，在一个等压面上是不可能看到所有的扰动系统的。图 4.10.2c 和 4.10.2d 给出了飓风登陆美国 2012 年 10 月 30 日 0000 世界时的对流层中低层大气的位势高度扰动、温度扰动和风扰动的分布。在图 4.10.2c 的 500 hPa 等压面扰动天气图上，对流层中部的高压扰动和低压扰动只能部分被反映。飓风位置在高压扰动与低压扰动中心连线的近地面。高压扰动给予了飓风一个阻挡的作用，而低压扰动与飓风经历了逆时针的旋转过程，即第二次的“藤原效应”。

在图 4.10.2d 的 850 hPa 上，飓风的中心比较清楚。飓风西南侧的冷中心是低压扰动下的冷气柱在 850 hPa 上的反映，而东北侧的暖中心是高压扰动下的暖气团在 850 hPa 上的反映。在飓风的对流层低层东北侧，巨大的水平扰动气压梯度导致了风暴潮，而在西南侧的扰动低温和下沉气流形成了暴风雪天气。

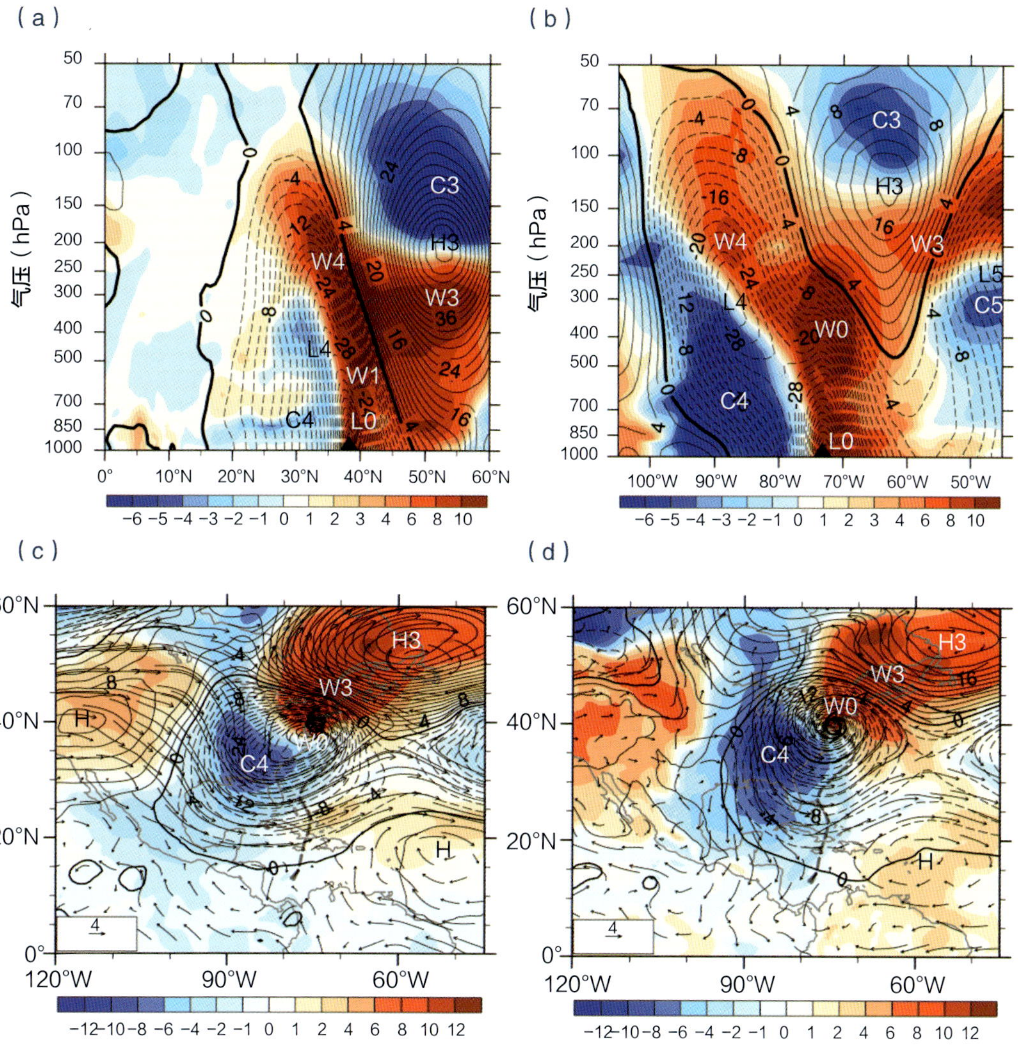

图 4.10.2　2012 年 10 月 29 日 1800 世界时沿（a）73.5°W 和沿（b）38.25°N 的垂直剖面位势高度扰动和温度扰动分布（其中图示同图 4.10.1d）；2012 年 10 月 30 日 0000 世界时位势高度扰动（等值线，20 gpm 间隔）、温度扰动（阴影，2 ℃间隔）和风扰动（箭头，m/s）在（c）500 hPa 和（d）850 hPa 上的分布（其中图示同图 4.10.1b）（参考 Qian et al.，2016）

"桑迪"飓风的路径移动和强度变化除了受到瞬变气候气流的作用外，还不断受到来自周边多个扰动系统的影响。29 日夜间登陆时出现的强度峰值超过了业务中心在 25 日 0600 世界时监测到的强度，原因是飓风与低压扰动（L4）和高压扰动（H3）共同作用的结果。很显然，在 29 日的三个扰动系统共同作用下，对流层的暖气柱达到了最强，地面低压扰动也达到了最低值。随着 30 日低压扰动中心以下冷气团进入到飓风中心，飓风的对流层中下部转变成冷气团，而对流层上部和平流层继续保持为暖气柱。于是，飓风完成了从热带气旋向温带气旋的变性转换过程。

由于冷空气从低层的入侵，“桑迪”飓风登陆后很快转变成了温带气旋并锢囚后减弱了。无论飓风还是台风，它们的强度和路径都会不断地受到瞬变气候引导气流的作用和它们与其周边扰动系统发生的相互作用，而真正的双台风“藤原效应”是很少见的。

QIAN W H, HUANG J, DU J. 2016. Examination of Hurricane Sandy's （2012） structure and intensity evolution from full-field and anomaly-field analyses. Tellus A. 68.

4.11 双台风复杂运动

西北太平洋上时常可以看到双台风和多台风的活动。当多台风在西北太平洋同时登场时，人们称之为台风的群发。一旦有两个强度相当的台风同时出现且距离较近，预报员便常常需要考虑是否会发生双台风相互作用的所谓“藤原效应”和由此导致的台风路径异常。图 4.11.1 中分别给出了 1995 年 10 月 22 日—11 月 2 日和 1997 年 10 月 11—25 日双台风逐日的相对位置。4 个台风都达到了台风和强台风的级别。1995 年 10 月的两个台风，除了期间有小的路径振荡外，基本上是平行地先后向西偏北方向移动的。1997 年 10 月的两个台风，先是向西北移动，然后几乎同时发生了向东北的转向移动。以上的两次双台风过程有没有发生相互作用或所谓的“藤原效应”呢？传统天气图和扰动天气图会给出它们的解释。

1995 年 10 月 31 日 0000 世界时，两个台风达到了共同的较强时刻。我们绘制了连接两个台风中心的垂直剖面上的传统天气图和扰动天气图，来考察它们不同的图像特征。在图 4.11.2a 的对流层至平流层总位势高度和总温度垂直剖面上，位势高度上看不出指示两个台风的信息，温度上的多处波动也指示不了两个台风的位置特征。当去掉了瞬变气候位势高度和瞬变气候温度后，图 4.11.2b 留下了位势高度扰动和温度扰动的垂直分布。两个台风的“庐山真面目”已经清楚地显示在了这幅从对流层至平流层的剖面图中。深厚的大气层被台风分成了上下两个部分，下部是低压扰动，上部是高压扰动。在台风发展期，低层低压的中心在海平面上。于是，低层低压扰动上方的增暖和高层高压扰动下方的增暖合并成为对流层上部至平流层底部的台风暖气柱，这有助于台风的增强，但在平流层上部会形成冷气柱。台风的强度不但可以在海平面气压场上得到反映，在对流层上部的温度扰动中心上也有所反映。在台风低层低压扰动处会出现扰动气流的辐合，而在高层高压扰动处会出现扰动气流的辐散。于是，在台风的对流层上部暖心处会有一个扰动风无辐散层。短期内，台风会受到无辐散层上瞬变气候气流的引导作用。

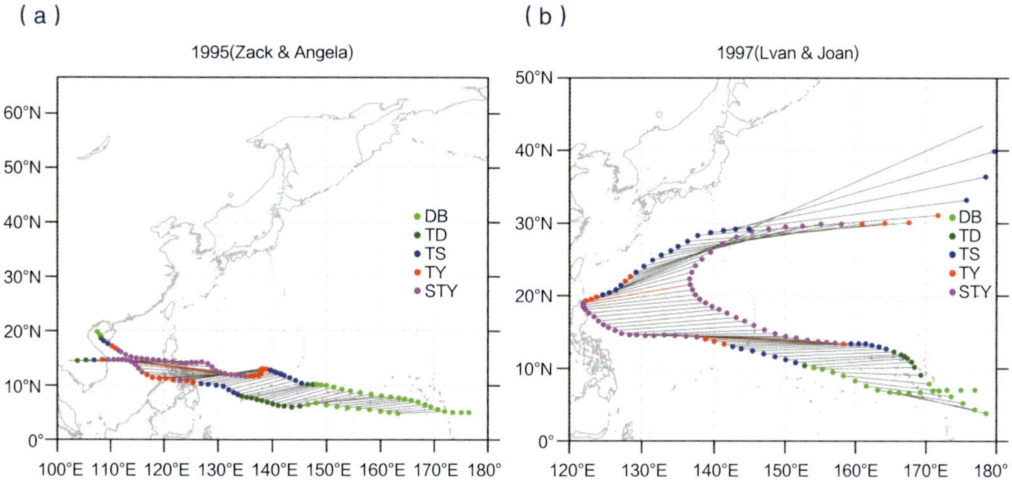

图 4.11.1 （a）1995 年 10 月 22 日—11 月 2 日和（b）1997 年 10 月 11—25 日的双台风路径逐日相对位置（彩色点）（热带气旋的强度分级 DB、TD、TS、TY、ST 同图 4.8.1；a 中细红线连接了 1995 年 10 月 30 日 1800 世界时和 11 月 1 日 0000 世界时两个台风 Zack 和 Angela 的位置点，b 中细红线连接了 1997 年 10 月 16 日 0600 世界时和 10 月 20 日 1200 世界时两个台风 Ivan 和 Joan 的位置点；参考 Qian，2017）

我们考察了对流层上层的环流情况。1995 年 10 月 29 日 1800 世界时 400 hPa 上的总位势高度和总流线分布上：中纬度是波动形式的西风带气流；副热带地区的最大高压环流位于中南半岛，次大高压环流在西北太平洋；从南海至西太平洋有三个热带气旋，西边的两个已经达到台风强度。在传统天气图上，两个副高的环流尺度大于三个热带气旋的尺度，后者的移动主要受副高的影响。于是，依照传统天气学原理判断，南海的台风未来会向西偏南移动，西北太平洋的台风正处于两个副高之间，会转向偏北进入西风带后转向东北移动，最东边的热带气旋受副高影响向西南移动。但实际情况是，三个热带气旋都没有按照传统天气学原理的引导气流移动。

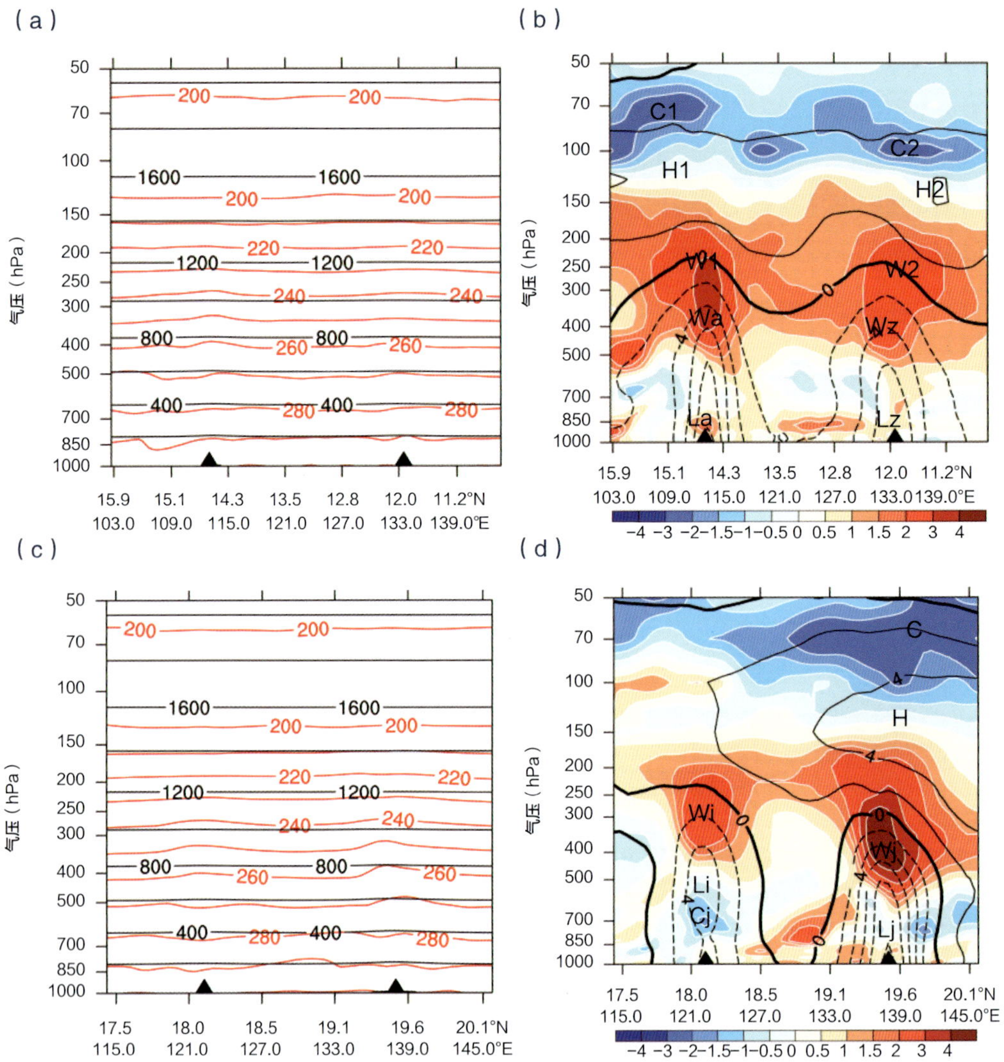

图 4.11.2　1995 年 10 月 31 日 0000 世界时（a）传统天气图上的位势高度（黑线，200×10 gpm 间隔）和温度（红线，20 K 间隔）；（b）位势高度扰动（等值线，2×10 gpm 间隔）和温度扰动（阴影，0.5 ℃和 1 ℃间隔）；（c）和（d）分别同（a）和（b），但为 1997 年 10 月 19 日 18 世界时。（三角形▲指示台风位置，b、d 中大写字母 H/L 为高度扰动正负中心，W/C 为温度扰动正负中心，下标小写字母 z 和 a 指示两个台风 Zack 和 Angela，i 和 j 指示两个台风 Ivan 和 Joan；参考 Qian，2017）

在图 4.11.3a 的瞬变气候场中，最大的气候高压环流在西北太平洋上，而次大高压环流在中南半岛至南海北部。副高北侧是平直的西风带，副高的南侧是平直的东风带。两个台风和东边的热带气旋都处于气候东风带中，它们会在瞬变气候气流的引导下继续向西移动，同时受到台风内力的作用有向西偏北的分量。1995 年 10 月 31 日 0000 世界时（图 4.11.3b），菲律宾以东的台风远离其他的扰动系统，继续向西移动，中国西南地区的高压扰动（A1）对南海的台风有点影响。从 29 日 1800 时过渡到 31 日 0000 时的扰动天气图上，副热带地区的扰动系统普遍减弱了，而中纬度扰动有所增强。这个例子中的两个同时存在的台风路径表明，它们的路径主要受到的是瞬变气候气流的引导作用，所以出现了多日持续平行的西移路径。但在此期间，台风路径也受到了周围扰动系统的微弱干扰。

我们再考察一对转向的台风。这对台风在 1997 年 10 月 19 日夜间之后发生了从向西北转向东北的移动。连接两个台风中心做成的传统天气图 4.11.2c 上，总位势高度和总温度难以指示台风的结构特征。如果从传统天气图中去掉瞬变气候，那么扰动天气图 4.11.2d 中的两个台风扰动的真面貌就显现出来了。此时，东边的台风强于西边的台风，西边的台风低层低压中心已经离开海平面，说明受到了其他扰动系统的影响，很快就要减弱了。每个台风的温压场结构仍然满足静力平衡关系，并仍具有台风下层低压与上层高压之间的暖心特征。

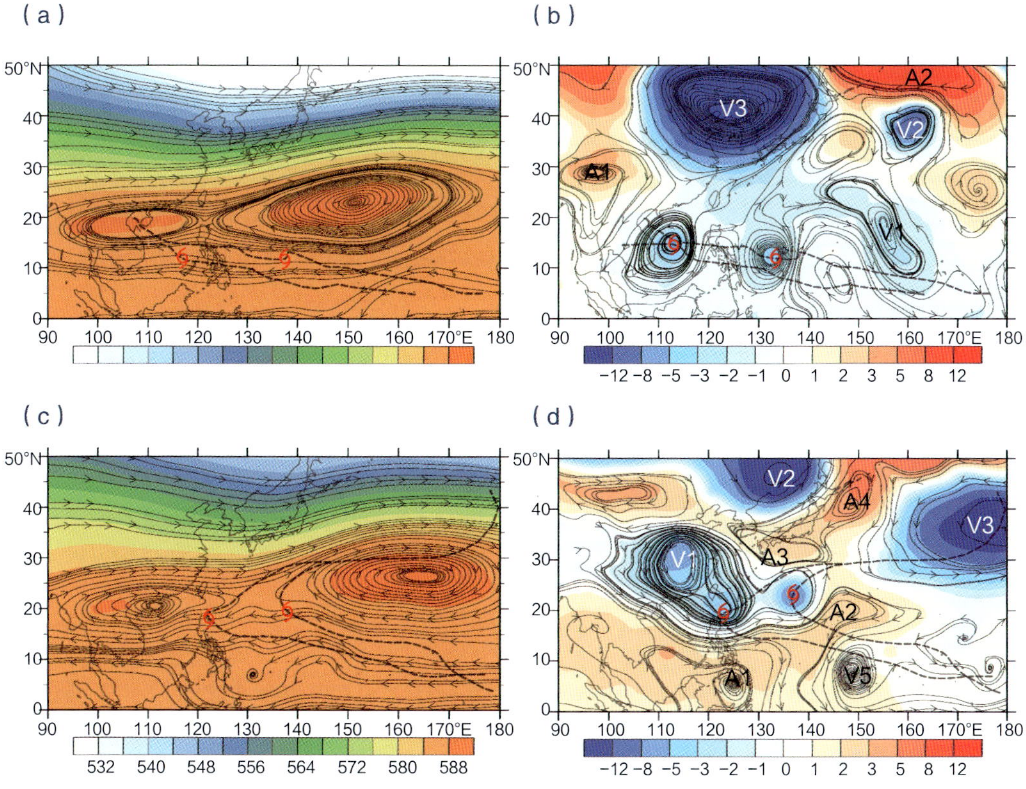

图 4.11.3 1995 年 10 月 29 日 1800 世界时 400 hPa（a）气候位势高度（阴影，4×10 gpm 间隔）和气候流线，（b）1995 年 10 月 31 日 0000 世界时位势高度扰动（阴影，1×10，2×10，4×10 gpm 间隔）和扰动气流，（c）同（a）但为 1997 年 10 月 19 日 1800 世界时，（d）同 b 但为 1997 年 10 月 21 日 0000 世界时（虚线是过台风的路径，b、d 中字母 A 和 V 指示反气旋和气旋中心；参考 Qian，2017）

取 500 hPa 传统天气图分析台风与周围系统之间的关系。1997 年 10 月 19 日 1800 世界时，西北太平洋上的副高脊线位于两个台风的北侧，难以确定台风会进入西风带中去。两个台风相对副高的位置关系很好地反映在了瞬变气候天气图 4.11.3c 中，此时两个台风正处于瞬变气候东风气流中继续西移。两个台风的转向只能用瞬时扰动天气图 4.11.3d 来解释。菲律宾附近的台风正与中国大陆上的扰动冷涡发生“藤原效应”式的相互作用，它们之间的逆时针打转导致该台风转向东北。与此同时，两个台风之间也存在“藤原效应”式的相互作用，促使东边的台风转向东北。所以，1997 年 10 月的两个台风同时转向是三个气旋性扰动系统相互作用的结果。

虽然双台风相互作用是气象学家们感兴趣的研究，但是否发生了真正的相互作用难以从传统天气图上按照传统天气学原理进行判断。发生在 1995 年 10 月的双台风分解分析表明，两个台风的平行移动受到了瞬变气候引导气流的作用，而周围扰动系统的作用是微弱的。发生在 1997 年 10 月的两个台风分解分析表明，它们的同时转向是其他扰动系统与台风相互作用的结果，而瞬变气候引导气流的作用相对微弱。在实际大气中，只有两个台风发生相互作用的过程是较少的，因为台风总要受到瞬变气候气流的作用和周围其他扰动系统的影响。一种情况是，双台风在低纬度地区只受瞬变气候气流的引导作用，而没有受到其他扰动系统的影响，双台风表现为平行移动。另一种情况是双台风除了受瞬变气候气流的引导，还同时与周边的其他扰动系统发生相互作用，出现相对复杂的移动路径。要延长台风和飓风的预报时效并给出扰动系统的直观描述，扰动方程模式是一个有前景的发展方向。

QIAN W H. 2017. Temporal Climatology and Anomalous Weather Analysis. Springer ISSN 2194-5225 (electronic), DOI:10.1007/978-981-10-3641-5.

4.12 扰动方程组模式模拟台风路径

进入南海西行台风的右转是当前业务预报的难点，原因是当前模式过分强调了观测到的大尺度环境引导气流的作用。2010 年 10 月中旬在西北太平洋上生成的台风“鲇鱼”，在西行并登陆菲律宾后造成了巨大的灾难，之后又进入南海突然右转登陆福建，给海峡两岸带来了灾害。

气象部门发布的台风路径预报，其信息源主要来自原始方程组模式的短、中期预报产品，这些模式在“鲇鱼”进入南海时并没能预报出突然右转的路径。当时中国中央气象台、美国联合台风预警中心（JTWC）和日本气象厅等业务部门不同时刻发布的“鲇鱼”台风路径预报，普遍存在三个时段的预报误差（图 4.12.1）：第一时段是 16 日前，各家预报的路径都比实况路径偏西；第二时段是 16—18 日，各家预报的路径都比实况路径偏北；第三时段是 18 日“鲇鱼”台风已经登陆菲律宾岛之后，各家预报的鲇鱼路径都比实况路径偏西。从三个时段的总体预报看，传统的方法对转向角度大的台风路径预报偏差都较大，或者当台风位于副高环流南侧东风气流中时，对台风西移预报的惯性都较大。

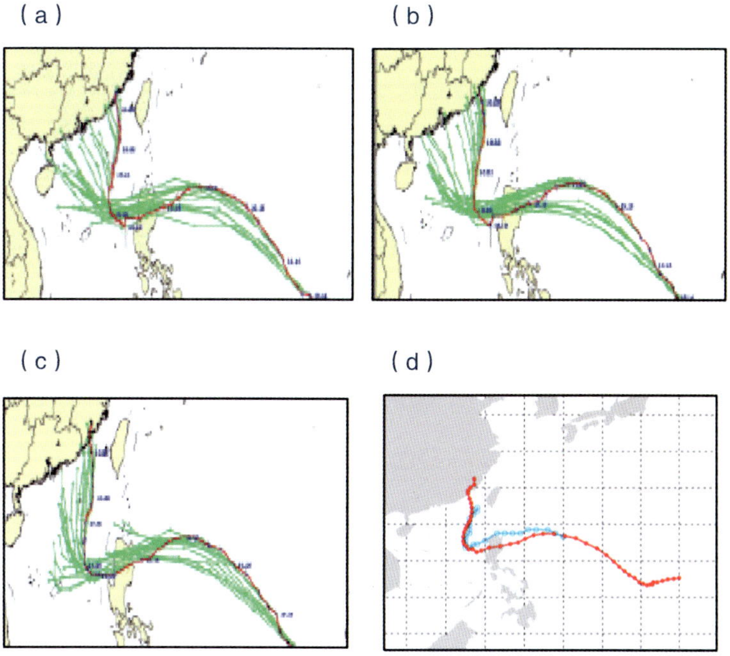

图 4.12.1　2010 年 10 月中下旬 (a) 中国中央气象台，(b) 美国联合台风预警中心和 (c) 日本气象厅在不同时刻发布的“鲇鱼”台风路径预报（绿线）与实况路径（红线），(d) 全球多层扰动方程组模式从 2010 年 10 月 16 日 1200 世界时起报的“鲇鱼”路径（蓝线）和“鲇鱼”实况路径（红线）（a、b、c 参考许映隆，2011）

如果对各家预报的台风路径做集合预报，那么台风在登陆菲律宾岛之前的左转和登陆菲律宾岛之后开始的右转都会削弱，这表明业务预报难以通过集合预报来把握台风的异常路径。分解后的扰动环流系统分析表明，前一个左转弯曲是因为对流层低层大气中的一个低压扰动与台风之间发生了相互作用，后一个右转弯曲是因为对流层上层大气中来自中国大陆的低压扰动与台风之间发生了相互作用。在台风进入南海右转之后，三家业务预报的路径都偏到了实况台风路径的西侧。

台风预报包括路径和强度两个方面，也包括台风最强出现的位置和时间。以“鲇鱼”台风最强盛的时刻为例，美国 JTWC 给出的台风中心最低气压值 903 hPa 是在 17 日 1200 世界时，而日本气象厅给出的中心最低气压 885 hPa 是在 17 日 1800 世界时和 18 日 0000 世界时。中国中央气象台和中国香港天文台给出的中心最低气压值相同（895 hPa），是在 17 日 1200—1800 世界时。18 日，在台风登陆菲律宾前的 12 h 内，各家给出的中心气压都出现了一致的升高，表明强度降低。19 日台风进入南海后，各家估计的中心气压都有一次降低，即台风出现了再次增强的过程，但时间差异较大。中国中央气象台和中国香港天文台有一个相同的低值时段，是从 19 日 1800 世界时至 21 日 1800 世界时，但美国 JTWC 和日本气象厅给出的最低气压值分别在 20 日 0000—0600 世界时和 21 日 0600—1200 世界时。而事后欧洲再分析资料显示的该台风达到最强是在 21 日 0600 世界时。这些差异说明，对台风强度的估计存在很大的不确定性。

目前各家业务中心预报台风使用的是原始方程组模式，而这种模式在同时预报气候气流和扰动气流，因此会产生气候漂移和虚假扰动。对台风异常路径的预报，我们选择扰动方程组模式做一个试验。一个全球一层的扰动涡度方程模式可以提前 2—3 天对 2010 年的“鲇鱼”台风做出异常转向路径的预报。图 4.12.1d 是一个全球多层扰动方程组模式从 2010 年 10 月 16 日 1200 世界时起报的台风路径。扰动方程组模式提前 4 天预报出了台风在南海的右转。该模式具有下列特点：瞬变气候是已知量，对所有扰动系统有平流驱动的作用；方程组相对复杂，时空积分需要的计算量大，上下边界处的热力和动力强迫已经包含在了瞬变气候中；不需要考虑复杂地形的影响。

扰动方程组模式从 2010 年 10 月 16 日 1200 世界时起报，预报在 18 日 0000 世界时台风位于副热带纬度带上，东侧有一个扰动气旋，西侧有一个扰动反气旋（图略）。在中纬度地区，中国西北和东北各有一个低压扰动，日本以东太平洋上有一个高压扰动环流。10 月 19 日，中国西北的低压扰动向东南移动到黄河上游，而东北的低压扰动和日本的高压扰动向东移动。

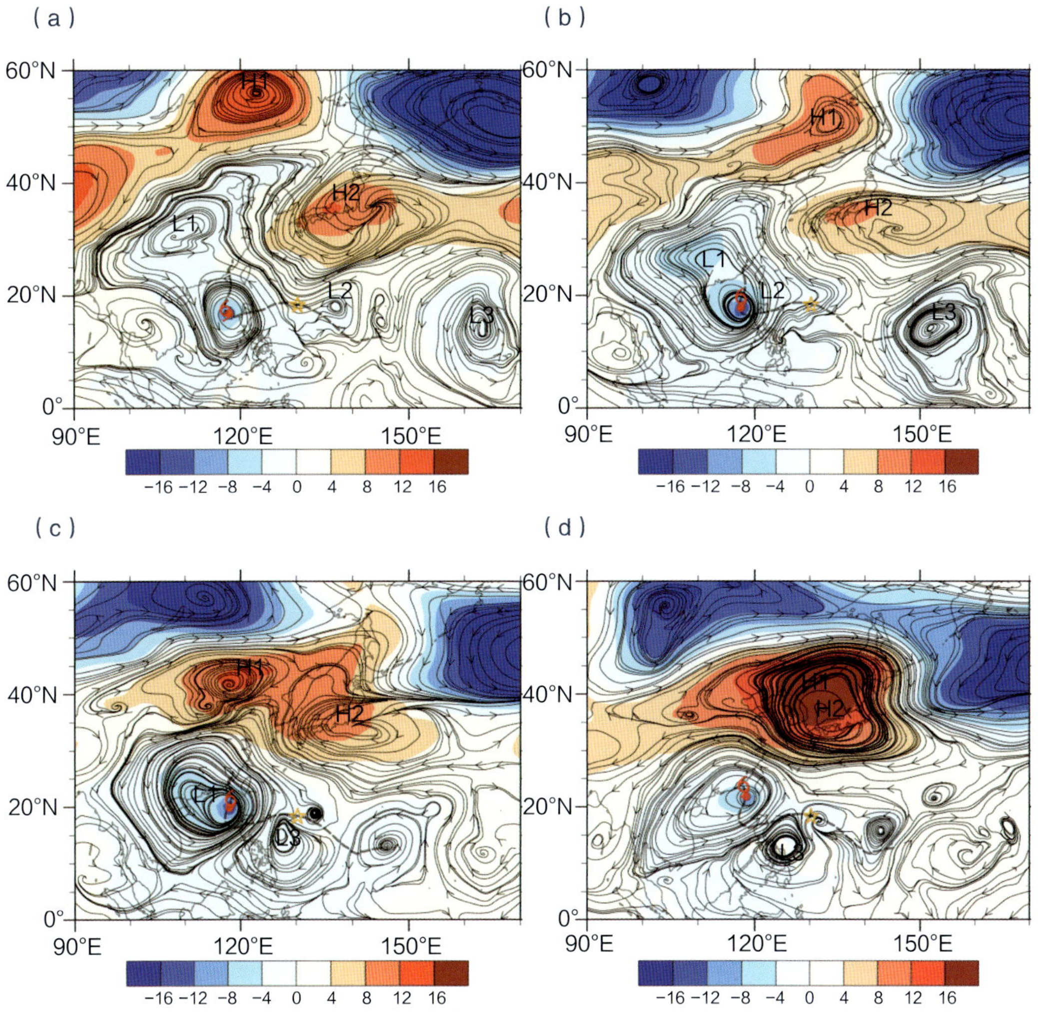

图 4.12.2　全球多层扰动方程组模式从 2010 年 10 月 16 日 1200 世界时起报到 (a)20 日 0000 世界时，(b)21 日 0000 世界时，(c) 22 日 0000 世界时和 (d) 23 日 0000 世界时的 300 hPa 位势高度扰动（阴影，4×10 gpm 间隔）和扰动气流（箭头线）（黑虚线是经过“鲇鱼”台风的实况路径，黄五角星处为台风的起报位置，字母 H/L 为高压扰动和低压扰动的中心）

扰动方程组模式 16 日 1200 世界时起报到 20 日 0000 世界时（图 4.12.2a），300 hPa 中国大陆上空的低压扰动（L1）到达长江中游地区，预报的“鲇鱼”台风已经到达转向点的位置。中国大陆上的低压扰动（L1）与台风已经处于一个大的低压环流扰动系统之中，它们之间发生相互作用后，低压扰动继续向南移动，台风转向北移动，两个涡旋引起的逆时针打转形成了类似“藤原效应”的作用关系。扰动方程组模式预报的“鲇鱼”台风在 21 日 0000 世界时已经转向，中心得到了加强，而中国大陆上的低压（L1）扰动靠近台风（图 4.12.2b）。两个扰动涡旋的合并使得台风达到了最强的时刻。欧洲再分析资料的分解结果显示出，“鲇鱼”在 1 000 hPa 上的位势高度扰动最低值和对流层顶最大温度扰动出现的时间也都是在 21 日 0000 世界时。

扰动方程组模式预报到 10 月 22 日 0000 世界时（图 4.12.2c），中国大陆低压扰动（L1）已经完全并入了转向后的台风之中。此时的“鲇鱼”台风扰动环流达到了最大的范围。台风是在 23 日登陆福建的。扰动方程组模式预报到 23 日 0000 世界时的位置也到达福建沿海，即将登陆（图 4.12.2d）。

扰动方程组模式预报的 21 日 0000 世界时 300 hPa 位势高度扰动和扰动气流与实况 300 hPa 位势高度扰动和扰动气流比较，它们之间仍然存在差异。实况中，当时的台风与中国大陆上的低压扰动和台风东侧的低压都还没有合并,但是预报图 4.12.2b 中,两个低压扰动（L1 和 L2）就要与台风合并了，只是两个扰动的残留痕迹仍然可以分辨。在预报图中，中国东北和日本上空的高压扰动（H1 和 H2）、热带西北太平洋上的一个低压扰动（L3），它们都是沿气候气流移动的，只是强度与实况有差别。10 月 22 日 0000 世界时（图 4.12.2c）扰动方程组模式较好地预报出了台风的形状、西北太平洋上的一个低压扰动（L3）和台风东北侧的反气旋扰动环流（H2）。

全球扰动方程组模式可以理论上避免气候漂移和虚假扰动的产生，模式的上下边界条件也可以大大简化。扰动方程组模式对复杂地形大气中的极端天气预报更实用。但观测大气变量作为初始场仍然会有误差，扰动方程组模式的预报时效由此会受到一定限制。扰动方程组模式对大西洋飓风的扰动环流预报也很清楚。

许映隆 . 2011. 超强台风鲇鱼路径北翘预报分析 . 气象，37(7):821-826.

钱维宏，张广文，黄静．2015．不同资料大气扰动分量对 2010 年台风鲇鱼强度变化的描述．气象，41(7)：806-815.

4.13 扰动方程组模式模拟飓风路径

2012 年登陆美国东北部的“桑迪”飓风给当地人的生命财产造成了重大损失。这样的飓风路径号称是百年难遇，它的强度和登陆点 700 年才可能重现。传统天气学的观念认为，越极端的天气事件越难以预报。而扰动天气学的观念认为，越极端的天气事件越容易预报，原因是事件发生前大气中的扰动变量信号会越强。据此，检测大气中的扰动变量信号和提取数值天气预报模式产品中的扰动变量信号是准确地预报极端天气与防灾减灾的关键。

评估一个模式的效果是看它在多长时间里的预报结果与未来的实况观测一致。由于模式本身对物理过程描述的不完整和代入模式运算的初始场中的观测误差等问题，它们都会大大缩短模式的预报时效。原始方程组模式对瞬变气候的预报就会产生气候漂移和虚假扰动，直接缩短了预报时效。代入模式运算的初始场中也不可避免地存在观测误差，模式随时间积分后会影响预报时效。对初值问题，很多业务中心都在模式的初始场中引入了随机误差，每个随机误差引入后的模式时间积分产品称为一个预报成员。最后模式发布的预报产品是对所有成员的集合或简单算术平均的结果。

美国全球预报系统 10 个成员中的 2 个从 2012 年 10 月 24 日 0000 世界时起报，提前 6 天预报出了可与实况比较的登陆位置（图 4.13.1a）。期间，“桑迪”飓风经历了 27—28 日的先左转和后右转，该系统的集合产品中没有出现对应的转向预报。美国全球预报系统有 8 个成员的路径出现了偏右，其中最偏右的 3 个成员在第 6 天的预报位置到达了北大西洋的中部（图 4.13.1b）。这些成员从一开始就是直接向东北移动的预报路径，反映了飓风进入西风带后主要受到了瞬变气候引导气流的作用，该模式没有把中纬度高低压扰动系统预报出来，也就没有反映出飓风与这些扰动系统之间的相互作用。

欧洲中期天气预报中心（ECMWF）的模式使用了 51 个成员集合的路径预报，从 2012 年 10 月 22 日 0000 世界时起报，提前 8 天预报出了“桑迪”飓风的登陆位置（图 4.13.1c），但所报 29 日的左转位置比实况偏西了。在欧洲模式预报的产品中，绘制的传统天气图上难以解读 27 日左转而 28 日又突然右转的原因，也难以清楚地解读该飓风登陆时周边地区可能发生的不同极端天气事件。

相比美国全球预报系统的 10 个成员预报结果，欧洲模式的 51 个成员预报路径相对“桑迪”飓风实况路径的分布具有离散的正态分布，所以其提前 8 天的集合预报路径与实况路径的偏差较小。而美国全球预报系统的 10 个成员中的 8 个路径普遍偏右，所以提前 6 天的集合路径预报仍然偏右。直到 2012 年 10 月 27 日 0000 世界时，美国全球预报系统的集合预报路径与实况路径才有了较好的一致。

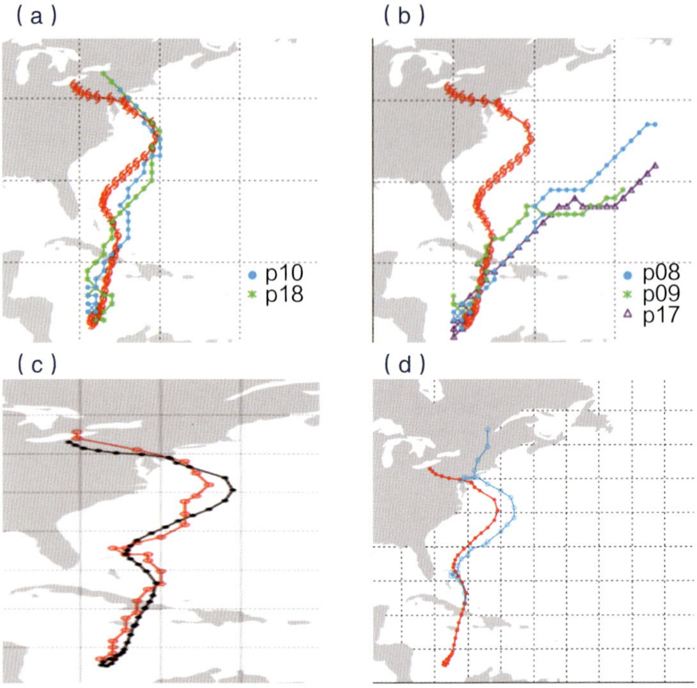

图 4.13.1 （a）和（b）美国全球预报系统 2012 年 10 月 24 日 0000 世界时起报的不同成员“桑迪”飓风路径（除红色之外的其他彩色线）与实况路径（红线），(c) 欧洲模式 2012 年 10 月 22 日 0000 世界时起报的 51 个成员集合预报的“桑迪”飓风路径（红线）与实况路径（黑线），(d) 全球多层扰动方程组模式 2012 年 10 月 25 日 1200 世界时起试验预报的“桑迪”飓风路径（蓝线）与实况路径（红线）（a 中 p10 和 p18 为美国全球预报系统最后左转路径的 2 个成员，b 中 p08，p09 和 p17 为最大偏差路径的 3 个成员；a、b、c 参考 Qian，2017）

全球多层扰动方程组模式与原始方程组模式的根本不同之处在于：前者运行的瞬变气候是已知的，在扰动方程组模式的瞬变气候变量中已经包含了来自太阳辐射日循环和年循环对扰动变量的作用。扰动方程组模式只是从一个初始时刻的扰动出发预报未来时刻的扰动，模式输出产品就是扰动变量，扰动量的图像识别可以直接用于定位极端天气。扰动方程组模式试验预报的“桑迪”飓风路径与实况路径给出在图 4.13.1d 中，从 2012 年 10 月 25 日 1200 世界时起报的结果中，预报路径经历了左转、右转和 29 日的左转，最后登陆。它预报出了几次转向，但预报路径总体上系统性地偏东，登陆后的路径发生了很大偏差。这只是扰动方程组模式一次试验性预报结果，没有做更多的成员预报试验，使用的初始场来自欧洲的再分析资料。

图 4.13.2a 是全球多层扰动方程组模式 2012 年 10 月 26 日 1200 世界时起报时的 300 hPa 位势高度扰动和扰动气流分布，一个副热带低压扰动 L1 正位于飓风的西

南侧，中纬度还有一个高压扰动 H1 和两个低压扰动（L2 和 L3）。分布在中纬度的高低压扰动系统会在瞬变气候西风气流的引导下东移。图 4.13.2b 是扰动方程组模式预报 24 h 的扰动系统分布，此时的副热带低压扰动 L1 的主体已经与飓风合并了，这标志着 27 日的飓风增强过程。在中纬度的瞬变气候西风引导气流下，27 日中纬度的三个扰动系统相比 26 日东移了，其中东边的低压扰动 L3 东移后对飓风将不具有影响。27 日，飓风正在瞬变气候西风引导气流下向东北方向移动，未来会受到在它前方的高压扰动 H1 的阻挡，而西北侧又来了一个低压扰动 L2，所以飓风会左拐。

全球多层扰动方程组模式预报到 10 月 29 日 1200 世界时的飓风位置刚刚到达转向点，实况飓风已经向左转向（图 4.13.2c）。我们仅仅关注这个时刻预报的各个扰动系统之间的关系。飓风未来不可能再继续向东北移动了，原因是在它的东北侧有一个巨大的高压扰动 H1 挡住了它的去路，而在它的西侧有一个低压扰动 L2 会与它发生相互作用，类似"藤原效应"，飓风左转是必然的了。如果全球扰动方程组模式能够预报出未来各个时刻的扰动环流形势，就能够帮助预报员判断未来飓风的移向和扰动形势下的各地极端天气了。

在扰动方程组模式预报的 30 日 1200 世界时（图 4.13.2d）中，实况飓风已经登陆，而模式预报的飓风位置（红圆点）稍落后实况。但从扰动方程组模式预报的扰动环流形势看，飓风事实上确实位于东北侧的高压扰动 H1 与西南侧的低压扰动 L2 之间。300 hPa 层上反映出了飓风两侧的高低压扰动环流形势，飓风扰动系统位于对流层的中下部。在高低压和飓风三个叠置的扰动系统下，飓风登陆点附近的东北部具有较深厚的偏东扰动气流，形成了风暴潮。在飓风登陆点的东北方出现了扰动高温下的强对流性降水天气，而在西南方出现了低温下的雨雪天气。

欧洲模式对降水的预报时效能够提前 2—3 天，对环流形势的有效预报时间可以达到 6—7 天，其中包含了可分解的 6—7 天的扰动环流系统预报，在有些地区和季节里，扰动环流的有效预报可以达到 8—9 天，甚至更长的时间。预报员可以根据扰动环流系统的三维结构判断地面极端天气事件的种类和发生位置，如降水的强度和位置，这样可以延长异常天气的预报时效。台风和飓风的业务预报中，引导气流是一个必须考虑的主要因素，但引导气流的取法有所不同，所以预报结果也会有很大的差异。有物理意义的引导气流应该是瞬变气候气流。

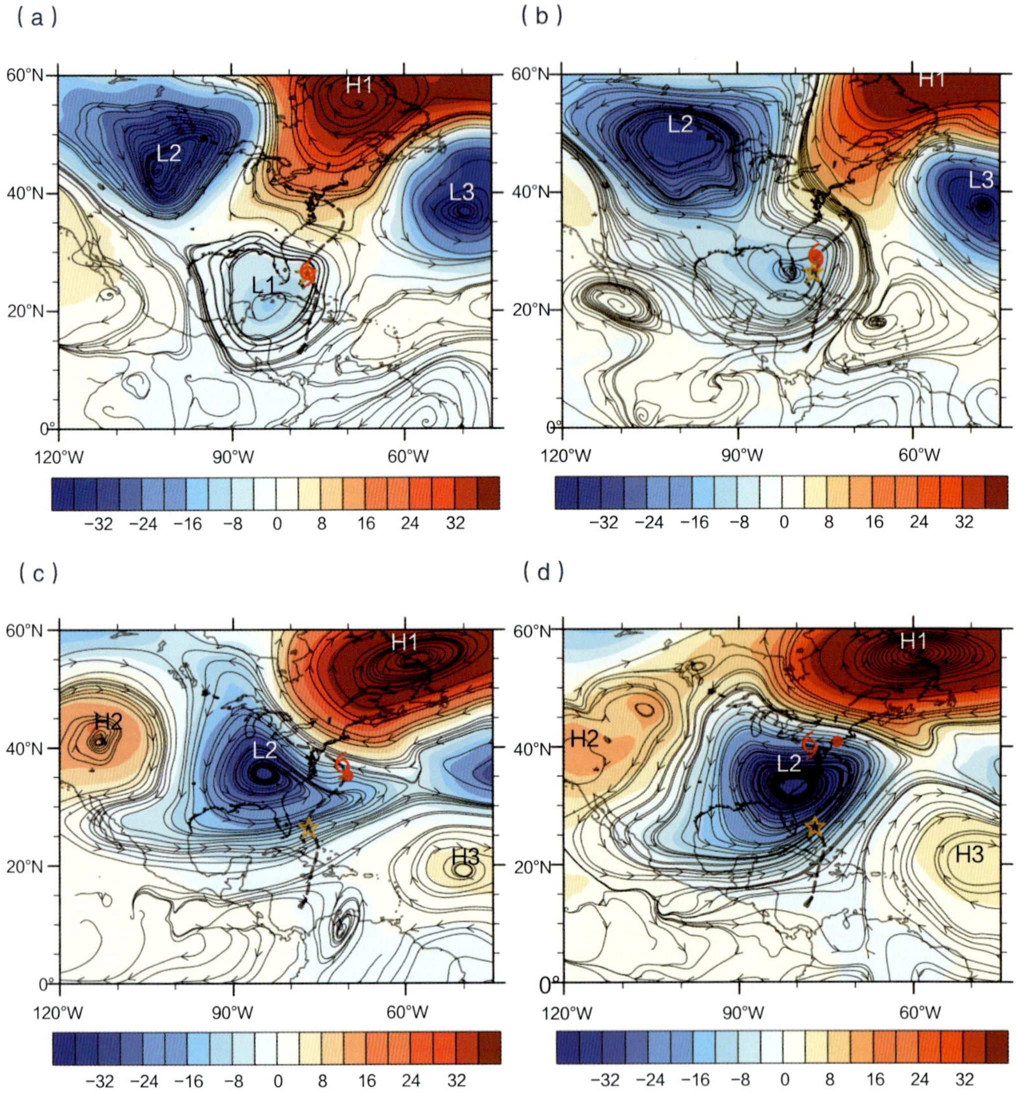

图 4.13.2　全球多层扰动方程组模式从 2012 年 10 月 26 日 1200 世界时起报的 (a)300 hPa 位势高度扰动（阴影，4 × 10 gpm 间隔）和扰动气流（箭头线），预报的 (b)27 日 1200 世界时，(c)29 日 1200 世界时和 (d)30 日 1200 世界时的位势高度扰动（阴影，4 × 10 gpm 间隔）与扰动气流（箭头线）（经过飓风 6 的虚线是桑迪的实况路径，黄五角星处为飓风的起报位置，字母 H/L 指示高低压环流系统的中心位置）

4.14 台风的真实引导气流

日常业务中，热带气旋的移动被考虑为受到大尺度环境引导气流的作用。这里用台风路径的预报来表明准确使用瞬变气候的重要性和必要性。预报员在日常的台风路径预报中首先考虑的是大尺度环境引导气流，多数是用观测的 500 hPa 气流作为引导气流。实际上，500 hPa 上的观测气流包含了瞬变气候气流和瞬时扰动气流。我们考虑用已知的但随时间变化的瞬变气候气流作为引导气流。对不同强度的台风，它的最佳瞬变气候引导气流并不一定在 500 hPa 层上。

我们可以把瞬变气候引导气流层选择在台风的最大扰动涡度（MAV）层和最小扰动散度（MAD）层上。当台风达到一定的强度时，MAV 和 MAD 会出现在同一层上，那里是台风系统的最强中心。假定短期内引导气流层不变，那么台风扰动涡旋 ς' 受到的瞬变气候引导气流的作用可用下式表达。

$$\frac{\partial \varsigma'}{\partial t} = -\tilde{u}\frac{\partial \varsigma'}{\partial x} - \tilde{v}\frac{\partial \varsigma'}{\partial y} - \beta v' \qquad (4.14.1)$$

公式中，β 是地球自转参数随纬度的变化率。基于大气变量物理分解的原理，观测到的风可分解成瞬变气候风（$\tilde{u}$，$\tilde{v}$）和瞬时扰动风（u'，v'），即 $u = \tilde{u} + u'$ 为东西风分量的分解，$v = \tilde{v} + v'$ 为南北风分量的分解，总涡度等于瞬变气候涡度和瞬时扰动涡度的和 ($\varsigma = \tilde{\varsigma} + \varsigma'$)，瞬时扰动涡度所在的正 $\varsigma' = \frac{\partial v'}{\partial x} - \frac{\partial u'}{\partial y}$ 值中心可确定台风位置。

在大尺度的瞬变气候引导气流层上，预报员可预估气候气流引导下的台风在未来几天内的移动。此外，台风（正扰动涡旋 ς'）还受到瞬时扰动气流（u'，v'）的作用 (4.14.2)。

$$\frac{\partial \varsigma'}{\partial t} = -u'\frac{\partial \varsigma'}{\partial x} - v'\frac{\partial \varsigma'}{\partial y} - \beta v' \qquad (4.14.2)$$

瞬时扰动气流对台风作用的结果是使得台风打转，也就是台风会发生偏离瞬变气候引导气流的运动。实际的台风移动路径是大尺度瞬变气候引导气流和瞬时扰动气流共同作用下的运动 (4.14.3)。

$$\frac{\partial \varsigma'}{\partial t} = -u\frac{\partial \varsigma'}{\partial x} - v\frac{\partial \varsigma'}{\partial y} - \beta v' \qquad (4.14.3)$$

所以，我们不能随便用某个层或固定 500 hPa 层的观测大尺度风作为台风未来移动的引导气流，也不能用其他时次的瞬变气候气流或者几日平均的风作为台风移动的引导气流。

沿 25 °N，从 110 °E 至 140 °E，每天 450 hPa 上 0800 世界时的瞬变气候风与 0200 世界时的瞬变气候风存在着随季节和随地理位置的差。相差 6 h 的气候风最大速度差异可达 2—3 m/s，并且还有风向上的差异。由此可见，不同瞬变气候引导气流下的台风移动速度和移向是有差异的。瞬变气候气流反映了太阳辐射与下垫面特征对台风移动的强迫，这种强迫是已知的。不同瞬变气候气流会对台风的路径预报产生怎样的影响呢？我们举例用不同时刻的瞬变气候风代替台风时刻的瞬变气候风，和用多时刻瞬变气候风的平均代替台风时刻的瞬变气候风，考察它们对台风路径预报的影响。

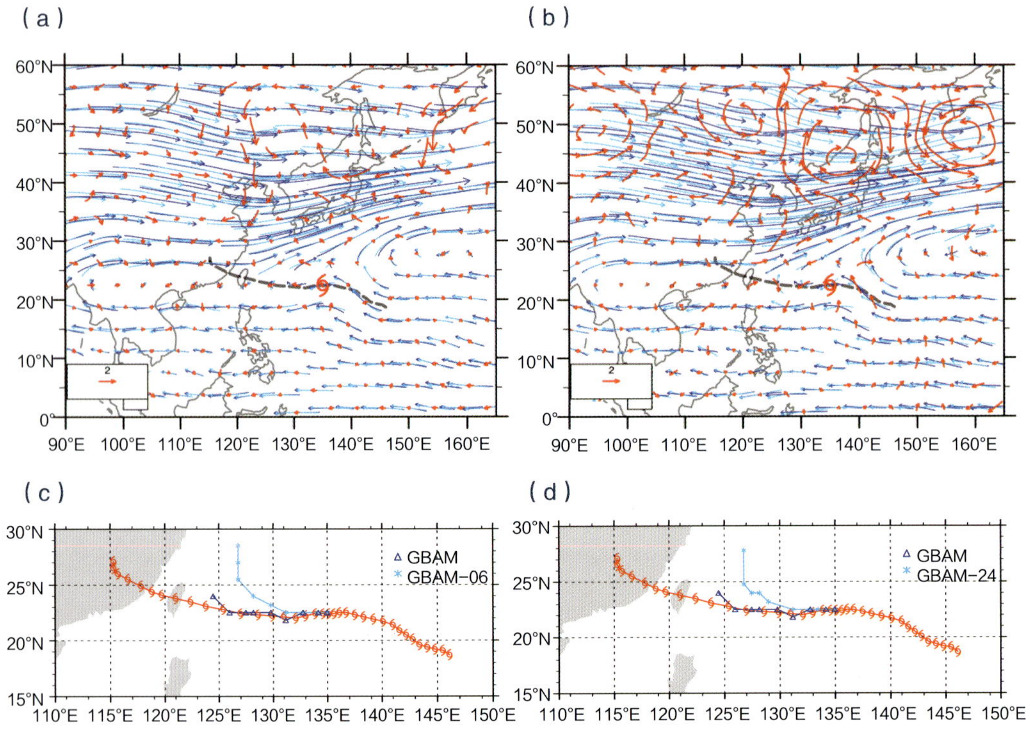

图 4.14.1 (a) 2005 年 9 月 29 日 0000 世界时瞬变气候风（蓝色箭头）与 28 日 1800 世界时瞬变气候风（绿色箭头）的 6 h 风差（红色箭头，m/s），(c) 全球一层扰动涡度方程模式在 450 hPa 层上从 2005 年 9 月 29 日 0000 世界时用实时瞬变气候风起报的 48 h 台风路径（带三角形 GBAM 的蓝线）和用提前 6 h 瞬变气候风起报的 48 h 台风路径（带星号 GBAM-6 的绿线）与“龙王”台风实况路径（带台风符号的红线）的比较，（b）和（d）同 (a) 和 (c) 但为 2005 年 9 月 29 日 0000 世界时瞬变气候风与 28 日 0000 世界时瞬变气候风的 24 h 风差与台风实况路径的比较 (a 和 b 中粗黑虚线是经过台风的实况路径；参考 Qian et al.，2017)

考察的第一个例子是在 2005 年 9 月底发生在西北太平洋上的“龙王”台风。这个台风在 2005 年 9 月 29 日 0000 世界时的最大扰动涡度和最小扰动散度层在 450 hPa 附近。台风位于气候副高的西南侧偏东瞬变气候气流中。台风周围没有明显的扰动系统存在，所以该台风会在瞬变气候气流的引导作用下，在未来 48 h 内向西移动。我们用与台风同时刻的瞬变气候风代入全球一层扰动涡度方程模式（4.14.3），预报的未来 48 h 路径（图 4.14.1c 和 4.14.1d 中带三角形的蓝线）与实况“龙王”台风路径（图 4.14.1c 和 4.14.1d 中红线）基本上没有偏差。

如果在 2005 年 9 月 29 日 0000 世界时起步时刻及其之后的各个模式时刻都取滞后 6 h 的瞬变气候风代替台风时刻的瞬变气候风，模式预报的台风路径与实况“龙王”台风路径在前 24 h 偏差较小，但后 24 h 的偏差逐渐增大了（图 4.14.1c 中带星号的绿线）。这种偏差增大的原因是取用了不是台风时刻的瞬变气候风。这种偏差风是随纬度增加的。偏差气候气流会把台风错误地带入到气候西风气流中去，使得台风 24 h 后的路径预报出现很大的偏离。

用简单的全球一层扰动涡度方程模式（4.14.3），我们很容易改变瞬变气候引导气流，从而试验出不同的台风路径预报结果。图 4.14.1b 和 4.14.1d 中又取用了提前 24 h 的瞬变气候风代替了台风时刻的瞬变气候风，模式对“龙王”台风路径进行了预报。2005 年 9 月 29 日 0000 世界时瞬变气候风与 28 日 0000 世界时瞬变气候风的差在副高和低纬度地区比较小，但在中纬度地区就可达 6—7 m/s 了。图 4.14.1b 表明，中纬度地区日与日之间的瞬变气候风差比低纬度和副热带高压范围内的大。

当用提前 24 h 的瞬变气候风代入全球一层扰动涡度方程模式预报“龙王”台风的路径时，它的偏差在起报 12 h 后就反映出来了（图 4.14.1d）。偏差风使得预报的台风位置偏北了。于是，偏北的路径将使台风进入更大的偏差气候气流中，在模式预报的 48 h 中，后一个 24 h 预报的路径偏差就更大了。取用其他不同时次的瞬变气候风代替台风时刻的瞬变气候风都会有不小的路径偏差，只有取用与台风相同时刻的瞬变气候风才会得到最佳的预报路径。

考察的第二个例子是 1979 年 9 月底“欧文”台风由副热带向中纬度移动在不同气候气流下的路径预报。我们考察用多个时刻的瞬变气候风平均代入模式对台风路径预报的影响。图 4.14.2a 中分别给出了 1979 年 9 月 28 日 0000 世界时 550 hPa 的瞬变气候风，28 日 24 h 中 6 h 间隔的 4 个时次瞬变气候风得到的日平均气候风，以及它们之间的偏差风分布。它们之间的偏差风在副高范围内比较小，在赤道地区和中纬度地区比较大。用台风时刻的瞬变气候风代入模式能够比较好地模拟出实际的台风路径（图 4.14.2b 和 4.14.2d 中带三角形的蓝线），但用日平均气候风代替台风时刻瞬变气候风的时候，预报的台风路径发生了右偏，并且随着纬度的增大，偏差逐渐增大。

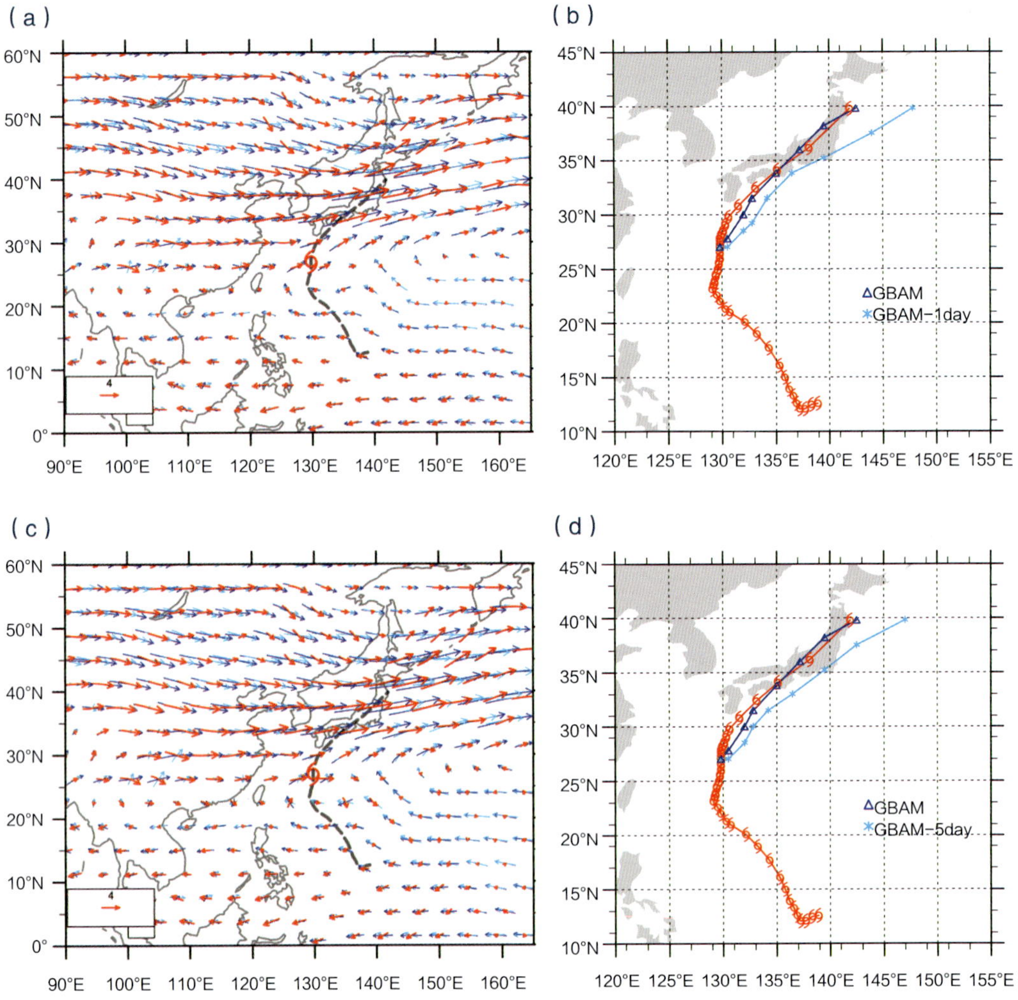

图 4.14.2　同图 4.14.1a 和 4.14.1c，但 (a) 和 (b) 为 1979 年 9 月 28 日 0000 世界时 550 hPa 瞬变气候风与 28 日 24 h 中 4 个时次日平均气候风的差，(c) 和 (d) 为 1979 年 9 月 28 日 0000 世界时 550 hPa 瞬变气候风与以 28 日 0000 世界时为中心的 5 天平均气候风的差 (b 中带台风符号的红线是欧文实况路径，带星号 GBAM−1day 的绿线为用日平均气候风代入模式预报的台风路径，带三角形 GBAM 的蓝线为用台风时刻的瞬时气候风代入模式预报的台风路径；d 同 b 除了带星号 GBAM−5day 的绿线为用 5 天平均气候风代入模式预报的台风路径；参考 Qian et al.，2017)

取用 5 日平均气候风代替台风时刻瞬变气候风模拟预报的结果也反映出了右偏，原因是 5 天平均的中纬度气候西风气流偏大了。图 4.14.2c 和 4.14.2d 中，取 5 天平均后的气候风不但模拟的位置偏东，速度也偏快了。取用 3 天、5 天、11 天和 31 天的气候平均风，模拟的台风路径偏东和速度偏快与此相似。

如果用包含台风时刻在内的前后几天观测的大气基本变量做简单的算术平均代表气候，或用几天滑动平均的、纬圈平均的、区域平均的观测大气基本变量代表气候，这些气候代入全球一层扰动涡度方程模式（4.14.3）后会得到更大的台风路径预报偏差。大气中的瞬变气候变量或瞬变气候气流具有明确的物理含义。瞬变气候气流，也就是引导气流，是台风移动过程中不可缺少的已知强迫。台风未来的实况移动是瞬变气候气流和瞬时扰动气流共同作用的结果。因此，充分认识和利用瞬变气候气流是做好台风路径预报的保证。

QIAN W H, HUANG J. 2017. Impact of different climatic flows on typhoon tracks. Meteorol Atmos Phys, DOI 10.1007/s00703-017-0515-z.

4.15 地面热浪的扰动信号

热浪是夏秋季经常发生在中国中东部的极端天气。持续多日的热浪对人们的生产和生活会造成重大的影响，对生态环境也会造成严重的损害。要预报热浪，首先需要从大气中找到能指示热浪的信号。这里，我们从实例分析出发，用扰动法识别对流层至平流层大气中可以指示地面热浪事件的异常信号。

2013 年 6—8 月份，长江流域发生了多个时段的热浪天气，其中 6 月 18 日和 8 月 17 日分别是两次热浪过程中最炎热的日子。图 4.15.1a 是 2013 年 6 月 18 日常规天气图上地面气温的分布，长江流域大范围气温超过了 35 ℃，达到了热浪标准，其中西部 A 和东部 B 的气温甚至出现了超过 38 ℃的高温中心。如果把地面气温分解成瞬变气候温度和气温扰动两个部分，那么长江流域的中部 A 和东部 B 各有一个高于 8 ℃的高温异常中心，黄河上游有一个高温异常中心 C（图 4.15.1b）。地面上的两个低温中心（D 和 E）分别出现在黄河下游和西北地区，其中西北地区的低温异常中心达到负的 8 ℃。

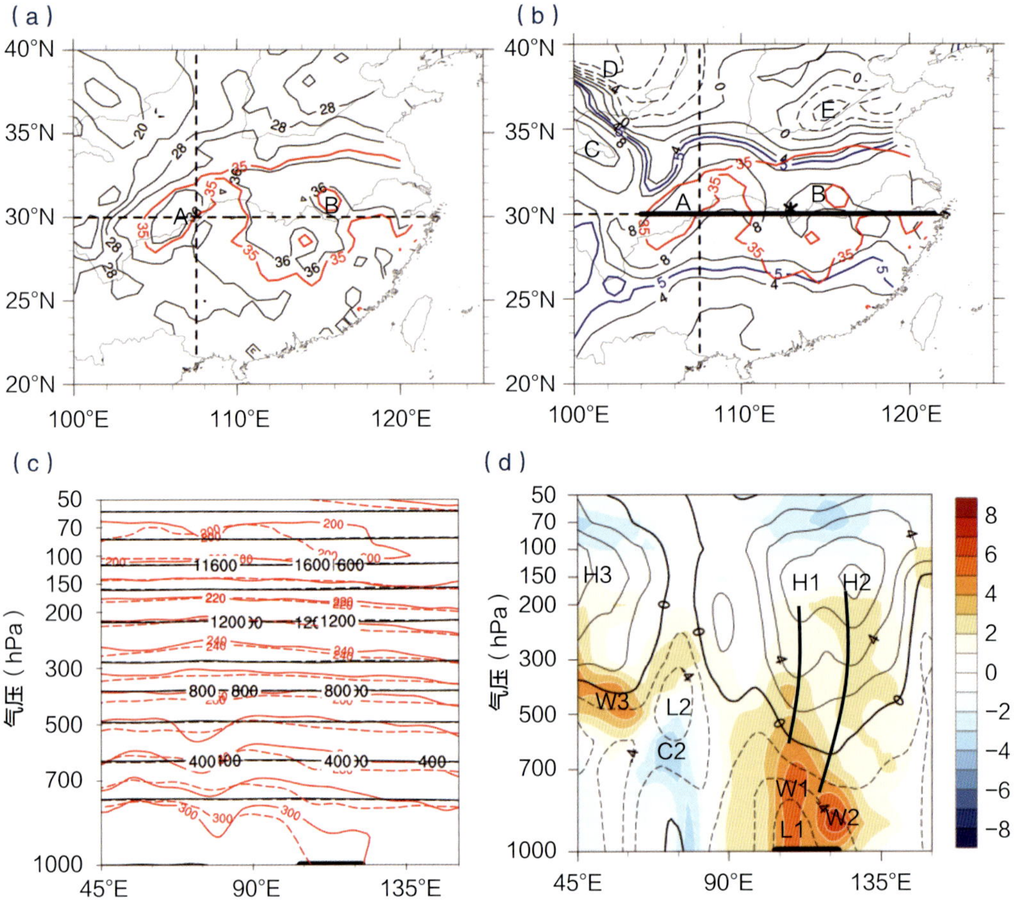

图 4.15.1　2013 年 6 月 18 日（a）地面最高温度（等值线，4 ℃间隔），（b）地面最高温度扰动（等值线，2 ℃间隔），2013 年 6 月 18 日沿 30°N 的（c）传统天气图上实况位势高度（黑实线，200 × 10 gpm 间隔）和气候位势高度（黑虚线），实况温度（红实线，10 K 间隔）和气候温度（红虚线），（d）扰动天气图上位势高度扰动（等值线，2 × 10 gpm 间隔）和温度扰动（阴影，1 ℃间隔）（a、b 中两条虚线分别沿 107.5°E 和 30°N，35 ℃等值线为红线，字母 A、B 为两个高温中心，b 中字母 A、B、C 为高温异常中心，D 和 E 为两个低温异常中心；d 中字母 H/L 指示位势高度扰动的正负中心，W/C 指示温度扰动的正负中心，1 000 hPa 上的粗黑线区域指示热浪发生位置；参考 Chen et al.，2017）

地面气温异常的大气扰动信号在哪里？为了回答这个问题，图 4.15.1c 和 4.15.1d 给出了沿 30°N 的大气变量垂直剖面。在 2013 年 6 月 18 日沿 30°N 的垂直剖面传统天气图上，变量是实况位势高度和气候位势高度，以及实况温度和气候温度。在图 4.15.1c 指示的地面热浪区上空：实况位势高度与气候位势高度几乎完全重合，它们难以指示热浪对应的信号；实况温度与气候温度之间有偏离，但也难以看出指示热浪的特征信号。简单的做法就是把图 4.15.1c 中的实况位势高度与气候位势高度相减，实况温度与气候温度相减，将相减后的结果绘制在图 4.15.1d 中。可以看出，在地面热浪区上空的近地面边界层大气中有两个高温中心 W1 和 W2。再向上部大气中去追踪，发现对流层顶附近 150 hPa 上有两个位势高度扰动的正异常中心 H1 和 H2，两个位势高度扰动中心像一对双胞胎位于一个更大范围的位势高度扰动正异常区中。热浪区的低层大气中有一个负的位势高度扰动中心 L1。南方地区近地面低压扰动下的高温天气多属湿热浪。根据静力平衡关系，两个位势高度扰动正中心的下方会延伸出两个暖气柱 W1 和 W2。从位势高度扰动的强度看：东部的位势高度扰动正中心 H2 更强，所以下方的暖中心 W2 也强，但它的最强中心没有达到地面；西部的位势高度扰动正中心 H1 虽然弱些，下方的暖中心 W1 也弱些，但地面上的负高度扰动中心 L1 会增强其上部的暖中心 W1，所以西部的地面热浪显得比东部的强。

在传统天气图的 500 hPa 上，没有明显的指示地面热浪的信号。从 500 hPa 的扰动天气图上看，有位置偏北的位势高度扰动正信号和温度扰动正信号，但它们都不在信号最强的气压层上，也没有具体的异常特征。所以，仅用 500 hPa 的位势高度扰动和温度扰动指示高温事件，扰动信号并不是最强的，预报地面热浪事件需要把握大气扰动的三维空间特征。利用欧洲中期天气预报中心（ECMWF）的中期数值模式产品做扰动分解可以提前一周得到热浪强度和位置的信号。

图 4.15.2 给出了一例长江中下游地区发生的秋季热浪事件对应的对流层至平流层大气中的位势高度扰动和温度扰动分布。2010 年 9 月 17 日沿 115°E 的垂直剖面上（图 4.15.2a），江淮流域的近地面气温距平 W0 还不及上部暖气柱 W1 的温度距平大。对流层中的暖气柱是对流层顶位势高度扰动 H1 正异常的对应结果，而异常高压中心的上方是平流层中的冷气团 C1。所以，长江流域的地面热浪是与对流层至平流层大气中的温压场扰动系统联系在一起的。一个高压扰动的附近必然会出现低压扰动。华北高压扰动的北侧，俄罗斯上空有一个低压扰动 L2，其下方有冷气柱 C2 到达地面，形成了地面降温，而其上方的平流层中有一个暖气团 W2。在它们的更北位置上，靠近北极的对流层顶又有一个高压扰动中心，其下方和上方有对应的暖气柱和冷气柱。

在图 4.15.2a 的垂直剖面中，任意一个地理位置上都可以在对流层至平流层的大气中找到一个最大高度扰动（largest height anomaly，LHA）值。把 2010 年 9 月 17 日的欧亚区域上的 LHA 值画在图 4.15.2b 上，最大的 LHA 正中心 H1 在华北，在其北侧有一个大的 LHA 负值区 L2。从北欧到西亚有负 – 正 – 负排列的三个 LHA 扰动中心。在北太平洋上，有北正和南负的 LHA 中心。每个 LHA 扰动中心的下方都

会有一个异常的冷 / 暖气柱，到达地面时就是低温 / 热浪事件。这些冷 / 暖气柱和地面上的气温异常在对应的图 4.15.2c 中可以找到。图 4.15.2b 中的 LHA 扰动中心在华北，由于其下的暖气柱向南倾斜，850 hPa 上的高温中心（图 4.15.2c 中的 W0）和地面热浪中心是在偏南地区的江淮流域。

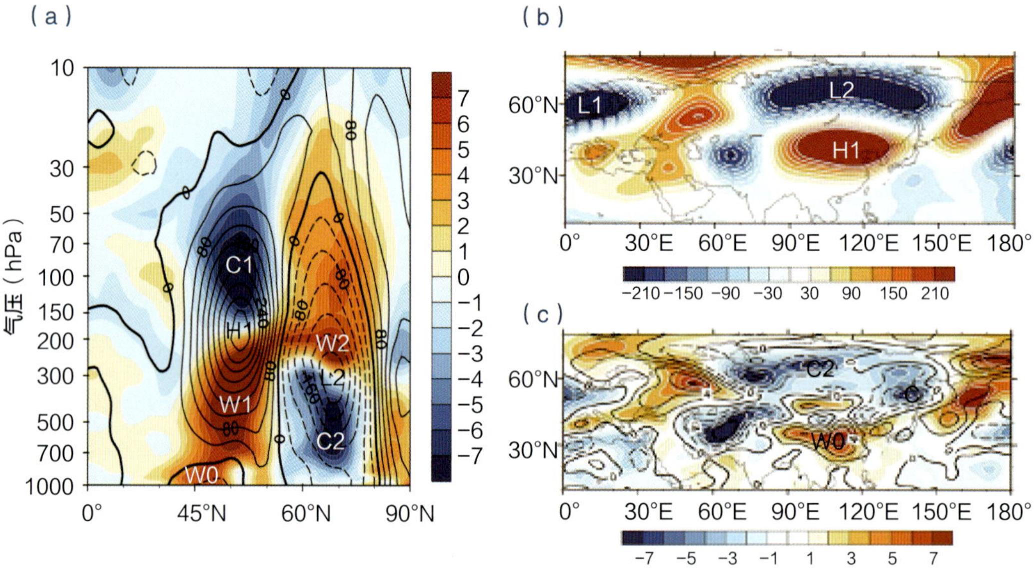

图 4.15.2　2010 年 9 月 17 日 (a) 沿 115°E 垂直剖面上的 (a) 位势高度扰动（等值线，40 gpm 间隔）和温度扰动（阴影，1 ℃间隔）垂直剖面，（b）最大位势高度扰动（阴影，30 gpm 间隔）和（c）850 hPa 温度扰动（阴影，1 ℃间隔）和地面温度扰动（等值线，2 ℃间隔）（字母 H/L 和 W/C 的意义同图 4.15.1d；参考 Qian et al.，2016）

地面上的高温热浪是对流层中下层暖气柱延伸到地面的结果，所以地面上高温热浪的相对温度距平值是小于对流层中下部气柱中的温度扰动量值的。暖气柱的上部一定存在一个位势高度扰动的正中心，在正中心的上方，平流层中会有一个冷气团。有时，近地面上的低压扰动与对流层顶的高压扰动共同引起了对流层大气中的深厚暖气柱。这种整层大气中的温压场扰动结构是认识地面高温热浪天气的科学基础，也是用数值模式预报产品解释未来地面高温热浪极端天气的具体思路。

传统天气图上，对流层大气与平流层大气具有明显的温压场结构区别，这种区别是瞬变气候场上的基本特征。而在对流层至平流层的扰动天气图中，那些扰动系统并没有对流层与平流层的区别——这些扰动天气系统多数是深厚的，可以穿透整个对流层和平流层大气。扰动中心多在对流层顶至平流层底部出现，在整层大气中，一个地理位置上的位势高度扰动往往只有一个最大值，我们称之为最大高度扰动（LHA）。大气是流体，充满了涡旋运动。当一个地区发现有深厚大气中的扰动涡旋的时候，在邻近地区便会出现相反的扰动涡旋，即高压扰动的附近会有低压扰动。除此之外，一个气压扰动中心的上下方有相反的温度扰动气团，所以大气中充满了对称美的花样与结构。大气运动中的扰动变量分布花样固然美妙，但它们却是极端天气事件和灾害发生的根源。预报员需要用扰动天气图来认识大气运动的扰动花样。地面低温事件对应的大气扰动结构又是怎样的呢？

CHEN Y, HU Q, YANG Y M, et al. 2017. Anomaly based analysis of extreme heat waves in Eastern China during 1981-2013. International Journal of Climatology. 37(1):509-23.

QIAN W H, YU T T, DU J. 2016. A unified approach to trace surface heat and cold events by using height anomaly. Climate Dyn 46: 1647–1664.

4.16 地面低温的扰动信号

在北半球的冬季，欧洲和东亚地区经常出现低温和暴风雪极端天气事件，可是当一个地方出现低温事件的时候，相连的地区又会出现地面温度偏高的事件。如何解读相同时刻发生在不同地区的极端温度事件呢？下面以发生在欧洲和东亚的低温事件与周边的相反事件为例，对它们的高层大气扰动信号进行分析。

2009 年 12 月中旬至 2010 年 1 月上旬，欧洲出现了持续性的低温冰冻天气。俄罗斯莫斯科以东的局部地区气温达到了零下 40—零下 30 ℃，形成了持续性的低温和暴风雪等灾害性天气。研究者们把灾害事件发生的原因归结为北半球平流层的异常行星波的下传。

这个季节的俄罗斯和欧洲发生低温的地区，正常的气候温度多在零下 20 ℃以下。要分析地面低温灾害的严重性，应该从相对降温的幅度上考虑。图 4.16.1a 是用 2009 年 12 月 16 日的实况气温减去瞬变气候温度所得的温度扰动分布，称为地面扰动天气图。该日俄罗斯西部和欧洲的气温负异常范围非常广，达到 600 万平方千米，最强中心位于莫斯科的东北侧，达到瞬时扰动负的 17 ℃。温度负异常最大的地区，也是 2010 年 8 月 7 日莫斯科附近森林大火期间地面温度正异常最高的地区。又一个问题是，为什么前冬（2009 年 12 月至 2010 年 1 月）的异常寒冷和暴风雪，与之后夏季的破纪录热浪和森林大火会发生在同一个地区了呢？

同一个地区前一个冬季出现罕见的低温暴风雪，到后一个夏季又出现破纪录的热浪森林大火，这是具有戏剧性的“水与火”和“冷与暖”的相反事件。图 4.16.1a 给出的是 2009 年 12 月 16 日欧亚地区地面扰动天气图上的温度扰动分布。这一天，欧洲出现了强低温暴风雪天气，其中最低的温度异常中心 C1 在莫斯科的东北侧，而哈萨克斯坦的气温中心（W1）偏高 10 ℃。此外，俄罗斯东部地区也发生了偏低 10 ℃的低温扰动 C2，俄罗斯东部的降温范围又向南波及了中国东部的华北地区，甚至在华南也出现了 10 ℃的降温中心 C3。华北地区（45°—55°N）位于西风带，那里的温压场扰动系统是垂直对称分布的。华北的强低温也是频繁发生的天气事件，1980—2010 年期间，极端低温低于气候负 10 ℃和低于气候负 4—10 ℃之间的日数分别有 55 天和 196 天。

增温不仅仅同时发生在了哈萨克斯坦和俄罗斯的中部，更明显地出现在了俄罗斯和欧洲以北的北冰洋地区。总体来说，这个冬天，以欧洲为低温中心的北半球中高纬带，包括北美，都以低温下的暴风雪为主要特色，而在北半球的高纬度极地和副热带地区以偏暖为主。

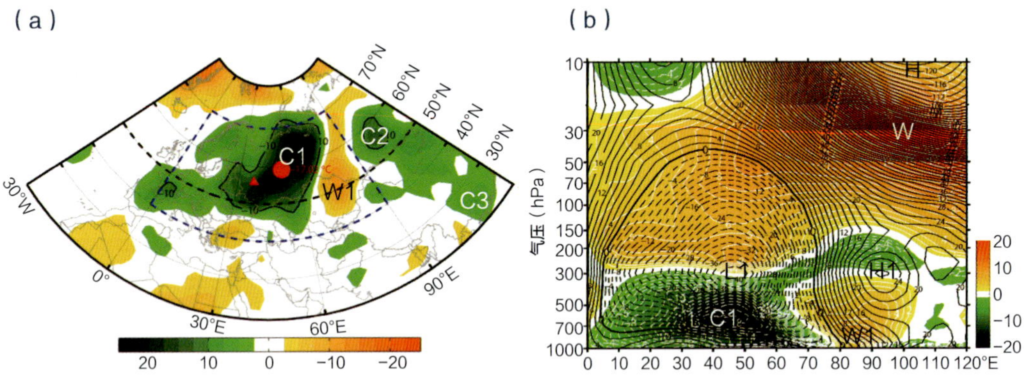

图 4.16.1　2009 年 12 月 16 日欧亚地区（a）地面扰动天气图上的温度扰动（阴影，2.5 ℃间隔）和（b）沿 60°N 对流层至平流层大气的位势高度扰动（等值线，2 × 10 gpm 间隔）和温度扰动（阴影，1 ℃间隔）（a 中的红三角形指示莫斯科的位置，红圆点为降温中心 C1 的位置，b 中字母 H/L 和 W/C 分别指示位势高度扰动和温度扰动的正负中心）

怎样解读欧亚大陆上发生的上述地面温度异常分布呢？图 4.16.1b 是 2009 年 12 月 16 日沿 60°N 做成的对流层至平流层位势高度扰动和温度扰动的垂直剖面，它经过了降温中心的附近位置。地面低温点上空 300 hPa 的位势高度扰动负值中心 L1 下方的冷气团 C1 覆盖了从欧洲至俄罗斯西部的广大地区。位势高度扰动负值中心的上方平流层几乎被暖气团占据。平流层的暖中心在俄罗斯的东部地区，那里被来自北极地区平流层上部高度扰动正异常下的暖气团所控制。在俄罗斯的中部（80°—90°E）300 hPa 上，一个位势高度扰动正中心 H1 的下方有一个暖气团 W1。它的暖中心正 9 ℃在 925 hPa，地面气温达到了 7 ℃的正距平。温度扰动对比必然产生异常气流来减弱这样的左右和上下温度异常对比。

下面对华南沿海地区（17.5°—27.5°N，100°—120°E）发生的 31 天地面温度低于气候负 4 ℃的扰动天气形势做合成分析。31 个地面低温日的扰动天气形势合成分析是从统计意义上反映的多个低温事件过程。图 4.16.2a 和 4.16.2b 分别是沿 30°N 和沿 110°E 做成的合成对流层至平流层垂直剖面。在东西向垂直剖面图 4.16.2a 上，200 hPa 上的一个负 100 gpm 的低压中心 L1 位于低温区 C1 的上空。低压中心的下方是对流层的冷气柱，上方是平流层的暖气柱 W1。中国南方的近地面层还有一个冷高压扰动系统（H0 和 C0）。在南北向垂直剖面图 4.16.2b 上，对流层顶下方的冷气柱 C1 是向南倾斜的。在这个冷气柱北侧的贝加尔湖地区，对流层顶有一个高压扰动 H2，它的下方是延伸到地面的暖气柱 W2。在北极的平流层上部，那里有极地低压扰动中心 L2，其下的冷气团 C2 控制了平流层的极地上空。

华北的低压扰动中心 L1 和贝加尔湖的高压扰动中心 H2 在最大高压异常（LHA）图 4.16.2c 中形成了南北对比，它们又分别对应着图 4.16.2d 中的 850 hPa 层上的温度扰动和地面温度扰动（C1）。从统计上看，当一个低温中心位于华南（图 4.16.2d 中的 C1）时，整个中国南方都处于低温区中，直接的影响系统是中国南方对流层顶的位势高度负值中心（图 4.16.2c 中的 L1）。中国南方与贝加尔湖上空同时存在的一对负正高度扰动中心表明，一旦中国南方出现了高度扰动负值中心的时候，贝加尔湖地区会有相反的扰动和地面温度异常出现，并且相对稳定。不同的是，在这对扰动系统西侧的欧亚广大地区没有统计意义上的扰动系统存在，说明那里的扰动系统东移是不具有统计意义的，而到了东亚才会相对稳定下来。图 4.16.2 中给出了多个高低压扰动系统的三维空间结构及其内含的温压场扰动变量之间的平衡关系。这些高低压扰动系统的位置和强度都是随时间变化的，包含瞬变气候气流对它们的位置平流作用和扰动系统之间的相互作用，但温压场变量之间满足静力平衡关系。

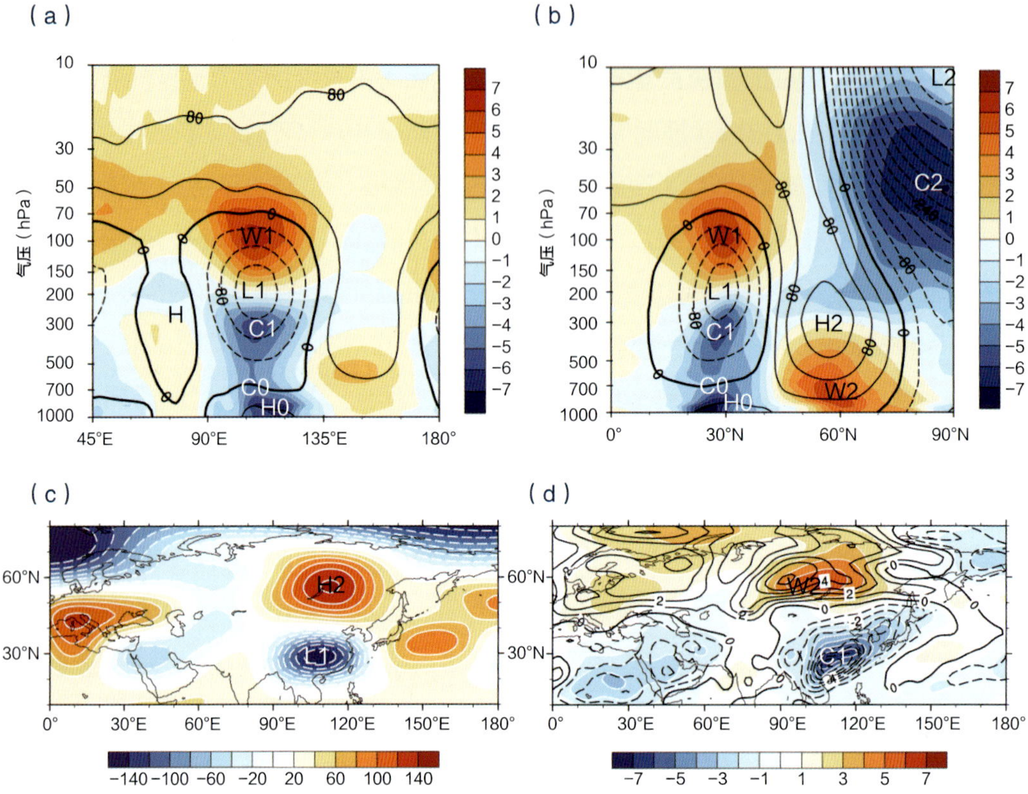

图 4.16.2 低温区位于华南沿海（17.5°—27.5°N，100°—120°E）的 31 天地面温度低于气候负 4 ℃，（a）沿 30°N 和（b）沿 110°E 的位势高度扰动（等值线，40 gpm 间隔）和温度扰动（阴影，1 ℃间隔），（c）最大高度扰动 LHA（阴影，20 gpm 间隔），（d）850 hPa 温度扰动（阴影，1 ℃间隔）和地面温度（等值线，1 ℃间隔）（字母 H/L 和 W/C 分别指示位势高度扰动和温度扰动的正负中心；参考 Qian et al.，2015）

大气中总是充满了不同空间尺度和时间尺度的各种涡旋系统，这些系统在传统天气图上和扰动天气图上都有反映。传统天气图上的系统是瞬变气候系统与瞬时扰动系统组合在一起的，而扰动天气图上的系统是单纯的瞬时扰动系统，与极端天气有直接的联系。地面上出现的持续几天以上的高低温极端天气都与以对流层顶附近（200—300 hPa）为中心的位势高度正负扰动系统联系在一起。没有任何两天发生的扰动天气是完全一样的，也没有任何两个扰动系统是完全一样的。一个纬带上可能在某个时刻有较多的低压扰动系统，这时对应的纬带上平均温度偏低、降水偏多；而另外的纬带上会有较多的高压扰动系统，对应的纬带上平均气温偏高、降水偏少。其实，即使一个纬带上也会有完全不同的正与负的扰动系统同时存在。在北极地区，由于区域范围有限，高压扰动或低压扰动会维持一段时间，但它们的位置会偏离北极移向不同的大陆。使用对流层至平流层的扰动天气图能够看到所有扰动系统的空间结构和随时间的演变。跟踪和预报大气中扰动系统的三维结构和强度变化是做好极端天气预报的根本。我国南方冬季最具特点的极端天气是雨雪冰冻，那么它所对应的大气变量扰动结构是怎样的呢？

QIAN W H, YU T T, DU J. 2016. A unified approach to trace surface heat and cold events by using height anomaly. Climate Dyn 46: 1647–1664

4.17 南方冻雨与大气扰动

在全球增暖的背景下，2008 年初，中国南方出现了具有极强破坏力的低温雨雪冰冻（冻雨）天气。这次罕见的低温雨雪冰冻灾害主要由 4 次天气过程造成，用不同的指标和强度描述 4 次过程，峰值时间会有所不同。在图 4.17.1 中：如果以低温雨雪站数确定峰值时间，那么 4 个峰值先后出现在 1 月的 14 日、19 日、28 日和 2 月 1 日，而以 1 月 28 日的低温雨雪站数最多；以极端低温站数判断 4 个波动可以大致确定在 1 月 14—17 日、21—23 日、25—29 日和 1 月 31 日—2 月 3 日。

这场持续低温雨雪冰冻天气正好发生在春节之前，影响范围又广，给湖南、湖北、安徽、江西、广西、贵州等多地造成了重大灾害，尤其给交通运输、能源供应、电力传输、通信设施、农业生产、群众生活造成了严重的影响和损失。是什么原因导致了这次罕见的冰冻天气呢？气象专家分析指出：2008 年 1 月份欧亚地区的大气环流异常是导致我国低温雨雪冰冻天气发生的直接原因。

如果认为提前 5 天预报我国的南方雨雪冰冻是世界性的难题，那么欧亚地区的大气环流异常是什么样的呢？当去掉瞬变气候分量后，图 4.17.1a 是 2008 年 1 月 11 日—2 月 4 日事件发生地上空区域（100°—120°E，20°—33°N）对流层至平流层位势高度扰动和温度扰动随时间的变化，其中包括了边界层的 4 次低温扰动过程。图 4.17.1a 中所标注的 4 次近地面冷空气过程和 4 次极端低温站数波动过程是一致的。

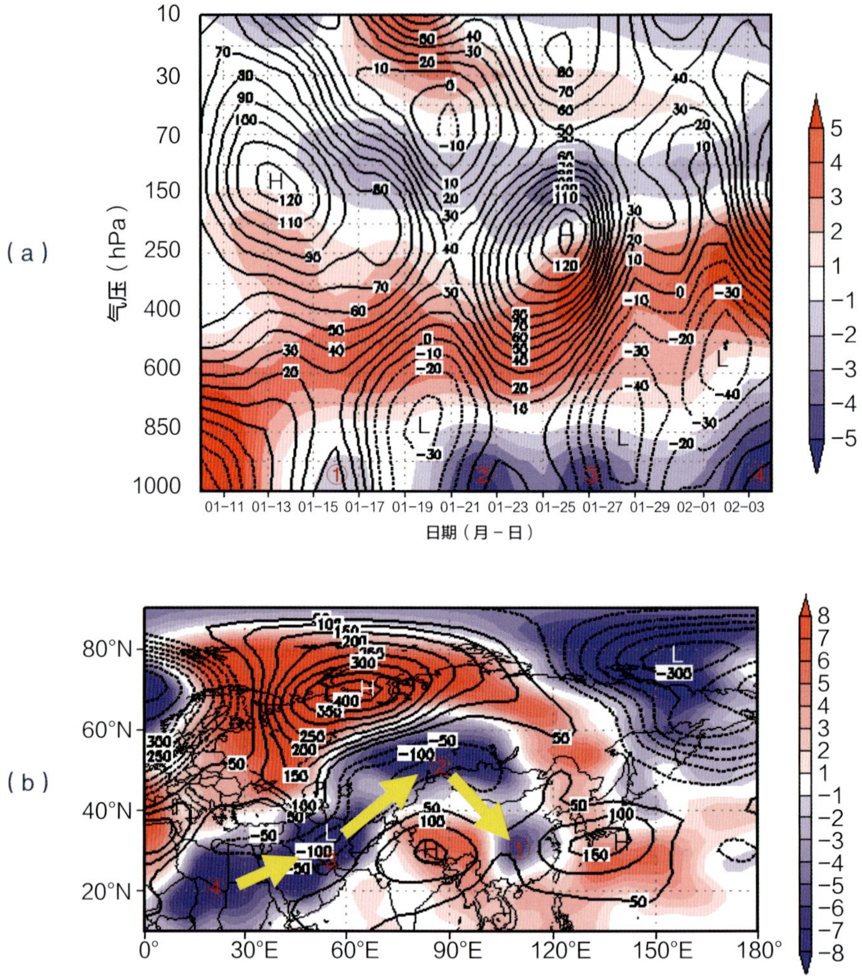

图 4.17.1　（a）2008 年 1 月 11 日—2 月 4 日区域（100°—120°E，20°—33°N）平均的对流层至平流层位势高度扰动（等值线，10 gpm 间隔）和温度扰动（阴影，1 ℃间隔）随时间的变化，（b）2008 年 1 月 16 日 0000 世界时 300 hPa 位势高度扰动（等值线，50 gpm 间隔）和 850 hPa 温度扰动（阴影，1 ℃间隔）分布（a 中包括 4 次近地面层低温扰动过程，b 中包括 4 个低温扰动中心；字母 H/L 指示位势高度扰动的正负中心；参考钱维宏等，2012）

图 4.17.1b 是第一次近地面层低温扰动过程达到最强时的 2008 年 1 月 16 日 300 hPa 位势高度扰动和 850 hPa 温度扰动在欧亚大陆上的分布。欧洲至俄罗斯西部地区，300 hPa 上有一个巨大的高压扰动，高压扰动中心以下的对流层是深厚的暖气柱，所以 850 hPa 上的温度扰动为正距平。在两侧的北大西洋和北太平洋北部各有一个巨大的低压扰动，它们的下部是冷气柱，所以 850 hPa 上温度偏低。3 个大型高低压扰动和对流层的冷暖气柱分布在高纬度地区，表明了大尺度扰动系统正处于稳定状态。从北非、中东到中国新疆以北，300 hPa 上是一个狭窄的扰动低压带，

其中有一些低压扰动中心，850 hPa 上有 4 个低温扰动中心。同样在 300 hPa 上，分别位于青藏高原和西北太平洋上的两个正的位势高度扰动中心之间构成了中国东部大陆上空的鞍形场异常环流。在这样的对流层顶异常环流和青藏高原地形的影响下，低层大气中从高原北侧而来的第一个冷气团已经到达中国东部的南方地区。虽然对流层高层的扰动环流系统是稳定的，但对流层低层的扰动环流系统是移动的。4 个排列的冷气团已经标注在了图 4.17.1b 中，第一个已经到达中国南方，第二个在新疆以北，第三个在中东，第四个还在北非。这 4 个在 1 月 16 日就已经在扰动天气图上排列着的低层大气冷气团，就是它们后续到达中国南方形成的 4 次冷空气过程。

在图 4.17.1a 中，中国南方区域上空温度扰动有多层结构。低温雨雪冰冻事件开始后：边界层的冷空气厚度在逐日抬高；对流层中的暖气团也从事件开始后离开了地面，抬升到了对流层的中部；平流层低层和上层又各有一个冷暖气团。可见，地面低温雨雪冰冻事件开始后，对流层至平流层的大气中形成了冷—暖—冷—暖的多层温度扰动结构。

同时考虑南方低温雨雪站数和极端低温站数的最大值时段和图 4.17.1 中近地面第三次冷气团过程，图 4.17.2a、4.17.2b 和 4.17.2c 分别给出了 2008 年 1 月 26 日、27 日和 28 日沿 112.5°E 对流层至平流层垂直剖面上的实况温度、西风和南北剖面中的实况风矢量分布。连续 3 天观测传统天气图的感觉是：低层东北风在减弱，高层西南风在增强，低层存在逆温层。

当把实况天气图中的变量减去瞬变气候天气图上的变量之后，图 4.17.2d、4.17.2e 和 4.17.2f 给出了有特征的扰动温压场和扰动风场分布。在中国南方地区的对流层至平流层大气中，冷—暖—冷—暖的四层温度扰动“夹饼式”垂直分布结构出现了。支撑垂直四层温度扰动结构的是对流层低层的东北风扰动、对流层中上层的西南风扰动和平流层低层的西北风扰动。当然，在对流层中上层的西南风扰动上升气流作用下，中国南方的水汽增加，形成雨滴。如果对流层上层形成的冰晶或雪降落到暖层后融化成雨滴，再进一步掉入对流层低层的强烈降温区，便有可能形成冻雨。这次低温过程中，南方地区形成的冻雨造成的灾害特别严重。显然，扰动天气图中的变量垂直分布多层结构在传统天气图中是看不到的。这样的温度扰动和风场扰动“夹饼式”垂直结构是未来机器识别低温雨雪冰冻天气的关键特征。

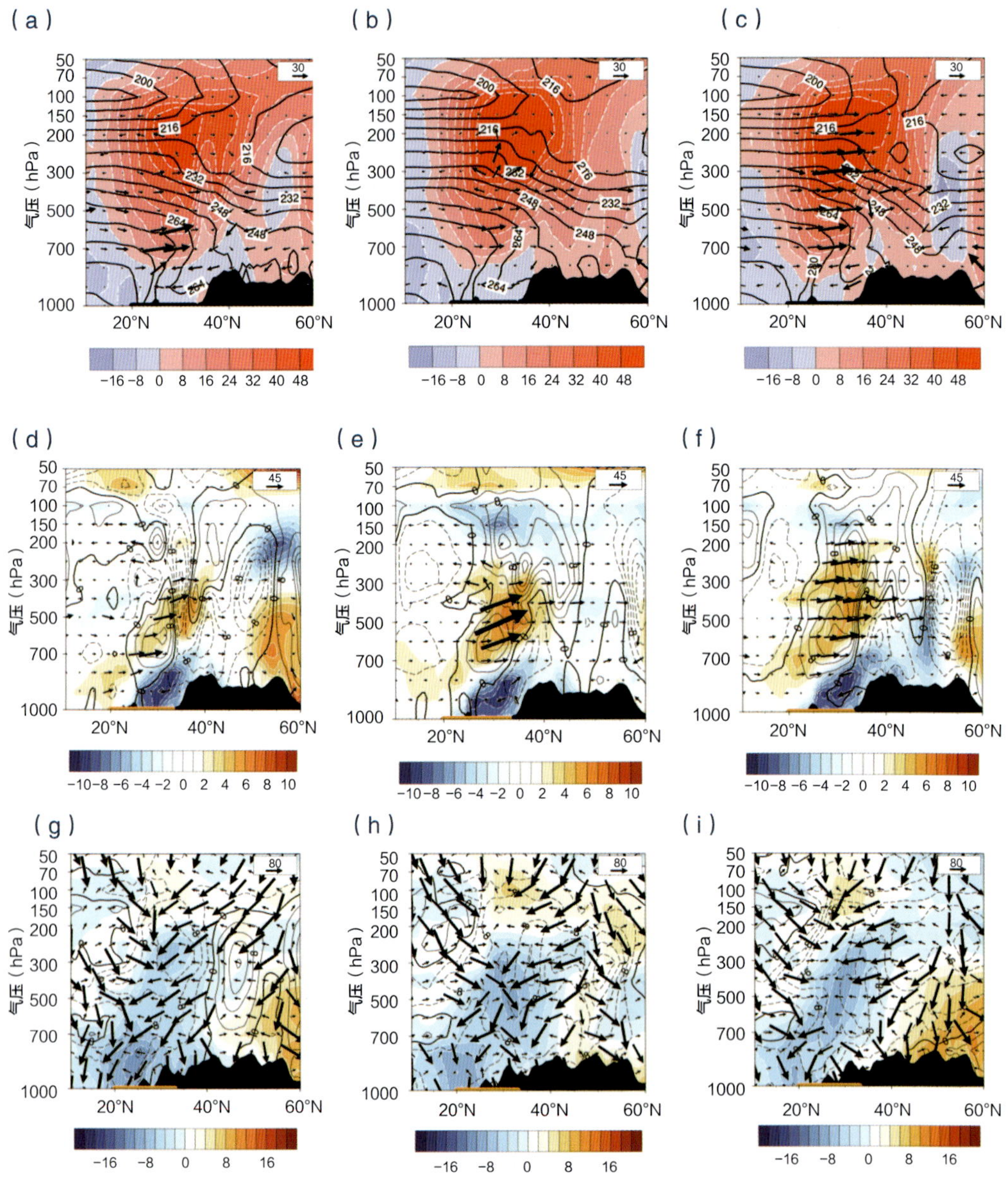

图 4.17.2　2008 年 1 月（a）26 日，（b）27 日和（c）28 日沿 112.5°E 对流层至平流层垂直剖面上的实况温度（等值线，8 K 间隔）、实况西风（黄红色阴影，蓝色阴影为东风 8 m/s 间隔）和南北剖面中的实况风矢量（垂直分量放大 200 倍）；2008 年 1 月（d）26 日，（e）27 日和（f）28 日沿 112.5°E 对流层至平流层垂直剖面上的温度扰动（阴影，1 ℃间隔）、西风扰动（等值线，4 m/s 间隔）和南北风扰动（垂直分量放大 200 倍）；1999 年 12 月（g）22 日，（h）23 日和（i）24 日沿 110°E 对流层至平流层垂直剖面上的温度扰动（阴影，2 ℃间隔）、西风扰动（等值线，4 m/s 间隔）和南北风扰动矢量（垂直分量放大 100 倍）

1980 年以来，中国南方最严重的低温事件发生在 1999 年 12 月 20—30 日。当时的冰冻和低温范围分布在黄河以南的大部分地区，其中 23 日的距平负 10 ℃低温区在东南沿海。这是一次干冷事件，没有形成冻雨。图 4.17.2g、4.17.2h 和 4.17.2i 分别是 1999 年 12 月 22 日、23 日和 24 日沿 110°E 对流层至平流层垂直剖面上的温度扰动、东西风分量扰动和南北风扰动矢量分布。来自平流层强劲的东北风扰动形成下沉气流直达中国南方中低对流层，于是黄河以南的对流层被一个巨大的冷气柱控制，最强冷中心就在华南边界层大气中。3 天的过程中，华南边界层的冷气团是随着东北下沉扰动气流的减弱而减弱的。

我们能够从图 4.17.2 中看到形成在中国南方低温事件的“冷干”和“冷湿”两种配置形式。冷干形式的形成过程是，从北方平流层南下的下沉强冷异常气流直驱中国南方，形成南方对流层深厚的冷气柱和干冷的地面极端天气。冷湿形式的形成过程是，对流层低层东北扰动气流使得中国南方对流层低层降温，对流层中上层形成暖湿西南扰动气流，平流层的扰动气流又形成了上暖下冷的温度扰动结构，于是在中国南方的对流层至平流层大气中，冷—暖—冷—暖的四层温度扰动“夹饼式”垂直结构和冻雨天气出现了。

作为实际预报的例子，2010 年底，国务院询问中国气象局 2011 年 1 月份我国南方会不会出现像 2008 年初那样的雨雪冰冻天气。通过扰动法分解欧洲中期模式产品后，北大研究组分别在 2010 年底和 2011 年 1 月 12 日参加了中央气象台的两次会商。第一次会商时，从扰动天气图上能够看到元旦后有一次低层冷气团到达南方的过程，但后面的冷空气尚看不出来。第二次会商的模式产品扰动天气图上显示，2011 年 1 月 16—22 日有一个长的低温过程，后续的第三个低温过程预计在 1 月底到达南方。实况的三次南方低温雨雪冰冻过程分别出现在 1 月 1—6 日、16—21 日和 26—29 日，与扰动法的预报吻合。中国东部大陆地区，除了冷暖和雨雪冰冻极端天气外，雾和霾也是经常发生的极端天气，扰动法对它们也是可以诊断和定位的。

钱维宏，张宗婕 . 2012. 南方持续低温冻雨事件预测的前期信号 . 地球物理学报，55(5):1501-1512.

4.18 边界层扰动逆温下的霾

霾浓度高会降低大气能见度并影响人们的生产活动甚至健康。人类活动，特别是燃烧排放形成的烟霾，是当前空气污染的主要来源之一。但是，为什么有些时段空气很干净，没有霾，能见度也很好，而在另外的时段霾浓度高，能见度低到只有几十米呢？以北京为例，图 4.18.1a 中从 2016 年 2 月 27 日—3 月 9 日，北京 $PM_{2.5}$（细颗粒物）浓度是波动变化的，其中 3 月 1 日前的浓度低于 100 $\mu g/m^3$，3 月 1—3 日浓度逐渐增加到 100 $\mu g/m^3$ 以上，直指 400 $\mu g/m^3$，形成了重度污染的空气状态，能见度变差。3 月 4 日夜间开始，$PM_{2.5}$ 浓度在几个小时内突然下降到了 100 $\mu g/m^3$ 以下，能见度超过了 10 km。可是，3 月 6 日的浓度又上升过了 100 $\mu g/m^3$。3 月 7 日，$PM_{2.5}$ 浓度只有 10 $\mu g/m^3$ 左右，空气质量进入到了优良等级。

上述北京 $PM_{2.5}$ 浓度随时间的变化并不是因为排放量发生了变化，而是因为气象环境条件发生了改变。图 4.18.1b 是同时段内北京对流层的位势高度和温度随时间的变化。位势高度等值线上看不出指示霾浓度变化的信息；温度场上有一些波动，特别是 3 月 2—3 日地面上出现了一个暖中心，但这些波动也不足以指示霾浓度变化的气象环境条件。如果仅仅从 500 hPa 上的高压环流和近地面大气中的温度偏高的实况大气形式预估，霾时段会从 2 月 29 日开始至 3 月 7 日结束，总时长达 8 天。可是，实际空气中轻度污染（$PM_{2.5}$ 浓度高于 100 $\mu g/m^3$）的时间只有 4 天，重度污染（$PM_{2.5}$ 浓度高于 200 $\mu g/m^3$）的时间为 2 天。这些大气污染浓度数据的变化特征是从传统天气图上看不出指示意义的。

当我们用扰动法将传统天气图上的实况位势高度和实况温度分解为扰动天气图的位势高度扰动和温度扰动后，图 4.18.1c 上就出现了非常有应用价值的指示霾浓度变化的气象环境信息。2016 年 3 月 1 日之前，低对流层大气受扰动冷高压 CH1 控制，不利于地面上 $PM_{2.5}$ 浓度的累积。3 月 1—4 日，北京对流层顶（300 hPa）附近出现了一个高压扰动 H1，而近地面的边界层中又出现了一个低压扰动 L1。对流层顶高压扰动的上方是扰动冷气团 C1，而下方是扰动暖气团 W1。在近地面低压扰动的上部应该有扰动暖气团。于是，对流层顶高压扰动下方的增暖和近地面低压扰动上部的增暖，形成了大气边界层 850—925 hPa 之间的扰动逆温。逆温会阻碍污染物垂直扩散，我们可以以此气象环境条件来解释北京 $PM_{2.5}$ 浓度为什么在 3 月 1—4 日逐渐升高。3 月 4—5 日，对流层上部的一个低压扰动 L2 与冷空气 C2 下潜到对流层的下部，破坏了之前的对流层下部逆温层。3 月 6 日，对流层高层高度扰动发生变化，形成的高压中心下方出现了暖中心，近地面层增暖满足静力平衡关系，再次引起了北京 $PM_{2.5}$ 浓度的波动。不过，从 3 月 7 日开始，边界层上的冷高压 CH2 发展起来了，北京的空气质量变为特优。显然，扰动天气图上看到的扰动变量分布特征在垂直剖面的传统天气图 4.18.1b，或者 500 hPa 层的水平传统天气图上是难以看到的。当把北京同期的对流层风和比湿也分解为扰动分量后，图 4.18.1d 显示出北京地面霾的高浓度出现在近地面层西南风扰动气流和比湿扰动正异常的时段，而在相反的偏北风扰动和比湿扰动负异常分布下 $PM_{2.5}$ 浓度低。

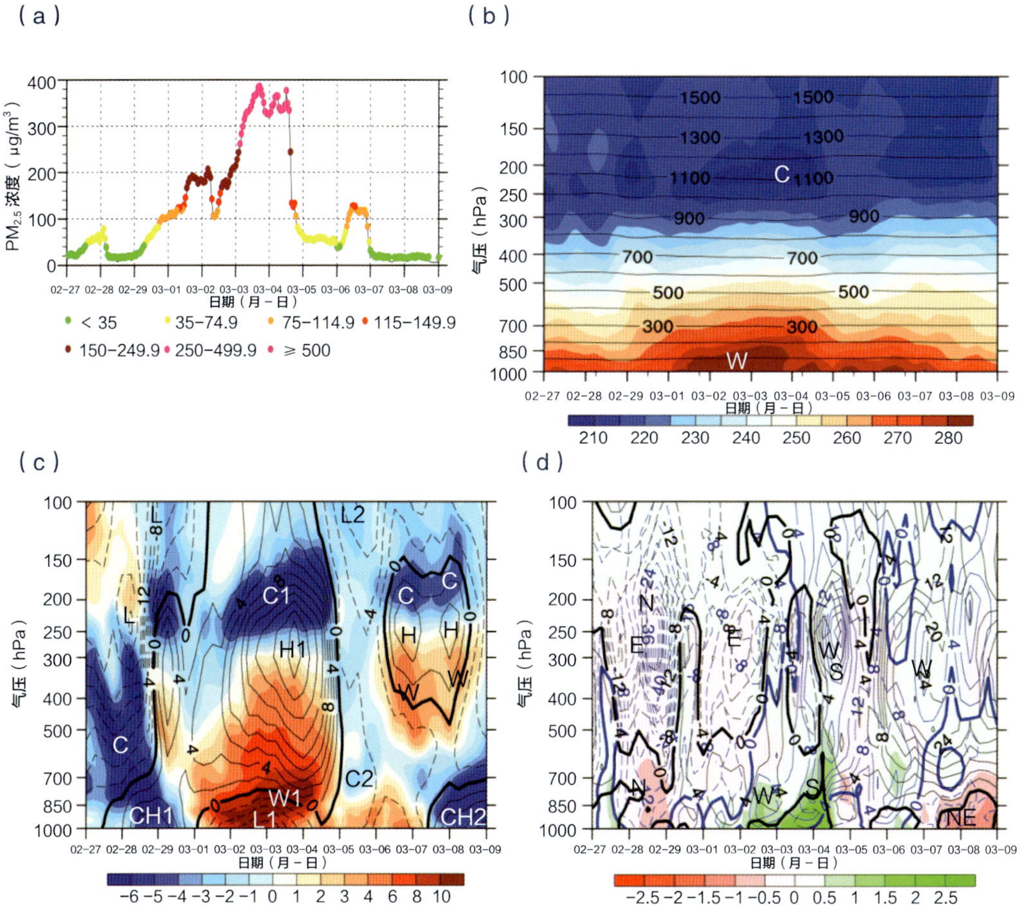

图 4.18.1　2016 年 2 月 27 日—3 月 8 日（a）北京 $PM_{2.5}$ 浓度逐小时序列（μg/m³），北京位置上的（b）对流层实况位势高度（等值线，100 × 10 gpm 间隔）和实况温度（阴影，5 K 间隔）；（c）位势高度扰动（等值线，2 × 10 gpm 间隔）和温度扰动（阴影，1 ℃和 2 ℃间隔），（d）西风扰动（黑等值线，4 m/s 间隔）、南风扰动（蓝等值线，4 m/s 间隔）和比湿扰动（阴影，0.5 g/kg）（a 中 6 种不同颜色的点指示不同的分级；b 中字母 C 和 W 指示冷和暖中心，c 中字母 H/L 和 W/C 分别指示位势高度扰动正负中心和温度扰动正负中心，d 中字母 W/E 和 S/N 指示西风 / 东风和南风 / 北风；参考 Qian et al.，2019）

对指示北京逐小时对应霾的可能气象环境条件判断来说，我们可以让计算机自动绘制和显示垂直剖面上的扰动天气图。图 4.18.2 给出了 2016 年 12 月 1—31 日一个月的北京 $PM_{2.5}$ 浓度与当地对流层位势高度扰动和温度扰动变化之间的对比。这个月 31 天的 $PM_{2.5}$ 浓度分布图 4.18.2b 中，北京空气中的 $PM_{2.5}$ 浓度有 8 次波动超过 100 μg/m^3，其中有 6 次超过了 200 μg/m^3，4 次超过了 300 μg/m^3，2 次超过了 400 μg/m^3。在图 4.18.2a 的位势高度扰动和温度扰动分布中，扰动逆温的波动也确实出现了 8 次，最强的扰动逆温（W1 和 W5）与高污染浓度的时间对应。12 月中旬的连续两个扰动逆温峰值（W4 和 W5）对应了 $PM_{2.5}$ 浓度的两个连续峰值（P4 和 P5）。这些逆温过程的变化与位势高度扰动之间都是满足静力平衡关系的。

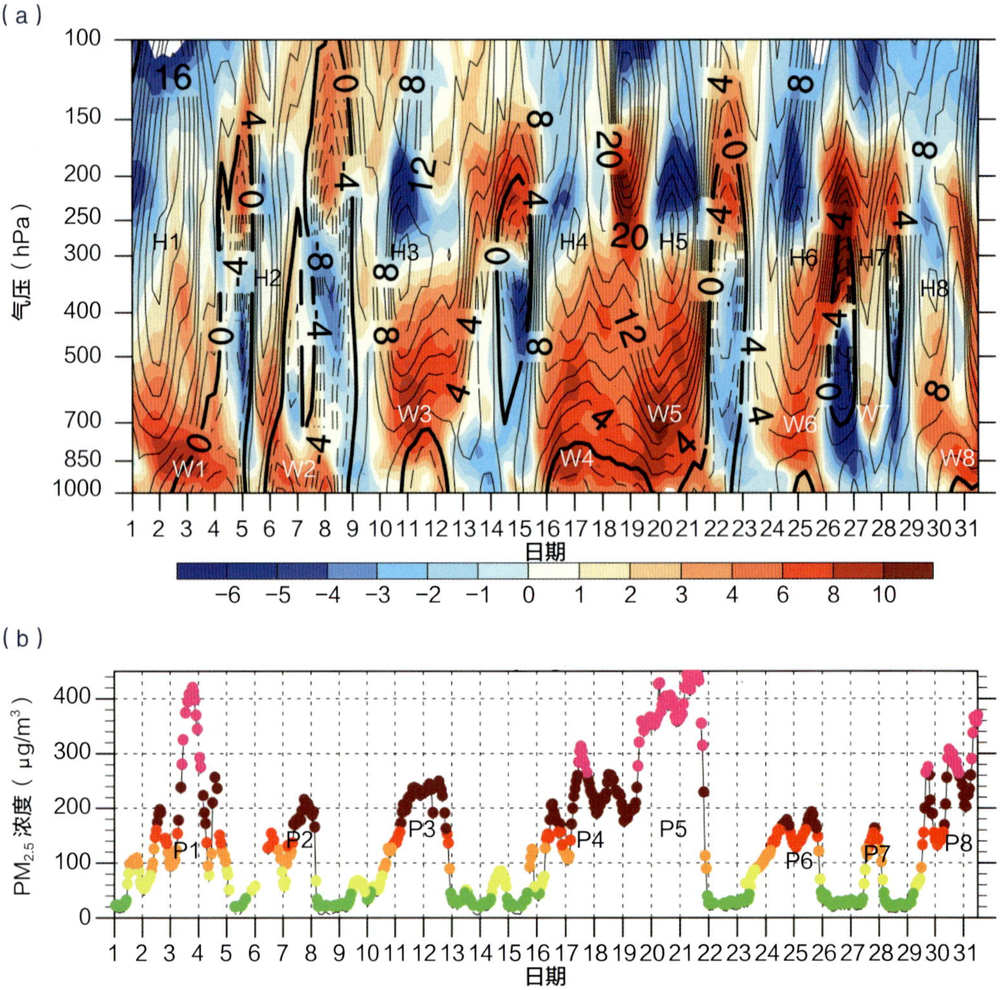

图 4.18.2　2016 年 12 月 1—31 日的（a）位势高度－温度扰动和（b）北京 $PM_{2.5}$ 浓度（P 指示 $PM_{2.5}$ 浓度的峰值，W 为对应的逆温中心；参考 Qian et al.，2019）

用扰动天气图判断当地大气污染浓度变化的目的是为了更好地预报。扰动法作为诊断方法或工具可以与中期数值天气预报的模式产品结合使用。欧洲中期天气预报中心的集合预报系统产品对 3 月 1—4 日期间北京上空出现的扰动逆温可提前一周预报出它的开始和结束。在传统天气图上，实况位势高度和温度难以从空间和时间上准确地定位霾浓度变化的强弱。与此不同，扰动天气图上的变量却跟霾浓度的变化有很好的对应关系，这种联系可以让预报员从三维空间的角度把握扰动系统的配置和变化强度演变特征。这些特征还能够让计算机自动进行图像识别。对中期数值模式产品做出扰动量的分解就可以对未来的霾浓度变化做出定量的估计。定量的霾浓度预报和准确的时段预报，必然有利于人们的生活和生产安排。

QIAN W H, HUANG, J. 2019. Applying the anomaly-based weather analysis on Beijing severe haze episodes. Sci Total Environ, 647: 878-87.

4.19 边界层扰动逆温下的雾

雾是悬浮在低层大气中的微小水滴（或冰晶），它会导致能见度下降，影响交通安全。霾和雾形成的大气扰动条件与低层大气中的扰动逆温层有关，而逆温层是大气上下部分扰动系统协同配置下的产物。大雾下的低能见度影响沿海港口交通安全。这里以宁波 – 舟山港形成的大雾天气为例，来说明沿海大雾形成的垂直大气扰动环境。宁波 – 舟山港如今已成为全球最繁忙的港口之一，海运航线航班密集，240 多条国际航线连接着 100 多个国家和地区的 600 多个港口，月均航班达 1 500 个。港区位于大陆伸向东海的半岛与外围舟山群岛之间的水域，大雾直接影响海运安全和经济活动。

在冬季，雾是宁波 – 舟山港区经常出现的天气现象。图 4.19.1a 是港区 4 个分区中（图 4.19.1b）自动观测站记录到的 2016 年 1 月 24—31 日的逐小时平均能见度。24—26 日，港区平均能见度在 10 km 以上。但从 27 日当地时间早上开始，港区能见度急速下降到 1 km 左右，直到 29 日才逐渐恢复到 5 km 以上。最低能见度集中在 27—28 日的两天中，中间时间点是 28 日 0000 世界时（当地早上 8 点）。在这前后的 20 h 内，港区中央部分能见度最低小于 200 m。这样低的能见度只能封港了。

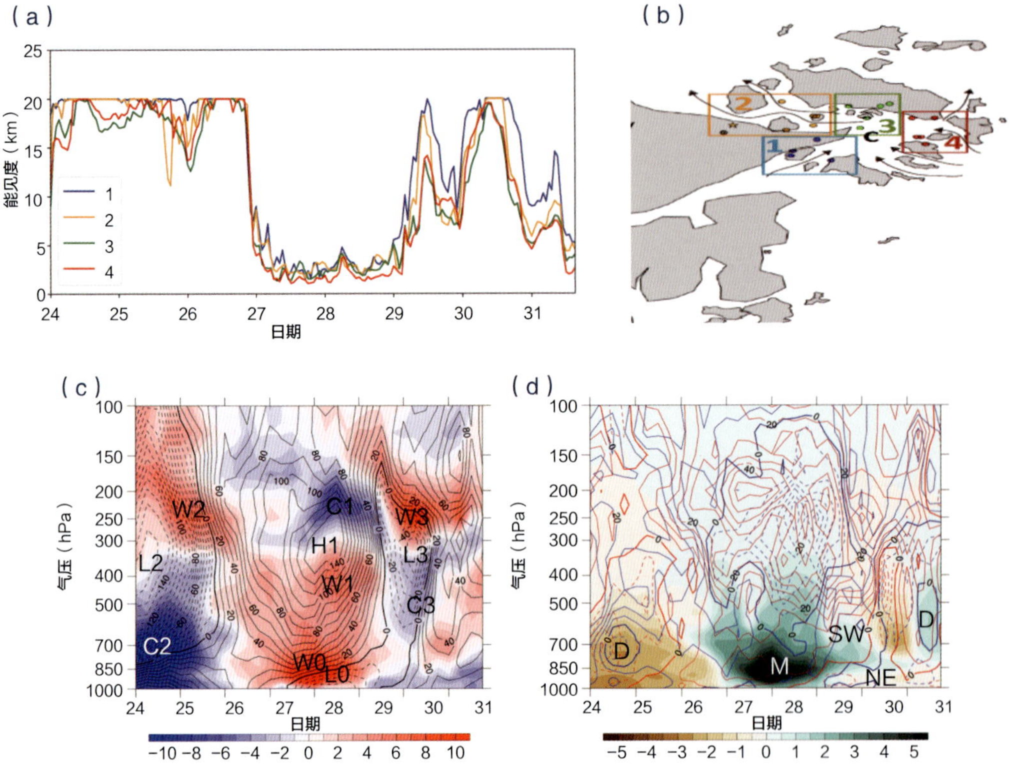

图 4.19.1 （a）宁波 – 舟山港区 2016 年 1 月 24—31 日能见度（km）随时间的变化，（b）港区中的 4 个分区；宁波 – 舟山港区 2016 年 1 月 24—31 日的（c）对流层位势高度扰动（等值线，1 × 10 gpm 间隔）和温度扰动（阴影，1 ℃间隔），（d）对流层西风扰动（蓝等值线，5 m/s 间隔）、南风扰动（红等值线，5 m/s 间隔）和比湿扰动（阴影，0.5 g/kg 间隔）（c 中字母 H/L 指示位势高度扰动正 / 负中心，W/C 指示温度扰动冷 / 暖中心，d 中字母 SW/NE 指示西南风 / 东北风，D/M 指示干 / 湿中心；参考 Qian et al.，2019）

用实况变量减去对应的瞬变气候分量后，图 4.19.1c 和 4.19.1d 给出了对应时段扰动天气图上的扰动变量垂直分布。图 4.19.1c 中最显著的扰动特征是，27—28 日对流层上部的 300 hPa 上有一个高度扰动正值中心 H1，其下方有一个暖气团 W1。其次，近地面边界层大气中出现了一个扰动低压 L0，并在其上有一个暖气团 W0。高压下的暖气团和近地面低压上的暖气团叠加成了对流层中下部深厚的暖气柱（W1+W0），特别是在近地面对流层中形成了一个扰动逆温层。显然，这个扰动逆温层对近地面 400 m 以下大气中大雾的形成有决定性的作用。而这两天前后的其他日子里，对流层上部是扰动低压（L2 和 L3），其下的冷气柱（C2 和 C3）不利于雾的形成。在图 4.19.1d 的风扰动和比湿扰动的时间演变中，27 日和 28 日的 500 hPa 以下大气中比湿扰动较大，特别是在近地面边界层中有一个高值中心。这么高的异常湿度会形成雨雾，最强的雨雾天气发生在近地面的扰动西南风转东北风的时候。

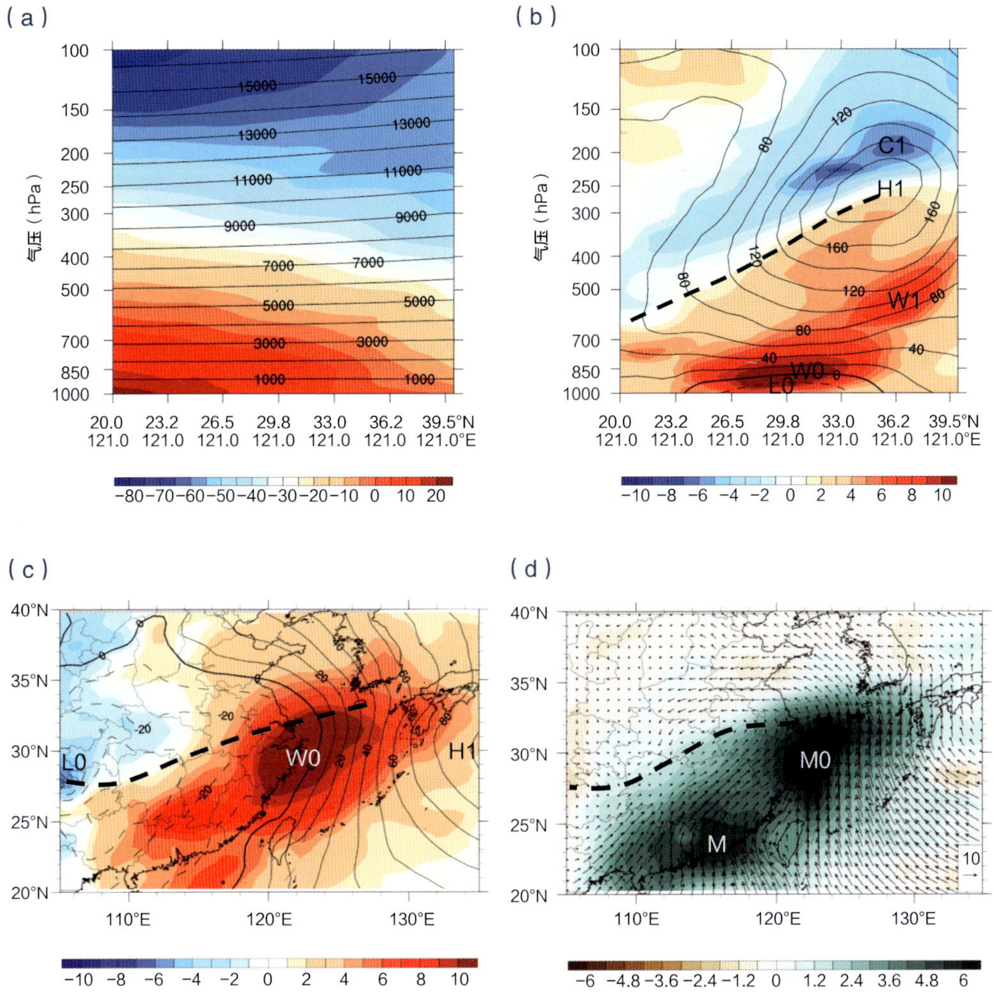

图 4.19.2　2016 年 1 月 28 日 0000 世界时沿 121°E 从 22°—38°N 的对流层（a）实况位势高度（等值线，1 000 gpm 间隔）和实况温度（阴影，5 K 间隔），（b）位势高度扰动（等值线，20 gpm 间隔）和温度扰动（阴影，1 ℃间隔），粗黑虚线为位势高度扰动脊线；2016 年 1 月 28 日 0000 世界时 925 hPa（c）位势高度扰动（等值线，10 gpm 间隔）和温度扰动（阴影，1 ℃间隔），粗黑虚线为低压槽线，（d）风扰动矢量（m/s）和比湿扰动（阴影，0.6 g/kg 间隔），粗黑虚线为扰动风辐合线（字母 H/L 和 W/C 的指示意义同图 4.19.1c，d 中 M 为比湿扰动中心；参考 Qian et al.，2019）

近地面边界层的扰动逆温和比湿扰动中心都出现在 28 日 0000 世界时（当地早上 8 点），与能见度最低时段出现的中间时间一致。于是，我们给出此时经过宁波南北方向垂直剖面上传统天气图与扰动天气图中变量的比较。在图 4.19.2a 的传统天气图中，宁波以南温度逐渐升高，以北温度逐渐降低，位势等值线随纬度倾斜，它们都没有什么空间分布的特征。当用这样的位势高度和温度减去瞬变气候分量后，得到的位势高度扰动和温度扰动给出在图 4.19.2b 中。位势高度扰动具有了明显的特征：一个位势高度扰动正中心 H1 位于宁波以北的对流层上部，其下方有一个暖气团 W1，其上方有一个冷气团 C1；另外的一个高度扰动负值中心 L0 就在宁波的近地面层，其上方出现了边界层中的扰动逆温中心 W0。长江以北的逆温可以解释北方地区的雾霾。从扰动天气图看，图 4.19.2b 中的一个高压中心 H1 和一个低压中心 L0，以及满足静力平衡关系的两个暖中心（W1 和 W0）和一个冷中心 C1，它们共同描绘了一幅美丽的图画，图中反映的物理本质是大气中具有的扰动能量会自发调整，形成大气的异常运动和极端天气。这些扰动能量和扰动变量的空间分布特征已经包含在了传统天气图 4.19.2a 中，但预报员难以辨识。

在传统天气图中，风速是随高度增加的，宁波上空的边界层中南风低于 4 m/s；高比湿中心在华南的地面边界层中，随纬度增加而减小。但在扰动天气图中，宁波上空的边界层中出现了 12 m/s 的南风扰动中心，并与比湿扰动大值中心位置对应。

根据垂直剖面扰动天气图中边界层上出现的扰动逆温中心、比湿扰动中心和南风扰动中心，图 4.19.2c 和 4.19.2d 给出了 2016 年 1 月 28 日 0000 世界时 925 hPa 上的位势高度扰动和温度扰动以及风扰动矢量和比湿扰动的水平空间分布。最强的扰动逆温中心 W0 就在宁波，最大的比湿扰动中心 M0 和南风扰动中心也在宁波。宁波位于 925 hPa 位势高度扰动的低压槽线上。在这样的近地面边界层扰动变量分布下，雨雾主要集中在宁波－舟山港及其长江以南地区，而长江以北水汽少，以雾霾天气为主。

在认识宁波－舟山港及东亚地区的扰动天气系统之后，预报员更关注的是能否对这样的扰动系统做出预报。欧洲中期天气预报中心的集合预报系统产品已经得到了业务使用。在 2016 年 1 月 22 日 0000 世界时和 19 日 0000 世界时起报的未来 9 天的集合预报产品中，已经包含了近地面边界层中的扰动逆温信号，也包含了近地面边界层中的南风扰动信号和比湿扰动信号，我们只需要把扰动信号分离出来。

QIAN W H, LEUNG L J C, CHEN Y L, et al. 2019. Applying anomaly-based weather analysis to the prediction of low visibility associated with the coastal fog at Ningbo-Zhoushan Port in East China. Advances in Atmospheric Sciences, 36:1060-1077.

4.20 加州山火大气扰动

美国加州位于 32° 30′ — 42°N，南北跨越近 10 个纬度。加州拥有多样的自然景观，包括壮丽的峡谷、高山和干燥的沙漠。加州东西山地之间的中央谷地是农业区；沿海地区受加利福尼亚洋流的影响，为地中海型气候，冬湿夏燥。加州大多数大城市，包括旧金山、洛杉矶和圣地亚哥，都位于太平洋沿岸较凉爽的地带，人口密集。

在地中海型的气候环境下，加州经常会发生山火灾害。自 1932 年有山火灾害记录以来至 2018 年底，最大的 20 场山火中，有 4 场发生在 2018 年。第一场跨年山火开始于 2017 年 12 月 4 日，结束于 2018 年 1 月 12 日，持续 40 天。第二场山火发生于 2018 年 7 月 23 日，结束于 8 月 30 日，持续 39 天，位于北加州的 40°N 以北地区。第三场山火发生于 7 月 27 日，结束于 9 月 18 日，持续了 54 天，位于北加州 38.5°—40°N 之间。第四场山火从 11 月 8 日开始，至 25 日结束，18 天的持续时间相较而言并不算太长，但造成了 18 804 栋建筑物损坏和 86 人死亡，成为历次山火中造成损失最大的灾害。年底的这场山火处于 39°—40°N，东部和北部都是高山。2018 年成为加州山火灾害有记录以来最为严重的一年。

为什么第四次山火能够造成这么严重的人员和财产损失呢？图 4.20.1a 是这次山火逐日在燃面积（红柱）和累加的过火面积。从图中可以看出，从刚开始的第一天至第二天，山火面积增长的速度便超过了历史记录，这说明从起火开始，环境因素就已经让山火的发展势不可挡了。这么快的火场蔓延速度，给外来灭火力量的到达和山火区人员的逃离都带来了极大的困难。11 月 13—14 日的山火在燃面积仍有所增加，15 日后山火在燃面积逐渐减小，22 日山火才得到了控制。实际上到了后期，并不是人的力量扑灭了大火，而是自然降水。山火区附近的气象观测站测得 11 月 21—24 日累积降水 84.1 mm（21—22 日累积降水 35.9 mm）（图 4.20.1b），山火最终在 11 月 25 日完全熄灭。美国的研究和预报人员主要从环境背景场，如赤道东太平洋的年际海温异常引起的大气环流定常波、季节内的大气环流低频振荡等方面考虑了山火发生的影响因素。他们研究的这些环境背景具有气候统计意义，但难以应用于某次山火生消前的潜在气象条件分析。

加州山火的着火起因主要是雷电和人的活动，但并不是每一个着火点都能发展成大范围的山火。消防控制不了的那些发展起来的山火，一定有异常的前期气象条件。这些气象条件就存在于图 4.20.1c 的加州北部对流层至平流层的位势高度扰动和温度扰动随时间的变化之中。11 月 8 日之前的 10 月 11 日和 22 日，各出现了一个对流层上部的位势高度扰动负值（–110 gpm）中心 L，10 月 26 日 1800 世界时、11 月 2 日 0000 世界时和 11 月 4 日 1200 世界时又分别出现了三个位势高度扰动正值中心（+220、+290 和 +260 gpm）。三个位势高度扰动正值中心 H 下方温度扰动正距平的连续出现，使得地面温度升高。高温干燥环境加快了季节植被的黄熟和干枯。之后的 11 月 8 日，山火形成不可阻挡之势，过火面积从 8 日的 81 km^2 增加到 9 日的 364 km^2。11 月 13 日 0600 世界时，当地又迎来了第四个位势高度扰动正中心 H（+240 gpm）和对流层中下部的增暖，导致 14 日山火范围又有所增加。11 月 19 日虽然形成了一个对流层上部的位势高度扰动负值中心，但它不强，也没有延伸到地面。直至 11 月 22 日 1200 世界时，一个较强的位势高度扰动负值中心 L（–250 gpm）发展起来并到达对流层低层，才使得火势得到了控制，并使山火最终在 11 月 25 日消亡。

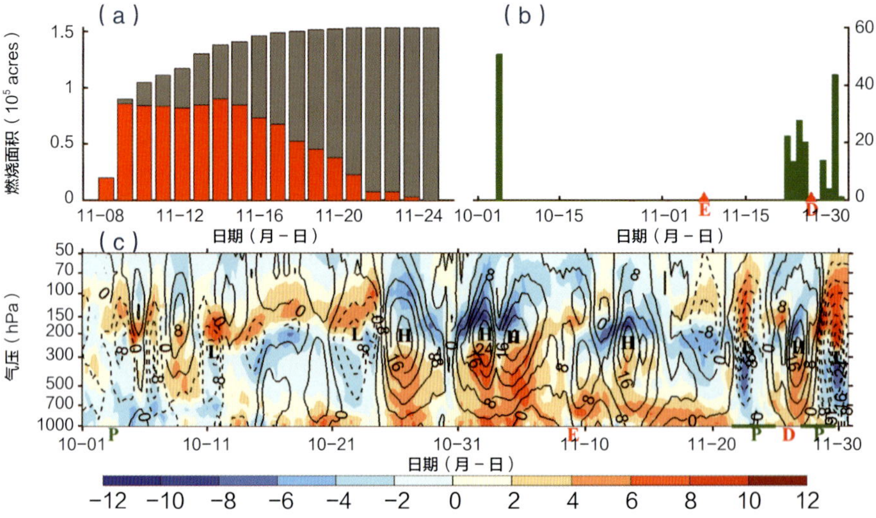

图 4.20.1 （a）加州比尤特（Butte）地区山火从 2018 年 11 月 8 日开始至 11 月 25 日消亡的逐日在燃面积（红柱）和累加的过火面积（灰柱）（1 acre ≈ 4017 m^2），（b）2018 年 10 月 1 日—11 月 30 日观测站逐日降水量（mm），（c）2018 年 10 月 1 日—11 月 30 日山火区域（39—40°N，121—122°E）上空对流层至平流层的位势高度扰动（等值线，4 × 10 gpm 间隔）和温度扰动（阴影，2 ℃间隔）随时间的变化（字母 H/L 指示位势高度扰动的正负中心，字母 E 和 D 是山火发生和消亡的时间，P 是降水发生的时间）

山火发生地的对流层－平流层大气中，对流层的最大温度正扰动出现的时间滞后对流层顶的位势高度正扰动约 12 h。图 4.20.2a 是 2018 年 11 月 5 日 0000 世界时沿 39.75°N 对流层至平流层的原始位势高度和原始温度。在原始高度的垂直剖面图上，预报员难以看到任何有利于山火蔓延的指标。在原始温度图上，山火区的东部地面温度达到了 30 ℃。山火区的对流层大气中，有一个温度波动向东并向上倾斜。当去掉瞬变气候位势高度和气候温度后，图 4.20.2b 是同时刻的大气扰动天气图。这时山火区边界层中有一个暖中心 W0。近地面位势高度扰动表现为西高东低分布型。山火区的对流层大气中，西侧的高压扰动 H1 与东侧的低压扰动 L 之间形成了强烈的位势高度扰动梯度，这里计算可以得出，对流层中上部至平流层下部存在很强的北风扰动。加州西侧太平洋上空大气中巨大的位势正异常中心下方，那里的对流层中有巨大的暖气团 W1。图 4.20.2b 中的位势高度扰动和温度扰动之间的关系满足静力平衡，于是这个巨大的暖气团 W1 就叠加在加州山火区的近地面暖中心 W0 上。

同样，在沿 123°W 做成的大气垂直剖面上（图略），一个位势高度扰动的正值中心位于山火区上空的对流层顶。位势高度扰动正值中心的上方平流层中有一个冷气柱，而下方是一个暖气柱。在加拿大上空对流层顶位势高度扰动负值中心的上方有一个暖中心，下方有一个冷中心。对流层的高温区和位势高度扰动最大梯度带（或最大扰动风带）都在山火发生地的上空。对流层顶的这个位势高度扰动正值中心和其下方的暖气柱是有利于山火蔓延的扰动气象条件。

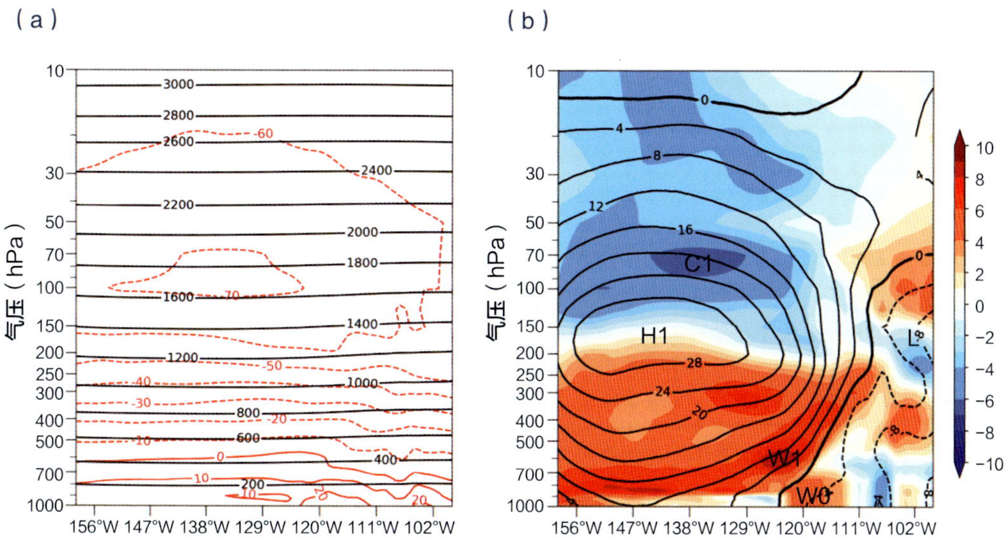

图 4.20.2　2018 年 11 月 5 日 0000 世界时沿 39.75°N 东西方向上对流层至平流层的（a）原始位势高度（黑等值线，200 × 10 gpm）和原始温度（红等值线，10 ℃间隔），（b）位势高度扰动（黑等值线，4 × 10 gpm）和温度扰动（阴影，2 ℃间隔）（字母 H/L 指示位势高度扰动的正负中心，W/C 指示温度扰动的正负中心）

这场山火开始后，加州上空的第一个最大负值位势高度异常中心和其下方的最大冷中心出现在 11 月 22 日 1200 世界时。图 4.20.3 是 2018 年 11 月 22 日 1200 世界时沿 39.75°N 和沿 123°W 的位势高度扰动和温度扰动。山火区上空的位势高度扰动和温度扰动垂直分布形式刚好与山火发生前的图 4.20.2b 相反，对流层顶附近是一个低压扰动中心 L1，其上方平流层中有一个暖气柱 W1，而下方对流层中有一个深厚的冷气柱 C1。在山火区的东西方向上有多个位势高度扰动正负中心，说明同纬度带上大气中形成了由多个位势高度异常中心构成的波列。波列中正负扰动的强度、位置和维持时间都是不断变化的，但可以得到统计特征。

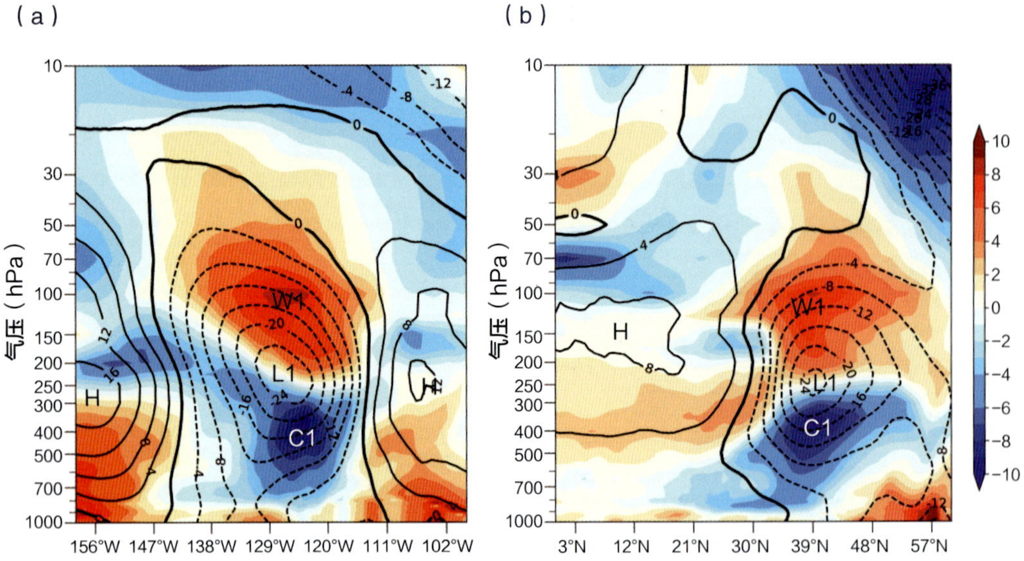

图 4.20.3　2018 年 11 月 22 日 1200 世界时，（a）沿 39.75°N 和（b）沿 123°W 的位势高度扰动（黑等值线，2 × 10 gpm）和温度扰动（阴影，2 ℃间隔），字母说明同图 4.20.2b

对应图 4.20.3 的这种异常波动位相刚好与图 4.20.2b 中的相反，2018 年 11 月 22 日 0000 世界时的北美最大高度扰动分布中，中纬度存在振幅很大的正负相间排列的扰动中心。山火区受到的是西北部冷低压扰动的影响。在此位势高度扰动分布下，南加州受海上来的西风扰动气流影响，而北加州受南风扰动气流影响。2018 年 11 月 22 日 0000 世界时对流层低层的扰动气流来自海上。在加拿大和北加州的西海岸，扰动气流完全与山火开始前反向了。海上来的扰动气流水汽多，随着地形的抬升有利于降水。

加州山火的蔓延属于扰动天气形势下发生的人为难以控制的灾害。我们用扰动天气图分析了加州发生的多个重大山火事件，得到的结果指出，扰动天气系统是有利于山火蔓延和消亡的气象环境条件。在日常的天气预报业务中，绘制传统天气图的同时也绘制扰动天气图，会有助于预报员及早地识别这些有利于山火蔓延和消亡的早期信号。如果把中期 – 延伸期模式预报产品也分解为扰动天气图，那将有助于提前几周发现山火蔓延和消亡的信号。

后 记

科学以探索真理为终极目标，追求的是事物变化的真实性。从天文到地球，从气候到天气，理论越多表明距离真理越远。在自然科学中，科学研究如果不把眼前的现象解释清楚，而去研究遥远的和未来的世界，那就会容易讲大话、空话，甚至是危害极大的假话，就形成不了真实的世界观，也建立不了科学的方法论，所以我们首先要科学地解释好眼前的现象，再去探索遥远的和未来的广阔世界。

笔者 2017 年在施普林格（Springer）出版的《瞬变气候和异常天气分析》（*Temporal Climatology and Anomalous Weather Analysis*）一书中也有介绍部分天文和地球的内容，国内预报员和气象公司职员反馈称，希望能有一本中文读本，解释扰动法在气象方面的应用。随着各地科普馆的增设，策划者们也希望有一套以对天地自然资源和天气气候灾害的新认识为题材的科普作品。于是，笔者便在 2019 年春节前后着手编写这本解读天文、地球和大气中真实世界的科技读物或者说实用手册，本书中所用例子和文献大多数来自笔者在施普林格出版的英文书，2020 年元旦完成了书稿编写并交给了江苏凤凰科学技术出版社。

本书写天文和地球部分的用意，是希望人们在学习现代教科书上理论的同时，亲自用观测资料和层次分解方法去探索一番真实世界是怎么演化的？而写气候和天气部分的用意是，希望预报人员用传统天气图和扰动天气图的两种方法揭示异常气候和极端天气发生的真实归因。

控制真实宇宙演化的是客观存在的宇宙势。自然界的演化是顺势而为的。在宇宙势的时空分布下，宇宙中存在着多样的局部膨胀、局部收缩以及生命的进化，而非一致性的绝对膨胀。银河系是正在处于收缩中的局部宇宙。在太阳刚刚形成的时候，其旋转赤道的外围有类似土星光环一样的星云物质，在逐渐远离太阳的星云分布中，有至少 4 个绕转线速度的波动。这些波动中星云扰动涡旋形成了无数的行星胚胎，进一步发展成了行星和卫星，由此可解释太阳系中所有行星的自转方向和与各自卫星的关系。

真实地球经历了早期的天文演化阶段和后期的地质演化阶段。在地球天文演化阶段，地球从早期的一个行星胚胎，到地核的形成，再到后期外层地幔岩浆圈层的形成，逐步奠定了今天地球地貌的基础。在地球地质演化阶段开始后，冷却的大陆地壳在以两极为中心的半球上分裂，北半球分裂的大陆向东南漂移，南半球分裂的大陆向东北漂移，早期的大陆板块在地幔岩浆流体的驱动下漂移到赤道附近，形成了联合大陆和青藏高原的隆起。在早期的 40 亿年中，大陆在地幔流体运动的作用下经历了多次来回漂移，最后的漂移在海洋地壳上留下了海岭（洋中脊）与海沟痕迹，而现在表现出的是局地地震和火山活动。

真实气候是由瞬变气候叠加气候扰动形成的。瞬变气候是确定的太阳高度角辐射与下垫面环境达到动力和热力平衡时的状态，其中存在子午垂直剖面方向上的八圈环流和东西垂直剖面方向上洋盆尺度的沃克环流，而在水平的大气中有瞬变气候波动，称为大气潮汐，它们都是不需要预报的。气候扰动需要用相对瞬变气候的逐日偏差量来描述。大气中的气候扰动系统很少能持续超过一个月，于是异常气候事件也是难以超过一个月的。当前气候变化研究亟待解释的问题是：南北半球海冰的反对称变化和北极冬季急剧增暖与北极外暴风雪频发的对比异常。

真实天气是瞬变气候与瞬时扰动的叠加。真实天气是混沌的，分解成瞬变气候和瞬时扰动后的大气变量关系中具有对称美的结构形态。瞬时扰动变量在空间上的不同结构满足变量之间的动力学关系，形成了不同种类的扰动花样和对应的极端天气。几乎所有种类的极端天气都是大气中先期扰动能量逐步积累到一个临界值时的快速释放，而大气中扰动能量对应的扰动结构就是早期预报信号。这就是扰动法能在气象业务中得以使用的核心技术。气象业务上的异常气候与极端天气差别仅仅是扰动系统持续时间长短的不同。

四个部分讲述的是一个有序的故事。真实宇宙是从遥远的宇宙走向银河系和太阳系的；真实地球是从太阳系早期的一个行星胚胎经历了地球的天文演化阶段才到达现在的地球地质演化阶段的；真实气候是从地球刚刚形成时的快速自转和两极原始大陆与赤道海洋分布，经过了多次大陆的往来漂移和造山运动，才有了今天的瞬变气候的；而它的真实天气是瞬变气候与天气扰动的叠加。瞬变气候是要认识的，不需要预报，要预报的是瞬时大气扰动，后者才是异常气候和极端天气发生的真正罪魁祸首。

本书宣讲了一个“真、善、美”的故事。科学要求真，是要“把求真献给科学”。科学需要揭示出人类长期以来渴望知道的太阳系中行星和卫星的关系与运行规律，再延伸到认知银河系和整个宇宙的演化，而非灾变说。科学需要道明地球上山山水水的由来和分布以及自然资源的形成。人类面临着多种的气象灾害和地质灾害，有了求真的科学世界观才有可能形成求善的方法论，用于防灾减灾，救人于水火，从而“把至善献给大众”。物理层次分解后的连续变量中会展现给人们以对称美的艺术享受，首先得到享受的是探索者自己，可以“把完美献给自己”。所以，故事的关键词语是：科学求真，方法求善，艺术求美。

追溯对《真实世界》的认识历史，它起源于笔者在江苏三级气象部门的工作时期，成形于北京大学的教学时期，寄希望于广州热带海洋气象研究所的应用时期。这本书是笔者几十年来对地学领域自然科学的理解，也是在导师指导和北大季风与环境研究团队（MERG）同学及国外朋友帮助下的结果。书的最后出版得到了国家自然科学基金（41375073 和 41775067）的资助。

在完成了“真实宇宙、真实地球、真实气候和真实天气”四部分初稿时，巢纪平院士提议笔者增加“真实社会”作为第五部分。真实宇宙和真实地球的基本态是宇宙势，而真实气候和真实天气的基本态是瞬变气候。那么，真实社会的基本态是什么呢？真实社会也是一个复杂的宇宙和不同层次关联下的多重小宇宙，每个人只是所在小宇宙中的一粒星子。真实世界是一个自然世界，其中的宇宙势和气候态也类似古人说的人类社会中的势和道，简称势道。社会总体是沿着这个势道发展的，其中也包含了相对这个势道的偏左和偏右与偏上和偏下的扰动。古代圣人能够认知社会的势道，同时又能识别偏差，就可以提出纠偏的方案了。要写真实社会需要对不同时期的社会势道有所认知，又要知晓若干社会扰动的例子，而这些都是笔者所缺少和需要加以研习的。

钱维宏

2020 年端午节于广州